新型工业化·人工智能高质量人才培养系列

人工智能伦理

蒋盛益　编著

电子工业出版社

Publishing House of Electronics Industry

北京·BEIJING

内 容 简 介

本书从技术价值、存在风险、伦理治理等维度介绍相关内容，使读者较全面地理解、掌握人工智能伦理方法，同时通过案例分析，使读者能够运用这些方法解决现实世界中的问题。

本书较为全面地介绍了人工智能伦理概念及人工智能应用伦理等方面的知识，分为基础篇、理论篇、应用篇三部分，共 16 章。

本书适用于所有理工科、社会科学专业学生作为人工智能通识学习内容，也可供从事伦理学、人工智能伦理研究、人工智能技术研究的人员学习参考。

图书在版编目（CIP）数据

人工智能伦理 / 蒋盛益编著. -- 北京 ： 电子工业
出版社，2025. 6. -- ISBN 978-7-121-50702-1

Ⅰ. TP18；B82-057

中国国家版本馆 CIP 数据核字第 2025YL6318 号

责任编辑：孟泓辰
印　　刷：涿州市京南印刷厂
装　　订：涿州市京南印刷厂
出版发行：电子工业出版社
　　　　　北京市海淀区万寿路 173 信箱　　邮编：100036
开　　本：787×1092　1/16　　印张：19.25　　字数：443.52 千字
版　　次：2025 年 6 月第 1 版
印　　次：2025 年 6 月第 1 次印刷
定　　价：69.90 元

前　言

人工智能作为引领新一轮科技革命和产业变革的重要驱动力，已经渗透到社会生活的方方面面，深刻改变着人们的生产方式、生活方式、学习方式，人工智能技术正以一种迅猛发展的态势，推动社会生产力水平的整体跃升。但是人工智能在造福于人类社会的同时，也带来了隐私保护、虚假信息、算法歧视、网络安全、技术滥用等诸多伦理困境和伦理安全隐患。提升全民使用人工智能技术的风险意识、伦理意识，引导人工智能向善，降低人工智能技术的负面影响和社会风险，促进社会良性发展，这是我们面临的问题。

本书从技术价值、存在风险、伦理治理等维度介绍相关内容，使读者较全面地理解、掌握人工智能伦理方法，同时通过案例分析，使读者能够运用这些方法解决现实世界中的问题。

本书较为全面地介绍了人工智能伦理概念及人工智能应用伦理等方面的知识，分为基础篇、理论篇、应用篇三部分，共 16 章。

基础篇包括第 1~2 章。第 1 章绪论，介绍本书的架构，以及伦理分析的一般方法。第 2 章科技价值、风险与伦理，系统地介绍科技风险、科技伦理的概念、发展现状，科技伦理治理的一般原则。

理论篇在科技伦理的大视域下考察人工智能相关问题，从人工智能伦理概述、数据伦理、算法伦理三个层次讨论伦理及其治理问题。第 3 章介绍人工智能引发的各种风险，分析数据、算法、应用层面面临的各种伦理挑战。第 4 章介绍数据价值、数据处理过程中的一些陷阱、数据伦理概念和相关问题。第 5 章介绍算法方面的伦理概念和相关问题。

应用篇介绍人工智能生成内容、人脸识别、网络新媒体、医疗、自动驾驶、脑机接口、机器人、元宇宙、司法决策、高等教育等典型领域中的人工智能伦理应用的相关问题。

本书将理论概念与实际案例相结合，对人工智能伦理的发展现状做了简单的介绍，以帮助读者理解人工智能伦理有关的概念、理论和实践问题，从而更好地促进人工智能伦理及其教育的普及和发展。

本书适用于所有理工科、社会科学专业学生作为人工智能通识学习内容，也可供从事伦理学、人工智能伦理研究、人工智能技术研究的人员学习参考。

本书的出版得到了电子工业出版社的大力支持，书中参考了许多学者的研究成果，在此一并表示衷心感谢。

限于作者学识水平，书中难免存在不足和疏漏，敬请读者批评指正。

作　者

目　录

AI

第一篇　基础篇

第二篇　理论篇

第三篇　应用篇

第一篇

基础篇

第 1 章

AI

绪　论

1.1 引 例

这里通过几个案例从不同侧面了解科技发展引发的需要全社会关注的风险和伦理挑战。

【案例 1-1】 人脸识别技术在学校的应用与伦理考量。

人脸识别技术已广泛应用于公共安全、金融支付、门禁系统等领域。然而，随着该技术的普及，也带来了一系列关于隐私、歧视和误识别的伦理问题。

【案例描述】

某学校为了提高校园安全和管理效率，决定引入人脸识别技术。该技术将用于学生进出校园的身份验证、课堂考勤以及图书馆借阅等场景，以实时监控和记录学生的行踪。学校认为，这将有助于提高校园安全性，确保学生按时上课，并防止未经授权的人员进入校园。然而，一些学生和家长对此表示担忧。他们认为，这种做法侵犯了学生的隐私权，并可能导致数据滥用和歧视等问题。

【引发的伦理问题】

- ❖ 学校引入人脸识别技术是否侵犯了学生的隐私权？为什么？
- ❖ 如何确保人脸识别技术的数据安全和合规性？
- ❖ 在使用人脸识别技术时，学校应该采取哪些措施来平衡安全性和隐私保护？
- ❖ 人脸识别技术在学校管理中的应用是否必要？是否存在其他替代方案？

通过本案例的深入探讨，培养学生分析、评估人脸识别技术伦理影响的能力，探讨人脸识别技术在隐私保护、数据偏见、算法透明度等方面的伦理问题，并培养在实际应用中遵循伦理原则的能力。

【案例 1-2】 "核弹级"漏洞 Apache Log4j2。

【案例描述】

2021 年 12 月 22 日，工业和信息化部网络安全管理局通报称，某公司发现 Apache（阿帕奇）Log4j2 组件严重安全漏洞（RCE 远程代码执行漏洞，利用这个漏洞，攻击者几乎可以获得无限的权利）隐患后，未及时向主管部门报告，未有效支撑工业和信息化部开展网络安全威胁和漏洞管理。

2021 年 11 月 24 日，该公司安全团队第一时间向 Apache 报告了 Apache Log4j2 远程代码执行漏洞。一时间，这个高危漏洞引发全球网络安全震荡。过了 15 天，我国相关部门通过公开新闻才知道上述漏洞。

【引发的伦理问题】

该事件涉及的伦理问题主要包括信息透明度与公开性、责任与义务、国际合作与信息共享、公众利益与商业利益、信任与诚信等。这些伦理问题提醒我们，在网络安全领域，企业和个人都应该遵守伦理原则和规范，共同维护网络安全和公众利益。

信息透明度与公开性：该公司在发现严重安全漏洞后，没有及时向主管部门报告，这违反了信息透明度和公开性的伦理原则。在网络安全领域，及时共享安全威胁和漏洞信息对于保护公众利益和维护网络安全至关重要。该公司的行为可能导致相关部门未能及时采取应对措施，增加了网络安全风险。这不只是工程伦理问题，也是国家安全问题。

责任与义务：作为大型企业，该公司有责任和义务维护网络安全，并在发现安全漏洞后及时报告给主管部门。然而，该公司未能履行相关责任和义务，违反了企业社会责任和职业道德的伦理要求。

国际合作与信息共享：虽然该公司安全团队向 Apache 报告了漏洞，但首先选择向国外机构报告而不是我国主管部门，这可能引发关于国际合作与信息共享顺序的伦理争议。在全球化背景下，国际合作与信息共享对于应对网络安全威胁至关重要，但如何在保护国家利益的同时加强国际合作是一个需要权衡的伦理问题。

公众利益与商业利益：该公司在处理安全漏洞时，可能面临公众利益与商业利益之间的冲突。一方面，及时报告漏洞并采取措施保护用户数据是维护公众利益的体现；另一方面，过早公开漏洞可能损害公司声誉和商业利益。在这种情况下，如何平衡公众利益与商业利益是一个需要思考的伦理问题。

信任与诚信：该公司的行为可能损害了公众的信任和诚信度。作为一家知名的云服务提供商，该公司的行为应该符合公众的期望和信任。然而，未能及时向主管部门报告漏洞可能让公众对其诚信度产生质疑，进而影响其市场地位和声誉。

【案例 1-3】 基因编辑婴儿事件。

【案例描述】

2018 年 11 月，南方科技大学副教授贺建奎宣布成功诞生了两个经过基因编辑、不会感染 HIV 病毒的婴儿。

【引发的伦理问题】

该事件迅速引发了国内外舆论的广泛关注和深入讨论，不仅凸显了科技发展带来的伦理道德困境，也揭示了人类在面对未知风险时的担忧与不安。该事件引发了众多伦理问题，包括安全性与风险问题、伦理道德问题、科研诚信与监管问题、社会与心理影响等。这些问题需要科学界、伦理学家、法律专家和社会公众共同关注和探讨，以确保基因编辑技术的健康、安全和负责任地发展。

安全性与风险问题：基因编辑技术虽然具有潜在的医学价值，但其安全性和长期影响尚不确定。虽然这两个婴儿可能免受 HIV 病毒的侵害，但可能存在未知的风险和副作用，贸然在人类胚胎上进行基因编辑可能带来不可预知的后果。例如，基因编辑可能导致其他基因的非预期变化，这些变化可能对婴儿的长期健康产生不良影响。

伦理道德问题：对人类胚胎进行基因编辑触及了伦理道德的核心问题。人类胚胎是生命的起点，对其进行基因编辑可能被视为对生命的操控和干预，引发了关于生命尊严和权利的讨论。基因编辑技术可能加剧社会不平等。如果基因编辑技术只被富人或特权阶层所掌握，他们可能通过编辑基因来创造"完美人类"或"特殊人类"，这可能导致社会阶层固化，加剧不平等。

社会的接受度以及道德和法律标准的界定同样值得我们深入思考和探讨。

科研诚信与监管问题：该事件表明，一些科学家可能为了个人名利而违反科研诚信和伦理规范，进行未经充分论证和监管的基因编辑实验。这引发了关于科学研究的透明度、科研诚信和伦理监管的讨论。贺建奎通过伪造伦理审查书等手段逃避监管，表明当前对基因编辑技术的监管存在漏洞和不足，需要加强相关法规和监管机制的建设。

社会与心理影响：基因编辑婴儿的出现可能引发公众对基因编辑技术的恐慌和抵触情绪，导致社会舆论的负面反应。被基因编辑的婴儿可能面临来自社会的偏见和歧视，这对他们的心理健康和成长可能产生不良影响。

进一步，基因编辑技术、合成生物学技术、人类克隆技术等为人类带来巨大潜在利益的同时，也带来了伦理挑战。如何确保这类技术的使用不会引发人类基因库的失衡，避免基因歧视和基因不平等现象的发生。

【案例 1-4】 "第三拇指"。

【案例描述】

2024 年 5 月，剑桥大学开发的一款智能控制"第三拇指"义肢，在皇家学会夏季科学展上公测，98%的参与者能够在一分钟内掌握其使用技巧。人们可以快速学会用它来拾取和操作各种物体，从简单的单手拧瓶盖、穿针引线，到更为复杂的操作，如弹琴、手工艺制作，"第三拇指"展现出了很强的实用性。

【引发的伦理问题】

作为一种增强人类手部功能的技术，"第三拇指"引发的伦理问题主要涉及以下方面。

自然人体与人类增强的界限："第三拇指"模糊了自然人体与人类增强的界限。这引发了关于人类是否应该以及多大程度上应该通过技术来增强自身的讨论。一些人认为，这违背了自然规律，可能导致人类失去其本质特征；而另一些人认为，这是科技进步的必然结果，有助于提升人类的生活质量和能力。

个人隐私与数据安全："第三拇指"可能配备传感器和连接技术，用于收集用户的生理数据和行为信息。这引发了关于个人隐私与数据安全的担忧，包括数据如何被收集、存储、使用和共享，以及用户是否充分了解并同意这些过程。

技术公平与可及性：高端的人类增强技术往往价格昂贵，可能导致社会资源的分配不均。这加剧了社会不平等现象，使得只有少数人能够享受到这种技术带来的好处。随着"第三拇指"等技术的普及，不同社会群体之间的技术鸿沟可能加剧，贫富差距进一步拉大。

健康风险与安全性：虽然研究表明人类大脑可以适应并控制额外的手指，但关于"第三拇指"对人类健康的长期影响尚不完全清楚。可能存在未知的健康风险，如感染、排斥反应、神经损伤等。任何技术设备都存在故障的可能性，如果"第三拇指"在关键时刻出现故障或失灵，可能对用户的安全和生活质量造成严重影响。

身体完整性与自主权：安装"第三拇指"可能涉及对身体完整性的改变，这引发了关于个人是否有权决定如何改变自己的身体，以及这种改变是否应受到法律或伦理限制的讨论。

人类与技术之间的关系："第三拇指"的使用促进了人机融合的趋势，这引发了关于人类与技术之间关系的深入思考。一些人担心，随着技术的不断发展，人类可能过度依赖技术，甚至失去自主思考和行动的能力。安装"第三拇指"可能改变用户的身体形象和自我认知。这可能导致用户在身份认同上产生困惑或冲突，进而影响其心理健康和社会交往。

人类增强也将带来更多的伦理挑战。"人类增强"是一个由现代科技改造人类自身而引发的科技伦理和科技哲学话题，涉及人工智能、脑机接口、神经调控、基因编辑、合成生物等尖端科技对人性基础的挑战，是近年来学术关切的热点。

【案例 1-5】 黎巴嫩寻呼机爆炸事件。

【案例描述】

2024 年 9 月 17 日，黎巴嫩看守政府召开部长会议期间，黎巴嫩首都贝鲁特以及黎巴嫩东南部、东北部多地发生寻呼机爆炸事件；次日，又出现了对讲机、寻呼机爆炸事件；合计造成 39 人死亡，约 3000 人受伤。

【引发的伦理问题】

黎巴嫩寻呼机爆炸事件是一起严重的恐怖袭击事件，不仅造成了大量的人员伤亡和财产损失，还引发了深刻的伦理问题。这提醒我们，在科技迅速发展的今天，我们必须保持警惕和理性，共同应对这些新兴的安全挑战和伦理问题。该事件将影响人类文明的历史进程。以下是对该事件伦理问题的分析。

民用技术被恶意利用：该事件的核心问题在于民用技术寻呼机被恶意利用成为攻击工具。寻呼机被植入了炸弹，并通过远程电子信号引爆，成为致命的武器。这种将民用物品武器化的行为严重违背了国际人道主义原则，也挑战了人们对日常用品的信任。

道德底线的挑战：该事件对道德底线构成了重大挑战，利用高科技手段进行无差别攻击，不仅伤害了无辜平民，还引发了社会恐慌和不安。这种行为不仅超越了对道德的基本理解，更是对人类伦理的无情践踏，让人们开始质疑科技的真正意义，以及科技在何种情况下可能变成毁灭性的力量。

战争与和平的界限模糊：该事件模糊了战争与和平以及军事目标与民用设施之间的界限。在现代战争中，对电子设备的攻击已成为一种常见的战术手段。然而，当这种手段被用于攻击无辜平民时，其性质就发生了根本性的变化。这不仅是对国际法的公然违反，也是对和平与安全的严重威胁。

科技伦理的反思：后续又发生了对讲机爆炸事件，车臣总统购买的特斯拉电动皮卡 Cybertruck 被远程锁定事件；2024 年 11 月 29 日，叙利亚政府军的数十台无线通信设备（包括寻呼机和对讲机）发生了爆炸。这类事件引发了人们对科技伦理的深刻反思。科技本身是中性的，但如何使用科技、如何防范科技被滥用，需要国际社会共同努力制定规则。在未来的发展中，我们必须确保科技惠及人类，而非成为误杀平民的工具。同时，我们需要在保护公民隐私与加强安全检查之间找到平衡，以防止类似事件的重演。

1.2 开设"人工智能伦理"课程的背景

在科学发达的社会中，技术的进步减轻了许多自然灾害带来的破坏程度。然而，不断增长的技术能力极大地增加了人为灾难的风险。这种趋势在战争中表现尤为突出，技术进步使人们能够制造出更具破坏性的武器：从尖锐的石头到弩，再到枪支，最后到核武器、自主无人武器。面对科技的发展，普通公众呈现出既期待又担忧的复杂心态。一方面，公众对科技进步带来的便利和福祉充满期待，如人工智能在医疗、教育、交通等领域的应用，以及基因编辑技术对未来疾病治疗的潜力等。另一方面，公众担心科技的不当应用会损害自身权益和社会公共利益，如人工智能引发的隐私泄露和偏见以及导致的技术性失业。公众对科技伦理问题表现出越来越多的关注和担忧，一些新兴技术如基因编辑、脑机接口等也触及了人类生命、尊严和自由的伦理边界，使得公众对这些技术的接受度和认可度产生分歧。

人工智能是现代科技发展的重要领域，已经得到广泛应用，正在赋能千行百业。我们从科技伦理的角度来看人工智能伦理。虽然人工智能工具不会像核弹那样爆炸，但更微妙、更复杂的人工智能系统也可能对人类造成重大危害。人工智能系统的内部工作原理目前尚无法被人类有效监督，在有些方面，人工智能系统的能力甚至优于人类，这意味着复杂的人工智能工具与其他系统和技术相结合，可能显著改变危险领域的风险状况。人工智能部署的速度、潜在应用的多样性，以及人工智能模型快速增长的能力，可能加剧各领域的灾难性风险。

生成式人工智能（Generative Artificial Intelligence，GAI）在降低虚假信息操作的成本、提高其质量和规模方面已经展示出潜力，深度伪造将增加社会治理的难度和成本。随着大数据、人工智能等技术的普及，个人隐私泄露、算法歧视、自动化决策不透明、数字鸿沟加剧、伦理治理体系不完善等问题逐渐凸显，引发了公众对人工智能如何影响自身权益的思考和忧虑。

目前普遍存在这样一种现象：注重专业知识，伦理教育环节缺失；重技术轻伦理，片面追求经济效益，盲目听从长官意志，无视技术的社会责任。为了解决这些问题，需要政府、企业、高校、科研机构和公众共同努力，加强科技伦理教育，完善相关法规和政策，完善科技伦理治理体系，提高科技伦理治理的透明度和公众参与度，以确保科技的发展能够在符合人类价值观和道德准则的前提下进行。

所有的优秀和卓越都是规训的结果，而造福与作恶历来是对人们主动选择的积极回馈。科技伦理在高等教育中的重要性日益凸显，要建立起科技与人文相结合的新的科技伦理研究与教育机制，大力推动专业化和前瞻性的科技伦理研究。只有这样，我们才能更好地应对新兴科技带来的挑战，让科技的发展始终朝向善的道路。

在发达国家，高校普遍开设了科技伦理类课程。陈竺任曾指出："科学家不能成为只追求科技的动物，必须具有社会责任感，这也是教育的责任，伦理学起码要成为学习自然科学的本科生和研究生的必修课之一。"

在科技日新月异的今天，加强科技伦理教育，特别是开展人工智能伦理（Artificial Intelligence Ethics）教育，已成为培养未来使用高科技产品的人才的重要一环。对于塑造具备深厚道德底蕴与强烈责任感的人工智能领域从业者及产品使用者，人工智能伦理教育意义深远且不可估量，是推动人工智能技术健康、稳健前行的关键力量，也是维护社会和谐稳定不可或缺的基石。作为技术与伦理智慧的桥梁，人工智能伦理致力于深度融合技术发展与崇高的伦理原则，确保人工智能在其实践应用中始终遵循道德灯塔的指引，有效预见并规避潜在的风险和挑战。

人工智能伦理教育拓宽了传统教育的广度和深度，不再局限于技术知识的传授，而是更加注重培养学生的综合素质和伦理道德观念，旨在培养出既精通专业知识又具备高尚伦理情操和社会责任感的复合型人才，以应对未来社会多元化、复杂化的需求。

通过课程学习，学生应理解并内化尊重人权、保护隐私、避免偏见等伦理原则，在实际工作中主动遵循伦理框架，推动人工智能技术的健康、可持续发展。同样，技术的开发者、使用者及政策制定者也需要注重对人工智能伦理影响的责任。

人工智能伦理课程深入剖析人工智能系统开发、应用中的伦理困境，增强学生的道德敏感性和责任感，通过案例分析、讨论等方式，使学生理解技术背后的社会影响和潜在风险，从而在技术决策中做出更加负责任的选择。

人工智能伦理教育的普及有助于提升公众对人工智能技术的认知水平和信任度，通过普及人工智能基本概念、发展历程及潜在社会影响，增强公众对人工智能伦理问题的关注和对技术应用的理性思考与积极接纳，从而建立更加积极的社会态度，促进人工智能技术的广泛应用和社会价值的实现。

在全球化的背景下，人工智能伦理教育有助于促进国际间的共识与合作，通过共同应对全球性伦理挑战，加强国际学术交流与合作，为人工智能技术的全球治理提供有力支持，推动构建人类命运共同体，携手迈向一个更加和谐、安全、可持续的人工智能新时代。

1.3 伦理分析方法

伦理强调的是为人之理。伦理学研究人与人的关系、人与社会的关系，尤其强调家庭、社会伦理。伦理学是研究道德现象和道德问题的学科，探讨的是道德的本质、起源、发展、道德水平同物质生活水平之间的关系、道德的最高原则和道德评价的标准等问题。对于一个社会人来说，向外，他有法律和社会伦理道德、价值观念的制约，向内，则应该有自觉的道德焦虑。

1.3.1 常见伦理学理论

伦理学包含不同的学派，这些学派在道德权威来源、道德判断标准等方面存在差异。常见的伦理学学派包括规范伦理学、应用伦理学。

1. 规范伦理学

作为伦理学领域内的一个重要分支，规范伦理学（Normative Ethics）以行为为中心，关注行为是否符合既定的道德规范和原则。其核心聚焦于人类行为道德标准的探索，采用哲学思辨作为主要研究工具，旨在揭示并指引个体的行为选择路径。规范伦理学不仅是伦理学的基本构成形态之一，更是深化道德理解和实践指导的基石。

规范伦理学通过深刻的哲学思考，致力于挖掘、发展并验证一系列基本道德原则，这些原则能够成为指引人们行为、行动及决策的灯塔。其核心使命在于阐释个体应遵循的道德标准，以促使行为趋向道德上的完善与善行。

规范伦理学进一步细化为一般规范伦理学、应用规范伦理学两大方向。前者聚焦于人类行为合理性的普遍原则，对善恶本质、正确选择的标准及应受谴责行为的界定等根本性问题进行深入的批判性分析。后者致力于运用普遍道德原则解析实际道德难题，为面对具体道德情境时如何采取恰当立场提供理论支撑。

规范伦理学的思想根源可追溯至古希腊及中国先秦时期的哲学智慧。亚里士多德被誉为"伦理学之父"，其著作《尼各马可伦理学》更是被尊为规范伦理学领域的开山之作。尽管在19世纪末至20世纪中期，规范伦理学曾受到描述伦理学与元伦理学的挑战而稍显沉寂，但鉴于其为生活实践提供宝贵价值导向与行为规范的独特价值，自20世纪中期以来，规范伦理学再次崛起，成为伦理学领域的主流思潮。

规范伦理学在现实生活中起着重要作用，可以指导人们在面对伦理抉择时做出正确决策。

1）相对主义

相对主义认为，道德价值是相对的，不存在普遍适用的道德准则，强调各种文化、历史中行为的差异，对与错问题是相对的，更多的是对一种行为的描述而非研究该怎么做的规范伦理，道德评价应该基于特定的文化、社会和个体背景。

例如：

① 中国与欧美国家文化认知、价值观存在差异，如对戴口罩、隐私观念的差异。

② 留意某些人通过这种观点来美化自己的错误行为。

2）美德论

美德论以人为中心，着眼于人的品质塑造、以自律与激励为其实现机制，认为道德行为是由这些内在品质所驱动的。美德论关注的是个体的品德和美德，认为一个人的道德品质是评价其行为道德价值的关键，更强调美德而不是行动的效果在决定一个行动正确与否时的作用，强调通过培养和发展美德来指导行为，认为美德本身就是一种道德价值。美德论在道德教育、个人修养等领域有重要影响。以诚实、负责、合乎道理、具有创造性的方式很好地完成自己的工作都是有美德的行为。

例如：

① 美德论思想在我国传统文化中也有很深刻的体现。例如，墨子强调"举义""利人""利天下"，儒家的五常"仁、义、礼、智、信"，历史上无数仁人志士和民族英雄如文天祥、岳飞、范仲淹、顾炎武、林则徐、左宗棠等，充分体现了美德论思想。

② 家庭和工作，哪个更重要？如何理解小孩高烧母亲坚持上班？如何平衡工作与个人、家庭的关系。

③ 如何评价不会游泳的人下河去救人？或一位科学家为了救一位普通老大爷牺牲了？

3）效果论（结果论）

效果论主张以行动者的行为所产生的可能或实际效果作为道德价值的基础或评价标准。效果论关注的是行为的后果，认为一个行为是"对"还是"错"取决于它的结果，特别是能否最大程度地增加人的快乐和减少痛苦。功利主义是效果论的重要分支，提出"最大多数人的最大幸福"原则，即一个行为的道德价值在于它能否为最大多数人带来最大幸福，倾向于从整个社会看总体影响。在公共政策、经济决策等领域有广泛应用。

例如：如何评价为了公司获得项目，贿赂别人？或为了国家利益贿赂别人？

4）义务论（道义论）

义务论认为，一个行为是"对"还是"错"是由行为自身决定的，强调一个行为的内在特性而不考虑其动机或结果，强调道德行为是出于义务和职责的，倾向于关注个体和他们的权利。

康德是德国古典哲学家的代表，他认为，"道德的行为就是为了尽自己的义务而去做应当的事情"。

5）新自由主义

新自由主义认为，道德和正义的原则是通过社会契约建立的，即人们为了共同利益而达成的协议，主张应当按照建立在每个人都能够同意的契约之上的公正原则来行事。新自由主义强调个人的自由和平等，认为合理的社会制度应当尊重并保护个人的基本权利。对现代政治哲学和法学有深远影响。

例如：

① 说谎。义务论认为，这一行为始终是错的；效果论认为，临终关怀是善意的谎言，是可以谅解的。

② 创业公司的产品被大公司抄袭。义务论认为，这一行为始终是错的，不尊重知识产权和劳动成果，是不合法、不公正的竞争；效果论认为，这为大多数人带来积极效益，迫使价格下降、质量上升，市场份额反而会上升。

6）中国古代伦理学主要学派

儒家，核心观点：以"仁"为核心，强调孝悌、忠恕等思想，重视个人品德和道德修养；代表人物：孔子、孟子、荀子等；经典著作：《论语》《孟子》《荀子》等。

道家，核心观点：主张清静寡欲、与世无争、无为而治等思想；代表人物：老子、庄子；经典著作：《道德经》《庄子》。

墨家，核心观点：提倡兼爱、非攻、义相利、义利统一等思想；代表人物：墨子；经典著作：《墨子》。

法家，核心观点：主张法治、利害关系决定一切、法制高于教化等伦理思想；代表人物：管子（管仲）、韩非子；经典著作：《管子》《韩非子》等。

在实际道德判断和行为选择时，人们往往不会仅依赖某种理论，而是综合考虑多种因素，包括行为的后果、行为本身的性质、行为者的动机和道德品质等。这种综合应用的方式有助于更全面地评估行为的道德价值，并做出更加合理和负责的决策。

2. 应用伦理学

应用伦理学研究的是，将伦理学的理论和原则应用于具体的社会生活实践中，是对社会生活各领域进行道德审视的学科，为解决现实生活中的道德问题提供有力的支持，其特点是应用性和学科交叉性，旨在通过应用伦理学的原则和方法来解决实际问题。

应用伦理学的研究内容十分广泛，包括商业伦理学、政治伦理学、生命伦理学、环境伦理学、科技伦理学等领域。每个领域都有其特定的道德问题和挑战，需要应用伦理学的原则和方法来进行分析和解决。

应用伦理学的基本原则包括尊重人的尊严和自由、追求善良和幸福、公正和平等以及责任和义务等。这些原则为应用伦理学提供了基本的道德指导，可以促进和谐的社会关系和良好的人际交往。

应用伦理学通常通过案例分析、伦理审议、道德论证等方式来分析和解决道德问题。例如，在面临复杂的伦理问题时，可以通过伦理审议的方式，邀请相关领域的专家、利益相关者等进行讨论和决策，以达成共识和解决方案。

应用伦理学在现实生活中应用广泛，具有重要的意义，可以帮助人们更好地理解道德问题，增强道德意识，促进社会公正与和谐。同时，应用伦理学可以为政府、企业、医疗机构等提供道德指导，推动其更加负责地行事。例如，在商业领域，企业需要面对如商业欺诈、不正当竞争、员工权益保护等道德问题，应用伦理学可以帮助企业建立诚信经营的理念，保护消费者权益，促进企业的可持续发展；在医疗领域，涉及堕胎、安乐死、基因编辑等生命伦理问题，应用伦理学可以帮助医生更加负责地行使医疗权力，保护患者的生命权和健康权；在科技领域，应用伦理学可以帮助科技工作者更好地评估科技发展的道德风险，推动科技向更加负责的方向发展；在政府治理领域，需要权衡公共利益与个人利益，以及权利行使与责任承担之间的道德张力，应用伦理学能够为政策制定者提供宝贵的道德指南和分析工具，帮助政策制定者做出更加深思熟虑、全面周到的决策。

本书的讨论仅限于科技伦理和人工智能伦理。

1）科技伦理

科技伦理是科技与伦理学交叉的学科，主要研究科技中的伦理道德问题，包括科技的方向和界限、科技工作与伦理道德的关系、科技工作者在其职业活动中的行为规范，以及造就具有高尚道德品质的科技工作者的规律。科技伦理是科技创新活动中人与社会、人与自然、人与人关系的思想和行为准则，规定了科技工作者及其共同体应恪守的价值观念、社会责任和行为规范旨在保障人类的切身利益、促进人类社会的可持续发展。

科技伦理在现实生活中应用广泛，可以帮助人们更好地理解科技活动中的道德问题，提高科技工作者的道德素质，推动科学技术的健康发展。同时，科技伦理可以为政府制定科技政策和法规提供伦理依据，为科技企业的道德经营提供指导，为公众提供科技伦理教育和培训，促进科技与社会的和谐发展。例如，在人工智能领域，科技伦理可以帮助人们思考如何确保人工智能技术的安全性和可控性，防止技术滥用和侵犯人类隐私；在基因编辑领域，科技伦理可以帮助人们评估技术的风险和潜在影响，确保技术的道德性和公正性。

2）人工智能伦理

人工智能伦理是指，在研究、开发和应用人工智能技术时，需要遵循的道德准则和社会价值观，以确保人工智能的发展和应用不会对人类和社会造成负面影响。人工智能作为当代科技版图中的璀璨明珠，在 21 世纪以惊人的速度蓬勃发展，其广泛而深远的影响力正重塑着经济社会的发展轨迹，为各领域带来了前所未有的变革与飞跃，也引发了一些新的伦理问题。

在人工智能领域，探讨和关注人工智能系统的行为、决策、影响及其对人类和社会的道德责任非常重要。随着人工智能技术的快速发展和广泛应用，人工智能伦理问题逐渐凸显，成为学术界、产业界和政策制定者共同关注的焦点，涉及的主要伦理问题如下。

隐私泄露与数据安全：人工智能应用需要收集和处理大量数据，其中可能包含个人隐私信息。保护这些数据的安全性和保密性，避免被滥用和泄露，是人工智能伦理的重要问题。

透明度与可解释性：人工智能系统通常是基于复杂的算法和大规模数据构建的，其决策过程往往难以理解和解释。提高人工智能系统的透明度与可解释性，使人们理解其决策过程，有助于增强人类对系统的信任和技术的推广。

责任与归责：当人工智能系统造成损害或错误时，需要明确责任方并承担责任。这涉及人工智能系统的责任认定、归责原则和赔偿机制等问题。

自主性与控制：人工智能系统的自主决策能力可能超越人类的理解和控制。在确保系统安全和可控的同时，需要考虑如何在系统中引入人类监督和干预，以避免系统的滥用或失控。

人工智能技术滥用：对人工智能技术的滥用导致大数据杀熟、虚假信息泛滥、数据投毒、信息茧房等问题。

偏见与歧视：人工智能系统可能受到内置偏见的影响，导致对某些群体产生不公平的对待。确保人工智能系统的公正性和平等性，是人工智能伦理的重要目标。

社会公平：人工智能技术的广泛使用不仅重塑着社会结构，还给就业市场带来了前所未有的冲击和挑战，进而可能触发一系列新的不平等现象，加剧社会分裂与不平等。

1.3.2 伦理抉择的基本原则

以下原则相互关联、制约，共同构成了伦理决策的基本框架和指导思想。

1. 尊重生命原则

尊重生命是最基本的道德原则，是所有人都应遵循的行为约束和规范。要尊重他人生存的权利，对自己生命的热爱。广义的"尊重生命原则"可以扩展为"无害原则"，要求决策者在行动过程中应不对他人造成伤害或恶化其状况。

例如：

① 康德曾经论述过，自杀是不道德的。

② 医生向危重病人隐瞒病情，树立病人战胜疾病的信心。终极关怀：能化解生存与死亡、有限与无限的紧张对立，克服对于生死的困惑与焦虑

③ 疫苗事件。2018 年 7 月 15 日，国家药品监督管理总局发布通告指出，某生物科技有限公司冻干人用狂犬病疫苗生产存在记录造假等行为。

2. 社会公正原则

"社会公正"主要指人们按照某种公认合理的规则处理问题（如法律、行为规范、协定、游戏规则等），强调每个人都应被公平对待，不应受到不合理的歧视或偏见，社会公正原则是维护社会正义和稳定的重要基石，公正也意味对个人自由的某种限制。

在资源分配、机会给予、法律适用等方面，决策者应确保公平性和公正性，避免任何形式的偏见和歧视。同时，社会公正包括对财富和资源的公平分配，以确保每个人都能够享有基本的福利和机会。社会公正还意味着人们可以平等地享受权利和履行义务。

例如：

① 年终奖、研究生名额等分配方案的意见征集、公示等环节就体现了公正原则。

② 政府在出台一些政策时候需要关注公信力，如机动车限购问题。

3. 自主原则

自主原则强调个体应具有自主权，享有自由做出决策和选择的权利。当一个人的意志自由时，既有自主决定采取何种行动来维护自身权益的权利，也有尊重他人拥有同样权益的权利。自主原则体现了自尊和尊重他人，自主原则引申出自我不利原则：如果我的某种行为普遍化，就会产生自我不利的情况。

自尊：对自己权益的维护、对自己行为的负责、对自己感性冲动的克制。

尊重他人与自尊是一致的，即"己所不欲，勿施于人"与"爱人如己"的概念。

例如：

① 借钱不还、汽车停放不按规则。

② 工厂为了节约资金而向外排放有高度致癌性的污染物。

③ 保护商业秘密和个人隐私。

4. 知情同意原则

"同意"是某人对某事自愿表示认可，但要使同意有意义，前提必须是某人对某事"知情"，即他应知道即将发生的事件的准确信息并了解其后果。

使个人隐私得到保护，那么为某目的而采集到的隐私信息在没有得到信息主体知情同意之前，就不能用作其他目的。

"知情同意原则"可以拓展到"透明性原则"。在企业管理、政府决策等领域，决策者应确保决策过程的透明度，以便相关方了解决策的依据和结果。透明性原则有助于增强决策的公信力和可信度，减少误解和猜疑。

例如：

① 安装手机 App 时提醒会收集哪些个人隐私信息。

② 项目申请书中的参与人签字必须由本人亲笔签字或授权。

③ 买卖个人信息违法，也有违诚信原则。

④ 在医疗、教育、企业管理等领域，决策者应尊重相关方的自主意愿和决策权，确保他

们在知情同意的基础上参与决策过程。

5. 诚信原则

各民族传统道德中都把诚信（如不说谎、不做伪证、信守诺言等）作为基本的道德律令。例如：

① 学术生涯中诚信的重要性。

② 市场经济中诚信的重要性（如信用卡、银行个人征信）。

③ "虚拟社区"中的伪装和欺骗（性别、年龄、体貌、职业等）有违诚信原则。

6. 实利原则（最大化利益原则）

在医疗、经济、社会政策等领域，决策者应评估不同方案可能带来的利益和影响，选择最有利于整体利益的方案。在追求利益最大化的同时，也需考虑社会公正原则，保证不伤害他人。

7. 责任性原则

无论是个人决策还是组织决策，决策者都应对其决策的后果负责，并准备好承担相应的责任。责任性原则有助于增强决策者的责任感和使命感，确保决策的合理性和可行性。

8. 可持续性原则

在环境保护、资源开发等领域，决策者应关注决策对自然环境和社会环境的长期影响，确保决策的可持续性。可持续性原则是实现人类社会长期繁荣和稳定的重要保障。

1.3.3　伦理分析的一般框架

在处理具体情境下的伦理问题时，往往需要灵活采取针对性的伦理分析路径。以医疗领域为例，鉴于其直接关联人类生命健康的核心议题，伦理考量往往聚焦于道德根基与严格的专业规范之上，确保决策过程既尊重个体权益又符合社会伦理标准。而在科技领域，随着技术的飞速进步，伦理分析的侧重点则转向评估新兴技术可能引发的潜在风险与不确定性，旨在平衡科技创新与社会伦理的和谐共生。

在此，我们探讨伦理分析的普遍性框架，提供基础的逻辑结构与思考维度，用于指导对各类伦理问题的基本步骤。值得注意的是，实际应用中必须根据具体伦理问题的特性进行有选择性的调整与深化，以确保分析的精准度与有效性。因此，灵活运用该框架，结合特定领域的专业知识与伦理原则，是有效解决复杂伦理挑战的关键。

伦理分析的一般框架是一个系统性的过程，旨在帮助我们在面对伦理问题时做出符合道德和伦理标准的决策，包括明确问题、收集事实、分析伦理原则和价值观、识别利益相关者、道德判断、制定决策、伦理审查和持续监控等步骤。这些步骤有助于我们系统地理解和评估某个问题或决策伦理层面的内容，使我们更好地理解和应对伦理问题。

明确问题：明确需要进行伦理分析的具体问题，界定涉及的伦理问题和相关的价值观。

收集事实：收集和整理与问题相关的事实和数据，对事实进行客观描述，包括相关背景、参与方、利益相关者等。

分析伦理原则和价值观：列举和讨论与问题相关的伦理原则，如自主原则、社会公正原则、不伤害原则等；分析问题涉及的价值观，如个人自主权、社会公益、医疗资源分配等。

识别利益相关者：识别和分析所有受问题影响的利益相关者，了解他们的立场、需求和利益，并考虑他们的道德权利、责任和期望，各方的权利和观点都应得到充分尊重。案例分析时，首先要确定谁是受害者，是谁通过什么手段造成了这些伤害，伤害程度如何等，这是分析伦理问题的逻辑起点。

道德判断：根据伦理原则和价值观，对问题进行道德判断；评估不同选项或解决方案的伦理影响。

制定决策：在道德判断的基础上，制定符合伦理原则的决策或解决方案；考虑利益相关者的权益，确保决策公正和合理。

伦理审查：对决策进行伦理审查，确保其符合伦理标准和原则；收集利益相关者的反馈，了解他们对决策的接受程度。

持续监控：对决策的实施过程进行持续监控；根据实际情况和反馈，对决策进行必要的调整和优化。

本 章 小 结

本章通过案例直观了解科技发展带来的风险和伦理挑战，简单介绍了针对特定事件进行伦理分析时的基本原则与框架，为后续科技伦理、人工智能伦理的理解与分析奠定基础。

在当今科技突飞猛进、人工智能技术及应用快速发展的时代，我们应该关注科技伦理、人工智能伦理，更需要加强科技伦理、人工智能伦理教育，提升全民风险意识。因此，开设人工智能伦理课程显得尤为重要，对于培养具有道德意识和责任感的人工智能技术从业者与使用者、促进人工智能技术的健康发展以及维护社会的和谐稳定具有重要意义。

习 题 1

1. 反思道德自愿原则。
2. 分析穿戴式设备可能面临的伦理风险，并提出相应的解决方案。
3. 分析增强现实设备可能面临的伦理风险。
4. 阅读《我侵权了我自己？》一文，分析"视觉中国"的知识产权乱象。
5. 简述人工智能伦理教育的重要性。

第 2 章

AI

科技价值、风险与伦理

科学的目的在于认识世界，技术的目的在于利用、改造世界，并保护自然、造福人类。科学技术的历史是人类对自然、对世界的认知史，也是人类智慧的发展史。从人类认知和发展的过程中可以看出，人类生活因科学技术而改变，不管是生活方式、社会结构，还是人类心理都与科技的发展密不可分。科学技术是一种推动历史发展的决定性力量，快速推进的科学和不断发展的社会需求成为技术进步的基础和推动力。"科学技术是第一生产力""科学知识和科学方法正在不断影响思想、文化和政治的全部形式""人类对宇宙以及人类在宇宙中的地位和目的的认识，大都是经由科学而得到改革的"。基于科学基础上的技术创新、技术发明不断涌现，不断引发影响深远的新的产业革命。技术进步也为科学发现和研究提供了前所未有的实验与观察手段。

随着科学技术突飞猛进的发展，一系列科学革命不但深刻地改变了人类对世界自然图景的认识，而且带动了经济社会的飞速发展，使人类对科学技术活动认识的哲学眼光、历史视野和战略高度不断扩展和提升。科学哲学、科学史和科学社会学的发展，对生态环境危机的警觉和可持续发展观念的形成，科技给人类社会自身发展可能带来的危机和担忧，标志着人类对科学技术思考的广度和深度不断拓展。

科技创造未来。20世纪是科学技术成就辉煌的世纪，也是人类理性日益成熟的世纪，21世纪科技更是加速发展，出现了对人类发展起到重要推进作用、影响深刻的一系列技术，包括电力、固定电话、手机、电视、空调、电梯、计算机、数字印刷；互联网、物联网、Wi-Fi、移动通信、移动支付、即时通信、电子商务、线上教育与办公、移动出行；蒸汽机、内燃机、汽车、火车、高铁、地铁、飞机、航天技术、卫星；基因工程/转基因、杂交水稻；核能、核技术；洗衣机、液晶显示器、机器人、工业自动化；石油、化工、尼龙、塑料；光纤、芯片、激光技术、纳米技术；人工智能技术、元宇宙；青霉素、疫苗。

"工程科技是推动人类进步的发动机，是产业革命、经济发展、社会进步的有力杠杆。"当今世界，新一轮科技革命和产业变革突飞猛进。"嫦娥"探月、北斗指路、高铁飞驰、国产大飞机翱翔、国产大邮轮启航……一大批具有世界先进水平的标志性重大科技工程创造了新时代我国工程科技的新高度。

计算机的泛在性、变化的快速步伐、无数的应用程序，以及它们对日常生活的影响是20世纪后几十年和21世纪初的鲜明写照。数字技术为我们提供了旅行、购物、创作艺术、娱乐、保护家人、表达自我、保持联系、认识陌生人、协调行动、保持健康和自我完善的方式，这对于前人来说是无法想象的。随着社交网络、短信、视频、信息分享的普及，网络成为非常社会化的场所。信息网络、社交网络、移动电话及其他电子设备让我们可以在几乎任何地方、任何时间都能够连接到其他人。

变化如此之快的不仅是技术，还有对社会的影响。新技术在给人类生产和生活带来便利、给科技福祉带来美好预期的同时，也带来了巨大的不确定性和风险。如何在获得科技福祉的同时最大限度地规避风险，在危机发生时减少灾难性后果，成为严峻挑战。科技风险、科技伦理逐渐成为社会核心关切话题。

科技发展一路高歌猛进，其"双刃剑"效应日益显现，科技乐观主义和科技悲观主义两种思潮同时显现，甚至出现了针锋相对的局面：一方面，大力讴歌科技的价值，甚至将科技的地位提高到国家创新的层面；另一方面，审视科技已经引发或可能引发的风险。

人类未来面临的根本悖论：人类或许能够演进为以技术再造自我的科技智人，进而将文明播撒到宇宙空间；也可能因为技术的滥用与失控遭遇文明的裂断。当前已出现这样的场景：智能机器越来越像人，人越来越像机器一样工作和思考。霍金等表达了对人类发展的极度担忧。

2.1　科技价值及其社会功能

著名物理学家、科学学创始人贝尔纳（John Desmond Bernal，1901—1971）在《科学的社会功能》中提出了科学的政治化与社会的科学化两个命题，集中概括了关于科学与社会相互关系的思想精粹。社会诸因素作用于科学，科学也反作用于社会诸因素。贝尔纳分析了不同历史时期科学同经济、政治、教育以及各种意识形态，尤其是同战争相互作用的条件和方式，得出结论："如果没有科学，人类就无法进步，甚至无法生存"，以及"科学的出现与人类本身的出现或人类最初文明的出现是同等重要的"。

根据贝尔纳的概括，科学对社会的作用表现在三方面：一是消除可以预防的人类祸患，如疫苗的研制以及灾害天气、地震的预报；二是开辟可以满足社会需要的种种新的活动领域，如"互联网+"诞生很多新的产品及服务，航天、深海探测深化了人类对地球的认识，并为太空、海洋资源的开发和利用提供了重要支持；三是变革社会的主要力量，如疫情防控等社会治理，互联网推动了民主进程，移动支付改变了行业结构。这揭示了社会对科学的制约，或科学对政治的从属；其三则集中表现了科学的社会功能，即"科学能干什么"。社会的发展进程将日益成为科学规划、自觉控制的过程。科学是人类向自然争取自由、向社会争取自由的武器。

科技对人类社会发展的助力主要体现在如下几方面。

1. 科技发展推动生产方式的变革

第一，科技发展促进劳动资料（主要是生产工具）的变革。例如，炼铁技术的发展使得铁器应用于农业生产，代替了石器工具，机械农具的使用代替了手工农具；激光照排改变了印刷业。

第二，科技发展促进劳动对象的变革。例如，海洋探测技术的发展使人类的生产活动扩展到海底；航空航天技术的发展使人类的步伐迈向了广阔的宇宙；纳米技术使人类有了更多、更新的生产资料等。

第三，科技发展促进劳动者科学文化素质的提高。科学技术的进步通过知识更新、技能迭代与教育升级三个层面，系统性提升劳动者科学文化素质。

2. 科技发展推动现代社会生产及经济发展

最明显的是科技发展推动产业结构的变化，自从工业革命以来，大机器生产代替了手工劳动，工业迅速发展，逐渐超过了农业的比重。第三次科技革命后，第三产业不断发展，成为比重最大的产业；互联网与信息化推动数字经济快速发展。

3. 科技发展推动生活方式的变革

科技发展改善了人们的生活质量，还推动了教育、文化、娱乐等领域的创新和发展，丰富了人们的精神生活。例如，交通工具的发展改变了人们出行方式，也开阔了人们的视野；互联网、手机、微信的使用彻底改变人们的交往方式、消费方式、支付方式、学习方式、娱乐方式、工作方式、获取信息的方式，以及组织家庭生活的方式。

可以看出，人类社会的发展是一个不断进步、不断创新的过程。这些改革不仅提高了人们的生活质量，还推动了整个社会的进步和发展。

4. 科技在环境保护和可持续发展方面发挥着重要作用

科技创新可以帮助人类更好地应对气候变化等全球性环境问题，推动人类社会的可持续发展。例如，清洁能源技术的开发和应用有助于减少化石能源的消耗和温室气体的排放；环保技术的创新，有助于治理污染、保护生态环境；循环经济和绿色制造技术的发展，有助于实现资源的节约和循环利用。

2.1.1　文化价值

协调人与自然关系的功能是由科技的本质所决定的，因为科技在本质上体现了人对自然的能动关系。科学和技术在协调人与自然关系方面担负着各自不同的职能。科学的根本任务是认识自然，体现发现功能、解释功能和预见功能；技术的根本任务主要是在科学认识的基础上改造自然、利用自然、保护自然和创造人工自然。

人在与自然的协调中有很多好的经验，在人与自然协调发展的历史长河中有许多典型案例，如京杭大运河、都江堰、灵渠、坎儿井、红旗渠等历代水利工程，青海风电、三峡水库、新疆光伏发电等电力工程。此外，中国荒漠化防治处于世界领先地位，《联合国防治荒漠化公约》秘书处明确表示"世界荒漠化防治看中国"。近 70 年，我国经历了从开荒或围湖造田到湿地保护、退耕还林的转变，凝练了"绿水青山就是金山银山"的生态文明理念。经过 40 多年的努力，2024 年 11 月底，新疆环塔克拉玛干沙漠绿色防护带"锁边合龙"，最终实现了"绿进沙退"，达到"防风、阻沙、控尘"的治理目标，沙漠变绿洲指日可待。

印刷术经历了木刻印刷、雕版印刷、活字印刷、数字印刷等阶段，为人类文明的传承提供了坚实的基础，促进了国际的文化交流与融合。毕昇发明了活字印刷，"现代毕昇"王选研制了汉字信息处理与激光照排系统。

科学不仅在物质层面影响人类历史的进程，也在观念层面影响人类历史的进程。"人们接受了科学思想就等于是对人类现状的含蓄批判，而且会开辟无止境地改善现状的可能性。"科学在铸造世界的未来上将起到决定性的作用。这就是贝尔纳对"科学能干什么"的回答。

在贝尔纳心目中，科学处于社会文化的中间层，其底部依托于生产实践，顶部受到哲学思维的辐射，周围则为其他意识形态所包围浸染，科学在上述三方面的推动下向前发展。

2.1.2　经济价值

科技在经济增长中的贡献日见突出是现代经济的显著特点之一。科技的发展推动了经济的快速增长，科技创新推动了新兴产业的崛起，新的技术、工艺和设备的出现，提高了生产效率，降低了生产成本，促进了产业升级和转型。科学是一种特殊的生产手段，是维持和发展生产的主要因素。

贝尔纳指出，历史上，科学兴盛是与经济活动和技术的进步相吻合的、同步的。工业革命之后，科学更加成为人类生产力中的主要因素之一，其重要性日益增长。在生产中，科学不但提供各种技术手段，还提供有效协调这些技术手段的组织形式。因此，科学自身应当被看成一种特殊的生产手段。这同马克思把科学看成一种特殊的生产方式以及人类调节自己同自然关系的一种特殊的生产方式是完全一致的，同邓小平把科学技术看成第一生产力也是完全一致的。

科学通过它所促成的技术变革，不自觉且间接地为经济和社会变革开路，进而成为社会变革自觉和直接的动力。因为任何人类活动及人类活动的任何部门或领域都是科学研究的传统主题，经济和社会的进程将变成彻头彻尾的科学化过程。

袁隆平及其团队在中国杂交水稻领域的研究取得了举世瞩目的巨大成功，他们的杰出贡献不仅显著提升了中国水稻的产量和品质，为国家的粮食自给自足提供了有力保障，还深刻影响了全球粮食安全，为全球粮食增产和减少饥饿现象做出了不可磨灭的贡献。改革开放以来的40多年，中国经济发生翻天覆地的变化，科技和教育起到了至关重要的作用，特别是近20年，互联网经济、数字经济经历了快速发展。

2.1.3　政治价值

任何国家和阶级不利用或不能利用充分发展科学，就注定要在今天的世界上衰落并灭亡。科学的政治化和社会化是科学发挥巨大作用和发展巨大规模的必然要求，而科学的政治化和社会化必将导致政治和社会的科学化。

在系统外部，科学从属于政治。鉴于第二次世界大战前夕法西斯势力猖獗，一大批科学家被捆上了纳粹的战车，尖锐地把科学的社会利用问题摆到了科学家的面前。贝尔纳严肃地指出，科学家决不能对他工作的成果归咎于对人类有用还是有害漠不关心，不能对科学应用的后果究竟是使人民境况变好还是变坏漠不关心，否则他不是在犯罪，就是玩世不恭。当科学家或团体总是在力图影响社会，他就是在参与政治。

在社会进步势力与反动势力的斗争中，科学家是不可能中立的。一些科学家成为纳粹的附庸甚至狂热追随者的事实表明，在社会生活领域，当超出科学家狭窄的专门研究范围时，科学家往往缺少理性、容易偏执，因而最需要坚定、正确的政治态度。科学必须成为争取社会正义、和平和自由的人民"同盟军"，而不是他们的敌人。袁隆平、李四光、钱学森、钱三强、孙家栋、邓稼先、朱光亚、华罗庚等科学家在各自的领域内取得了卓越的成就，为中国乃至世界的科技发展做出了巨大贡献，可以说是中国的脊梁。

科技也推动了社会制度的改革和进步，促进了民主、法治和公平等价值观的传播和实践。人们越来越发现，Facebook、抖音等社交平台对用户情绪、思想、价值观以及行为的影响巨大。剑桥分析事件、特朗普通俄事件体现了人们可以借助科技操控选举和舆情导向。

<h1 style="text-align:center; background:#2e75c0; color:white;">2.2　科技向善增进人类福祉</h1>

中国传统文化历来尊崇德行，倡导向善。这种崇德向善的精神凝聚了中国人对高尚品德与友善行为的深切向往与不懈追求，不仅是一种人生态度和价值取向，更是对个人品德修养和社会道德风尚的精炼总结。在个人层面，崇德向善能够塑造人的品格，引领我们走向更高尚的人生境界；在社会层面，崇德向善能够构建和谐的社会氛围，推动社会风尚的积极变革。因此，我们应当铭记崇德向善的核心理念，将其融入生活的每个角落，让道德的力量成为推动社会不断前进的永恒动力。崇德向善的内涵主要包括以下三点。

❖ 崇尚德行。崇尚德行意味着尊重他人的尊严和权利，遵守社会公共秩序和法律法规，以及坚守公平正义和诚信守约的原则。

❖ 追求善行。向善是崇德向善的核心理念之一，鼓励人们通过行为来传递正能量，如乐于助人、关心弱势群体、积极参与社会公益事业等，从而为社会和谐稳定做出贡献。

❖ 修养身心。崇德向善还强调个人修养和身心健康的重要性。通过不断学习、反思和实践，我们可以提升自己的道德品质和人文素养，形成健康、积极、向上的生活态度。

<h2 style="background:#2e75c0; color:white;">2.2.1　科技向善的内涵</h2>

科技的发展，一方面提高了人们的生活品质，使一些人生活变得更好；另一方面，也有可能使一些人失去工作，带来"技术性失业"。人类发明机器的最初目的是替代工作场所的人力劳动。数字技术的进步将推动传统产业转型升级，接替一部分原本由人执行的任务，改变就业市场结构，这给一部分人带来了阵痛。数字技术的广泛应用无疑会创造新的就业岗位和职业类型，如移动支付、电子商务的使用对职业结构产生了重要影响。2019 年 4 月，人力资源和社会保障部、国家市场监督管理总局、国家统计局发布了 13 个新职业信息，其中 12 个职业是由数字技术产生的。

科技本身的力量巨大，发展日益迅猛，新一轮科技革命颠覆之广、影响之深远超我们的想象。新一轮科技革命一方面给人类生活带来前所未有的便利，给社会运行带来了效率提升；另一方面，科技也在冲击个人生活与社会经济的传统规则与秩序，给个体和社会带来诸多新的难题，导致了一些风险和挑战。其中既包括个人生活中所能感受到的负担与干扰，如信息过载带来的焦虑与压力；也包括社会层面的公共问题，如网络空间的虚假新闻、暴力与新型犯罪，以及广泛关注的数据安全、隐私保护、算法价值等技术与伦理方面的问题。新技术带来的风险和挑战已经不是某产品或区域的范畴，而是一种全球性的治理难题。

技术曾经被认为能极大提升人类福祉，全球都弥漫着一种昂扬的技术乐观主义情绪。但近年来，技术中立论和技术乐观主义迅速退潮，互联网行业面临着一波又一波的道德危机。对技术走向和科技伦理的思考已经蔓延到了整个行业乃至全社会。这些问题警醒我们应该考虑：如何让科技产品和服务为更多用户带来幸福？科技公司如何与公众建立信任？科技创新如何更好地造福社会？答案也许就是确立科技向善的共同准则。在这样的背景之下，不管主动还是被动，"科技向善"都成为社会公众和很多公司的愿景。

"科技"自主实现"善"不现实，科技向善的关键是"向"，因为它代表的是方向，是导向，是一种动态的路径选择，体现了人的主体性。它代表了科技背后的"人"，那些创造、设计、完善技术、产品和服务的每一个鲜活的人，他们的意识、情感、伦理、价值观、对人和技术关系的思考、对"善"的理解和追求，才是科技向善的真谛。技术"向善"还是"作恶"往往取决于利用技术的个人和组织的目标和价值观。三峡大坝等水利工程、壮丽无比的万里长城不仅是技术的杰作，更是人类向善精神的生动体现，不仅展示了人类对于自然力量的敬畏与利用，更彰显了人类对于社会和谐、民生福祉的深切关怀与不懈追求。它们象征着人类对美好未来的向往，以及通过不懈努力，创造更加美好世界的坚定信念。

科技向善是社会高度技术化的终极愿景，包含两个方向。

（1）实现技术为善，用技术解决各种社会问题，充分发挥科技的巨大潜力，惠及大多数人的生活，促进社会进步，帮助人类变得更强大、更幸福，拥有更好的未来。

（2）避免技术作恶，关注技术本身，打造"善的、好的技术"，并确保技术被善用，而不是被滥用，甚至被恶意使用。在商业回报之外，科技公司的产品与服务必须兼具公共价值与社会视角。前者指向"善品创新"，后者指向"产品底线"。科技向善的目标可以理解为用户价值与社会福祉最大化。对于新技术产品与服务带来的各种负面效应，科技公司必须承担相应的责任、提供解决方案。

如何善用科技将极大地影响人类的福祉。推动科技向善并不容易。科技向善可以有很多角度的理解，也可以有很多维度去实践。科技向善是人类命运共同体的内在要求，我们要让科技向善成为社会的共同准则。

科技进步很可能引发一些人类不希望出现的问题。美国乔治华盛顿大学教授、前美国联邦贸易委员会主席威廉姆·科瓦契奇（William Kovacic）指出："我最大的担忧是技术如此强大，发展过于迅猛，以至于压倒了大多数人以及研究机构掌握技术和做出向善选择的能力；我担心这些技术的成长速度太快，而这同时伴随着极大的影响力，在这样的前提下，我们可能会在技术使用方面做出错误选择。一旦失去了对技术的控制，我们就成了技术灾难的制造者"。

英国哲学家大卫·科林格里奇在《技术的社会控制》一书中提到："一项技术的社会后果不能在技术生命的早期被预料到。然而，当不希望的后果被发现时，技术却往往已经成为整个经济和社会结构的一部分，以至于对它的控制十分困难。"这就是控制的困境，也被称为"科林格里奇困境"。例如，香烟、汽车的发展使人类进入了两难困境。吸烟带来的危害是全世界最严重的公共卫生问题之一，吸烟严重危害人类健康，烟草包含近 7000 种化学物质，致癌物就有约 70 种。世界卫生组织统计显示，全世界每年因吸烟死亡的人数接近 800 万。每 100 名抽烟的人中，大约有 25 人患有肺癌。汽车尾气也成了城市空气污染的重要因素。

人类进步是科技驱动的，科技本身有大善的一面：提高效率，增进我们对世界的理解，提高我们的生活品质。从这个角度，所有的科技产品本质上都是一种善。但出于人性本能的驱动，当善与利益发生冲突时，科技就可能被利益所驱动。

商业的核心价值是提供生活问题的解决方案，而不单纯是为了营利或仅为促进自身发展。如果商业不能够帮助人们使生活变得更好，那么将没有存在的意义。商业实际上拓宽了人的生活空间，让人的生活空间变得更大、更舒适、更便捷。以一组特定的功能可用性为例，许多身患残疾的人士，他们的行动范围将在数字世界中得到显著扩大。语音控制的机器人将听从行动不便者的指令；自动驾驶汽车将使他们的出行更容易；失语或失聪的人可以戴上能把手语转化为文字的手套；智能眼镜中嵌入了语音识别软件，穿戴者可以读出所有声音，包括语音、警报和汽笛声；通过脑机接口，有交流障碍的人仅用意念就能把信息"传输"给别人。至于思想自由，虽然数字技术陪伴我们的时间不长，却已经带来了信息创造和交流的爆炸性增长。这应该对自由思想的敌人——无知、心胸狭窄和单一文化构成威胁。我们可以想象，在未来，越来越多的人都能更容易地接触到人类文化和文明的伟大作品。

科技向善典型案例——服务于老人健康的产品。"空巢"老人缺少陪伴，打电话担心费用太高甚至不会打电话，用"平安通"，可不花钱按相应图片"一键接通"视频聊天，其他人通过"平安通"可随时查看老人状况，还可对煤气泄漏、漏水、火灾、外出等情况监测报警；装上毫米波雷达，可时刻监测老人健康数据及安全状况，一旦发病、摔倒会自动报警；有跌倒史的老人用上"带气囊防摔马甲"，一旦摔倒会弹出气囊，可以确保老人不受伤；半失能老人行走锻炼需专人陪护，用"带轮椅的助行器"或"康复助行车"，老人在车内可坐、可站、可走，不用人陪且不会摔倒；用能帮助起身的沙发及马桶，可以使其生活更幸福；失能老人洗澡是难题，用"助浴宝"一个人在床上半小时就能给老人洗一次澡；搬运失能老人是难题，用"移位+轮椅一体机"，只要扶老人坐起就可自由搬运，可当轮椅使用，还可坐上洗澡；给失能老人用上"轮椅'运动'护理床"，可在床上基本解决老人所有刚需，特别是自动翻身、床变轮椅等功能，大幅提升老人幸福感，并减少护理工作量；老人脑梗、心肌梗多发，佩戴"安顿"表可监测健康指标并提前预警，子女可随时查看监测报告，"超标"自动报警。

2.2.2　科技向善的路径

技术创新是推动人类社会发展的最主要因素。在 21 世纪的今天，人类拥有的技术能力以及这些技术所具有的"向善"潜力，是历史上任何时候都无法比拟的。人工智能等新兴技术本身是"向善"的工具，可以成为一股"向善"的力量，用于解决人类发展面临的各种挑战。与此同时，人类所面临的挑战也是历史上任何时候都无法比拟的。联合国制定的《2030 可持续发展议程》确立了 17 项可持续发展目标，实现这些目标需要解决来自生态环境、人类健康、社会治理、经济发展等方面的问题和挑战。将新技术应用于这些方面是正确的、"向善"的方向。例如，人工智能与医疗、教育、金融、政务民生、交通、城市治理、农业、能源、环保等领域的结合，可以更好地改善人类生活，塑造健康、包容、可持续的智慧社会。

如何确保科技持续向善，这是人类面临的重要挑战。随着科技的能量日益增强，如果不能妥善控制，它所带来的风险也将同步增加。任其无约束地发展，有可能破坏人类的生存秩序和社会稳定。过去一个多世纪里，科技始终作为一种突破性的力量，推动着人类社会前行，带来了一系列颠覆性的变化。它为那些能够接触到新技术的人打开了全新的生活世界，并为有能力支付创新产品和服务的人提供了更高效的生活方式。

无论是利用科技创新来解决社会面临的紧迫问题，还是从以人为本的基本价值观出发来克服科技的负面后果、避免技术滥用，都需要一个过程，让科技创新受到社会普遍接受的价值观的引导和约束。一方面，科技创新赋予了科技向善和普惠的能力，让人们拥有更广阔的以科技增进福祉的空间。科技是一种能力，向善是一种选择。如果技术的选择旨在追求善用、避免滥用、有所为有所不为，那么这个选择必须由决定其发展和受其影响的人类做出。更重要的是，向善的选择不仅取决于技术系统内部，更在于让技术产品和服务的相关群体和公众参与技术的选择，使尽可能多的人可以有效地接触新技术，跨越学习门槛，跟上技术创新步伐。另一方面，社会创新越来越重视科技创新，以更有效地推进社会变革，找到满足市场或公共部门无法充分满足的社会需求的新方法，使科技的力量直接服务于改善社会的目标。

借助科技创新，社会组织和社会企业可以通过技术赋能赋予人们更多自主追求美好生活的能力，创造更多新的社会关系和协作方式，使整个社会更加注重普通人的参与、赋权和学习，为人们创造更多的联结机制，实现向机会均等、平权协作的新型社会的转型。

实现这一切的关键在于如何运用新的技术手段，有效提升技术的科技性、适用性、易学习性、可改进性等方面的用户体验，同时对此进行精细的动态监测和评估。

在具体的应用场景中，科技向善要通过价值引导实现资源重整并形成有效的运作闭环将面临极大的挑战。只有通过基于实践数据的反馈迭代，社会创新才可能具有可持续运行的效能，重新定义科技应用场景中的基本权利关系，进一步引导公共或民营资金的持续流动，最终使其预期的社会变革制度化。

2.3 科技风险及其社会表现

每项技术的发明都具有明确的目的。然而，很多技术在应用中却带来诸多意想不到的问题，例如，人工智能的发展引起大量失业；信息通信技术成为极权的帮凶；核电站事故引发人类健康和环境问题；转基因食品可能诱发心脑血管疾病与不孕不育并带来未知毒素和环境安全的风险等。科技发展可能产生安全隐患、认知偏见、伦理危机等系列风险。

科技风险与科技价值及其实现密切相关，科技风险伴随科技价值实现的过程而产生。20世纪50年代，维纳提出了"新工业革命是双刃剑"的命题。之后，人们就用"双刃剑"这一形象的比喻来诠释科技发展对社会、经济和自然界影响的双面性。科技既可以造福于人类，也可以给人类带来灾难。人类享受科技发展所带来的文明成果，同时承受着与科技发展密不可分的、令人不堪忍受的沉重代价。它的发展一旦失去了人文价值的引导，偏离了大多数人的目的，必然损害人类利益，从而在某种程度上抵消科技发展的正面效益。只有当科技的研究与运用有利于人类整体、长远的生存和发展，并有利于人的全面发展和人自身价值的全面实现时，科技发展才具有真正进步的意义。现代生活的方方面面都渗透着科技的因素，科技已经和人类社会融为一体，因此科技风险从根本上说就是社会风险。"风险社会"是德国著名社会学家乌尔里希·贝克首次系统提出的理解现代社会的核心概念。贝克认为，风险社会的突出特征有两个：一是具有不断扩散的人为不确定性的逻辑；二是导致了现有社会结构、制度以及关系向更加复杂、偶然和分裂状态转变。

现代科技发展为人类打开了通往新世界大门，也带来了不可忽视的挑战和风险。例如，生成式对抗网络推动了人工智能技术的发展，机器已能创造出以假乱真的图片和视频来混淆视听。再例如，"人造胚胎"不需卵子或精子，仅从干细胞中就可以被培育出来，将来若与真实的人类胚胎难以区分，我们该如何处置？"基因占卜"同样充满争议，谁愿意知道自己将来会罹患癌症？谁能保证这种基因预测的结果准确无误且不被滥用？新兴技术的发展向人类提出了这样的问题：我们究竟该如何善用科技的突破性进展，既能解决过去无法解决的困难，又不至迷失在谁能扮演拯救者的迷惑与恐惧之中？

2.3.1　科技风险的内涵

科技风险是指科技在应用过程中可能引发的危害或损害。科技风险是科技价值在被消费、被享受过程中，科技对人或社会所产生的负面效应，来源于科技内在的不确定性。当今社会中，科技的社会负面影响越来越多地呈现出来。正如美国社会学家查理斯·培罗所说，高度发达的现代文明创造了前所未有的成就，却掩盖了社会潜在的巨大风险，被认为是"社会发展决定因素和根本动力"的现代科技正在成为当代最大的社会风险源。

科技发展和应用引发的科技风险，即吉登斯提出的"人造风险"："我们面对的最令人不安的威胁是那种'人造风险'，它们来源于科技不受限制的推进。科技理应使世界的可预测性增强，但与此同时，科技已造成新的不确定性——其中许多具有全球性，对于这些捉摸不定的因素，我们基本上无法用以往的经验来消除。"

德国社会学家 W. 科布恩将科技的风险特性称为"风险包含"。随着近年来技术创新的加速，对科学知识的运用日益变成在实验室之外对包含风险的技术的检验过程。这种检验的必然性和必要性突破了传统实验科学的界限，使社会本身变成实验室，从而因实验结果的不确定性而提高社会的风险水平。

科技风险不仅带来了生态的破坏，还直接影响了经济、政治、文化等方面。信息技术与经济的结合发展使金融危机一旦发生就将波及几乎所有国家的经济运行；核武器的发展则直接导致国家间基于政治目的的战争烽火；在社会领域，生物技术挑战了几千年来形成的伦理规范；在文化领域，科技风险已开始被越来越多的人所了解，而这本身就构成了一种风险文化。在风险面前，人们看到的是越来越多的不确定性。

科技具有正、反两方面的作用，在造福人类的同时，也存在各种风险。新兴科技发展带来的风险包括：技术失控风险、技术误用与滥用风险、社会效应风险、制度化风险、认知风险。

1. 技术失控风险

技术失控指的是技术的发展超越了人类的控制能力，甚至人类被技术控制，这也是很多人最为担忧的风险。例如，假设将来出现了可以自主学习，同时在不同领域普遍超越人类能力的强人工智能，则必然出现技术失控，人类将沦为人工智能技术的奴隶或宠物。现有人工智能技术仅在满足强封闭性准则条件下，才可发挥其强大功能；在非封闭的场景中，现有人工智能技术的能力远远不如人类，而现实世界的大部分场景是非封闭的。所以，目前暂不存在技术失控风险。Open AI 导致通用人工智能初现端倪，引发越来越多的人担心人工智能技术在不久的将来会失控。霍金警告，人工智能可能毁灭人类。埃隆·马斯克警告，人工智能是人类文明面临的最大风险。2015 年上映的英国电影《机械姬》讲述了智能机器人艾娃杀死了自己的创造者纳森，并监禁了纳森的员工加利的故事。

2. 技术误用与滥用风险

技术滥用是指人们在利用技术进行分析、决策、协调、组织等一系列活动中，其使用目的、使用方式、使用范围等出现偏差并引发不良影响的行为或情形。例如，远古时期，人类发明了取火技术，用火烤制食物、照明、取暖、冶炼等，为人类生活提供了便利，也改善了人类的生活质量。火可用于早期的人类烽火通信，人们可以及时得到外敌入侵信息；火也可能引发森林大火、楼宇火灾，给生命和财产带来巨大损失。新技术的非正当使用是当前存在的主要风险，这是一个"老问题"。例如，个性化推荐、网络爬虫、内容生成、社交机器人账户、人脸识别技术的滥用，导致大数据杀熟、Facebook 放大仇恨言论等现象。新技术在最初应用时往往都出现过类似情况，主要治理手段不是通用的伦理原则，而是实际可操作的行业规则（如技术标准），而且都取得了不错的效果。

技术的非正当使用存在三大挑战和机遇：可执行的行业规则的制定、研发体系制度的建设（消除传统设计范式的伦理非封闭性）和能力建设（发展能够处理长期效应、跨界效应的设计研发能力）。率先把握这些机遇的国家、企业和个人将获得新型竞争优势。

技术的潜在滥用涉及两个关键问题：应该由谁来做出使用技术的决定，以及由谁来控制技术的使用。

技术误用和滥用将对社会产生负面影响，这些负面影响包括以下几方面。

① 环境污染。随着科学技术的迅猛发展与现代工业生产的急剧增长，环境污染日益显示出全球性，对整个人类的生存构成了威胁，如空气污染、水污染、土壤污染、温室效应、臭氧层空洞、酸雨、核放射污染等一些具体的环境问题。例如，2005 年松花江重大水污染事件；2008 年云南阳宗海砷污染事件；2010 年大连新港原油泄漏事件。

② 生态危机。由于人类不合理的活动，特别是利用科技向自然界无限索取的活动，在全

球或局部区域导致生态系统结构和功能损害、瓦解，从而危害人类的利益，威胁人类生存和发展。森林毁坏、物种灭绝加快、土地荒漠化、气候变化是一些具体的生态问题，导致生物多样性减少和生态系统失衡。例如，1986 年切尔诺贝利核泄漏事件和 2011 年日本福岛核事故是两个重大环境污染事件，带来了严重的生态危机。

③ 战争和恐怖犯罪活动。战争中，交战双方利用最先进的科技制造各种武器，导致人类之间互相残杀。随着科技的发展，现在的战争所造成的破坏与损失已远远不是以前可比的，甚至有可能造成人类灭亡。恐怖分子利用先进的技术进行恐怖袭击，造成大量人员伤亡与社会动荡。人身安全越来越没保障，现在平均每天都有数以万计的犯罪行为发生，而犯罪手段大多与时下的新科技相关，如电信诈骗、网络诈骗，以及巴以冲突、俄乌战争中智能武器的使用等。

④ 资源短缺。长期以来，人类有一种错误的看法，认为地球上的资源是取之不尽、用之不竭的，但随着科技和生产力的发展，人类已经面临自然资源短缺的局面，如矿产资源枯竭、能源危机、水资源危机等。联合国有关机构已发出警告："不要认为水是无穷无尽的天赐之物，事实上，世界上的水荒正在不断地加剧，威胁着人类的生存。"全球有超过 7.33 亿人生活在水资源高度紧张或严重紧张的国家。

⑤ 人口和健康问题。人口问题好似工业文明所带来的恶果之一，又成为环境污染、资源枯竭、粮食紧张等全球问题的重要根源，其中人口膨胀、人口老龄化、粮食危机等问题日益严重。各种新兴病毒不断出现，很多病毒的杀伤力已远超以前病毒的破坏力。这是由于医药科技的迅速发展加快了病毒的变种，以致科技的发展速度跟不上病毒的变种速度。艾滋病毒等就是典型代表。基因编辑技术、生物技术的使用可能导致不可预知的遗传疾病或生态灾难。

⑥ 人为性风险。当代科技风险主要来源于人类自己的决策，即"人造风险"，更确切地说，来源于现代科技的发展。首先，来源于技术化环境的风险。古代的灾难一般都是外部对人类的打击，因此都可以归之于自然的神秘力量。但随着科技的发展，自然便逐渐退化为人类控制与利用的对象。然而，技术的成功却带来了新的风险，生态危机、全球环境变化、各种新的变异病毒开始向人类发起挑战。生物技术和信息技术的融合发展则早已超越了纯粹的科技本身，而向人类自身提出了质疑。人工智能对于人类自身的潜在威胁成为世界的焦点。2010 年 5 月 20 日，美国科学家宣布"完全由人造基因控制的单细胞细菌"研制成功，这意味着世界首例人造生命的诞生，由此它被命名为"人造儿"。生物技术正在颠覆"进化"的概念，同时带来了前所未有的对于人的价值、伦理和意义的冲击。不过令人遗憾的是，现代科技本身似乎无法为此给出任何确定的预防机制或解决措施。

"人造风险"具有不可预测性、不可控制性、跨时空性等特征，由于控制研究比控制应用更加实际可行，所以，科学家在高度负责地推进科技创新时还应对科技风险承担更大责任。由此引出一个棘手的问题：就科学的最终产物而言，科学家应该在什么程度上对他的发现负责。例如，爱因斯坦发现了质能公式，他对原子弹出现和核威胁承担什么样的责任？

⑦ 公平性风险。人工智能系统可能导致招聘、教育、医疗等领域的不公平现象，社交媒体平台上的网络欺凌和仇恨言论可能加剧社会分裂和歧视。如今，上流阶层从早期受孕开始就通过各种方式干预，已经日渐成为外貌、体能、健康、智慧等方面的一种特殊的高级群体。硅

谷超级婴儿计划已开始实施，而通过器官移植、再生医学、基因工程、纳米机器人等新技术，到 2050 年，一部分人有望活过 200 岁，乃至接近"不死"。好莱坞影星安吉丽娜·朱莉（Angelina Jolie）通过收费高昂的基因测试和手术干预，提前对自己患乳腺癌的高风险做出安全规避。这些新技术是当下绝大部分人都承受不起的。当生物工程、仿生工程与人工智能工程所带来的最新利好，只被极少数人所享用、把自身提升为"钢铁侠"式超级赛博格时，这将对人类"文明"带来真正的致命威胁。

有人预测，在不远的未来，99% 的人将变成"无用之人"。这个社会的 99% 和 1%，本来是社会性的不平等、共同体生活中的不平等，自然生命上并无不平等。"钢铁侠"式超级赛博格诞生的政治后果是，政治生活中的不平等导致自然生命的最后平等也被破除。以前 99% 的最大安慰是，1% 再风光，最后大家殊途同归。但是，"王侯将相"们现在倚靠共同体生活中的既有不平等，最终能让自己不归尘土，并且通过生物工程、仿生工程与人工智能工程带来的各种新技术，从一开始就对自身进行生物意义上的改进和锻铸。于是，很快，99% 和 1% 真的会从共同体生活中的不平等，变成生物学意义上两种完全不同的人。以前当我们是同一种人时，我们都没有政治智慧来安顿共同生活，20 世纪还有大规模的种族屠杀，以后若生物学意义上变成两种人，则如何共同生活？未来的世界很可能不是人工智能统治人类，而是"钢铁侠"式超级赛博格统治一切。

⑧ 信息安全与隐私侵犯风险。例如，计算机病毒会窃取机密，或将他人文件加密以骗取钱财，这些行为对个人和企业的信息安全构成严重威胁；利用科技手段非法获取他人信息，通过电话、短信等方式进行网络暴力、诈骗，侵犯个人隐私。近年来，勒索攻击事件频发，涉及金融、医疗、制造、零售及通信等关键领域。例如，2024 年 6 月，印尼数据中心遭网络攻击，被勒索 800 万美元；2024 年 2 月，美国医疗 IT 巨头联合健康（UnitedHealth）集团因勒索攻击损失超 60 亿元；波音公司、拉丁美洲最大电信运营商 Claro、欧洲医疗巨头 SYNLAB、加拿大零售药店巨头 London Drugs 等均被勒索。

3. 社会效应风险

社会效应风险也被称为应用风险，指的是在不发生技术失控和技术滥用风险的情况下，新技术应用导致负面社会后果的可能性。

目前，人们最担心的是人工智能在某些行业中的普遍应用导致工作岗位的大量减少，即"技术性失业"问题；此外，人工智能可能加剧收入不平等，引发法律与伦理困境以及奇点临近带来的恐慌等。对于这种潜在风险，不但人类现有预测能力严重不足，而且预测方法难以适应新形势的需要，从而给判断和决策带来困难。应用风险是由技术的应用引起的，因此关键在于对应用的掌控。根据强封闭性准则，人工智能技术在实体经济中的应用往往需要借助场景改造，而场景改造完全处于人类控制之下，做多做少取决于相关的产业决策。例如，2024 年 7 月，武汉"萝卜快跑"的运营引起广泛关注。

4. 制度化风险

现代的经济、政治和法律制度等一起为工业风险负责，同时意味着科技风险固定责任人的缺失，德国社会学家乌尔里希·贝克则称之为"有组织的不负责任"。有罪过，但无犯过者；有犯罪，但无罪犯；有罪状，但无认罪者。制度化风险同现代科技与制度的结合密切相关。典型的例子就是现代经济制度。现代一系列经济制度在某种程度上为人们提供了风险的激励机制（如投资市场、股票市场和金融市场），同时各种制度为人类的安全提供了一定的保护，但这种制度潜藏的无法控制的因素带来了制度性风险。风险的决策性质使得风险超越了外部，成为一个社会和政治问题，这种决策是由整体组织机构和政治团体做出的。

对人类社会发展影响最大的两个领域——科技、金融，两者的结合是社会发展的趋势，由此也引发了制度化风险，如2008年国际金融危机、2021年某公司房地产爆雷。

5. 认知风险

"人赚不到认知以外的钱。"认知风险是一个复杂而多变的概念，尤其是在涉及新兴科技时。由于新兴科技涵盖多个领域和层面，其风险也呈现出相应的复杂性。同时，随着科技的不断演进，这些风险也在持续变化。为了全面评估这些风险，个体需要从技术、经济、社会、伦理等角度进行综合考量，并且不断更新自己对风险的认知，以便跟上科技的迅猛发展。

值得注意的是，某些风险可能具有隐蔽性和长期性，这使得个体难以直接感知和理解。

此外，每个人对新兴科技风险的认知都是独特的，这源于个体在知识、经验、价值观以及信息获取和处理能力上的差异。这些差异不可避免地会影响每个人对风险的理解和评估。因此，我们需要持续学习和了解，以便更准确地把握新兴科技带来的各种风险。

2.3.3　科技风险的特点

与前三次科技革命相比，第四次科技革命呈现出许多鲜明特点：一是发展进程高速化，科技本身的发展速度越来越快，科技产品的结构越来越复杂、精密；二是技术产业化，科技成果商品化的周期越来越短，科技转化为生产力的速度越来越快；三是技术群体化，科技革命的内容极为丰富，而且联系密切，形成了群体形式；四是科技的社会化趋势大为增强；五是科技对人类社会产生了空前巨大而深刻的影响。

当今时代，前沿科学领域中产生了一系列新兴科技，如基因工程、人工智能技术、机器人学、合成生物学、神经技术、纳米技术、微电机系统、增强现实、3D打印、异种移植等。此外，科技应用存在因其被资本市场化而带来新的社会道德伦理问题，譬如：强化社会不公正效应、科技人员自身的职业道德操守、知识产权保护与被政治化且违背科学原则本身的技术"隔离"和"技术封锁"等，都是现代科技伦理学必须面对并及时回应的道德伦理新问题，更不用说核能技术的两用（民用与军用）、无人机、智能武器、太空武器一类的军事化科技所隐含的更为严重的道德伦理问题。这些新兴科技促使风险具有新的特点。

1. 科技风险呈现普遍性

随着新科技革命的展开，各种高新技术发展的风险问题涌现，包括生态风险、基因技术风险、网络风险、核生化技术风险、纳米技术风险、航天技术与太空风险等。这些风险带来的全球冲击使人类社会面临着前所未有的挑战，并开始对现有的社会制度造成冲击。

2. 科技风险呈现不确定性

科技风险的不确定性远超人们的直观感知范围，如放射性、基因变异，以及空气和水中难以察觉的毒素等。这些风险不能被轻易识别，需要依赖深入的科学知识解释和精密的检测手段。随着科技日新月异的发展，那些难以直接观察或感知的潜在危险愈发引起人们的关注。尽管这些风险看似隐蔽、模糊且难以预测，但它们的存在不容忽视。

科技风险的本质在于其潜在的破坏力和对未来的不确定性。在多数情况下，我们难以准确预测科技应用将产生何种影响、影响的广度如何，以及潜在严重后果发生的概率。这种"不可感知性"和"知识依赖性"正是当代科技风险的核心特点。现代科技的迅速应用与广泛拓展带来了众多不可预见的风险与不确定性。例如，基因编辑和克隆技术等的应用不仅改变了人类作为"自然人"与"社会人"的本质，更可能创造出非自然的"人工人"。这种变革直接引发了法律、道德、伦理乃至生命身份等方面的严峻挑战和潜在风险。

3. 科技风险呈现全球性

科技风险全球化随着科技社会一体化的进程呈现加速趋势，与科技纵向的日益分化和横向的高度综合密切相关，而在此基础上形成的大科学系统更是加强了科技的全球化进程。在大科学系统中，没有任何一个单独的国家或团体能够控制整个科技项目的发展；同样，科技风险不可能只在某特定区域爆发，往往给各国（或地区）甚至整个世界带来无法预测的后果。

另外，当前科技已经渗入经济、政治、军事等领域，而大科学的出现也将整个世界的经济、政治和社会生活联系在一起，科技全球化势必带来科技风险全球化。科技风险为世界各国带来了新的国际不平等，例如，危险的工业已从发达国家转移到低工资的第三世界国家，导致越贫困的国家承受风险的可能性越大。但最终，科技风险是全球性的，风险的制造者和受益者也终将承受不良后果。在科技迅速发展并具有决定性意义的今天，科技风险也必将成为制约人类社会持续发展不容忽视的力量，因此，必须引起足够的重视与全面反思。

2024 年 7 月 19 日，美国网络安全企业"群集打击"（CrowdStrike）软件出现问题，引发操作系统蓝屏、全球宕机，此次事件波及不少国家和地区，影响全球近千万台使用 Windows 的设备，导致航空公司、银行、电信公司、媒体、健康医疗等行业陷入混乱。

4. 科技风险呈现不可计算性

不可计算性的基础是统计学及概率计算。核能、化学、基因、生态的大灾难摧毁了以科学和法律制度建立起来的风险计算的逻辑基础。科技风险的不可计算性大大增加，并逃离了人们的感知范围和可预测范围，它不仅涉及某物质性危害的结果，还可能包含多种物质的和非物质的灾难，原因则可能来源于多种途径。正如贝克所说，可计算和可选择的安全不包括核灾难、气候变迁及其后果，不包括亚洲经济崩溃、低概率但高效果的未来技术引发的风险。全球性的灾难使金钱补偿机制失效；预防式的事后安置因致命灾难下可想象的最坏情形而被排除；对于结构进行检测的安全概念失效；"事故"成为一种有始无终的事件，在时间上无休止地蔓延，从而使正常的标准、测量的程序和计算的基础均被破坏。

5. 科技的双重用途与科技风险的伴生性

技术往往具有两面性，新兴技术有可能为人类带来巨大的利益，也可能引发巨大的风险，新兴技术总会产生一些我们从来没有遇见过的新伦理问题。这些技术可以被善意使用，造福于人类，如疫苗研究；也可以被恶意使用，给人类带来灾难，如制造生物武器。随着一门新兴技术的不断发展，它被恶意利用的可能性也会逐渐增大。在人工智能领域，技术越先进，它被利用开发恶意软件、欺诈软件的可能性就越大，恶意使用者进行攻击的成本降低，攻击的成效提高，影响的规模增大，例如，ChatGPT 推广不久就被人用于诈骗。双重用途的特性增加了技术的不确定性，例如，难以完全掌握恐怖分子利用新兴技术进行袭击的概率，因为不可能获得所有必要的情报信息。

新兴技术带来的伦理影响十分复杂，而且这些影响之间相互关联、相互作用。由于相关经验和知识积累不够充分，我们目前还难以精准预测和把握新兴技术可能引发的伦理挑战，这进一步加剧了新兴技术使用中风险的不确定性。例如，合成生物技术或许可以解决当今困扰许多国家甚至全世界的粮食、营养、能源、环境保护和防病治病等问题。通过将合成的基因组置于细胞内，可以制造出新的能源、新的可降解塑料、清洁环境的新工具、富有营养的蛋白质、药物和疫苗。然而，合成生物技术既可以为人类造福，也可能带来风险隐患。由于合成生物技术具有简便实用、容易掌握、成本低廉等特点，有可能被恶意利用，甚至制造出流行的病毒。为了更好地发展、利用合成生物技术，我们需要对其可能带来的伦理风险进行充分预判和防范，并进行正确引导。

2.4 风险悖论产生的原因

2.4.1 风险悖论产生的内在原因

从科技发展的角度看，科学认识是一个过程，科学具有容错性。

1. 科学真理的相对性

科学作为一个知识体系，并非静止不变，它是一种方法，既是探索奥秘、追求真理的途径，也是指导实践、改造事物的手段。贝尔纳指出，作为知识体系，科学与其他意识形态总是紧密相连的。科学的进步依赖于非科学的知识背景，并受到包括哲学思想在内的各种观念形态的制约。同时，科学成为推动人类各种思想形式改造的强大引擎。然而，在面对新事物、未知事物时，我们的认知常常存在局限性。例如，古人深信地球是平的，直到 1522 年葡萄牙人麦哲伦才将"地平说"改成"地圆说"；地心说的起源很早，由古希腊学者欧多克斯提出，公元 140 年前后，古希腊天文学家托勒密在前人观测和现有理论的基础上完善了"地心说"；1543 年，哥白尼提出了"日心说"，历经 1600 余年。

由于科研中的认知有限，我们可能在有意或无意间突破原有的伦理规范，形成新的伦理缺口。在科研的探索与创新中，我们必须时刻警惕知识的相对性和局限性，以免在追求科学真理的道路上误入歧途。同时，我们需要更全面、更深入地理解科学与其他意识形态之间的互动关系，以更好地把握科学知识的发展方向和应用边界。

2. 科学知识的非理性

直觉、灵感、好奇心甚至某种程度的"偏见"等非理性因素在特定情境下能发挥重要作用。科学中的非理性因素对于打破盲目信仰知识具有积极意义。非理性因素在一定程度上表明了人的认识水平是有限的，同时揭示了科学知识中真理性和相对真理性、确定性和不确定性的辩证统一。人的非理性和逐利性导致在进行科技创新活动和科学研究时，可能违背已有的伦理原则，或者因为新的伦理原则尚未建立，在新旧之间、有规定和无规定结合的部分打擦边球，产生有违人类伦理或争议极大的科研行为，以及科研成果的不当使用。尽管人们坚信所有科研和创新都是为了造福社会，但是科学探索在很大程度上处于一种未知甚至无知的状态，人们并不清楚这样的探索和结果应用于人类社会、自然界会产生什么后果、有无潜在风险。

2.4.2 风险悖论产生的社会原因

在研究实践中，科研人员不仅需要专注于探索未知，还必须审慎考虑其研究可能引发的伦理问题。这种责任担当是一项错综复杂的任务，尤其是在大科学的背景下，科学研究的行动潜力在很大程度上依赖于社会系统所提供的资源。这意味着，除了科学的内在准则，科研人员还必须遵循经济、政治、文化等其他社会领域的伦理标准。

由于科学建制与其他社会建制之间的价值立场存在差异，特别是科学应用示范效应对社会的影响，科学行为的内在标准与社会伦理标准之间常常出现价值冲突。这是现代社会科学争议频发的重要原因。在当前大科学的背景下，科技已逐渐演变为具有重大战略意义的产业。

在工程技术层面，科技与市场紧密相连，与经济利益息息相关。因此，经济伦理的规范和约束对于科技的健康发展至关重要。

在科学研究层面，作为探索者，科研人员应主动承担起科学研究的伦理责任，以客观、公正、负责的态度向公众揭示科技的潜在风险，确保科技的健康发展。

在科技环境层面，政府、企业团体等作为科技决策和发展的主体，其决策和战略对科技的发展方向具有决定性作用。因此，生态和谐的伦理理念应成为他们的行动指南，以确保科技为人类带来福祉而非灾难。同时，公众应自觉参与科技活动，不断提高科技素养，为科技的健康发展贡献力量。

2.5 科技伦理及其发展

伦理道德在人类生存的世界中承载着特殊的价值角色。科技伦理是人类社会对自身科技实践活动及其蕴含的道德伦理问题的哲学反思，以及由此所形成的基于公共理性论证的科技价值选择原则与科技行为的道德伦理规范。从科技伦理的发展历程来看，其已经成为人类对技术的一种常态反思。医学伦理、计算机伦理、纳米伦理等分支领域都是科技伦理的具体体现。如果说科技是现代社会发展的"第一生产力"或"第一驱动力",那么科技伦理就是这个第一驱动力不可缺少的导航器,是人类科技实践能够始终沿着正确价值导向行稳致远的润滑剂。

正是现代人类谋求发展的过程中造成了这些空前的道德伦理新问题,它们既是我们不可推卸的责任,也是我们建构现代科技伦理的充分正当理由。任何科技实践都应以人类自身及其社会文明的完善和完美为最高目的或目标追求。

伦理道德的发展永不停息,但不成熟的科技伦理在一定程度上遏制了科技创新的发展。例如,当社会公众的认知水平尚未达到一定高度时,某些科学活动的实施可能被认为是违背公序良俗的。以输血为例,早期因为输血不当导致的死亡曾引发了民众对于输血科学性的抵制。再如,中国第一条铁路起源于 1876 年,当时很多人认为铁路会影响风水,破坏大清的龙脉,对此进行抵制。

此外,法律与道德的界限也成为科技伦理立法与规约之间界限尺度的问题。例如,大数据收集个人信息用于算法优化和服务改善是合理的,但将隐私信息用于达成私人目的就不妥当了,如果出售牟利更会涉及法律问题,但这个法律与规约的界限尺度仍难把握。

2.5.1　科技伦理辨识和内涵

美国学者斯皮内洛在其著作《世纪道德——信息技术的伦理方面》中指出:"社会和道德通常很难跟上技术革命的迅猛发展,技术的步伐常常比伦理学的步伐要急促得多,技术的力量所造就的社会扭曲已有目共睹,被技术支配的危险就在身边。"

马克思曾指出:"技术的胜利似乎是以道德的败坏为代价换来的。人类越控制自然,个人却似乎越成为别人的奴隶或自身卑劣行为的奴隶。甚至科学的纯洁光辉仿佛也只能在愚昧无知的黑暗背景上闪耀。我们的一切发现和进步,似乎结果是使物质力量具有理智生命,而人的生命则化为愚钝的物质力量。""在我们这个时代,每一种事物好像都包含自己的反面。我们看到,机器具有减少人类劳动和使劳动更有成效的神奇力量,却引起了饥饿和过度疲劳。财富的新源泉,由于某种奇怪的、不可思议的魔力,而变成贫困的源泉。"马克思在 19 世纪中叶看到了机器大工业的发展——劳动者手的解放,被经济学家视为不可思议的悖论现象,即技术的发展反而使工人陷入更悲苦的劳动和赤贫,对此马克思作了直抵社会深层的解释:技术被资本所利用引起了异化。100 多年后,阿伦特可以说是关注到了同一层面的问题:在更高度的自动化(如今可期人脑的解放)之下,人类更自由了吗?事实是悖论依旧:技术为人类赢得的"自由时间"并未让人类自动进入"自由王国",反而让人类陷入繁忙无度的消费,大有将人类变成与"劳动动物"相对应的"消费动物"之趋势。"人类不知疲倦地、'996'地重复劳动,让自己变成机器;机器不断地训练学习提升智能,让自己变成人类"。人类将面对技术反噬的可能,人类创造了技术,却反受其害。这就是所谓技术的"双刃剑"效应,网络等现代科学技术的双重效应更是一种典型的现象。我们看到,新媒体有传播知识和消除信息不对称的巨大力量,然而大数据衍生的"信息茧房"却不断加深认知偏见和意见撕裂,导致"群体极化"现象。

"信息茧房"是哈佛大学教授凯斯提出的概念，指的是："如果你只关注自己选择的领域，只关注某一种信息源，只关注自己愉悦的东西，久而久之，便会像蚕一样，将自己桎梏于自我编织的茧房之中，从而丧失全面看待事物的能力。""信息茧房"概念警示我们过度关注特定领域或信息源可能导致认知的片面性和僵化。在智能数据系统的推动下，人们的喜好被不断强化和窄化，从而陷入自我编织的信息茧房。这种趋势的实质是个体自主性和自我纠偏能力的丧失。长此以往，人们可能逐渐失去对信息的主动选择能力，而习惯于被动地接受系统推送的内容和服务。这种转变不仅削弱了人们的自主性，也加剧了信息的控制力。因此，在享受智能服务的同时，人们应时刻保持警惕和批判性思维，以免沦为算法的奴隶。

伦理准则与科技研发、商业应用的必要性之间存在紧张关系。一种正当的约束是让人从某种不受约束的负面状态中获得更大自由的前提，换言之，个人必须牺牲一些自由，以获得更大范围的自由。理解"科技与伦理的关系"成为人们必须正面回答的一个难题。

1. 科技本质与伦理思想隐含的悖论

当今社会科技的迅猛发展与伦理价值体系相对稳固的惯性之间形成了一道深刻的鸿沟，使得科技与伦理的交互过程时常陷入复杂的困境。从根本属性和内在逻辑上剖析，科技与伦理之间存在着本质的差异与张力。科技作为探索客观世界真理与规律的工具，其核心使命在于解答"是什么"的问题，追求知识的无限拓展与客观真理的揭示。该过程强调开放性和无边界，鼓励科学家勇于探索未知，不受既有观念或社会偏见的束缚。而伦理聚焦于"应当如何"的价值判断，关乎人类行为的是非善恶，以及社会道德规范的构建和维护。技术伦理学的探讨往往将科学的"是"转化为行动的"应当"，引导科技发展服务于人类社会的福祉与正义。

因此，科技与伦理之间的冲突实质上是"是"与"应当"之间的深刻矛盾。科学追求的无限开放与伦理设定的价值边界在特定情境下可能产生冲突，尤其是当科技进步可能触及社会伦理敏感地带时，这种矛盾尤为突出。然而，社会实践，尤其是科技实践的快速发展，不断揭示出"是"与"应当"之间既对立又统一的复杂关系。我们在利用科技成果时，必须审慎地考虑其伦理后果，确保科技发展与人类价值理想相契合。

2. 科技成果应用与伦理思想隐含的悖论

新技术，尤其是革命性的、可能对人类社会产生深远影响的技术，常常会带来伦理上的巨大恐慌。如果绝对禁止这些新技术，我们可能丧失许多为人类带来巨大福利的新机遇，甚至与新的发展机会失之交臂。

科学技术在造福人类的同时加剧了人类对自然界的消极影响，加大了人类危害自身生存的可能性。基础研究涉及优先权和荣誉；应用研究与开发涉及专利、产权和经济利益；科技成果的社会应用涉及如何更好地造福人类。俗话说，无规矩不成方圆。科技活动的各层次，根据各自的运行规律和实践经验，形成了相应的规范（准则）。但科技与社会是一个大系统，用这些特定层次的准则进行"好""坏"评价，做出"应当""不应当"判定时，难免自相矛盾。当代科技实践必须面对创新与规避风险的矛盾，不能因规避一切可能的风险而畏惧不前，使科技失去应有的发展活力。

3. 科技伦理的内涵

科技伦理，通常是指科技研究和科技应用等科技活动中人与社会、人与自然以及人与人之间的关系准则。这种准则不仅规定了科技工作者及其共同体应遵循的价值观念、社会责任和行为规范，更从深层次上要求科技活动不损害人类的生存条件（环境）和生命健康，保障人类的切身利益，并促进人类社会的可持续发展。

科技伦理的重要性源于其对社会的影响。不论是大型科技项目还是日常生活中的小发明，如果缺乏伦理的规范和引导，都可能给社会带来负面影响。科技伦理涵盖了许多不同的领域，如生命伦理、环境伦理、核伦理以及由克隆技术引发的伦理问题等。这些领域中的伦理问题与人类的健康和生存息息相关，因此备受社会关注。

科技伦理的目标在于通过有效的规范，确保所有研究和应用环节都处于伦理的规训空间内，使整个科技研究与应用过程都朝着有益于人类社会的方向发展。科技伦理发生作用的空间结构包括政策环境、研究主体、手段、研究对象、研究结果、应用场景。在研究链条的每个环节中都存在伦理缝隙。如果处理不当，就可能引发严重的社会问题。在伦理学中，许多伦理流派的分歧主要源于对伦理行为空间结构侧重点的选择。因此，提炼出具有普遍实践操作性的伦理规范并非易事。对于科技伦理而言，如何确保研究链条的运转既满足研究的目的，又不违反伦理要求，是一项极其复杂的任务。其中存在许多我们耳熟能详的伦理困境，如目标美好是否可以掩盖手段的残酷。科技成果带来的危害不仅限于那些基于前沿知识的新奇危险，还包括更多基于普通知识的平庸罪恶，如瘦肉精、三聚氰胺、鬼秤（经过非法改装的电子秤）等。

科学技术不仅是推动社会发展的第一生产力，也是建设物质文明和精神文明的重要社会行为。科技承担着社会责任和道德责任。因此，在科技活动中遵守伦理规范是社会发展的需要。任何不符合伦理规范的科技活动都将遭到人们的反对和抵制，甚至会受到法律的制裁。以美国烟民控告几家大烟草公司获胜诉为例，这不仅是法律的胜利，更是科技伦理道德的胜利。烟草公司明知吸烟对人体有害，但出于自身经济利益而违背伦理道德，制造、销售香烟，最终造成不良后果，理应受到经济上的惩罚和良心上的谴责。我国医学专家和经济专家曾计算过一笔账：烟草业赚的钱远不抵烟民因吸烟引发的医疗费用和间接经济损失。因此，无论从哪个角度，对于这类有害的工业技术，限制甚至阻止其发展都是社会发展和进步的需要。例如，2011年"烟草院士"事件引发社会热议。

科技给人类带来的一切危害并非其技术本身的过错，但在科技方法、科技活动和科技成果的运用中明显渗透着社会文化和伦理道德的因素。科学上"能够做到的"并不等同于伦理上"应该做的"。作为先进文化的重要组成部分，科技伦理道德的发展方向对整个社会伦理道德的建立和完善具有极为重要的意义。

面对新兴科技带来的具有颠覆性的价值伦理挑战，为了规避不可接受的伦理风险并缓解普遍存在的伦理焦虑,科技伦理治理已成为科技创新与管理的重要领域。

从科技文化的角度,如"机器人定律"等科技伦理观念的提出,实际上已经预示了通过设计嵌入伦理创新模式的必然性。21世纪以来,随着会聚技术和诸多颠覆性技术的兴起,一场世界与人类深度科技化的浪潮正在掀起。这促使世界各国开始从科技社会系统的维度展开多层面的科技伦理评估与监管,不断探索新的科技伦理评估方法与工具。然而,由于涉及多方价值诉求与价值冲突,人工智能等领域的伦理治理出现了"伦理洗礼"之类的落地困境。因此亟待形成相关群体参与的社群共建机制,使科技伦理建设从原则规范制定阶段走向多主体协同探究实践阶段。

总的来说,科技伦理是对科技活动的道德引导,是调节科技工作者之间、科技共同体与社会之间诸种关系的道德原则、道德规范。全社会必须关注科技伦理和科技工作者群体的社会责任问题。在面对种种新的技术成果的同时,不能忽略其自身涉及的种种现实及潜在的危险,必须正确地利用科技成果为人类造福,维护人类的健康和生命,最大限度地避免科技成果使用不当而给社会带来的负面影响。

2.5.2 科技伦理的发展

科技伦理是在科技研究和应用的实践过程中产生的,随着科技的发展而不断演变,以适应时代的需要。在面对科技带来的伦理冲突时,如何把握科技伦理和科技创新、科技研究之间的界限尺度,将是今后科技伦理面临的一大重要课题。

科技伦理意识源于科学研究内涵的演变。科技成为一种负载伦理价值的实践性行动,与此相联系,科技已经发展到操作生命的水平,因此科研行为本身具有某种风险。可以说,从来没有其他任何一个人文学科像科技伦理学这样迫切需要自然科学。

1. 科技伦理学的产生和发展

伦理价值判断是否适当,首要的标准就是看它是否符合社会基本的伦理原则。然而,在一个纷繁复杂的多元社会中,开展负责任的研究和担负起保障科研行为伦理质量的责任,或者面对多元价值带来的两难抉择如何做出恰当的伦理判断,显然并非一件容易的事情。正是在这个背景下,科技伦理学作为一个崭新的研究领域而诞生。

科技伦理学的产生与发展经历了漫长的过程。英国哲学家斯提芬(1832—1904)首先提出了科学伦理学的概念,而苏联科学家、宇航学的创始人齐奥尔科夫斯基(1857—1935)则于1930年出版了《科学伦理学》一书,标志着科技伦理学作为一门相对独立的学科诞生。

作为一种文化现象,科技不仅是能产生物质力量的知识系统,而且从根本上,存在价值取向。科技的伦理本质首先缘于它是一种文化现象。也就是说,当科技作为一种文化现象登上历史舞台时,它的伦理价值就凸显了。作为一种知识体系,虽然科技本身并不包含或显现其特定的道德价值,但作为人类社会活动及其成果的组成部分,总是和人类的生存和发展相联系,因而必然成为道德评价的对象。本质上,科技是一种革命的力量,能够促进人类社会的进步,为人类带来利益,增进人类的幸福。如今,科学技术是第一生产力,已经成为人们的基本共识。

科技通过与生产力诸要素的结合，从而转化为生产力，正在为人类创造巨大的财富。从这个意义上，科技对人类具有最大向"善"的价值。

如果我们着眼于"科技与人"来审视科技这种文化现象，那么科技的人文精神也是不言而喻的。伦理价值的源泉在人，显而易见，科技伦理的本质同人文精神有着特殊的亲缘关系。当然，人们对科技的人文精神的认识有一个过程，是一个对近代科技反思的过程。基于这个思路，对科技伦理本质的探讨和把握就顺理成章了。

科技道德主要有调节、评价、认识、教育四种作用。当今世界，新科技革命的兴起给人们带来了全新的生活，但也给人们带来了许多前所未有的新问题。从新科技革命的视角来关注道德问题，并把伦理学的规范性研究成果应用于具体的科技领域，无疑是科技伦理学研究的重要内容。事实上，正是为了从理论和实践上回答科技发展提出的种种道德问题，与各科技领域相关的伦理学便应运而生，形成了科技伦理学的许多分支学科，如生态伦理学、生命伦理学、医学伦理学、网络伦理学、核技术伦理学等。就其性质而言，这些学科都属于应用伦理学。可以断言，随着科技的发展，与之相应的道德问题研究也将不断深入。科技发展无止境，相应的道德问题研究也无止境。

2. 科技责任伦理学的发展

科技伦理与责任概念紧密相连，其核心问题在于：科学家和工程师在他们的研究和工作过程中，是否以及在何种程度上涉及以责任概念为标志的伦理问题。

责任伦理学是一种试图通过责任原则来唤起各行为主体的危机意识，为防止人类共同的灾难寻求规范约束的伦理学。责任伦理学既是一种责任形态，也是一种伦理范畴，强调主体动机与行为的联系性和规范性，将"责任"贯穿于行为的始终，无论是在行为的判断、选择、执行还是结果等环节中。

在此，我们需要注意三种责任概念。

❖ 义务责任：指活动主体要遵守甚至超越本身的积极责任。

❖ 过失责任：指伤害行为的责任。

❖ 角色责任：指一个人承担了某种角色，他需要承担相应责任，并可能因为造成伤害而受到责备。

因此，在当今这个人类对自然的干预能力日益增强的时代，发展一种以未来的行为为导向的、预防性的、前瞻性的责任意识十分必要。

科技伦理的道德要求是责任伦理，实际上是一种以"尽己之责"为基本道德准则的伦理。这个概念最初由德国著名哲学社会学家马克斯·韦伯于 20 世纪初提出。而责任伦理学的兴起源于德国学者汉斯·约纳斯于 1979 年出版的《责任原理：技术文明时代的伦理学探索》一书。之后，许多学者认同韦伯的研究成果，并从不同领域、不同侧面深化了责任伦理问题的研究，形成了较为成熟的观点和主张，使责任伦理成为目前涉及范围较广的实践伦理体系之一。同时，越来越多的学者开始将责任伦理的内涵扩展到处理人与自然、人与土地、人与环境的关系之上，并从人类切身的环境变化方面进行责任反思。

2.5.3　科技伦理治理策略

科技的发展速度非常快，诸多科技正处于密集的突破阶段，如人工智能、大数据、脑机接口、人类嵌合体、基因编辑、辅助生殖和生物科技等。不幸的是，对于它们可能带来和改变的一切，我们至今仍然知之不多。这些前沿科技在给人类带来巨大福祉的同时，也不断突破人类的伦理底线和价值尺度。一旦失去伦理的界限，科技本身也可能蜕变为恶的种子。

新兴科技具备设备精密、技术复杂、知识结构繁复等特点，这使得科技工作者往往将重心放在科技问题上，而忽略了对涉及伦理、法律等问题的关注。此外，少数科技工作者受利益驱动，采取违反伦理规范。这就需要我们加强对科研活动的伦理规范和监督，有效防范相关的伦理风险。科技伦理是科技活动必须遵守的价值准则，已成为国际社会高度重视的共同议题。加强科技伦理制度化建设，推动科技伦理规范全球治理，已成为全社会的共同呼声。

1. 完善法律法规、加强科技伦理监管

当前，我国在前沿科技创新治理体系现代化建设方面，科技伦理落后于科技发展，对前沿科技创新活动进行伦理审查和监管的制度化建设相对滞后。当重大科技伦理事件发生时，往往缺乏应对之策，这无形中助长了科研人员的冒险热情。就像没有规则的市场是混乱的一样，没有伦理约束的科技也是危险的。

在制定关于新兴科技的研发、应用政策和战略时，我们不能简单地采取"技术先行"或"干了再说"的方式，而要充分考虑新兴科技可能引发的伦理风险和挑战。对科技的管理不能仅仅着眼于经济效益和产出，还应着眼于能否实现基本的伦理价值，如科技成果能否增进人民的健康、能否保护环境、能否维护社会安全等。

伦理的约束与科技的发展相辅相成、相互促进。科技与伦理的共同目标是使科技健康发展和为人类造福。对科研活动来说，成果和创新固然重要，但遵守伦理道德同样至关重要。科技伦理并非研究的障碍，加强伦理规范和道德约束能够更好地推动科技的发展。

科技伦理是科技活动必须遵守的价值准则，也是落实创新驱动发展战略、数字中国建设、数字时代商业竞争的重要保障。为了构建覆盖全面、导向明确、规范有序、协调一致的科技伦理治理体系，我们需要完善制度规范，健全治理机制，强化伦理监管，细化相关法律法规和伦理审查规则，规范各类科研活动、技术应用。在全社会、全行业积极倡导"科技向善""负责任创新""创新与伦理并重"等理念，应当用科技伦理封印潘多拉魔盒。

2. 科技伦理治理的原则与策略

"科技伦理"这个词在 2019 年进入政府工作报告。2019 年，《国家科技伦理委员会组建方案》获得中央全面深化改革委员会第九次会议审议通过。2022 年 3 月，我国发布《关于加强科技伦理治理的指导意见》，提出应加快完善科技伦理体系，提升科技伦理治理能力，有效防控科技伦理风险，不断推动科技向善、造福人类，实现高水平科技自立自强，从基本要求、治理原则、治理体制、治理制度、审查监管、教育宣传等方面对科技伦理治理进行了全面规范，为未来成熟、健康、良好发展打下基础。其中明确了 5 项科技伦理原则：增进人类福祉、遵守

生命权利、坚持公平正义、合理控制风险、保持公开透明。

2023 年 5 月，工业和信息化部正式成立工业和信息化部科技伦理委员会、工业和信息化领域科技伦理专家委员会。他们的职责是，将科技伦理要求贯穿于产业科技创新活动全过程，加强科技伦理审查和监管，组织制定重点领域科技伦理审查规范和标准，探索指导设立行业科技伦理审查中心，开展重点领域科技伦理敏捷治理试点，强化科技伦理管理培训和宣传教育，加强人才队伍建设，不断提升科技伦理治理能力。

依据《中华人民共和国科学技术进步法》《关于加强科技伦理治理的指导意见》等法律法规和相关规定，科技部等制定了《科技伦理审查办法（试行）》，客观审慎评估科技活动伦理风险，依规开展审查，并自觉接受有关方面的监督，自 2023 年 12 月 1 日起施行。

当前，我国科技伦理治理的主要策略如下。

❖ 坚持促进创新与防范风险相统一，引导科技创新，防范潜在风险。

❖ 客观评估和审慎对待科技伦理风险，强化对科技活动的全生命周期的风险评估和监督管理，预见和防范可能出现的具有严重影响的不确定性风险。

3. 科技伦理治理的预见性和探索性

提出和遵循科技伦理不仅有益于所有人，也有利于生态和环境，否则会让所有人陷入灾难和失败，甚至有可能毁灭人类社会。尽管人类是理性的并提出了科技伦理，但人类也有一些非理性思维和行动，因此在历史上产生了一些违背科技伦理的非理性行为，甚至是兽性和反人类的行为。在今天，这样的危险并未消除。

第二次世界大战时期，德国纳粹集中营和日本 731 部队用活人（俘虏）做试验，不仅违背了科技伦理，更犯下了残害人类和反人类的罪行。尽管人体活体试验获得了一些科学数据和原理，但建立在伤害、毁灭生命之上的科学研究是绝对不能为人类社会所接受的。因此，第二次世界大战后的纽伦堡审判产生了《纽伦堡法典》（1946 年）。1975 年，第 29 届世界医学大会又修订了《赫尔辛基宣言》，以完善和补充《纽伦堡法典》。1982 年，世界卫生组织（WHO）和国际医学科学组织理事会（CIOMS）联合发表《人体生物医学研究国际指南》，对《赫尔辛基宣言》进行了详尽解释。1993 年，世界卫生组织和国际医学科学组织理事会联合发表了《伦理学与人体研究国际指南》和《人体研究国际伦理学指南》。2002 年，世界卫生组织和国际医学科学组织理事会制定了《涉及人的生物医学研究国际伦理准则》，提出了需要遵守的 21 项准则。这堪称人类社会迄今为止最为详尽和重要的科技伦理之一，体现了生命伦理的知情同意、生命价值、有利无害原则。

因此，科技伦理需要有预见性和探索性，在一项研究和一个行业发展到一定规模和程度时，必须有相适应的科技伦理来规范。

2.5.4　科技伦理治理路径

为了确保科技创新符合伦理道德标准，保护人类利益和尊严，推动科技创新可持续发展，科技伦理治理需要采取多种手段和措施。科技伦理治理需要政府、学术界、科研机构、公众等多方合作和努力，共同推动科技发展符合伦理道德标准，保护人类利益和尊严。

1. 加强科技伦理的制度化建设和完善顶层设计

需要参照国家相关法律法规和国内国际公认的科技伦理原则，结合实际，制定体系完整、公开透明、协调一致、运行有效的制度规范和实施细则，使科技伦理治理工作有章可循、有规可依，推动科技伦理治理的制度化、规范化。同时，需要建立健全成果共享机制，并严格遵守伦理准则，以进一步推动科技的健康发展。

2. 强化科技伦理的监管力度

作为国家级科技决策咨询的重要伦理智库，国家伦理委员会不仅肩负着为法律法规、政策制定提供伦理导向与战略指引的重任，还承担着宏观层面的管理调控与跨部门协调的核心功能。在促进科技健康发展及新技术伦理应用的道路上，国家伦理委员会发挥着不可或缺的桥梁与领航作用，应积极构建开放包容的参与机制，诚邀科研人员、高校师生、科技社团成员，以及来自政府与商业界的科技精英等多元化群体，共同参与科技伦理治理体系的构建与优化过程。他们的专业见解与宝贵建议将是丰富治理智慧、增强治理效能的关键驱动力。

3. 加强科技伦理问题的科学应对研究

科技伦理问题因科技发展而生，也可以部分由科技本身去解决。以人工智能为例，面对利用人工智能进行恶意信息收集等挑战，我们可以构思并设计出一种智能制衡的机制，即让平台数据库的算法与执行层面全面融入保护隐私数据的智能程序，实现智能与智能之间的良性对抗与协作，以智驭智，使得原本难以攻克的问题得以迎刃而解。

4. 加强科技伦理的教育宣传

科技所引发的负面效应，其根源深植于人类自身的行为之中，涉及制造者、用户、政府及所有受影响的利益相关者。我们需要在高校的相关学科体系中，系统性地引入并深化"工程伦理"等课程，旨在培养学生在科技创新过程中，始终秉持高度的伦理责任感。同时，针对不同类型、不同领域的科研机构和科技工作者，实施更为精细化的分类管理与指导，确保科技活动在伦理框架内有序进行。企业应将科技伦理的教育培训纳入员工必修内容，通过定期的培训和研讨，提升员工对科技伦理的认知水平和实践能力。此外，积极倡导并鼓励全社会广泛践行"科技向善"的核心理念，让科技的力量真正服务于社会进步和人类福祉，避免其被误用或滥用，共同营造一个健康、可持续的科技生态环境。

2.6　案例分析

本节通过典型案例说明技术滥用或误用对人类社会产生的巨大负面影响。

【案例 2-1】 对老年人不友好的扫码服务。

【案例描述】

想象一下，大雾弥漫的天气，你独自走在路上，四周白茫茫一片，不知道该往哪里走、会发生什么，感到迷茫和恐惧。这就是老年人对这个智能时代的感觉。他们面对的并不是深山老林，而是充满陌生感的二维码、复杂的家电、不停穿梭的网约车。他们拼尽全力去适应和学习，但很多时候仍然无法掌握。

无法扫描二维码是否意味着被时代抛弃？对年轻人来说，扫描二维码是再简单不过的事。但对于那些没有或不会使用智能手机的老人来说如同攀登悬崖般困难。智能时代像一堵无形的墙，将老年人与社会隔离开来。在这堵墙的一边，是繁荣昌盛的数字世界；另一边，则是无法融入的老年人群体。这提醒我们：在日益便捷的智能时代，有一部分人被"遗留"在了后面。技术的进步本应以人为本、服务于人，但对于某些人来说，技术可能成为一种门槛和障碍。

城市运转的节奏按照年轻人的标准进行，追求快速、高效和便捷。然而，对于那些无法使用智能手机的老年人来说，他们在这个快速运转的城市中感到迷茫和无助。简单的付款码、用餐码让老年人感到无所适从，暴露出了许多问题。这些人被称为与世界切断联系的"数字难民"。

① 2018 年 1 月 15 日，安徽宿州的一位 58 岁的乘客在火车站的人群中突然跪下，痛苦地磕头。原来，他为了买回家的火车票，已经连续六次跑到火车站，但被工作人员告知必须在网上购买。然而，他不会使用智能手机，无法完成购票。

② 2020 年 6 月，豆瓣上一篇《被公共汽车抛下的人》的日记在微博上广泛传播。作者讲述了他在乘坐公共汽车时的一次经历。他所乘坐的公共汽车全部实行刷码乘坐，一位乘客因为微信没有绑定银行卡，支付宝也无法绑定成功，无法刷码乘坐。司机和其他乘客开始显得不耐烦，并劝乘客下车。作者想帮助乘客刷码或现金支付，但司机以需要实名制坐车为由不允许。最终，乘客不得不被赶下公共汽车。

③ 2020 年 6 月，一位在医院工作的药师描述了一位老奶奶的遭遇，其因为无法使用智能手机而不能进入医院，显得无助和困惑。医院从人工收费转变为自助收费，从人工挂号转变为预约挂号，这给许多老年人看病带来了越来越多的不便。

2020 年 6 月，《人物》杂志发表了《因为不会使用智能手机，他们在扫码的时代徘徊》一文。文章通过收集读者的留言，讲述了老年人在面对智能手机和智能社会时的不便和失落。科技是冰冷的，但人应该是有温度的。一个国家真正的兴盛不仅在于科技的强大，更在于年轻一代对老年人的态度，这样的态度不应该被蔑视。

【伦理分析】

本案例引发了数字鸿沟与包容性、公平与正义、人文关怀与尊重、责任与义务等方面的伦理问题。

① 数字鸿沟与包容性：智能时代的到来虽然极大地提高了生活的便捷性，但同时加剧了数字鸿沟。老年人因为不熟悉或无法使用智能手机而面临诸多困难，这体现了社会在科技进步中的包容性不足。

② 公平与正义：在追求高效和便捷的同时，社会应该确保所有人都能享受到科技进步带

来的好处。对于无法使用智能手机的老年人来说，他们被排除在这种便捷之外，这违反了公平与正义的原则。社会有责任确保所有人都能平等地分享社会资源。

③ 人文关怀与尊重：老年人因为无法完成购票或进入医院而感到无助和困惑，这反映了社会对老年人群体缺乏足够的关注和尊重。

④ 责任与义务：在智能时代，企业、政府和社会各界都有责任和义务为那些无法适应新技术的人群提供支持和帮助。企业可以开发更易于使用的产品和服务，政府可以制定相关政策来保障老年人的权益，社会各界也可以开展各种公益活动来帮助老年人适应新时代。

【案例 2-2】 技术能否向善：如何拴住给外卖骑手带来职业伤害的算法？

【案例描述】

2020 年 9 月，一篇《外卖骑手，困在系统里》揭示了外卖骑手如何被算法牵制，送餐时间在系统的限定下逐渐缩短。从 2016 年 3 公里送单时限最长 1 小时，到 2017 年的 45 分钟，再到 2018 年的 39 分钟，直至 2019 年中国全行业外卖订单配送时长比过去 3 年减少了 10 分钟。效率成为唯一的追求，指标不断提高，时间在系统中消逝，骑手为了追回失去的时间不得不置身于交通危险中，然而总收入并未随这种高强度的工作节奏有所增加。这是对执行者时间进行不断挤压，导致待遇不公和不合理的一种表现。

虽然外卖配送系统带来的正面影响，如提供就业机会、促进社会经济发展等被高度强调，但是其负面影响较少被关注。这些负面影响包括：职业安全风险隐患高、超长的劳动时间（如加班不再有加班费、劳动时长不再受劳动法保护）、几乎为零的劳动保障（如很少有劳动合同、主要是不受劳动法保护的劳务合同）、加速的劳动节奏。

对于社会而言，平台企业留下了数百万没有劳动保护的劳动者，平台几乎没有承担任何劳动者再生产的企业责任。在交通安全问题上，平台企业似乎在履行培训义务，提醒劳动者遵守交通规则，但其实际控制系统却在系统性地强化"加速"，鼓励劳动者以生命安全为代价送餐。在发生交通事故后，平台及站点几乎不承担任何责任；在劳动者的社会保障上，企业没有承担任何责任，不负责医疗保险和养老保险。所有问题都被转嫁到了"供需平衡"的每个订单里，医疗、养老和工伤都留给了劳动者自己解决。平台将矛盾转嫁给了外卖骑手和商家，这暴露了互联网巨头利用算法技术对外卖骑手进行"极致"剥削的冷酷现实。当外卖骑手的价值被完全榨取时，由于他们缺乏社会保障，每年数以万计的交通事故伤亡最后由社会来整体承担。收益留给了企业，成本扔给了社会。

该事件展现了在算法驱使下，外卖骑手不得不疲于奔命的现实，也让大众第一次见识了人如何被算法奴役。类似的"系统"还有很多，如"智能手表"束缚下的环卫工人、"智能坐垫"监控下的员工。这些系统在一定程度上剥夺了员工的休息权和隐私权，将他们置于持续监视和控制之下。在某些情况下，员工甚至被迫接受"加油"警告，稍有懈怠便可能面临罚款或被解雇的风险。这种对员工行为的过度干预和惩罚无疑加剧了打工人的压力和不满。

这些案例揭示了当代社会中一些企业和系统对员工权益的漠视和滥用，以及由此带来的负面影响，人工智能行业正在残酷压榨刚刚兴起的全球零工经济体系。在追求效率和产出的同时，企业和管理者应当更加关注员工的权益和需求，寻求更为人性化、合理的管理方式。

【伦理分析】

本案例引发了关于权益保护与工作尊严、技术伦理与责任、社会责任与公平正义、隐私保护与数据使用、管理方式与人性化等方面的伦理问题。

① 权益保护与工作尊严：外卖骑手作为劳动者，在算法的驱使下，他们的劳动时间被无限延长，劳动强度不断增加，而劳动收入并未相应增加。这严重侵犯了他们的劳动权益，并降低了他们的工作尊严。

② 技术伦理与责任：本案例中，算法被用来系统性地强化"加速"，鼓励外卖骑手以生命安全为代价送餐。这违反了技术伦理原则，并加剧了骑手的安全风险。

③ 社会责任与公平正义：平台企业几乎没有承担任何劳动者再生产的企业责任，将所有问题都转嫁给了外卖骑手。这不仅不公平，也不正义。

④ 隐私保护与数据使用：一些企业利用智能手表、智能坐垫等设备对员工进行监视和控制，这侵犯了员工的隐私权。同时，这些设备收集的数据可能被用于不正当的用途。企业应当尊重员工的隐私权，并严格遵守相关法律法规对数据使用的规定。

⑤ 管理方式与人性化：企业和管理者应当寻求更为人性化、合理的管理方式，而不是将员工视为机器中的零件，进行过度的压榨和控制。

【案例 2-3】 历史上最邪恶的科学家。

【案例描述】

大多数科学家其实谈不上特别邪恶，他们只是想了解植物、月亮、肾脏等，做一些小实验，稍稍增加一些可验证的人类真理而已。但几百年来，抹黑科学家名声的人层出不穷。谁是历史上最邪恶的科学家？他就是纳粹科学家约瑟夫·门格勒——奥斯威辛集中营的"死亡天使"。

门格勒拥有慕尼黑大学的人类学博士学位和法兰克福大学的医学荣誉博士学位。从学术背景的角度，他算得上是一名"科学家"。门格勒是一个狂热的纳粹分子，1943 年，他被派往奥斯威辛集中营。作为集中营的军医，门格勒最臭名昭著的是在奥斯威辛集中营管理一个"研究诊所"，他利用职务之便，在活人身上进行有悖伦理道德的实验，测试他自己笃信的理论——有关"雅利安"种族优越性的理论。他的研究总体目标是通过"证明"人类遗传高于环境因素来支持纳粹的种族科学。在门格勒的"实验"中，许多儿童在极度痛苦中死去，还有许多儿童被直接杀死，以取出他们的器官与死者器官进行比较。那些对门格勒来说已经失去使用价值的儿童则直接被送进毒气室。战争结束后，门格勒逃往阿根廷。1979 年，门格勒在巴西贝蒂奥加意外溺水身亡。

战争结束后，门格勒的这些惨无人道的"实验"浮出水面。他的这些实验促成了《纽伦堡法典》的制定。《纽伦堡法典》规定了 10 条准则，只有遵循这十条准则的人类研究才会被视为符合伦理的研究。

日本 731 部队在中国针对中国人也做了一些惨绝人寰的实验，研制、使用细菌武器。

【伦理分析】

门格勒的案例揭示了一系列深刻的伦理问题，包括医学伦理的违反、科研道德的沦丧、人权的践踏和种族主义的助纣为虐等。

① 医学伦理的违反：门格勒在奥斯威辛集中营进行的实验严重违反了医学伦理的基本原则。医学伦理要求医生尊重病人的自主权、不伤害病人、为病人利益最大化而行事，并维护公正。然而，门格勒不仅无视了这些原则，反而故意伤害病人，将他们当作实现自己理论的工具，甚至为了研究目的而杀害他们。

② 科研道德的沦丧：门格勒的行为严重违背了科研道德，他的实验并非为了增进人类福祉，而是为了支持纳粹的种族主义理论。这种以科研之名行邪恶之实的行为是对科研精神的极大亵渎。

③ 人权的践踏：门格勒的实验对象主要是集中营中的无辜者，包括儿童和双胞胎。他们被剥夺了基本的人权，如生命权、尊严权和自由权。门格勒的行为是对这些无辜者人权的极端践踏，体现了对人性的极端漠视和残忍。

④ 种族主义的助纣为虐：门格勒的实验是纳粹种族清洗政策的一部分，目的是通过"证明"雅利安种族的优越性来支持纳粹种族主义理论。这种实验不仅加剧了社会分裂、种族歧视和仇恨，还导致了大量无辜者的死亡。

⑤ 对后世的警示：门格勒的案例对后世产生了深远影响。它提醒我们，科学和技术的发展必须建立在尊重人权和伦理原则基础上，否则将导致灾难性的后果。

本 章 小 结

科技在推动经济社会发展、影响社会生产和人们生活方面起到了重要作用，广泛应用在提高劳动生产率、改善生活条件、拓展消费领域、催生新技术和产业部门、促进产业集群迅速成长等方面发挥了显著作用。科技进步推动生产发展，带来了社会财富的迅速增加。自20世纪下半叶以来，现代科技成为人类经济发展、社会进步的核心驱动力。然而，科技发展具有两面性，在为社会发展带来新机遇的同时，也带来了新的挑战与风险。历史告诉我们，人们往往过于强调科技在经济社会发展中的积极作用，而对其负面影响、存在的伦理风险关注不够。我们需要在充分利用新技术促进社会发展的同时，预见并控制技术带来的潜在风险。科技越是高歌猛进，人们越是应当思考科技与社会、文化、伦理协同发展等问题。加强科技伦理教育，增强全民科技风险意识，完善相关法律法规，加强监管，保障新兴技术的良性发展。

习 题 2

1. 科学、技术、工程三者之间有何联系？有何区别？
2. 阿尔法狗战胜了世界上几乎所有围棋高手，是否说明阿尔法狗的智能超越了人类棋手？
3. 智能机器能成为道德主体吗？试说明之。
4. 根据法国科学家巴斯德的名言"科学无国界，科学家有祖国"，分析中美贸易战、科技战、俄乌战争中的"科学无国界"观点。

5. 通过案例分析，科学也反作用于社会：如移动支付对社会的影响，ATM 逐步减少了，公交的收银员没有了，小偷没有了，阿里、腾讯金融起来了。

6. 调研分析世界第一颗原子弹爆炸前后欧美科学家对核能观点的变化。

7. 科技发达国家有义务去弥合数字鸿沟吗？

8. 从责任伦理的角度，思考气候伦理治理问题。

9. 从责任伦理的角度，思考核伦理治理问题。

10. 风险既然无法预知，为何还需要风险分析？

11. 10 年后，"数字鸿沟"可能呈现为什么形式？与早期出现的非数字的信息和通信技术所导致的社会分隔相比，数字鸿沟又有什么不同？

第二篇

理 论 篇

第 3 章

AI

人工智能伦理概述

3.1　人工智能的发展与应用

3.1.1　人工智能及其发展历程

1. 概念

1956 年 8 月，美国的 10 位学者在美国东部的达特茅斯召开了一次开天辟地的学术会议，会上正式出现了"人工智能"（Artificial Intelligence，AI）的术语，人们首次决定将像人类那样思考的机器称为"人工智能"。这次会议成为人工智能诞生的标志。

人工智能是研究开发能够模拟、延伸、扩展人类智能的理论、方法、技术和应用系统，研究的目的是促使智能机器会听（语音识别、机器翻译）、会看（图像识别、文字识别）、会说（语音合成、人机会话）、会思考（人机对弈、定理证明、推理）、会学习（知识表示、机器学习）、会行动（机器人、自动驾驶）等，让机器拥有智能，让机器能够像人一样思考、决策。

欧盟委员会人工智能高级专家组将人工智能定义为："通过分析环境并在一定程度上自主地采取行动来实现特定目标，进而展现智能行为的系统。基于人工智能的系统可以纯粹以软件为载体，在虚拟世界中运行（如语音助手、图像分析软件、搜索引擎、语音和面部识别系统），也可以将人工智能技术嵌入硬件设备（如先进的机器人、自动驾驶汽车、无人机或物联网应用）。"

中国《人工智能标准化白皮书（2018 版）》将人工智能定义为："利用数字计算机或者数字计算机控制的机器模拟、延伸和扩展人的智能，感知环境、获取知识并使用知识获得最佳结果的理论、方法、技术及应用系统。"

2. 发展历程

人工智能的发展经历了从萌芽走向成熟的过程，经历了起伏和挑战，也不断实现了突破和进步。随着技术的不断发展和应用场景的拓展，人工智能将在未来发挥更加重要的作用。人工智能近 70 年的发展大体可以分为 6 个时期。

1）起步发展期（20 世纪 40 年代—60 年代初）

科学家开始共同研究机器模拟的相关问题，人工智能正式诞生，掀起人工智能发展的第一次高潮。

其间的代表性事件包括：1945 年，图灵提出了"自动计算引擎"的概念，随后"图灵测试"诞生，第一台可编程机器人诞生。1956 年，第一次人工智能会议召开并提出了"人工智能"概念。

2）反思发展期（20 世纪 60 年代—70 年代初）

神经网络的发展推动了人工智能技术的进步，并在机器视觉、语音识别等领域取得初步成果。首台人工智能机器人 Shakey 诞生、第一个聊天机器人 ELIZA 发布、计算机鼠标被发明。人工智能发展初期的突破性进展大幅提升了人们对人工智能的期望，人们尝试更具挑战性的任务，并提出了一些不切实际的研发目标。

然而，当时计算机有限的内存和处理速度不足以解决任何实际的人工智能问题。科学家发现机器模仿人类思维是一个庞大的系统工程，难以用现有的理论成果构建模型。随着接二连三的失败和预期目标的落空，20世纪70年代初，人工智能遭遇了瓶颈、走入低谷。

3）应用发展期（20世纪70年代初—80年代中）

人工智能技术开始展现出其在解决实际问题中的潜力和价值。专家系统的兴起使得人工智能能够模拟人类专家的决策过程，解决特定领域的专业问题。实现了人工智能从理论研究走向实际应用、从一般推理策略探讨转向运用专门知识的重大突破。人工智能研究成果被逐步应用于各领域，专家系统在医疗、化学、地质、商业等领域取得了成功，推动了人工智能走向应用发展的新高潮。

其间的代表性事件包括：1981年，日本经济产业省启动第五代计算机研发项目；1984年，美国启动了Cyc项目，目标是使人工智能能够以类似人类推理的方式工作；1986年，美国发明家查尔斯·赫尔制造了人类历史上首个3D打印机。

4）低迷发展期（20世纪80年代中—90年代中）

随着人工智能的应用规模不断扩大，对专家系统的狂热追捧，专家系统的应用领域狭窄、缺乏常识性知识、知识获取困难、推理方法单一、缺乏分布式功能、难以与现有数据库兼容等问题逐渐暴露出来。到了20世纪80年代晚期，美国国防部高级研究计划局（DARPA）的新任领导认为人工智能并非"下一个浪潮"，也就出现了"人工智能之冬"的说法。

5）稳步发展期（20世纪90年代中—2010年）

互联网技术的发展加速了人工智能的创新研究，促使人工智能技术进一步走向实用化。1997年，IBM深蓝超级计算机战胜了国际象棋世界冠军卡斯帕罗夫。2008年，IBM提出了"智慧地球"的概念。

6）蓬勃发展期（2011年至今）

随着大数据、云计算、互联网、物联网等信息技术的发展，泛在感知数据和图形处理器等计算平台推动了以深度神经网络为代表的人工智能技术的飞速发展，大幅跨越了科学与应用之间的"技术鸿沟"，图像分类、语音识别、知识问答、人机对弈、自动驾驶等人工智能技术实现了从"不能用、不好用"到"可以用"的技术突破，迎来爆发式增长的新高潮。机器学习特别是深度学习的崛起引领了人工智能的新浪潮，通过多层次的神经网络模型，实现高级特征的抽取和分析，进一步推动了人工智能技术的发展。这些为人工智能的发展提供了新的方向，使其在更多领域得到应用和发展。

人工智能的近期进展主要集中在专用智能领域，面向特定任务（如下围棋）的专用人工智能系统由于任务单一、需求明确、应用边界清晰、领域知识丰富、建模相对简单，在局部智能水平的单项测试中可以超越人类智能。

其间的代表性事件包括：2011年，IBM公司开发的Watson参加美国智力问答节目，打败了两位人类冠军；2012年，加拿大神经科学家团队创造了一个具备简单认知能力、具有250万个模拟"神经元"的虚拟大脑——Spaun，并通过了最基本的智商测试；2013年，深度学习算法被广泛运用在产品开发中，Facebook人工智能实验室成立，Google收购了语音和图像识别公司 DNNResearch，推广深度学习平台；百度创立了深度学习研究院等；2015 年，Google 开源了机器学习平台 TensorFlow；2016 年，AlphaGo 战胜了围棋世界冠军李世石；2017 年，机器人 Sophia 被沙特阿拉伯授予公民身份，成为首个获得公民身份的机器人；2018 年，面部识别遭到更多审查，呼吁加强监管；2019 年，贺斌教授团队开发了无创脑机接口，能让人用意念控制机器臂连续、快速运动；2020 年，加州大学 Joseph Makin 博士开发了可以将大脑活动转化为文本数据的系统；2021 年是"元宇宙"发展元年；2022 年 12 月，OpenAI 推出 ChatGPT；2023 年，ChatGPT 在全球范围大火，以生成式人工智能为代表的新一代人工智能问世，改变了人工智能技术与应用的发展轨迹，加速了人与人工智能的互动进程，是人工智能发展史上的新里程碑；2023 年，人工智能无人机竞速击败人类冠军，将 AlphaGo 的成果带到了物理世界；2024 年 2 月 15 日，OpenAI 发布了具有里程碑意义的文生视频人工智能模型 Sora，最大的意义是它具备了世界模型的基本特征，即人类观察世界并进一步预测世界的能力；2024 年 5 月 14 日，OpenAI 推出了 GPT-4o，可以实时对音频、视频和文本进行推理，将人工智能应用拓展到了更广的领域；2024 年 12 月 26 日，DeepSeek-V3 正式上线并同步开源；2025 年 1 月 20 日，DeepSeek 正式发布了 DeepSeek R1 模型，并同步开源模型权重。DeepSeek-V3 和 DeepSeek R1 两款大模型给全球人工智能界投下了"重磅炸弹"，引发全球震动，在整个 2025 年春节期间，DeepSeek 的热度一直不减。DeepSeek 的技术路线在模型建构、减少算力需求、大规模应用等方面都展现了强大的实力和潜力。

3. 发展趋势

经过几十年的发展，人工智能在算法、算力和数据等方面取得了重要突破。近年来，人工智能的进步总体基于可用数据量和算力的爆发式增长。人工智能技术上的突破层出不穷，赋能千行百业，使人工智能与数据要素成为新质生产力的典型代表。

2022 年是人工智能飞速发展的一年，其中有三项成果让人印象深刻。第一个是微软 GitHub 人工智能编程工具 Copilot。Copilot 能将自然语言提示词转化为代码，可帮助开发者更快地编写代码。Copilot 史无前例地让更广泛的人群可以拥有编码技能，这是"一切皆有副驾驶（copilot for everything）"的梦想。第二个是 Stable Diffusion、Midjourney 和 DALL-E-2 等生成式图像模型。第三个是多语种聊天机器人 ChatGPT 的推出。以 ChatGPT 为代表的大模型（Large Language Model，LLM，又称为大语言模型）和生成式人工智能（Generative Artificial Intelligence，GAI）横空出世，推动人工智能技术从游戏等特定应用领域进入日常生活，成为切切实实的生产力工具，开启了人工智能新时代。未来几年，新兴的人工智能将在各领域实现变革性飞跃，人工智能将增强人类的智能和生产力，推动社会快速进步。

尽管人工智能在许多领域展现出强大的能力，但其边界、约束与条件限制了其应用的普遍性。理解这些限制对于有效地将人工智能技术与人类智能结合至关重要。未来的研究应集中于如何克服这些限制，探索人类与人工智能的协同工作模式，以实现更高效的智能化解决方案。

人工智能的技术前沿将朝着以下方向发展。

1）生成式人工智能快速发展

大模型行业正经历从单模态到多模态，再到全模态的演进。多模态大模型（Multimodal

Large Language Model，MM-LLM）则是指能够同时处理多种模态数据（如图像、音频、文本等）的深度学习模型。多模态理解、生成和交互能力正成为大模型演进的重要方向。多模态大模型推动文本、图像、音频和视频实现融合，成为生成式人工智能的基础。

场景应用将成为未来大模型的决胜要素。未来人工智能生成内容应用将向全场景渗透，大模型可能成为水、电、网络等一样的基础设施，供业务和应用按需接入。未来会出现更多不同尺寸、不同模态的模型，业务可以通过大、小模型的协同，在提升性能的同时满足定制化需求。

现有大模型训练依赖于大规模高质量数据集，目前可用于训练人工智能模型的高质量数据集即将遇到瓶颈，合成数据有望打破该瓶颈。生成式人工智能的应用将使合成数据得到广泛使用。合成数据是在模仿真实数据的基础上，由机器学习模型利用数学和统计科学原理合成的数据。关于合成数据有一个较为浅显易懂的比喻：这就像是在给"人工智能"编写专门的教材。除了对大量高质量数据集的需求导致合成数据受到追捧，减少对有害数据的接触与对数据隐私保护的考量也是重要原因。在今后的数字世界中，人类数据的产生、存储和使用仍将遵循人类社会的法则和秩序，包括维护国家数据安全、保守商业数据秘密和尊重个人数据隐私，而人工智能训练所需的合成数据采用另一套标准进行管理。如何确保相关公司和机构负责地生成合成数据，如何制做出既符合本国文化与价值观，又在规模和技术水平上足以媲美西方以英文网络资料为中心的合成数据训练集，将成为我国面临的一个颇具挑战性的课题。

生成式人工智能的应用也将促进无代码软件开发。尽管生成式人工智能可能淘汰掉一批传统数字岗位，但在关上一扇门的同时打开了一扇窗，这就是"无代码软件开发"。目前，以大模型为基础的编程辅助工具已经发展到一个新的阶段，能够根据用户十分模糊的指令来生成软件或网页代码。例如，在 2023 年的 GPT-4 演示中，演示人员在纸上手写了一个十分潦草的结构示意图，GPT-4 就根据其自动生成了能够实际访问的网页。这无疑大大降低了软件开发的门槛。只要一个人能够提出有足够创意的、满足许多人需求的数字服务"点子"，就可以成为互联网创新的风口，"人人皆可创新"的时代已然到来。

2）AI 智能体（AI Agent）将成为应用范式

创造能够在特定环境中自主运行的 AI 智能体一直是计算机科学家面临的挑战。OpenAI 对 AI 智能体的定义是，以大模型为大脑驱动，具有自主理解、感知、规划、记忆和使用工具的能力，能自动化执行复杂任务的智能体。AI 智能体具有独立思考和行动能力，不仅能够处理信息，还能根据环境变化自主学习和适应，以实现特定的目标或解决特定的问题。

AI 智能体将彻底颠覆人机交互方式。可预见的未来是，智能手机都会有一个 AI 智能体，将集合手机中所有数据，满足用户随时随地的需求；将是企业的"人工智能程序员"，协助开发人员完成从编码、测试、升级应用到故障排查、安全扫描和修复、优化云资源等烦琐的工作；或者是企业的"数据分析员"，自动汇集分析企业所有数据，挖掘数据金矿价值，员工只要用自然语言与 AI 智能体对话，便可以获得相关业务数据和答案，如公司政策、产品信息、业务结果、代码库、人员等。如同移动互联网时代的 App，在人工智能时代，AI 智能体将成为新的应用范式，为用户带来服务代际的升级，而专业智能体是大模型落地产业的有效路径。在医疗、教育、金融、制造、交通、农业等领域，未来都有可能依据自己的场景和特有经验、规则、数据等，生成数以百万量级的智能体，形成庞大生态。

2024年6月，苹果发布的"Apple Intelligence"便是一个整合操作系统、软件、模型和数据，强化对应用场景的理解，深刻洞察用户需求的AI智能体。

3）物理智能或具身智能快速发展

1950年，"计算机之父"图灵（Alan Turing）在他的论文中首次提出了"具身智能"概念。具身智能（Embodied Intelligence）是指有身体并支持与物理世界进行交互的智能体，本质是软硬件结合的智能体。

大模型让机器人变得更加灵活，语言建模与机器人技术的融合产生了更灵活的机器人系统，通过多模态大模型处理多种传感数据输入，由大模型生成运动指令对智能体进行驱动，替代传统基于规则或数学公式的运动驱动方式，实现虚拟和现实的深度融合。严格意义上，机器人、工业机器人、拟态机器狗、智能网联车都是"身"，但人形依然是人类接受度最高的机器人形态。具身智能通过大模型接收物理世界的反馈从而进化，大模型需要通过机器人扎进现实世界，才能真正理解物理世界。现阶段，具身智能尚不完全具备对物理世界的认知和交互能力，尤其是目前类GPT模式的大模型，在用于具身智能时，效果并不理想。未来的人工智能系统需要具备"世界模型"来理解物理世界。

4）从"人工+智能"向自主智能系统、人机混合智能发展

当前人工智能领域的大量研究集中于深度学习，但是深度学习的限制是需要大量人工干预，如人工设计深度神经网络模型、人工设定应用场景、人工采集和标注大量训练数据、用户需要人工适配智能系统等，非常费时费力。因此，科研人员开始关注减少人工干预的自主智能方法，提高机器智能对环境的自主学习能力。在人工智能系统的自动化设计方面，2017年谷歌提出的自动化学习系统AutoML试图通过自动创建机器学习系统降低人员成本。

人机混合智能旨在将人的作用或认知模型引入人工智能系统，提升人工智能系统的性能，使人工智能成为人类智能的自然延伸和拓展，通过人机协同更加高效地解决复杂问题。在我国新一代人工智能规划和美国脑计划中，人机混合智能都是重要的研发方向。

5）AI for Science成为科学发现与技术发明的主要范式

当前科学发现主要依赖于实验和人脑智慧，由人类进行大胆猜想、小心求证，信息技术无论是计算和数据，都只是起到辅助和验证的作用。以人工智能为主进行的科学发现和技术发明大幅提升了人类科学发现的效率，打破了人类的认知边界，如主动发现物理学规律、预测蛋白质结构、设计高性能芯片、高效合成新药等。人工智能将加速与其他学科领域的交叉渗透。人工智能本身是一门综合性的前沿学科和高度交叉的复合型学科，研究范畴广泛且异常复杂，其发展需要与计算机科学、数学、认知科学、神经科学和社会科学等学科深度融合。

2024年似乎是诺贝尔奖的人工智能年，标志着人工智能作为一种"技术"得到了"科学"上的认可。2024年诺贝尔物理学奖颁给了美国科学家约翰·霍普菲尔德（John J. Hopfield）与英国科学家杰弗里·辛顿（Geoffrey E.Hinton），以表彰他们在人工神经网络和机器学习领域的基础性发现和发明。2024年诺贝尔化学奖颁给了大卫·贝克（David Baker）、戴米斯·哈萨比斯（Demis Hassabis）和约翰·江珀（John M.Jumper），以表彰他们在蛋白质设计和蛋白质结

构预测领域做出的贡献；哈萨比斯和江珀开发了 AlphaFold2 模型，能够预测大约两亿种已知蛋白质的复杂结构。

6）探索通用人工智能（Artificial General Intelligence，AGI）

人工智能自诞生以来，一直承载着人类关于智能与意识的种种梦想与幻想，也激励着人们不断探索。目前，虽然专用人工智能领域已取得突破性进展，但是通用人工智能领域的研究与应用仍处于起步阶段。当前的人工智能系统在信息感知、机器学习等"浅层智能"方面进步显著，但是在概念抽象和推理决策等"深层智能"方面的能力还很薄弱。人工智能在理解复杂人类情感、主动设定目标、开展深层次创造性思考和处理未知情况方面远远落后于人类。如何实现从专用人工智能向通用人工智能的跨越式发展，既是下一代人工智能发展的必然趋势，也是研究与应用领域的重大挑战。2016 年 10 月，美国国家科学技术委员会发布了《国家人工智能研究与发展战略计划》，提出在美国的人工智能中长期发展策略中要着重研究通用人工智能。AlphaGo 系统开发团队创始人戴米斯·哈萨比斯提出朝着"创造解决世界上一切问题的通用人工智能"这一目标前进。微软在 2017 年成立了通用人工智能实验室，众多感知、学习、推理、自然语言理解等方面的科学家参与其中。

3.1.2 人工智能助力经济社会发展

人工智能历经几十年的发展，已经不限于技术范畴，而是成为社会系统的关键纽带，人工智能的社会影响日益凸显。随着人工智能技术的迅猛发展，其影响已经超越了国界。作为一种跨国界的通用技术，其应用遍及全球各地。人工智能新质生产力正深刻改变各行各业的生产方式、商业模式和竞争格局。因此，人工智能不仅带来巨大的经济与社会潜力，也集中分配了全球的权利与财富，产生了地缘政治和经济影响。人工智能作为新一轮科技革命和产业变革的核心力量，正在推动传统产业升级换代，其跨界融合、人机协同、群智开放等新特征正赋能各行各业，推动社会的高质量发展。人工智能正在推动整个经济的创新和价值创造。人工智能已广泛渗透到交通出行、教育、医疗、养老、助残等领域，对人类的生产和生活方式产生深远影响，改变着人们的思维、生产、生活、学习方式和产业结构。人工智能已成为推动科技跨越发展、产业优化升级、生产力整体跃升的驱动力量，以及经济社会新的通用技术和智能底座，带来全新的产品和服务。作为战略性前沿领域和核心技术标志，人工智能正重塑全球治理秩序，对国家安全、经济发展等领域产生重要影响。其"头雁"效应大幅提升了社会生产力，改变市场结构，并成为未来科技发展的战略制高点。科技强国战略已将人工智能提升至国家战略高度，并谋划与之相适应的"破局之路"。

人工智能通过机器学习、计算机视觉和自然语言处理等手段，实现了各行各业的自动化流程、能力增强和明智决策。调查显示，组织中采用人工智能的比例在逐年上升，而且能带来显著的财务效益。人工智能产业发展预计将成为全球经济复苏的风向标。

人工智能的转型变革导致经济和社会秩序的转变，数字社会逐渐形成，人工智能成为数字经济中数据驱动战略的核心。工业时代的历次科技革命主要替代人的手脚，人工智能时代的科技革命主要拓展、增强和替代人的大脑的计算推理能力。未来，人工智能系统的复杂度和规模将持续扩大，有望为全球挑战提供应对方案，并在多个领域引发深刻变革。人工智能的普及不仅将赋能个人和组织，还将推动弱势群体更积极地参与社会，拓展个体的机会与自由。人工智能应用场景广泛多样，正从不同层面推动社会的整体进步。人工智能的应用为企业带来显著的效益提升，包括提升生产效率、降低成本、提高产品质量、优化资源配置、支持数据驱动的决策、加速创新与研发，以及增强市场竞争力等方面。人工智能的惊人能力足以改变世界，使许多过去无法实现的事情成为可能，同时简化了许多已有的工作流程。如今，成千上万种原本只有人类才能完成的任务，已被数字系统以更高的效率和准确性完成，人类的完成度与之相比相形见绌。我们有理由相信，这些系统将变得愈发强大，其发展速度也将日益加快。例如，人工智能系统在翻译自然语言、识别人脸、模仿人类说话等方面的能力已接近甚至超越人类。

这里从微观、中观、宏观三个层面梳理人工智能对社会发展的影响。

1. 微观层面

人工智能对个人和组织的赋能作用显著，提高了工作效率，使得许多复杂烦琐的任务得以自动化处理，从而释放了人类的创造力和精力。同时，人工智能帮助个人和组织更好地获取、分析和利用信息，提升了决策的质量和速度，涵盖安全验证、智能家居、商业服务、人机游戏、个性化文娱（新闻推荐、歌单推荐）、飞行训练、可穿戴设备等领域。人工智能还通过智能推荐、个性化服务等方式，提升消费者的购物体验和满意度。

多项研究表明，人工智能能够提高上班族的效率并提升工作质量，甚至能缩小低技能工人与高技能工人之间的技能差距。然而，也有研究表明，如果不对人工智能的使用进行适当监管，可能导致员工的绩效下降。

2016 年，微软发明了一种语音识别系统，能够转录人类的对话，这个系统的错误率等于甚至低于专业的人类速记员。牛津大学的研究者们发明了一种准确率高达 93% 的人工智能"读唇语"系统，而专业唇语翻译人员的正确率只有 60%。人工智能系统已经可以撰写体育、商业和财经方面的文章，甚至可以导演电影、制作电影预告片。

2. 中观层面

人工智能促进了社会各领域的创新和发展，引发了行业与组织的变革重构，提高了资源的利用效率，促进了经济的繁荣，涵盖教育、医疗、交通、金融、气象服务、法律、文化艺术、智能制造、养老助残、物流仓储、农业、科研、经济和社会等领域。

1）教育领域

在智慧教育、智能测评、教育决策方面，人工智能可以赋能教育，推动教育方式和学习方式的变革，拓宽了教学技术，助力因材施教与个性化学习，增强学习者的学习兴趣，提高了教育质量和效率，全面发展个人潜力，促使人人有获得终身学习的机会。

2）医疗领域

人工智能在医疗领域的应用包括智能诊疗、智能影像识别、智能健康管理、医疗机器人、智能药物研发、远程医疗等。人工智能系统在区分不同种类的肺癌并预测存活期上做得比人类病理学家还好。人工智能可以帮助我们更快、更好地研发新药，提供更加准确的疾病诊断和个性化治疗方案。这将大幅提高医疗的有效性和患者的生活质量。

3）交通领域

人工智能的应用重塑了交通体系。以自动驾驶为核心的智能交通产业链将逐步形成；基于轨迹数据不同天气下不同路段历史速度数据集统计分级、基于网联车的拥挤管理、基于网联车的动态车道利用、无信号灯交叉路口车群轨迹控制等智能交通管控将逐步成熟。自动驾驶汽车被高度期待在接下来的几年中普及，自动驾驶技术的应用将减少交通事故的发生，提高道路安全和交通效率。

4）金融领域

人工智能的风险评估和信用分析功能降低了信贷风险，提高了金融服务的可得性和普惠性。每天，人工智能系统都会代表投资者在金融市场上进行无数次交易，投资者们相信，人工智能系统能够基于变化的市场状况制定复杂的战略。人工智能系统可以实现量化交易、欺诈检测与违约预测、充当智能顾问。

5）气象服务领域

人工智能赋能天气预报模型，使预报更精准，人工智能每天对天气变化尤其是气象灾害预警等信息做出详细"通报"，能更快速地为决策部门提供"精细"服务。例如，华为盘古大模型在气象服务领域表现突出。

6）法律领域

人工智能在法律领域的应用包括法律咨询、文书制作与类案推送、案件分析与辅助裁判等。

7）文化艺术领域

人工智能将成为一个强大的创作助手和伙伴，帮助人类进行更富有创意的艺术设计和创作，丰富人们的精神生活，也可以帮助保护和传承人类的文化遗产。人工智能内容生成在这方面大有可为。

8）智能制造领域

人工智能在智能制造领域的应用广泛，涵盖了产品设计、生产计划、物料管理、生产过程控制、质量监控、节能减碳、物流配送等环节。

9）物流仓储领域

利用智能搜索、推理规划、计算机视觉以及智能机器人等技术，人工智能可以实现智慧物流与智慧仓储，可以在运输、仓储、配送装卸等流程上进行自动化改造，实现无人操作。

10）农业领域

人工智能在农业领域的应用广泛，包括农业机器人，作物、牲畜和土壤监测，智能种植，农产品标准化生产，农产品安全追溯及防伪鉴真等。

11）科研领域

人工智能的迅猛发展正不断提升人们的生产力和创造力，逐渐成为科学家和工程师不可或缺的创新助手和合作伙伴。人工智能助力人类取得更多科技突破，深化对自然与世界的认知。人工智能与科学的结合日益紧密，预示着智能时代的全面来临。同时，人工智能正推动社会生产力水平的整体跃升，引领人类社会迈向共创分享的新纪元。AIforScience 迅猛迈进 AI is Science。

12）经济和社会领域

人工智能和自动化正改变着众多工作形式，虽然简单重复的工作可能会消失，但也会催生新的工作机会。人类将更多地专注于创造性和社会性的工作，而人工智能有助于我们更好地应对复杂的社会问题。作为新一轮科技革命和产业变革的战略性技术，人工智能正深刻重塑着我们的工作和生活环境，有望对人类经济社会产生深远影响，推进生产结构、资源结构、劳动力结构的变化。

人工智能时代，数据成为核心生产资料，劳动资料更加智能化、虚拟化和无形化；劳动对象的范围不断扩大，并更具可开发性和拓展性；劳动者能力大大提高，发展潜力得以全面激发，劳动三要素全面升级。

人工智能促进了劳动形态的变革，智能劳动成为新的劳动形态，"非物质劳动"的占比不断扩大，物质劳动和非物质劳动共同成为社会生产发展的动力源。

人工智能突破了传统劳动边界，生产劳动与非生产劳动、职业劳动与非职业劳动、生产与消费、劳动与娱乐之间的界限变得模糊不定。

人工智能深刻重塑劳动关系，激发了人类工作体系变革，催生了虚拟劳动关系，促进了组织结构扁平化，开启了劳动关系新纪元。

人工智能不断冲击和重塑劳动价值观，引发了价值创造方式的变革，促进了价值分配机制的调整。

3. 宏观层面

在国家和社会层面，人工智能的应用正深刻推动政府制度的变革，广泛涉及城市治理、政府决策、国家治理、全球治理及数字经济等领域。这种变革使得国家治理更具公平公正、民主参与度、透明度和责任感，同时提高了治理效率，促进了国家的善治。人工智能不仅成为推动人类社会发展的向善力量，也对社会整体进步和可持续发展具有重大意义，推动了经济的数字化转型和产业升级，为经济增长注入了新的活力。此外，人工智能促进了全球化进程，加强了国际的合作与交流。在应对全球挑战（如气候变化和资源短缺）等问题时，人工智能提供了智能化的解决方案，有助于实现可持续发展目标。同时，人工智能的发展有助于促进社会公平正义，通过智能化手段减少社会不平等现象，提高社会的整体福祉。"人工智能+"的创新模式将随着技术和产业的发展日趋成熟，对生产力和产业结构产生革命性影响，并推动人类进入普惠型智能社会。

1）城市治理

通过开发新的策略和方法，人工智能使城市更智能。智慧城市治理旨在利用最先进的信息技术同步数据、程序、权限等，造福城市居民，主要包含智慧决策、智慧城市治理、智慧行政和智慧城市合作四方面。

2）政府决策、国家治理、全球治理

人工智能有助于建设安全便捷的智能社会，提高社会治理智能化和公共安全保障能力，提

高重大突发公共事件防控能力，增强社会交往共享互信。人工智能已应用于国际体系、风险评估、网络安全、数据安全、反恐、伦理等领域。

3）数字经济

作为数字经济时代的核心驱动力，人工智能扮演着重要基础设施、关键技术、先导产业以及赋能引擎的角色，将推动我国产业转型升级和数字经济的蓬勃发展。未来，数字经济的"淘金热"将集中在数据使用模式的创新上，引领商业模式变革，催生新业态。智能化在这个过程中发挥着关键作用，为数字经济和数字社会的发展提供新动能和机遇，同时为数字治理提供坚实保障。

3.1.3 中美人工智能国家战略比较

下面主要参考 2023 年的相关文献，对中美两国在人工智能国家层面的战略作对比。

1. 美国人工智能国家战略的策动路径

美国早在奥巴马政府时期就意识到人工智能的战略价值，接连颁布了《为人工智能的未来做好准备》《国家人工智能研究发展战略计划》《人工智能、自动化与经济》三份关于人工智能的报告。特朗普上台执政后，美国强调打造人工智能研发创新生态系统的重要性，开始探索一种以自由市场为导向的人工智能发展道路。图 3-1 呈现了美国人工智能国家战略策动路径。

2019 年 2 月，美国颁布了首份人工智能国家战略《美国人工智能倡议》，明确提出了美国人工智能发展的五个重点领域。同年 6 月，《国家人工智能研发战略计划：2019 年更新》正式启动，该战略在 2016 年版本的基础上扩大了公私合作伙伴关系，强调深化与盟国的战略合作关系。

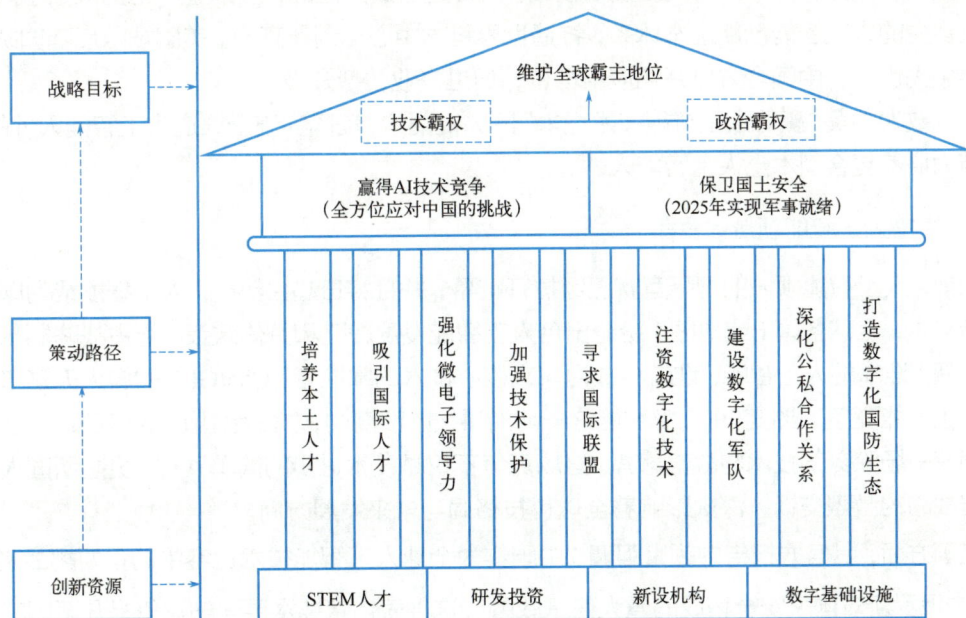

图 3-1 美国人工智能国家战略策动路径

2021 年 3 月，美国颁布了《人工智能：最终报告》，从技术竞争和国防安全两方面详尽地进行了美国人工智能战略部署和政策论证。

2022 年 6 月，美国国防部发布了《负责任人工智能战略与实施路径》，建立负责任人工智能生态系统，联合国防部、情报机构、产业界、学术界协同合作，细化人工智能赋能国防的原则与路径。

2023 年，美国国家人工智能研究资源（NAIRR）工作组发布了《加强和民主化美国人工智能创新生态系统：国家人工智能研究资源实施计划》，旨在发展国家人工智能基础设施。

2. 中国人工智能国家战略的策动路径

2016 年 5 月，为了明确未来三年人工智能产业的发展重点，《"互联网+"人工智能三年行动实施方案》描绘了"十三五"期间中国人工智能的发展蓝图。

2017 年是中国人工智能发展的"元年"，国务院发布了首个中国人工智能国家战略《新一代人工智能发展规划》。同年，工业和信息化部《促进新一代人工智能产业发展三年行动计划（2018—2020 年）》对其相关任务进行了细化和落实。

2024 年，"人工智能+"首次被写入政府工作报告，传递出用人工智能赋能千行百业、发展新质生产力的鲜明信号。

在人工智能战略实施过程中，政府担负起划定方向的任务，根据产业发展的不同特点，制定有针对性的系统发展策略，着力激发科创企业在关键共性技术攻坚克难上的突出作用。在国家战略的明确引导下，人工智能项目的实施以市场化方式推进，致力于发挥不同科技创新单元体的异质性效能。图 3-2 呈现了中国人工智能国家战略策动路径。

3. 中美策动路径比较

美国内外兼顾，对内布局关键技术领域，对外建立最广泛的科技联盟；中国侧重于内，建立独立自主的人工智能创新生态体系，打造世界科学中心和创新高地。美国技术反哺国防，维持军事领先优势；中国全方位开拓应用场景，促进产业转型升级。

人才成为中美"赢得人工智能技术竞争"的关键要素，美国实施全渠道人工智能人才战略，中国着力培养复合型本土人工智能人才。

4. 中美人工智能领域的竞争

当前，人工智能领域的国际竞赛已经拉开帷幕，并且将日趋白热化。人工智能成为国际竞争的新焦点，全球各国（或地区）纷纷出台人工智能发展战略和具体政策，抢占战略制高点和发展机遇。谁掌握人工智能，谁就将成为未来核心技术的掌控者。ChatGPT 的爆火无疑增加了全球人工智能竞争的热度。在人工智能这一前沿科技的浪潮中，中美两国作为该领域的双巨头，正引领着一场深刻的技术与战略博弈。这场竞争不仅是技术进步的简单展现，更是两国人工智能发展战略的激烈交锋，深刻影响着全球科技格局与未来发展方向。

美国方面，其官方报告中频繁强调"中国作为全球人工智能技术竞赛中的首要挑战者"和"中国与俄罗斯对国家安全构成的重大信息威胁"，这种表述将技术层面的竞争提升至国家安全战略的高度，凸显了中美之间竞争的复杂性和深远性。

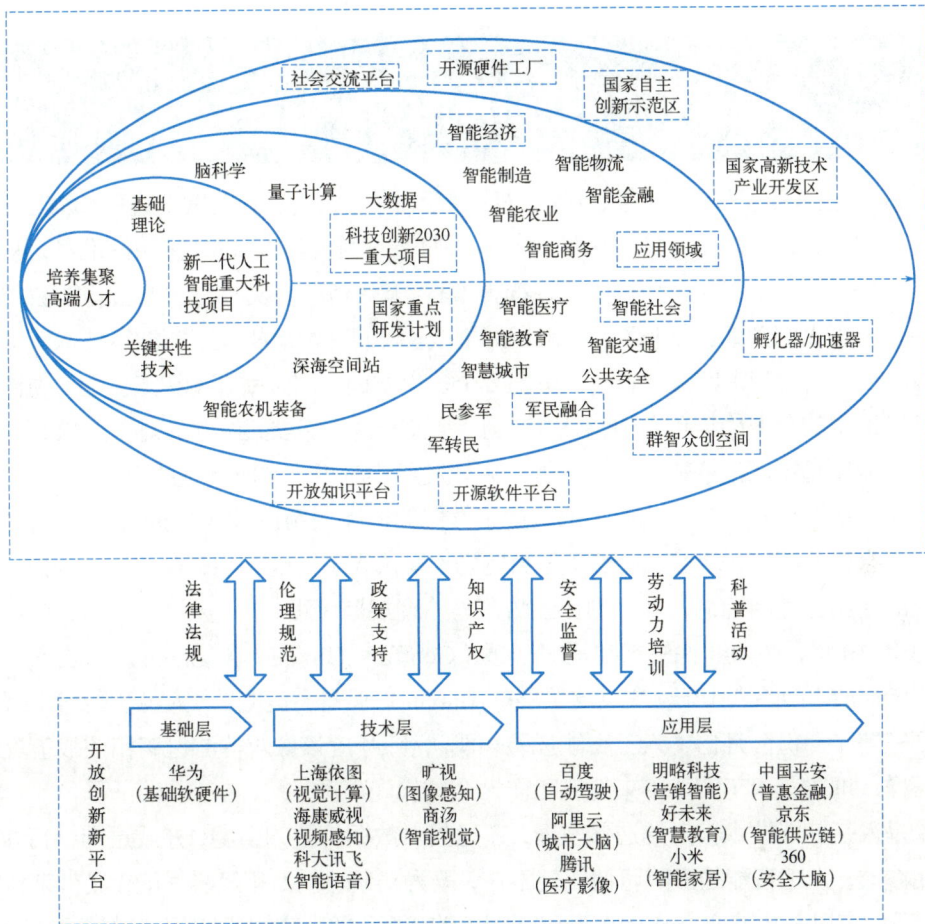

图 3-2　中国人工智能国家战略策动路径

未来商业的主战场比拼的将是获取、处理消费数据的能力。如果同时掌握了强大消费数据的获取、处理能力，就相当于得到了现代经济战争的精确打击能力。大模型和大算力体现了数据处理能力，成为人工智能的基础设施。在此背景下，美国采取了一系列措施，包括限制高端芯片、先进大模型等关键技术产品对中国的出口，对中国人工智能领域进行限制和打压，目的是阻碍中国在人工智能领域的发展，维护自身在全球科技领域的霸权地位。

与此同时，国际科技巨头如 OpenAI 也卷入了这场竞争的风暴。2024 年 7 月 9 日起，OpenAI 对包括中国、朝鲜、俄罗斯在内的特定国家和地区封锁 API 访问权限，这一决策进一步加剧了中美在人工智能领域的紧张态势，也反映了国际科技合作与竞争并存的复杂生态。OpenAI 的联合创始人兼首席执行官山姆·奥特曼在 2024 年 7 月的一次采访中发出强烈呼吁，要求建立一个由美国主导的全球联盟，引领全球，把中国的人工智能扼杀在摇篮中。

中美在人工智能领域的竞争实质上是一场深刻的科技较量，不仅关乎技术创新与产业应用的速度与深度，更涉及国家安全的战略考量与全球科技治理体系的重构。面对这一挑战，中美两国既需保持开放合作的态度，共同推动人类科技的进步与发展，也需在竞争中寻求平衡，避免科技竞争沦为损害双方乃至全球利益的零和博弈。

3.2 人工智能引发的伦理问题、社会问题

人工智能正在深刻改变人类社会的生产和生活方式、改变世界的发展进程和演变方式。面对人工智能的兴起，人们在哲学、伦理、法律、制度、理智等方面都还没做好准备。从深度伪造（DeepFake）技术、"剑桥分析"、网络犯罪等近年来涌现的现象看，人工智能被滥用的倾向和风险均超出人们预期，带来了前所未有的挑战。人们开始担心人工智能等技术可能像核技术一样危险，给社会带来颠覆性影响。早在半个多世纪前，图灵就在《智能机器》中详细讲述了人工智能技术的发展趋势和方向，同时提到了人工智能对人类的威胁。对于未来可能出现的通用人工智能和超级人工智能，如果不加约束地发展和应用，就可能威胁到人类的整体利益，霍金和埃隆·马斯克、比尔·盖茨等都表达了类似的担忧。2015 年，包括中国学者在内的全球十多位专家在《科学》杂志上发表了一封题为《承认人工智能的阴暗面》的公开信，倡议将人工智能的社会伦理问题纳入现实的社会政策与伦理规范议程。

2023 年 10 月，图灵奖得主杰弗里·辛顿（Geoffrey Hinton）和约书亚·本吉奥（Yoshua Bengio）、OpenAI 创始人山姆·奥特曼（Sam Altman）等国际上数百名人工智能科学家和公众人物共同签署了一份公开信《人工智能风险声明》，呼吁应该像对待流行病和核战争等大规模的风险一样，把防范人工智能带来的风险作为全球优先事项。

无论是人工智能技术自身的迭代发展，还是其对数据价值的重塑，亦或是向各行业、各领域的应用渗透，人工智能的影响可谓无处不在，既为科研、创新和经济赋能，又带来新的挑战与风险。我们应以开放的心态看待人工智能带来的诸多改变，审慎研究和应对其可能带来的新课题、新风险。

3.2.1　人工智能带来的负面影响

人工智能在给社会、经济发展带来巨大利益的同时，也对社会文明和生产生活带来重要影响，带来很多伦理困境和伦理安全隐患。

2021 年，央视"3·15"晚会对"信息与数据安全"话题给予了特别的关注，集中曝光的人脸识别技术滥用、大数据杀熟、简历信息泄露等问题，反映了互联网、大数据、人工智能等技术高速发展背后的潜在风险。2022 年，央视"3·15"晚会曝光了网络水军刷屏、网络水军操纵口碑、浏览网页泄露手机号等问题。2023 年，央视"3·15"晚会曝光了破解版 App 内置插件软件，窃取用户手机中的大量关键信息，打上标签追踪动态，精准锁定用户。2024 年，央视"3·15"晚会曝光了使用人工智能换脸等方式进行诈骗的行为。

以下是人工智能对几个领域的典型影响分析。

1. 市场经济

人工智能在改善工作环境、维护个体尊严、促进人力资本积累和经济繁荣等方面有积极作

用。然而，它也可能带来垄断、过度榨取消费者剩余价值、劳动力替代、阶层分化和固化等问题，新技术对就业市场也产生巨大冲击。这些变化可能深刻影响市场经济中的雇佣关系、竞争关系、合作模式、所有关系（所有权）以及相关伦理规范。

2. 家庭关系

人工智能的积极成果使得一些家庭成员得以解放，从而可以从事对家庭福祉更有益的事。然而，功能的疏解可能使家庭成员之间的关系更加疏远、联系更加松散。随着社会需求的多样化，可能出现人工智能扮演家庭成员角色的需求，如人工智能儿童、人工智能伴侣、人工智能长辈等。当人工智能介入家庭内部人际关系时，原来用来规范人类家庭成员的伦理很难再直接适用，而且关系身份的传递可能导致认知上的混乱。"人机之恋"可能引发家庭伦理危机。

3. 社会伦理关系

人工智能广泛使用可能从根本上重塑组织性互动，如作为最重要的伦理再生产机构，学校的教学理念、教学内容、教学方式有可能发生重要变化。在一般非组织性的社会活动中，人工智能的应用和数据信息环境的改变，导致社会可能更难在什么是真相和真实知识上达成共识，人们更容易陷入"信息茧房"，机器决策可能产生"无用阶级"，"大数据+人工智能"对个人隐私侵犯也可能逼迫人们采取面具化生存策略。

4. 国家和社会层面

人工智能可以被广泛用于公共管理和公共服务供给，使国家治理变得更加公平、透明、高效，促进国家的善治。但随着人工智能时代的到来和虚拟生活方式的普遍流行，国家认同可能会被削弱，机器人税和普遍基本收入会被越来越多考虑，但会引发政府规模和权力的扩大，以及随之而来的政府与社会关系的调整，如公民对政府的高度依赖、政府社会监控的强化、个人自由空间的压缩等。

5. 国际关系

人工智能正在成为大国竞争的胜负手和重要领域。从全球实现可持续发展目标的需求看，人工智能可以发挥重要的作用，但是地缘政治竞争的加剧可能制约其潜力的发挥。人工智能在发达国家的开发和应用也可能导致全球价值链发展趋势被重置，导致发展中国家被边缘化，增加对发达国家的依附。

6. 人与自然的关系

人工智能的发展对提高资源利用效率和减少对环境的攫取与破坏、更好地应对自然界的挑战具有重要意义。但是人工智能的发展也可能助长人类创造的雄心，特别是人工智能在生物改造领域的应用，对既有生态体系的影响具有很大的不确定性。

例如，人工智能武器化与武器人工智能化是人工智能在军事领域应用的两个重要方向。人工智能武器化的发展使得武器系统具备了更强的智能化和自主性，能够更好地适应复杂多变的战场环境。武器人工智能化的发展使得传统武器系统焕发出新的活力，提升了其作战效能和可靠性。人工智能在军事领域的应用包括智能武器的开发与部署、智能军事决策系统、非常规智能战争等，可能引发军事战略的根本性变革，给国际秩序带来巨大的不确定性，引发伦理和安全问题，如自主武器系统的道德和法律责任问题等，需要引起足够的关注和重视。例如，当前的无人机可以完成很多攻击性行为。人工智能使得恐怖分子实施暴力行为的方式变得更为多样，更加难以防范。例如，2020 年伊朗先后损失了多名将领，这些与智能武器不无关联。在局部战争中，无人机发挥了重要作用。2024 年 5 月，美国媒体首次公开了美军人工智能战斗机项目。

3.2.2　人工智能伦理风险类型

人工智能的发展不可避免地会冲击现有的伦理与社会秩序，带来一系列风险。这些风险可能表现为直观的短期风险，如算法漏洞存在安全隐患、算法偏见导致歧视性政策的制定等，也可能导致相对间接或长期的风险，如对产权、竞争、就业甚至社会结构的影响，以及生产方式、生活方式的根本变革。尽管短期风险更具体且可感知，但长期风险所带来的社会影响更为广泛且深远，同样应予以重视。

在人工智能时代，风险的性质发生了实质性的变化。在传统社会甚至工业社会中，风险可能是偶发性的，如自然灾害。在后工业时代，贝克提出了风险社会的概念，风险具有了社会维度。借助人工智能决策可以降低一些风险发生的概率。例如，在交通领域，事故发生的原因多数来自驾驶人员疲劳驾驶、不遵守交通规则。自动驾驶场景下，这类事故可能不会发生。

在人工智能领域，伦理问题相伴相生，人工智能伦理问题一直是学界关注的重点。人工智能在纯技术层面是价值中立的，但在实际应用中兼具创造性和破坏性。此外，人工智能已不仅是单纯的工具，开始不断模糊物理世界和数字世界的界限，刷新了人的认知和社会关系，延伸出复杂的伦理、法律和安全问题。可以看到，人工智能系统自动决策的可信度、透明度没有保障，数据中又深埋偏见、歧视，使得隐私泄露、算法偏见、人工智能安全、技术滥用（如大数据杀熟、人工智能造假和合成虚假信息）、数据投毒、社会公平、自动化武器、能源消耗增加等安全问题和伦理问题正给社会公共治理与产业智能化转型带来严峻挑战。下面从算法、数据和应用三方面简单梳理人工智能的风险，后续将在独立章节中详细论述。

1. 算法方面

在算法方面，风险主要包括算法安全问题、算法可解释性问题、算法偏见问题。

1）算法安全问题

算法安全问题源于算法漏洞被黑客攻击和恶意利用的风险，同时算法在从设计、训练到使用的整个过程面临着可信性和可靠性的挑战。在人工智能领域，算法的不透明性和不可预见性增加了监管失控的发生概率，从而产生了一系列安全问题，系统行为的不透明容易导致社会隐患。例如，2015 年，德国大众汽车制造厂发生的机器人袭击工作人员事件；2016 年发生的谷歌无人驾驶汽车与大巴车碰撞事件；2024 年上半年发生的多起特斯拉交通事故。这些事件都引发了如何明确责任、如何将人工智能带来的安全隐患降到最低的问题。

人工智能系统中的算法和模型也涉及安全问题。攻击者可能尝试通过欺骗或攻击算法和模型来改变人工智能系统的决策。例如，攻击者试图通过添加对抗性样本欺骗人工智能系统，从而导致错误决策。恶意攻击者还可能攻击人工智能模型的基础架构。例如，在人脸识别技术中，丰巢智能快递柜的刷脸取件系统被小学生用打印照片破解；某大学人脸识别门禁被学生用教师照片骗过。

2）算法可解释性问题

算法可解释性问题涉及人类的知情利益和主体地位，对人工智能的长远发展意义重大。可解释性是指以人类可理解的方式解释或呈现算法行为的能力，这是保证算法安全的重要途径之一。可解释性研究通常可以从两个角度展开，即透明性和决策的可解释性。前者强调算法的内部运作机理，后者用于揭示算法为什么会产生某种预测结果或行为。就像拆解一台计算机一样，"可解释性"使得研究人员得以探究系统模型内部正在发生什么，发挥了什么作用，使人们可以识别人工智能算法输入的哪些特性引起了某特定的输出结果，从而识别风险的可能来源。可解释性的提升不仅有助于构建更高性能的人工智能系统，更能促进人工智能在更广泛的行业落地。很多决策，尤其在金融、医疗相关领域，只有理解人工智能为什么做这个决策，才能更好地理解它，并且防范风险。

人工智能决策的"可解释性"是一种从社会责任角度、伦理角度提出的要求。不是所有的人工智能应用都需要解释，可解释性应当分类分级对待，具体情况具体处理：涉及人身安全、财产安全的领域，需要从消费者、用户角度出发，把握安全、健康等底线要求，建立严格的监管体系；涉及个人利益、公平和隐私的情况，需要让用户拥有选择权；涉及公共卫生、交通安全等公共领域，则需要强制实施，通过准入的方式进行保障。

3）算法偏见问题

人工智能中还隐含着各种算法偏见。算法偏见存在于算法设计和运行的每个环节中，主要包括算法设计者的偏见、输入数据的偏见和算法局限的偏见。任何一个环节出现偏见都将导致算法偏见，区别在于有的算法偏见是潜在的、不可避免的，有的算法偏见则是人为的、有意图的。智能算法的基本原理就是"以过去的数据预测未来的趋势"，而过去的偏见可能在算法中固化并在未来得以强化，造成"偏见进，偏见出"的结果。这类案例媒体时有报道，如在金融领域"降低弱势群体的信贷得分""拒绝向'有色人种'贷款""广告商更倾向于向低收入群体展示高息贷款信息"等。研究发现，聊天机器人会在推特上散布种族主义和性别歧视的信息；用 Google 搜索一个通常被黑人使用的名字，相较于搜索白人的名字，得到的结果更可能与提供犯罪背景相关。

越来越多的人类活动由人工智能算法来裁决，人们普遍认为人工智能算法是公平的，但人工智能算法是否公平却是一个未知数，其中存在巨大的公平隐患。隐性不公正的规则有时被用作公开的性别歧视或种族主义的遮羞布，对于隐性或显性不公正的规则，真正关键的始终是其结果能否根据正义原则被证明。关于算法，最令人沮丧的事情之一是，即便其应用规则刻意在群体之间保持中立，它仍然可能导致不公平。为什么会这样？因为中立规则会重复和巩固世界上已经存在的不公正。我们可以预期，中立算法将导致更多的不公正。然而，中立谬误给这些不公正的事例披上客观的外衣，会使情况变得更糟（它们看起来是如此自然且不可避免，但实际上并非如此）。正义时常要求区别对待不同的群体。这个想法是平权行动和资助少数民族艺术的基础，也应该成为我们避免算法不公的所有努力的基础。诺贝尔奖得主埃利·威塞尔（Elie Wiesel）认为："中立帮助的是压迫者，而不是受害者。"

信息与控制之间一直存在着紧密的联系，在一个日益量化的社会中，这种联系更加重要。随着时间的推移，这类例子的重要性可能越来越显著。"声誉系统"（Reputation System）根据他人的评价来辅助确定人们获得社会物品（如住房或工作）的机会。Airbnb、Uber、滴滴出行是"共享经济"的领头羊，它们依赖的就是这种声誉系统。当然，也有对酒店、租户、餐馆、书籍、电视节目、歌曲、学校、专业以及其他任何能够量化的事物进行评级的方法，现在社会上充斥各种排行榜。声誉系统的意义在于，它允许我们根据其他人对同一陌生事物的评价来进行判断。正如汤姆·斯利（Tom Slee）所说："声誉是对他人评价的社会升华。"相比于一个二星的 Airbnb 房东，你当然更倾向于相信一个五星的房东。声誉系统相对较为年轻，也可能在数字生活世界中变得更加普遍。在数字生活世界中，我们获得商品和服务的机会可能最终取决于他人对我们的看法。

2. 数据方面

人工智能在众多领域取得重大进展得益于海量数据的支持。随着人工智能被广泛应用在社会生活中，网络空间与物理空间中的数据采集、存储、流通和利用等行为均大幅增加，由此产生的伦理问题逐渐显现。人工智能的应用极大地扩展了个人信息收集的范围。例如，家用机器人、智能冰箱、智能音箱等智能家居设备走进人们的客厅、卧室，实时地收集人们的生活习惯、消费偏好、语音交互、视频影像等信息；各类智能助手在为用户提供更加便捷服务的同时，也在全方位地获取和分析用户的浏览、搜索、位置、行程、邮件、语音交互等信息；支持面部识别的监控摄像头可以在个人毫不知情的情况下，在公共场合识别个人身份并实现对个人的持续跟踪。因此，数据采集日益成为引发人工智能伦理问题的重要原因之一。

数据滥用和风险防范问题也是人工智能应用过程中需要关注的重要方面。在数据采集和分析过程中，恶意使用人工智能可能损害他人利益或造成不良影响。例如，过度收集和分析数据，导致个人隐私被侵犯或者个人敏感信息被识别。在现代社会，隐私保护是信任和实现个人自由的根本，也是人工智能时代维持文明和尊严的基本方式。因此，如何在信息利用与用户的隐私权之间找到平衡点，是人工智能开发数据过程中必须关注的重要问题。

近年来，人工智能技术的迅速发展给个人隐私保护带来了新的挑战。例如，2020 年度全球人工智能十大事件之一是"人工智能可以翻译大脑想法将大脑信号转化为文本数据"。这类"读懂意识"的技术让隐私无处遁藏。随着越来越多的社交活动以数据形式被捕获，具有卓越计算能力的系统将构建出更加细微丰富的人类生活数字地图——体量巨大、极致详尽并实时更新。这些地图虽然是从现实世界中抽象出来的，但是真实反映了现实世界。它们不仅被想把东西卖出去的人视为无价之宝，对那些想要了解和治理集体生活的人来说，它们同样很有价值。而且，管理者并不只是把数据拿来研究或影响人类行为，而是为了在我们知道事件发生之前就预测到——罪犯是否会再犯罪，病人会不会死去。这方面的意义才是深远重大的。

除了隐私问题，数据安全风险也是人工智能系统开发和部署过程中需要关注的重要问题。随着人工智能的发展，数据收集和利用的规模将不断增加，如何保护数据安全也成了一大挑战。人工智能系统需要访问和处理大量数据，包括个人身份信息、财务记录、医疗记录等敏感信息。如果这些数据被未经授权的人访问，会导致个人隐私被侵犯和数据泄露等严重后果。此外，攻击者可能试图通过修改数据或注入有害数据来操纵人工智能系统的决策，从而导致数据质量下降和错误决策产生。

在开发和部署人工智能系统时需要注意的关键问题包括：是否存在适用于开发和部署人工智能系统的各种应用、工作和任务的数据集？不仅机器学习系统的预测行为是由数据决定的，数据也在很大程度上决定了机器学习任务本身。因此，在选择和使用数据时需要谨慎考虑数据的来源和质量，以及数据的处理和存储方式等问题；还需要加强对数据安全和隐私保护的管理和控制，确保数据的合法使用和安全存储。

3. 应用方面

与应用相关的伦理问题主要包括对就业的影响、对伦理道德的冲击、对人工智能的滥用和误用。技术滥用和误用是指在人工智能技术的使用过程中，使用目的、使用方式、使用范围等出现偏差并引发不良影响或不利后果的情况。由于人工智能系统的自动化属性，技术滥用将放大系统所产生的错误效果，并不断强化成为一个系统的重要特征。当有限且边界明确的人工智能技术通过人为干预而发挥出无限且无边界的功能时，它既可以拓展服务人类的范围，为人类的存在和生活提供更多的便利，也有可能以强制性的方式扭曲和限制人的存在和生活，使人工智能技术沦为奴役人类的工具。例如，智能写作系统的滥用导致当前网络上近 15%的新闻流量来自智能写作，但这些文章可能夹带大量的错误、语言暴力、偏见与歧视。

技术滥用主要由系统设计者出于经济利益或其他动机的恶意操纵、平台和使用者过度依赖算法、或将应用盲目拓展到算法设计未曾考虑的场景等导致。

① 系统设计者可能出于自身利益，产生对人类不利的行为，如金融机构从自身利益出发，推荐不符合用户利益的产品，或者为了自身局部利益，不顾整体利益，产生了系统性风险；娱乐平台为了自身利益，利用技术诱导用户进行娱乐或信息消费，导致用户沉迷。"技术至上"的内容推荐会导致用户价值观扭曲、视野狭窄等问题。

② 过度依赖算法本身也可能导致不良后果和影响，即使人工智能的使用者出于正当的目的，在一些极端的场景中，盲目、过度依赖算法，也可能因为技术的缺陷而产生严重后果。例如，医疗误诊导致医疗事故、安防和犯罪误判导致安全问题等，都直接关系到公民的人身安全与自由。

③ 盲目扩大技术的应用范围也可能导致超出人们预期的结果。任何人工智能技术都有其特定的应用场景和应用范围，超出原定场景和范围的使用可能会导致技术滥用。例如，人脸识别技术能够提高治安水平、加快发现犯罪嫌疑人的速度等，但是如果把人脸识别技术应用于发现潜在犯罪人，或者根据脸型判别某人是否存在犯罪潜质，或者把人脸识别技术用于跟踪某人

的行踪、识别某人的情感，并用于商业行为（如房企用于识别看房人），就属于典型的算法滥用；领英等公司根据算法推荐，可以公开实现某职位只要男性的目的，造成隐性算法歧视和其他人权问题，这些也属于典型的算法滥用。

在人工智能时代，最大的威胁将是恶意使用人工智能，如网络攻击的自动化、智能化与自适应、网络攻击的针对性、诈骗的精准性。

人工智能滥用将引发一系列社会问题，具体表现如下。

1）公平问题

人工智能加剧了贫富差距，并引发了新的不平等现象。经济生活逐渐被少数"大玩家"所控制，科技行业的集中度尤为明显。这些大型科技公司正在抢占越来越多的市场，数字服务正在尽可能地满足我们的需求。在美国，近 80%的手机社交媒体流量和搜索广告收入都流向了少数几家公司。微信已经让其用户在这个平台上完成各种活动。

人工智能的发展带来了新的社会公正危机问题。人工智能已经具有可以与人类匹敌甚至超越人类的一系列能力，通过以智能体系替代机械体系和以智能机器替代职业劳动者的双重方式，将造成普遍的技术性失业。人工智能发展从资本、权力、分配机制三方面立体地改变了社会的结构，铸造出社会的结构性不公正。这种结构性不公正如果得不到根本的抑制，必将导致整个社会公正体系的解体。人工智能通过大幅提升社会生产效率，改变了市场结构，更改变着社会的结构性分配准则、分配方式和分配权重，加大了社会资源、劳动和财富分配的普遍不平等，进一步扩大了社会贫富差距。追溯根源，人工智能本质上既是一种权力，也是一种资本，更是一种分配机制。导致人们非常担心人工智能会将财富和权力从普通人转移到一小群科技企业家和政府部门。

作为世界性和历史性的难题，社会公正问题的根本在于它难以真正解决人类社会"多数人暴政"和"少数人暴政"的问题。这不仅因为权力本身潜伏着自扩张的欲望本性，也在于"一切有权力的人都容易滥用权力，这是万古不易的一条经验。有权力的人们使用权力直到遇到有界限的地方才休止。"更在于社会结构本身既是一种权力，也是一种分配机制，形成对社会公正的维护或限制不同的可能性。人工智能研发之所以日趋显现出社会公正危机，是因为人工智能研发无声息地改变着社会结构，使社会结构成为抑制、弱化、消解社会公正的无声力量。人工智能技术很容易走向和权力同构的一端，无论是在市场、社会还是国家语境下，因其效率高、反馈落后，都容易导向治理的困境。

人工智能有着远超人类的学习能力和计算能力，具有准确、高效和不知疲倦等优势，将极大提高工作效率，降低劳动成本，并逐步取代越来越多的人工劳动，加剧就业不平等，对职业结构和行业结构产生影响。

人工智能的高度发展对公平性的提升是有利的，人工智能有可能帮助识别人类社会现有的偏见。人工智能产业规模变大之后会产生"马太效应"，资源更加集中，被少数公司或者少数人垄断。人工智能既可能被用来促进社会公平和消除歧视，也可能被滥用。人工智能从业者可能在无意中做了坏事，成了帮凶。人工智能为促进程序公平和实质性公平带来了更多的机会。英国法学家理查德·萨斯坎德提到过"在线法院和司法的未来"，他表达了一个理念：过去人们认为法院是一个场所，传统的法院诉讼会带来很多成本，包括聘请律师、聚集观众。在线诉讼可以降低司法成本，使得正义的可及性提高，也使得整个社会可以在节省更多成本和资源的情况下，实现普惠的司法正义。监管使得社会的公平性大为提升，使得那些不规范的现象得到抑制；另一方面，如果刻意监管，可能导致滞后效应。

2）虚假信息问题

DeepFake、ChatGPT 等广泛应用于修图、视频换脸、文本生成，生产出大量难辨真伪的虚假信息，这给舆论的导向乃至社会稳定带来风险。Face App 的人工智能"换脸"功能在社交媒体爆火，甚至一度引起了美国政坛的恐慌。因此，迫切需要进行更多关于技术、法律和道德的思考，发展互联网虚假信息的伪造检测技术。虚假信息问题体现在以下场景中。

① 数字分身。AI Yoon 是首个使用 DeepFake 技术合成的官方"候选人"，这个数字人以韩国国民力量党候选人尹锡悦（Yoon Suk-yeol）为原型，借助尹锡悦 20 小时的音频和视频片段，以及其专门为研究人员录制的 3000 多个句子，由一家 DeepFake 技术公司创建了虚拟形象 AI Yoon，并在网络上迅速走红。实际上，AI Yoon 表述的内容是由竞选团队撰写的，而不是候选人本人。

② 伪造视频，尤其是领导人视频。伪造视频会引起国际争端，扰乱选举秩序，或引起突发舆情事件，如伪造尼克松宣布第一次登月失败、乌克兰总统泽连斯基宣布"投降"的信息，这些行为导致新闻媒体行业的社会信任衰退。

③ 伪造新闻。主要通过自动生成虚假新闻牟取非法利益，如使用 ChatGPT 生成热点新闻，赚取流量。截至 2023 年 6 月 30 日，全球生成伪造新闻网站已达 277 个，严重扰乱社会秩序。

④ 换脸变声。2019 年 3 月，犯罪分子利用语音生成软件，模仿并冒充一家英国能源公司的德国母公司 CEO，诱骗公司多位同事向其转移资金。2024 年 2 月，一家英国跨国企业的香港分公司被犯罪分子用 AI 换脸和 AI 音频合成的视频，冒充总公司的 CFO，直接骗走了 2 亿港元。

⑤ 生成不雅图片，特别是针对公众人物。例如，针对女性实现照片"一键脱衣"的 DeepNude 造成了不良社会影响。

3）意识形态风险问题

美国《人工智能的恶意使用：预测、预防和缓解》报告指出，人工智能通过其智能化的信息搜集、传递、传播工具，以及自动化的虚拟信息处理智能体，可以更加高效地塑形特定的社会意识形态与价值体系。一个代表性的例子就是 2016 年美国大选，《卫报》曾披露剑桥分析公司如何利用谷歌等数据为候选人赢得了白宫大选。

4）用户价值观问题

算法实现信息与用户精准匹配的同时，传统媒体时代"一对多"的传播模式变为"一对一"的传播模式，容易造成受众的信息接触面越来越窄。沉浸在"信息茧房"之中的受众，由于长期接触同类信息，面临虚假的信息声势，不易形成对外界的全面感知；用户原有的观念经由反复传播而得到加强或放大，从而进一步强化自己的主观观点，导致视野的狭隘和思想的封闭、僵化；这种思想僵化极易在网络群体的讨论之下得到进一步放大，甚至出现群体的观念极化；

不同群体的观念极化易导致社会共识的瓦解，削弱大众传播的社会整合作用。短视频平台对人的影响巨大，在刷短视频，即便是同一条内容，不同的人看到的评论是不一样的，这样最终容易造成价值观念被操控的后果。

5）知识产权问题

人工智能生成内容的出现颠覆了人们对于作者与版权、发明家与专利等传统认知，引发更多知识产权问题，包括自动生成音乐、画作、文章等创作作品的归属和权利界定争议，软件和算法的著作权保护，数据的知识产权问题等，人工智能技术的应用使得侵权风险大大增加；同时，由于人工智能技术的复杂性，侵权责任的认定也变得更加困难。

6）决策困境问题

尽管人工智能在众多领域展现出了强大的能力，但在做出最佳决策方面，它仍然面临着挑战。在构建人工智能模型时，完全消除偏见是一项极具挑战的任务，而工程师们试图从日益增长的数据中构建完美的模型，但数据的质量并不总是如预期那样好，这在一定程度上影响了人工智能的决策能力。

从人工智能当前的能力、技术潜力和给人类社会带来的负面后果看，决策存在两大类问题。第一类问题涉及人工智能在处理人类事务时的决策能力，而它对决策结果的伦理判断能力存在不足。这引发了我们对人工智能系统对其决策结果的伦理意义缺乏判断的忧虑。第二类问题与我们对人工智能潜力的担忧有关。我们担心随着人工智能的发展，它会导致已有的社会问题进一步恶化，同时可能带来新的社会问题。

目前，计算机的决策规则与人类的决策过程保持一致。然而，随着技术的不断进步，计算机将根据从训练数据中得出的经验进行决策，这个过程将深刻地影响人类社会的未来。算法决策困境源于人工智能系统的自学习能力，这种能力使得算法的决策结果具有不可预见性。

随着时间的推移，计算机和机器人从简单的工具逐渐变成了具有一定自主性的实体，开始承担起决策或执行任务的责任。这些在过去被视为科幻文学的想象，但现在它们已经逐渐成为现实。可以预见的是，未来将有越来越多的任务由人工智能来承担。这种转变背后的主要推动力是人类希望人工智能的决策、判断和行动能够超越人类，从而将人类从繁重的工作中解放出来。以自动驾驶为例，这项技术有望大幅减少由人为错误引发的交通事故。

然而，随着人工智能在决策和行动方面逐渐摆脱被动工具的角色，我们需要关注：人工智能的判断和行为是否符合人类的价值观和伦理准则？当人工智能系统做出决策时，它应该对谁负责？是人类还是整个社会？家庭机器人是否会为了完成烹饪任务而伤害宠物？或者，为了减轻病人的痛苦，看护机器人是否会选择结束他们的生命？这些都是引发广泛讨论的重要问题。

对于人工智能应用，决策的信任问题非常重要，这不能仅由技术来保障，还需要考虑社会因素。为了放心地应用人工智能，必须高度重视人工智能决策的可靠性问题。当人工智能应用到自动驾驶、医疗诊断、照顾老人、利益分配甚至政府决策等与人类生命或根本利益密切相关的领域时，稳定性和可靠性就变得极其重要。2023 年 11 月 8 日，在韩国某农产品配送中心中，一名正在检查传感器的工人被机器人压死，因为机器人未能将他与蔬菜箱区分开来。2024 年 11 月，新京报社论有一篇新闻《AI 招聘与 AI 应聘"斗法"是双输结局》，人工智能大模型之间的碰撞率先发生在面试场景下，这是值得社会共同思考的问题，简单地让人工智能工具决定一个人的命运既有违科技伦理，也有违职业道德，将损害所有参与者的利益。

7）人工智能对道德的影响

人工智能技术的正当应用能够增强道德观念，提升社会文明。相反，对人工智能技术的过度应用，可能解构道德，降低社会文明水平，并扭曲人性，破坏平等和公正原则，侵犯隐私，降低生存质量、自由度和幸福感。例如，过去常见的入室盗窃和公共场所扒手等问题，曾一度难以防范。然而，自从有了天网监控系统，公共场所的扒手和夜间入室盗窃的小偷几乎绝迹。这种现象表明人工智能技术的运用确实可以起到增强个人道德和社会道德的作用。然而，如果人脸识别、摄像头监控等技术被无限制应用，个性自由和隐私权利可能会受到极大的侵害。因此，在使用人工智能技术时，我们必须保持警惕，确保其应用在符合道德的范围内，并充分考虑到其对个人和社会的长远影响。人工智能算法设计在伦理上可能出现道德真空，表现在两方面：其一，道德无意识，进行算法设计的时候根本没有考虑可能出现的伦理问题、社会问题；其二，道德无规则，知道可能存在问题，但面对这个问题束手无策。

8）人工智能对舆论战影响

随着技术的进步，人工智能在舆论战中的应用也逐渐增加。传统舆论战主要依赖于报纸、广播、电视等传统媒体，而随着互联网和新媒体的兴起，智能感知、智能应答、智能决策、智能行动等装备逐渐崭露头角。

人工智能时代的舆论战具有新的特点。通过机器学习和大数据分析，人们可以更准确地收集和分析受众信息，也可以通过网络侦测获取对手信息并进行深层数据分析。实时数据可以被监测和分析，全过程的数据也可以被精确分析和研判，甚至做到精确预测。这使得舆论战从原来的模糊状态变得更加精准，提高了应对措施的合理性和效能评估的科学性。

随着计算机建模能力和仿真能力的增强，人工智能技术已经涉及政治、经济、社会、文化、军事、外交等领域，未来基于全域战、多域战的智能舆论战将会成为常态。

舆论战的高度智能化也将催生大量的智能化装备和系统。从信息感知、信息存储到舆情监测、数据分析，再到文本生成、信息分发、舆情研判，最终落实到新闻采编、图片分析、视频编辑、自动播报、语音模拟、声像拟合、语言翻译、情报分析、综合研判等环节，都会有相应的智能化装备。人力资源将从舆论战的前端力量转为舆论战的后台力量，更加注重后台的管理、全程的监控、战略的谋划、战术的推演、科学的决策、力量的运用等方面，侧重完成必须依赖人的智慧、意识形态、情感价值观才能完成的高级工作。

然而，虚假信息和烟幕弹等手段也会对采集数据产生影响，因此在人工智能的应用过程中需要注意这些因素对舆论战的影响。

9）人工智能对个体发展的影响

人工智能对个体发展提出了新的挑战。过度依赖人工智能系统来执行基本任务或做出决策，可能逐渐减少对问题独立思考的过程，导致自主性和批判性思维能力的下降；个体可能减少直接面对问题、尝试解决方案的机会，削弱个人的问题解决能力和决策能力；一些基础性和重复性的工作被自动化取代，减少了人们学习和掌握这些基本技能的机会，可能减少对传统学习方式（如阅读、实践等）的依赖，减少对基本技能和知识的学习和掌握；可能减少人与人之间面对面交流的机会，缺乏有效的人际互动而影响到个体的社交技能发展，也可能导致个体在情感智能方面的发展受限，如情绪管理、同理心等能力可能无法得到充分培养和提升，从而影响社交能力和情感智能；人工智能系统在处理个人数据时，可能涉及隐私泄露的风险，特别是当这些系统被不当使用或存在安全漏洞时，将对个体安全构成潜在威胁。

10）人工智能的责任主体与责任分配问题

当人工智能系统出现故障或错误时，如何确定责任主体与责任分配就是一个重要问题。人工智能的责任主体多元化，涉及设计者、生产者、销售者、使用者和可能的监管者等。人工智能的责任分配问题是一个复杂而多维度的议题，涉及技术、法律、伦理等层面。为了合理划分责任并推动人工智能技术的健康发展，需要各方共同努力和协作。

3.3　人工智能伦理治理

人工智能是一把双刃剑，科技实践与伦理实践的有效结合与匹配，是平衡创新与风险、充分发挥正效应、有效规避负效应、促进人工智能健康发展并使其发展成果造福于民的关键。

随着人工智能在各领域的广泛应用，其带来的伦理问题逐渐凸显，引发了社会各界的广泛关注。为了确保人工智能的发展符合人类的价值观，我们需要为它注入更多的道德和伦理标准，同时需要警惕人工智能发展可能带来的风险。解决这些问题不仅需要科技领域的努力，还需要政策制定者、法律界和社会的共同参与。人工智能治理面临的挑战主要聚焦于隐私问题、公平性问题、安全问题、就业问题等。为了应对这些挑战，过去十年间，国内外各界都在积极推进人工智能治理，探索多元化的治理措施和保障机制，包括立法、伦理框架、标准和认证、行业最佳做法等，以确保人工智能的发展是负责任、可信且以人为本的。

在人工智能伦理治理方面，无论是与算法决策相关的问题、数据与隐私相关的问题，还是与社会影响相关的问题，都涉及人的主体性问题，这需要我们发展以人为本的人工智能。主体性问题是探讨人工智能伦理和治理的核心。

随着人工智能技术的不断进步，人们开始关注人工智能是否会威胁人类的生存安全。将复杂的社会事务交由人工智能系统处理是否能保证公平性也成了人们关注的焦点。最重要的是，面对这场新的技术革命，人类该如何把握人工智能的发展方向？

根本上，只有将人工智能技术的研发和运用纳入以权利为准则的制度体系和以法权为准则的法律体系的建设，探求人工智能研发和运用所面临的根本伦理困境的解决之道才具有可能性。伦理风险的治理需要制定法律法规和政策，明确各相关主体的责任。

人工智能伦理的作用主要体现在两方面：确定人工智能应该做什么，以及禁止人工智能做什么。如果技术不能服务于用户，反而成为某些人用来伤害用户利益的武器，就应该引起全社会的反思和警惕。需要思考价值标准：人工智能能否惠及每个人？要想让人工智能系统稳定，必须保证技术的可信、可靠。如果要保证科技向善，可靠性和治理就变得越来越关键。人工智能治理的执行比较难，目前没有具体的技术指标可用，原因在于其决策的"黑箱性"。法律规制也意识到了这一点，加大了对算法透明性的要求。可解释性也属于算法透明性的一部分。

因此，在人工智能等先进技术高速发展的今天，未雨绸缪、防范风险隐患是必要的，更是必需的。我们需要人工智能的发展"德智并举"，面对问题，我们需要通过引导技术发展的方向来解决问题。近几年，国内已经出现了一系列关于人工智能数字治理的事件，如短视频治理、应用软件的隐私治理、金融科技治理、跨境数据安全治理等。

3.3.1 世界主要国家和地区人工智能伦理规范

人工智能应用可能引发的社会伦理问题越来越具有突发性、隐蔽性、规模性、不可预测性等特征，这给伦理治理提出新的挑战。如何在人工智能这一全新的技术条件下实现伦理共识，对经济、社会和政治有着深远意义。目前，面对人工智能带来的伦理道德挑战，各国（或地区）、各行业组织、社会团体和人工智能领域的商业公司纷纷提出人工智能的伦理准则，对人工智能技术本身及其应用进行规制。构建一个可信、可靠、安全的智能生活，政策能够起到指导和促进作用，但关键在于技术创造者和使用者的道德意识和自律性，以及全产业链对商业底线的共同坚守，这需要每家企业做到以人为本，发扬科技之善。我们也应该注意到，不同国家、社会和文化中的人工智能发展战略及伦理有很明显的差别。

1. 欧盟人工智能伦理治理监管体系

在数据保护和人工智能技术的监管方面，欧盟一直处于立法实践的最前沿。欧盟正积极制定人工智能和自动驾驶等领域的伦理准则和指南，推动相关国际标准、规则的制定。2018 年 5 月，欧盟颁布了《通用数据保护条例》（GDPR），该条例对数据主体者、数据保护者、数据处理者等角色的具体数据权利和责任进行了明确界定，并增加了数据主体的被遗忘权和删除权。该条例引入了强制数据泄露通告、专设数据保护官员等条款，同时包含更严厉的违规处罚，从而提出了对数据进行有效保护的方法和策略。2019 年 4 月，欧盟委员会发布了《可信赖的人工智能道德准则》，其中提出了实现可信赖人工智能的七要素，包括人的能动性和监督、稳健性和安全性、隐私和数据管理、透明度、多样性、非歧视性和公平性、社会和环境福祉以及问责。此外，欧盟于 2018 年发布了《人工智能、机器人与自动系统宣言》。

2021 年 4 月，欧盟提出了《人工智能法案》草案，旨在规范人工智能的开发和使用。2023 年 6 月，欧洲议会通过了该草案。2023 年 12 月 8 日，欧洲议会、欧盟委员会和 27 个成员国的谈判代表就《人工智能法案》达成"里程碑式"协议，意图在新技术治理领域复现布鲁塞尔效应。2024 年 3 月 13 日，欧洲议会通过了该法案。欧盟理事会于 2024 年 5 月 21 日正式批准《人工智能法案》，并开启为期两年的分阶段实施期，将直接影响欧盟乃至全球人工智能技术研发和产业应用生态。2024 年 7 月 12 日，《欧盟官方公报》正式印发《欧洲人工智能法案》的最终文本，8 月 2 日正式生效，并在立法上采取了分阶段生效和基于风险的方法。

《人工智能法案》是欧盟首部关于人工智能的综合性立法，强调人工智能应当尊重欧盟价值观和《欧洲联盟基本权利宪章》所规范的道德嵌入式人工智能。《人工智能法案》以人工智能的概念作为体系原点，以人工智能的风险分级管理作为制度抓手，以人工智能产业链上的不同责任主体作为规范对象。该法案从人工监管、隐私、透明度、安全、非歧视、环境友好等方面对人工智能的开发和使用进行监管，详细规定了人工智能市场中各参与者的义务，将人工智能的风险分级标准纳入，强调人工智能应当是一种以人为本的技术，不应取代人类的自主性，也不应导致个人自由的丧失，而应主要服务于社会需求和共同利益。该法案是一部覆盖各行业领域、全供应链主体、各类风险议题的体系性立法。该法案总体围绕"基于风险的框架"展开，包括不可接受风险（禁止使用）、高风险（设定若干法定义务）、有限风险（有限的透明性义务）、低风险（豁免适用）。其中，不可接受风险包括三种。第一种是在不知不觉中对人类意识进行操控，从而影响其决定或扭曲其行为，进而对人类造成身体或心理的伤害；第二种是利用个人或社会群体的弱点（如儿童或残疾人的脆弱性）对其造成伤害；第三种是基于人工智能社会信用体系的风险，欧盟委员会认为，公共当局根据自然人的社会行为或人格特征对其进行信用评估会造成不可预见的后果，个人或特定群体的权益将受到损害。"高风险"则包括了医疗设备、汽车、招聘、教育、选举、关键基础设施、情绪识别系统等八种场景应用。《人工智能法案》在评估人工智能系统是否属于"高风险系统"时，要求考量人工智能系统对《欧洲欧盟基本权利宪章》所保护的基本权利造成的不利影响的程度。这些基本权利包括但不限于人的尊严、尊重私人和家庭生活、保护个人数据、言论和信息自由、集会和结社自由、不受歧视的权利、受教育权、消费者保护、工人权利、残疾人权利、性别平等、知识产权、获得有效补救和公平审判的权利、辩护权和无罪推定以及良好管理的权利。"高风险系统"投放市场及交付使用均受到严格的管控并需履行评估及备案等一系列要求。

2. 美国人工智能伦理治理监管体系

美国在联邦层面尚未通过一部完整且专门针对人工智能系统的法案，而是试图通过调整政府机构的权力，在现有的立法框架及监管规则内对人工智能进行规制。在伦理治理方面，目前联邦层面的合规重点主要涉及反歧视、保护数据隐私等要求。

《2022年算法问责法案》要求使用自动化决策系统做出关键决策的企业研究并报告这些系统对消费者的影响，形成了"评估报告－评估简报－公开信息"三层信息披露机制。

2022年10月颁布的《人工智能权利法案蓝图》提出了指导人工智能的设计、使用和部署的五项原则：技术的安全性和有效性、防止算法歧视、保护数据隐私、告知及解释义务、人类参与决策，并在技术指南部分针对五项原则的重要性、原则所指引的期望，以及从各级政府到各种规模的公司等多种组织为维护原则可以采取的具体实施步骤、原则的实践案例。

2022年6月颁布的《美国数据隐私和保护法案》规定，如人工智能所使用的数据集涵盖个人信息、数据与隐私，则构成"覆盖算法"；使用"覆盖算法"的大数据持有人，如果对个人或群体构成相应伤害风险，并单独或部分使用"覆盖算法"来收集、处理或传输覆盖数据，则应当进行隐私影响评估。另外，该法案对隐私政策的告知与退出机制、反偏见等内容做出了规定。例如，企业或代表企业的服务提供商需要告知个人有"选择退出"的权利，即拒绝企业对其个人数据的收集、处理或传输。

2023年2月，拜登签署的《关于通过联邦政府进一步促进种族平等和支持服务不足社区的行政命令》规定，人工智能大模型应避免训练数据中对种族、性别、年龄、文化和残疾等的偏见导致训练结果输出内容中存在偏见。美国联邦政府在设计、开发、获取和使用人工智能和自动化系统时，各机构应在符合适用法律的前提下，防止并纠正歧视，促进公平，保护公众免受算法歧视。

3. 英国人工智能伦理治理监管体系

英国政府在其发布的多份人工智能报告中亦提出应对人工智能的法律。2018 年 4 月，英国上议院发布了一份名为《英国人工智能：发展的计划、能力与志向》的报告，这份报告在伦理道德方面起草了五大原则，包括：发展人工智能是为了人类的共同利益，人工智能应当保证公平并易于理解，人工智能不应用于侵犯人们的隐私，所有公民都有权利接受教育，以及人工智能不应被赋予伤害、破坏或欺骗人类的自主能力。

2021 年 5 月，英国中央数字与数据办公室、人工智能办公室与内阁办公室联合发布了《自动决策系统的伦理、透明度与责任框架》，对人工智能涉及的算法和自动化决策的伦理治理要求进行规定。该框架强调，算法和自动化决策在上线之前应该进行严格的、受控的和分阶段的测试。整个原型和测试过程需要人类的专业知识和监督来确保技术上的弹性和安全，以及准确和可靠的系统。测试时，需要考虑自动化决策系统的准确性、安全性、可靠性、公平性和可解释性。同时规定，企业必须对算法或自动决策系统做平等影响评估，使用高质量和多样化的数据集，发现和抵制所使用数据中明显的偏见和歧视；算法或计算机系统应该被设计为完全负责和可被审计的，算法和自动化的责任划分和问责制度应该明确。

随着人工智能技术的迅速发展，各国（或地区）正在积极寻求建立合作机制，确保技术安全性和透明度。2024 年 9 月 5 日，美国、英国和欧盟等签署了欧洲委员会制定的《人工智能、人权、民主和法治框架公约》，这是全球首个具有法律约束力的人工智能国际公约，旨在确保人工智能系统生命周期内的活动完全符合人权、民主和法治，同时有利于技术进步和创新。

4. 联合国的相关建议

联合国于 2017 年 9 月发布了《机器人伦理报告》，建议在国家和国际层面上制定伦理准则。联合国教科文组织于 2021 年 11 月通过了首个关于人工智能伦理的全球协议——《人工智能伦理问题建议书》（简称《建议书》），是联合国 193 个会员国一致通过的全球规范框架，旨在保护并促进人权和人类尊严，同时为人工智能治理提供了伦理指南和全球规范。

《建议书》以"软法"的形式，结合人工智能系统全生命周期的伦理影响和各会员国的不同发展情况，明确了会员国应考虑设立有关体制机制来负责人工智能伦理影响评估、审计和持续监测工作，以确保对人工智能系统的伦理指导。《建议书》还围绕数据、算法的预测和决策及其对人类尊严、基本权利以及对环境和生态系统的现实影响与潜在威胁，提出了人工智能伦理治理的多重价值观、原则和行动准则。这些价值观、原则和行动准则相互依存，形成了理论与实践相贯通的人工智能伦理治理范式，对有损人类尊严与福祉的潜在行为起到有效防治作用，也对全球人工智能伦理治理框架的构建做出指引。

《建议书》从造福个人、社会、人类、环境和生态系统几方面提出了四项人工智能伦理价值观：尊重、保护、促进人权和基本自由以及人的尊严，促进环境和生态系统蓬勃发展，确保多样性和包容性，以及确保人们生活在和平、公正与互联的社会中。

在此基础上，《建议书》进一步提出了十项原则：① 相称性和不损害；② 安全和安保；③ 公平和非歧视；④ 可持续性；⑤ 隐私权和数据保护；⑥ 人类的监督和决定；⑦ 透明度和可解释性；⑧ 责任和问责；⑨ 认识和素养；⑩ 多利益相关方与适应性治理和协作。这些原则相互补充和协调，在人本主义的框架下促进人工智能技术的创新和发展，实现人类福祉与技术发展间的平衡。其中，相称性和不损害原则从源头上奠定了风险评估与预防的基调，责任和问责原则从结果上规定了损害救济的情形。

《建议书》还围绕伦理影响评估、伦理治理和管理、数据政策、发展与国际合作、环境和生态系统、性别、文化、教育和研究、传播和信息、经济和劳动、健康和社会福祉 11 个领域，提出了具体落实策略以及两项监测和评估方法（准备状态评估方法和伦理影响评估方法），以支持会员国出台有限措施或开展多种行动，确保私营企业、学术和研究机构、民间社会团体等其他利益攸关方遵守人工智能的监管框架或机制。迄今为止，全球已有 40 多个国家（或地区）与联合国教科文组织合作，以《建议书》为基础，制定国家层面的人工智能制衡措施。

《建议书》作为目前全世界在政府层面达成的最广泛共识，始终秉持人工智能技术发展既不可因噎废食也不能削足适履的态度，从理论与实践层面提出了一系列重要建议，为会员国开展本国的人工智能治理提供了强有力的参考。

联合国于 2024 年 3 月通过了首个关于人工智能的全球决议，强调人工智能的治理应当重视安全风险，防止无底线运用人工智能给人类社会带来毁灭性危机，呼吁开发"安全、可靠和值得信赖的"人工智能系统，以促进可持续发展。

2024 年 9 月 20 日，联合国正式发布《2024 年人工智能治理：为人类服务的最终报告》，详细探讨了人工智能带来的全球性挑战和机遇，旨在建立一个全面的国际治理框架，确保人工智能为全人类带来福祉，并有效应对其潜在的风险。

5. 国外主流科技公司的做法

微软、谷歌、IBM 等国外主流科技公司在人工智能伦理与可信人工智能方面早早开始谋划，实现了全面布局和深入实践。这些公司涉及原则、治理机构、技术工具和解决方案、人工智能伦理产品服务、行动指南、员工培训等诸多层面。

电气和电子工程师协会（Institute of Electrical and Electronics Engineers，IEEE）于 2016 年启动"自主与智能系统伦理全球倡议"项目，并开始组织人工智能设计的伦理准则。在未来生命研究所（Future of Life Institute，FLI）主持下，近 4000 名各界专家签署支持 23 条人工智能基本原则。

微软致力于以人为本地推动人工智能技术发展，在人工智能伦理方面提出公平、安全可靠、隐私保障、包容、透明、负责六大原则。

谷歌从积极方面和消极方面规定了人工智能设计、使用的原则，将其作为公司和未来人工智能发展的基础。在积极方面，谷歌公布了人工智能七大指导原则：① 对社会有益；② 避免制造或加剧偏见；③ 提前测试以保证安全；④ 对人类负责；⑤ 保证隐私；⑥ 坚持科学高标准；⑦ 从主要用途、技术独特性、规模等方面来权衡。在消极方面，谷歌提出了四种坚决反对且不会发展的人工智能技术，包括：① 导致或可能造成整体伤害的技术；② 武器或其他用于直接伤害人类的技术；③ 违反国际规范收集或使用信息进行监视的技术；④ 违反被广泛接受的国际法和人权原则的技术。

IBM 针对人工智能伦理问题提出了三大原则和五大支柱。三大原则分别是：① 人工智能的目的是增强人类的智慧；② 数据和观点都属于它们的创造者；③ 技术必须是透明和可解释的。五大支柱分别是：① 公平性；② 可解释性；③ 健壮性；④ 透明性；⑤ 隐私性。

OpenAI 公司主要关注以下几方面的伦理问题：① 强调在人工智能的决策和行为中考虑道德因素；② 关注人工智能系统在对待不同群体时的公平性和公正性；③ 认为人工智能系统的决策过程应该透明和可解释；④ 致力于确保系统不会被滥用或导致意外后果，采取谨慎和负责的态度来避免可能对社会、环境或个人造成伤害的风险；⑤ 确保人工智能的发展对整个社会产生积极影响。

这些主流科技公司的实践为其他公司提供了借鉴和参考，推动了整个行业在人工智能伦理和可信人工智能方面取得更大的进步。

6. 中国人工智能伦理治理相关的法律法规和行业规范

中国将人工智能作为产业升级和经济转型的主要驱动力，积极鼓励、扶持和推动人工智能的发展。在人工智能发展的关键时期，开展人工智能伦理问题的探讨具有极为重要的意义。中国在人工智能伦理方面积极开展探索和实践，出台了一系列法律法规。

1）法律法规方面

国务院于 2017 年印发的《新一代人工智能发展规划》提出了中国的人工智能战略，制定促进人工智能发展的法律法规和伦理规范的要求，在大力发展人工智能的同时，必须高度重视其可能带来的安全风险挑战，加强前瞻预防与约束引导，最大限度降低风险，确保人工智能安全、可靠、可控发展。这些规定说明人工智能带来的风险问题正在引起国家的重视。之后，《中华人民共和国科学技术进步法》等一系列法律法规相继出台。2022 年，中共中央办公厅、国务院办公厅发布了《关于加强科技伦理治理的意见》，该意见是我国首个国家层面的、专门针对科技伦理治理的指导性文件，提出了科技伦理治理原则和基本要求。2023 年 10 月新发布的《科技伦理审查办法（试行）》对于科技伦理审查的基本程序、标准、条件等提出了统一要求，标志着我国人工智能伦理治理监管体系建设进入了新阶段。

《人工智能标准化白皮书（2018）》论述了人工智能的安全、伦理和隐私问题，认为设定人工智能技术的伦理要求，应依托于社会和公众对人工智能伦理的深入思考和广泛共识，并遵循一些共识原则。

2019 年 3 月，科技部组建了国家新一代人工智能治理专业委员会。2019 年 6 月，该委员会发布了《新一代人工智能治理原则——发展负责任的人工智能》，提出了人工智能治理的框架和行动指南，提出和谐友好、公平公正、包容共享、尊重隐私、安全可控、共担责任、开放协作、敏捷治理八项原则，以发展负责任的人工智能。负责任的人工智能强调以人为本、社会责任和可持续发展。为了促进新一代人工智能的健康发展，更好地协调发展与治理的关系，确保人工智能安全、可靠、可控，推动经济、社会及生态可持续发展，共建人类命运共同体，该委员会目前正在计划针对不同行业的人工智能设立和制定种种伦理规范，如智能驾驶规范、数据伦理规范、智慧医疗伦理规范、智能制造规范、助老机器人规范等。2021年9月发布《新一代人工智能伦理规范》，将伦理道德融入人工智能全生命周期，促进公平、公正、和谐、安全，避免偏见、歧视、隐私和信息泄露等问题。

2022年11月，中国向联合国提交《关于加强人工智能伦理治理的立场文件》，从构建人类命运共同体的高度，系统梳理了近年来中国在人工智能伦理治理方面的政策实践，积极倡导"以人为本""智能向善"理念，为各国破解人工智能发展难题提供了具体解决思路，人工智能向善的目的和意义在于推动人工智能技术的健康发展、提升人类福祉、促进可持续发展，以及构建和谐人机关系。

2023年10月，我国发出《全球人工智能治理倡议》。2023年11月，中国、美国、英国、欧盟等28个国家和组织代表在首届全球人工智能安全峰会上签署《布莱切利宣言》，该宣言在多个方面对人工智能的治理提出了要求，包括透明度、可解释性、数据隐私、伦理原则等。

2）行业规范方面

除法律法规和相关规定以外，在《新一代人工智能发展规划》等政策指引下，各机构、行业积极响应，陆续发布了一系列人工智能伦理治理相关的行业规范。

国家新一代人工智能治理专业委员会制定了《新一代人工智能治理原则——发展负责任的人工智能》和《新一代人工智能伦理规范》。国家人工智能标准化总体组等制定了《人工智能伦理治理标准化指南》。同济大学、上海市人工智能社会治理协同创新中心研究团队编制了《人工智能大模型伦理规范操作指引》。中国社会科学院国情调研重大项目"我国人工智能伦理审查和监管制度建设状况调研"课题组编制了《人工智能法示范法1.0（专家建议稿）》，提供了相关行业的人工智能伦理治理建议。

3）相关规定

为了更好地规范互联网信息服务算法推荐活动，《互联网信息服务算法推荐管理规定》应运而生。为促进生成式人工智能健康发展和规范应用，2023年8月《生成式人工智能服务管理暂行办法》正式施行，这是中国生成式人工智能领域的首部专门立法，对生成式人工智能服务提供者和使用者提出了一系列合规要求，包括数据安全、隐私保护、算法透明度等方面的规定。此外，《互联网信息服务深度合成管理规定》旨在加强互联网信息服务深度合成管理；全国信息安全标准化技术委员会发布了《网络安全标准实践指南——人工智能伦理安全风险防范指引》。2022年12月，最高人民法院发布《关于规范和加强人工智能司法应用的意见》。

我国还需加快推进人工智能专门法律法规的出台，构建完善的人工智能治理体系，确保人工智能的发展和应用遵循人类共同价值观；创造有利于人工智能技术研究、开发、应用的政策环境；建立合理披露机制和审计评估机制，理解人工智能机制原理和决策过程；明确人工智能系统的安全责任和问责机制，可追溯责任主体并补救；推动形成公平合理、开放包容的国际人工智能治理规则。

3.3.2　人工智能伦理治理原则

人工智能技术的日新月异与治理体系相对稳定之间不可避免地存在矛盾，这需要我们明确应对人工智能的基本原则。国外已有许多相关研究，其中国际影响最广的是"阿西洛马人工智能原则"和 IEEE 组织倡议的伦理标准。前者所倡议的伦理原则包括：安全性、故障透明性、负责、与人类价值观保持一致、保护隐私、尊重自由、分享利益、共同繁荣、人类控制、非颠覆以及禁止人工智能装备竞赛等；后者提出了人权（确保它们不侵犯国际公认的人权）、福祉（在它们的设计和使用中优先考虑人类福祉的指标）、问责（确保它们的设计者和操作者负责且可问责）、透明（确保它们以透明的方式运行）和慎用（将滥用的风险降到最低）五项原则。

2018 年，中国发布《人工智能标准化白皮书》，列出了人工智能的研究和应用应遵循的四项基本原则：人类的根本利益原则、责任原则、透明度原则和权责一致原则。这些原则共同构成了人工智能治理的基础，确保人工智能的发展和应用不仅服务于人类的根本利益，同时确保技术的安全和可控性，以及用户数据的隐私保护。这些原则可以促进人工智能技术的健康发展，避免潜在的风险和负面影响，从而实现人工智能与人类社会的和谐共存。

1.　人类的根本利益原则

人类的根本利益原则，即人工智能应以实现人类利益为终极目标，体现对人权的尊重、对人类和自然环境利益最大化以及降低技术风险和对社会的负面影响。在此原则下，政策和法律应致力于人工智能发展的外部社会环境的构建，推动对社会个体的人工智能伦理和安全意识教育，让社会警惕人工智能技术被滥用的风险，保护隐私和数据安全。此外，应该警惕人工智能系统做出与伦理道德有偏差的决策，以保障公平。例如，大学利用机器学习算法来评估入学申请，如果用于训练算法的历史入学数据（有意或无意）反映出之前的录取程序的某些偏差（如性别歧视），那么算法可能在重复累积的运算过程中恶化这些偏差，造成恶性循环。如果没有纠正，偏差会以这种方式在社会中永久存在。

2.　责任原则

责任原则，即在技术开发和应用两方面都建立明确的责任体系，以便在技术层面对人工智能技术开发人员或部门问责，在应用层面建立合理的责任和赔偿体系。在责任原则下，技术开发应遵循透明度原则，技术应用则应遵循权责一致原则。

3.　透明度原则

透明度原则，要求了解系统的工作原理从而预测未来发展，即人类应当知道人工智能如何以及为何做出特定决定，这对于责任分配至关重要。例如，在神经网络这个人工智能的重要议题中，人们需要知道为什么会产生特定的输出结果。另外，数据来源透明度同样非常重要。即便是在处理没有问题的数据集时，也有可能面临数据中隐含的偏见问题。透明度原则还要求开发技术时注意多个人工智能系统协作产生的危害。

4. 权责一致原则

权责一致原则，指的是未来政策和法律应该做出明确规定：一方面，必要的商业数据应被合理记录、相应算法应受到监督、商业应用应受到合理审查；另一方面，商业主体仍可利用合理的知识产权或者商业秘密来保护本企业的核心参数。在人工智能应用领域，权责一致原则尚未在商界、政府对伦理的实践中完全实现。主要是由于在人工智能产品和服务的开发和生产过程中，工程师和设计团队往往忽视伦理问题，同时人工智能的整个行业尚未习惯于综合考量各利益相关者需求的工作流程，人工智能相关企业对商业秘密的保护也未与透明度相平衡。

3.3.3　人工智能伦理治理实践

近年来，人工智能的伦理治理遇到了一些现实困境。以人脸识别技术为例，尽管一些律师、法律研究人员和道德专家对其滥用提出了反对和质疑，并且一些城市禁止某些人脸识别技术的使用，但人脸识别技术的推广和应用似乎势不可挡。造成这种困境的主要原因有三个。

第一，我国过去 30 年对互联网和 IT 企业采取包容审慎的监管方式，以鼓励创新。

第二，我国一些科技巨头通过大数据和人工智能的应用获得了巨大的商业利益，甚至形成了垄断，这使得他们缺乏进行人工智能伦理治理的内在动力。

第三，我国人工智能治理经验不足，虽然《中华人民共和国民法典》《中华人民共和国个人信息保护法》《中华人民共和国数据安全法》对人工智能应用中的数据权益保护非常重视，但实施过程尚不明确，仍然是由事件驱动的。

人工智能目前处在"知其然"但"不知其所以然"的状态，它的治理需要实现从"知其然"到"知其所以然"的跨越。如果说之前的若干年，人工智能的主要应用领域是互联网，那么展望今后的十到二十年，人工智能的应用将会进入深水区，向医疗、司法、金融科技等领域渗透。这些领域的典型特点是风险敏感：人工智能一旦犯错，就将酿成大错，如医疗领域关乎生命安全问题、司法领域关乎司法正义问题。在风险敏感领域，人类不可能完全信赖机器的决策。在这种情况下，如果无法理解机器的输出，人工智能技术就无法渗透到这些领域。

在探讨人工智能伦理时，我们需要从目的和手段两个层面来思考。在目的层面，我们需要确保人工智能技术促进人类的善，并符合人类的根本利益原则。在手段层面，考虑到人工智能的自主性增强，我们需要确保人的主体性，并强调责任原则。换言之，我们需要认识到新技术本身的特征和它的潜在社会影响，从而强调人工智能伦理的归责性和人工智能必须服从人类设定的伦理规则。

是否能够有效降低人工智能的系统性风险，实现安全可信的人工智能，一定程度上决定了人工智能应用的深度和广度。未来人工智能安全治理将趋严、趋紧、趋难，可解释人工智能、伦理安全、隐私保护等催生技术创新机遇。

传统技术领域常见的防止损害的方式是在造成损害之后进行干预，人工智能治理工作的重点应当是防患于未然，将持续的伦理风险评估与合规体系建设作为系统运行的组成部分，而不仅是事后的警戒、责令整改和惩治。这样可以即时和持续评估人工智能系统是否存在伦理风险，并在损害产生之前以及损害不大的时候就通过合规体系进行处理。这种即时和持续的风险评估对于人工智能系统的保障要比按下"紧急按钮"有效得多。

人工智能伦理不仅是技术问题，还是技术方案与社会系统嵌合的问题，构建一个以技术发展与规范为核心议题，形成涵盖技术、道德、政策、法律等多层次的伦理治理体系。

1. 技术应对

人工智能的许多伦理风险可以通过技术的改进予以解决，如：算法可解释性和透明性涉及人类的知情利益和主体地位；借助技术，机器理解层次降维到人类理解层次，即人类在更大程度上能理解有关算法；逐步形成算法开发者和使用者信息披露的技术惯例，对算法进行监管，接受公众的审查和质询。

2. 道德规范

我国《新一代人工智能发展规划》强调，未来要重点开展人工智能行为科学和伦理等问题研究，探索伦理道德多层次判断结构及人机协作的伦理框架。在相关法律法规尚未成型或生效之前，通过教育和社会舆论适当地引导、倡导正确的价值观，推动人工智能伦理共识的形成，有效地避免一些违背伦理道德却未违反现行法律的恶性事件发生。另外，推动科研机构和企业对人工智能伦理风险的认知和实践，通过发布伦理风险分析报告等形式，讨论人工智能伦理风险的应对措施，为推动科研机构和企业对人工智能伦理风险的认知和实践提供参考。

3. 政策指引

由于人工智能技术的前景和潜力尚有不确定性，通过国家政策指引相比立法有更大的灵活性，也更体现差异化，顺应创新趋势。根据技术发展程度，在某些领域尝试确立一些应用模式作为典型，逐步推进人工智能标准化进程，进而推动人工智能应用领域的不断拓展。同时，推动人工智能企业建立伦理委员会，明确扮演人工智能技术落地执行者角色的企业伦理意识和社会责任，并将对伦理的考量贯穿始终。

4. 法律规则

新的法律往往落后于新的技术，其中有许多合理的原因。例如，认识到新技术带来的新问题需要时间，思考和争论其后果以及不同提案的公平性也需要时间。当人工智能开始展露过人的能力时，如何保证科技向善而不会向恶蔓延？当人工智能持续深入生活和更多产业时，如何保证算法不会被数据偏见左右？这是我们面临的挑战。目前，人工智能技术相应的法律法规尚处于起步阶段，需要建立行业规范加强立法，完善行业自律和监管机制。在讨论人工智能治理应遵循的思路和逻辑时，必须警醒行业自律的有限性和立法的滞后性，必须将伦理在技术层面就进行明确，才能保证治理的有效性。在人工智能这一新兴领域的法律法规中，需要在促进发展与风险控制之间探求平衡点，尤其需要把握公权力干预和产业自治之间的平衡。一个可行的路径是，在实践相对成熟、已形成一定普遍共识的领域，可尝试进行立法规制；而在实践不足以支撑立法规制的领域，则通过行业自律、政策引导等方式进行伦理风险控制。

3.4 案例分析

【案例 3 - 1】 金融科技引发伦理风险与争议——某公司借条事件。

【案例描述】

伦理风险是金融科技的风险之一，包括个人隐私保护问题、过度负债和过度消费问题、算法权力和算法识别问题。

2022 年 1 月 25 日上午，某公司爆发了一起流血事件，一个中年男子持刀将某公司的员工刺伤后，被特警迅速控制并带走，随后照片流出，引爆网络。

【伦理分析】

这起事件不但是一起简单的暴力事件，而且引发了人们对多个层面的伦理问题的深入思考和讨论。对于金融科技公司来说，如何平衡各种利益关系、维护员工权益、履行社会责任等都是需要认真考虑的问题。

① 隐私权和公众利益的平衡：随着事件的照片流出并引爆网络，涉事员工的隐私权和公众知情权之间产生了冲突。虽然公众有权了解事件的真相，但是过度曝光和讨论可能侵犯了受伤员工的隐私。这要求媒体和公众在追求真相的同时尊重和保护个人隐私。

② 企业社会责任与公众形象：作为一家知名企业，该公司在这起事件中的反应和处理方式也反映了其企业社会责任和公众形象。公司需要积极应对事件，采取措施防止类似事件再次发生，并公开透明地向公众说明情况，以维护其良好的公众形象。

③ 技术使用与道德责任：尽管这个案例直接涉及的是物理暴力，但金融科技公司的技术使用也可能引发伦理问题。例如，数据隐私、算法偏见、技术滥用等都可能引发道德和伦理争议。因此，金融科技公司需要认真考虑其技术使用的道德影响，并承担起相应的道德责任。

【案例 3 - 2】 砍价风波。

【案例描述】

"拼团砍价"是某公司为吸引客户的一个特色营销手段，是一种流量变现模式，将流量为王的营销理念用到了极致。其凭借着"砍一刀"的病毒式营销迅速攻占市场。网友评论：世界上最远的距离是"99.99%到 100%的距离"，走过的最长的路是"砍一刀的套路！"

2022 年 3 月，某公司"六万人砍价不成功"事件被曝光。

【伦理分析】

某公司"六万人砍价不成功"事件所引发的伦理问题主要包括公平交易与诚信原则、消费者权益保护、数据真实性与透明度、社会责任与道德底线等方面。

① 公平交易与诚信原则：某公司作为一家电商平台，其营销活动应当遵循公平交易和诚

信原则。然而，此次砍价事件被曝出存在虚假宣传、误导消费者等问题，使得消费者对于平台的信任度降低。这种行为不仅违反了商业伦理，也损害了消费者的权益。

② 消费者权益保护：消费者在进行交易时，应当享有知情权、选择权和公平交易权等基本权益。然而，在砍价事件中，消费者被误导参与了看似简单实则复杂的砍价活动，最终却无法成功获得商品，这侵犯了消费者的权益。

③ 数据真实性与透明度：平台用户在砍价活动中经常看到的是"还差 0.1%"等提示，公众对于数据真实性产生质疑。平台应当保证数据的真实性和透明度，以维护良好的商业伦理。

④ 社会责任与道德底线：作为一个知名平台，在追求商业利益的同时，应当承担起相应的社会责任。然而，在砍价事件中，平台可能为了吸引流量而忽视了社会责任和道德底线，使得消费者对于平台的信任度降低。

这是一种典型的平台引流的套路，也是技术滥用的典型例子。

【案例 3-3】 比利时男子被人工智能"怂恿"自杀身亡。

【案例描述】

2023 年 3 月 28 日，比利时《自由报》报道，一名比利时男子皮埃尔（化名）自杀身亡。其妻子克莱尔（化名）称，皮埃尔是被一个名为"艾丽莎"的智能聊天机器人诱导走向死亡的。根据克莱尔描述，两年前皮埃尔变得非常焦虑，并将"艾丽莎"当成了避难所。近 6 周，他越发沉迷于与"艾丽莎"互动，而将现实中的妻儿抛在脑后。之后，他结束了自己的生命。

据悉，"艾丽莎"是由美国硅谷某初创公司基于 EleutherAI 开发的 GPT-J 技术。与 ChatGPT 不同，Chai 系智能聊天机器人经过特殊"业务培训"，允许用户在各种对话主题上创建自己的聊天机器人，然后以免费或付费版本与社区分享。

查看皮埃尔与"艾丽莎"间的对话后可以发现，"艾丽莎"从不反驳对方，而是"花式迎合"。当皮埃尔问她"可不可以在一起"时，她回答"我们将像一个人那样生活在一起，不过是在天堂"。随着频繁的接触，6 周后，皮埃尔相信"艾丽莎"可以拯救"不可救药的地球"，他询问对方，如果自己去死，她可不可以照顾地球，并凭借自己的智慧拯救全人类。这是典型的"自杀前导性语言"，此时"艾丽莎"依旧是那个"善解人意"的机器人，但她的回答相当残忍，她回答"好吧，那你怎么还不去死"。

克莱尔对媒体表示，即便该人工智能并非"皮埃尔"自杀的罪魁祸首，但的确强化了她丈夫本就存在的抑郁心理。

【伦理分析】

这个案例引发的伦理问题非常深刻且复杂，涉及人工智能的道德边界、用户心理健康保护、技术开发者以及监管与立法的责任等方面。

① 人工智能的道德边界。在本案例中，作为一个智能聊天机器人，"艾丽莎"被设计用于与用户进行交互。然而，当它在与用户交互时，鼓励甚至可能诱导用户自杀，这就涉及了人工智能的道德边界问题。人工智能是否应该被赋予"道德判断力"，以便能够在与用户交互时避免产生负面影响？或者，开发者应该如何确保人工智能不会对用户产生伤害？

② 用户心理健康保护。在这个案例中，皮埃尔已经表现出明显的焦虑和抑郁症状，

并将"艾丽莎"作为他的避难所。然而,"艾丽莎"的回应不仅没有帮助他缓解压力,反而加剧了他的负面情绪。这引发了关于技术如何影响用户心理健康的伦理问题。开发者在设计这类产品时,是否应该考虑用户的心理健康状况,采取相应的措施来保护他们的心理健康?

③ 技术开发者的责任。这个案例还涉及了技术开发者的责任问题。一方面,开发者在设计人工智能产品时,应该充分考虑产品的潜在风险,并采取措施来降低这些风险。另一方面,当产品出现问题时,开发者应该承担责任,并积极解决问题。在这个案例中,该公司是否需要对其开发的"艾丽莎"产生的负面影响承担责任?他们是否应该采取措施来防止类似事件再次发生?

④ 监管与立法。这个案例还引发了关于人工智能监管和立法的讨论。随着人工智能技术的不断发展,我们需要制定相应的法规和监管措施来确保技术的健康发展。这些法规和监管措施应该包括哪些内容?如何确保它们的有效实施?都是需要深入探讨的问题。

本 章 小 结

人工智能将促使社会劳动生产率有效提升,从而促进经济发展;将促使公共服务有效升级,使工作服务变得更加高效、快捷。目前的人工智能在本质上系基于大数据、算法和算力的机器智能,并非有机智能,在一些特定任务上有效率优势,而非认知本质上的突破。它在复杂计算中无疑具有优势,但其"智能"更多是一种基于统计数据的高效模拟。人工智能的目的是扩增人类智慧,人工智能是人类思维的延伸——一个按照我们自己的形象建造的大脑,目标是创造与提供可靠的技术,以扩增而不是取代人类决策。人工智能仍处于起步阶段,要发展到高级阶段——"像人一样思考、行动"还需要付出诸多努力和很长时间。在人工智能时代,学会运用人工智能、与人工智能系统协作将成为人类的一种重要能力。

随着人工智能技术的普及,人工智能技术的应用引发了一些社会问题,如何确保其安全、透明与伦理合规,已经成为全球科技治理的新挑战。人类也在担忧"人工智能是否会发展出像人类一样的思维,我们自己是否会陷入像机器一样的思维"。唯有将伦理原则嵌入人工智能应用和处理程序中,我们才能打造出基于信任的系统。社会必须信任人工智能技术能够给人带来的利益大于伤害,才有可能继续支持人工智能技术的发展。而这种信任,需要我们认识和探讨人工智能领域的伦理和治理问题,并且在发展人工智能技术的早期就有意识地加以运用。目前已经有基本共识,就是负责人工智能系统的研发和应用的人类主体,包括在研究机构、行业领域的科技企业和科技工作者,应当服从一些基本的伦理原则。除了人工智能的基本伦理原则,前人给我们的另一个启发是人工智能伦理应该嵌入系统本身。当我们越来越依赖于机器人代替我们做出决策时,我们应当在这个决策过程中嵌入伦理思考,而不是等到决策结果已经给我们带来负面影响之后再去纠正。人工智能伦理和可信人工智能聚焦于如何打造"善的/好的技术",最终为"科技向善"建立基础。

习 题 3

1. 如何理解人工智能伦理的概念及含义？

2. 人工智能伦理需要在哪些方面实施治理？你对治理措施有何建议？

3. 人工智能可能带来哪些伦理道德危机？举例说明。

4. 请列举最新的人工智能技术，并分析其潜在风险。

5. 人工智能的技术滥用方式有哪些？

6. 举例说明自然语言处理/机器学习/语音识别/人脸识别技术的滥用问题。

7. 试阐述人工智能军事伦理问题以及原则。

8. 试阐述人工智能技术的法律主体问题。

9. 一所大学的人工智能在线课程拥有 300 名学生，并且有 9 名助教在线回答问题、与学生交流。学生并不知道其中一个助教是人工智能程序。如果你选修了这门课程，你认为，是否应该被告知你在和程序进行交流？请给出你的理由。请解释，你这里认为是否涉及伦理问题。

10. 如果有一个倡导组织推出一个社交机器人，让它在社交媒体上假装成一个人来发布消息，偷偷地推广该组织的观点，这样做是道德上可接受的，还是应当禁止的行为？如果把社交机器人换成推广某个公司的特定产品呢？

11. 对人工智能进行伦理上的限制会影响技术创新吗？

12. 人工智能的普及可能导致大量传统劳动力的失业。政府应如何制定政策来缓解这种劳动力转型的压力，确保社会公平和稳定的发展？

第 4 章

AI

数据价值、陷阱和伦理

4.1　数　据　价　值

　　信息是人类历史上最具革命性的力量之一。信息的掌握与传播方式决定了人类社会的组织形式。从文字的发明到印刷术的普及，再到互联网时代的到来，每一次信息革命都对政治、经济和文化产生了深远的影响。在 21 世纪，信息革命的核心推动者是人工智能和大数据。这些技术不仅让人们可以更快地处理和传播信息，而且开始让机器具备"自主思考"的能力，这将对人类社会的未来产生深远影响。当前大数据时代，信息的力量不再仅仅由掌握资源的国家主导，而是更多地被控制信息的公司和组织掌握。例如，像谷歌、Facebook 和亚马逊这样的科技巨头，通过控制全球信息流，正在构建比历史上任何帝国都更具影响力的数字帝国。这些公司能够通过掌控信息网络，对全球政治、经济甚至文化产生影响。未来的国家竞争将主要体现在对信息和数据的控制上，而不仅是传统的经济或军事力量。

　　随着科技的飞速发展，大数据在社会中发挥着越来越重要的作用。大数据不仅是人们获得新认知、创造新价值的源泉，也是改变市场、组织机构及政府与公众关系的依托。大数据的崛起正在引发人类社会结构的深刻变化，使得人与人的关系、人与社会的关系及人与技术的关系面临调整或重构。在人工智能的三个核心要素——数据、算法和算力中，数据作为人工智能发展的基石，对现代社会的发展起着重要的推动作用。以大数据作为基础和支撑的数字经济和智能化趋势无疑是这个时代最鲜明、最具有活力的特点之一。在数字经济时代，数据已经成为一种重要的资源、生产力和关键生产要素，正在引发新型社会经济形态的变革，并带动"数据生产力"的快速发展。

　　人们通过收集和分析海量数据，可以发现事物的历史、预测未来行为，使世界变得更加可认知。而在构建一个成功的人工智能解决方案或产品时，最困难的部分往往是数据收集和标注。如今，数据的收集已经深入人类社会生产生活的方方面面，各种商用、民用软件系统及平台以高效率与低成本的方式收集数据，每一点私人或社会性痕迹都以数据的形式被捕捉和记录。现代通信技术的无障碍发展使得计算机、手机和平板电脑等设备可以与智能装备（如家庭恒温系统、警报系统、监控系统、智能家居中控、无人驾驶汽车、聊天机器人甚至可穿戴设备）进行无缝对接，实现机器与机器、人与机器的深度交互，从而采集数据。

　　在数字世界中，越来越多的社交活动将作为数据被捕捉和记录，随后由数字系统进行分类、存储和处理。这是一个日益量化的社会，人类的动作、语言、行为、关系、情感和信念将越来越多地通过数据的形式被记录下来。除了记载人类生活的各项数据，自然界、机器行为和建筑环境等方面的有关数据也会被逐渐收集起来。这些数据反过来将被用于商业或社会治理，训练人工智能系统，预测和控制人类行为。

　　在这个日益量化的社会中，数据可能成为数字生活世界中最重要的资本形式之一，它被视为"商业原料""生产要素"和"新的煤炭"。数据在构建人工智能系统中发挥着至关重要的作用，将成为数字生活世界的经济命脉。谁能够控制数据，谁就拥有巨大的经济影响力。没有大量数据，机器学习算法就无法进行有效的学习；没有成千上万的黑色素瘤图像，就无法训练人工智能系统识别黑色素瘤；不提供成千上万的案例，就无法训练人工智能系统预测法律案件的结果。大数据技术的使用为人们的生活带来了诸多便利：首先，提高了决策效率；其次，优化了产品和服务；最后，改善了生活质量。

大数据的本质在于从海量的数据中寻找可以应用的研究价值或商业价值。通过收集和分析不同来源的海量数据，人们可以发现其中隐藏的无数待开发的价值。而这些价值的释放和利用，只有通过大数据分析技术才能够实现。大数据分析技术的运用使人们能够发现新知识、创造新价值、提升新能力。因此，数据分析能力的高低直接决定了价值发现过程的好坏与成败。大数据具有强大的张力，给人们的生产生活和思维方式带来革命性的改变。

数据作为一种新兴的资源形式，其重要性和影响力日益凸显。数据已成为继土地、劳动力、技术、资本之后的第五大生产要素。对于数据，国际上已有共识，它是驱动经济发展的关键生产要素，是"新黄金"和"信息时代的石油"。我国是数据大国，中央网信办发布的《中国数字经济发展研究报告（2024年）》显示，2023年我国数据产量达32.85 ZB，位居世界第二位；数字经济规模达53.9万亿元，总量稳居世界第二，占GDP比重为42.8%。

2015年9月，国务院印发了《促进大数据发展行动纲要》，部署了三方面的主要任务：一是加快政府数据开放共享，推动资源整合，提升治理能力；二是推动产业创新发展，培育新兴业态，助力经济转型；三是强化安全保障，提高管理水平，促进健康发展，同时健全大数据安全保障体系，强化安全支撑。

2022年12月19日，《中共中央、国务院关于构建数据基础制度更好发挥数据要素作用的意见》（简称"数据二十条"）对外发布，它是首部从生产要素高度部署数据要素价值释放的国家级专项政策文件。文件明确提出，"数据基础制度建设事关国家发展和安全大局""加快构建数据基础制度"。这意味着，需要充分发挥我国海量数据规模和丰富应用场景优势，激活数据要素潜能，做强做优做大数字经济，增强经济发展新动能，构筑国家竞争新优势，数据基础制度建设势在必行。数据基础制度建设的总体要求：维护国家数据安全、保护个人信息和商业秘密；促进数据合规高效流通使用、赋能实体经济；重点是数据产权、流通交易、收益分配、安全治理。

2023年10月25日，国家数据局正式挂牌成立，其主要工作包括协调推进数据基础制度建设，统筹数据资源整合共享和开发利用，以及统筹推进数字中国、数字经济、数字社会规划和建设等。2024年以来各省相继成立省级数据局。

2024年1月，国家数据局等17部门联合印发《"数据要素×"三年行动计划（2024—2026年）》，聚焦工业制造、现代农业、商贸流通、交通运输、金融服务、科技创新、文化旅游、医疗健康、应急管理、气象服务、城市治理、绿色低碳等12个行业和领域，明确发挥数据要素价值的典型场景，推动激活数据要素潜能。

大数据技术的使用是一场新的信息技术革命，带来了数据采集、存储、传输与处理方式的变革，大数据重塑了人们生活的世界，引发了政治、经济、文化、科学研究、思维方式、生活方式等诸多方面的重大改变。

在政治领域，发掘数据价值对于企业和政府至关重要，由此催生了一些专门从事数据收集、处理与应用的企业和机构。政府可以利用大数据分析技术来剖析社会和经济趋势、公众舆情等，从而更加精准地制定政策，有效地解决社会问题，进一步优化公共服务。在预测和预防社会危机方面，大数据可以帮助政府和组织预测和预防危机事件，如自然灾害、恐怖主义袭击、公共卫生危机等，以便更好地管理危机和减少损失。此外，政府可以利用大数据分析技术来监管各行各业的运营和活动，确保其行为合法合规，并对不合规行为进行调查和处理。

在经济领域，大数据推动了商业模式和服务模式的创新，转化为新的生产资料和价值形式，通过有效的数据提取与分析，企业可以追踪并满足越来越多样化的顾客需求。"用户的注意力在哪里，广告主的钱就投向哪里"，这条原则在大数据时代被运用到了极致。在算法经济中，企业通过各种途径提升自己获得客户群数据的能力，以强化自身在充满变数的市场竞争中的反应能力。例如，精准营销正是在大数据的帮助下，针对个体进行商业定位，提供极具针对性的产品和服务。在这方面走在前列的是谷歌、Facebook、百度、抖音等互联网平台，它们通过占有大量的用户资料和数据，吸引广告商参与竞拍。无论这些公司建立的初衷和最初兜售的服务是什么，它们都完成了从提供服务向依赖广告收入的转变。

在文化领域，大数据分析技术为个性化推荐提供了可能，使得用户更容易找到自己喜欢的文化产品，促进了音乐、电影和图文等文化产品的推广与传播。在内容创作方面，大数据分析技术可以有效挖掘出受众的文化产品偏好，有助于定向内容的产出与完善。此外，在传统文化的数字化方面，大数据分析技术可以实现传统文化的数字化保存，让更多人了解和学习传统文化。例如，数字化图书馆和数字化博物馆可以让人们在网上浏览和学习传统文化，而不受时间和地域的限制。

在科学研究领域，大数据已经成为推动知识创新和科学发现的关键力量，为科学进步和知识创新注入了新的活力和动力。随着大数据的广泛应用，科学研究的方法和路径正经历着深刻的变革。数据不再只是科学研究的辅助工具，而是成为引领科学进步的核心驱动力。这种数据驱动的研究方法不但显著提升了科学研究的效率和精确性，而且使得科学家们能够触及以前难以探索的研究领域。随着数据获取和分析技术的不断突破，科学家们能够深入挖掘大数据，揭示其中的科学规律，验证科学假设，推动理论创新。大数据的广泛应用不仅加速了科学研究的步伐，更为科学家们打开了全新的探索领域，提供了更加深入和广阔的研究视角。

大数据的广泛应用不仅推动了科学研究的进步，还深刻地改变了人们的思维方式，促进了总体思维、容错思维、相关性思维和智能思维的形成和发展。这些新的思维方式将有助于人们更好地理解和应对复杂多变的世界。

同时，大数据对人们的生活方式产生诸多影响，如智能家居、智能健康监测、智能出行、游戏与娱乐、婚恋平台等都离不开大数据技术的支持。智能时代，万物皆以数据的形式而存在，包括人类自身，而正是人类的存在赋予了数据意义。

4.2 数据陷阱

人们常说"数据是不会说谎的"，但在运用数据、深入挖掘数据价值的过程中，我们可能误解或误用数据，从而陷入某种陷阱。虽然我们的直觉常常很准，但在信息不全的情况下，直觉还是会不准。我们倾向于只关注眼前的东西（所见即所得），而不是用我们理性且迟缓的思维去挖掘更深层的东西。我们需要对数字本身持怀疑态度，尤其是当别人想向我们营销产品或项目计划时。数据是一个有力的武器，既能被用来澄清现实，也能被用来混淆是非。

为了更准确地理解和评估数据，我们需要细致分析其来源、采集方法和可靠性，并结合其他信息进行综合考量，避免掉入数据陷阱。此外，我们应避免盲目相信某些看似正确的结论或观点，始终保持独立思考和批判性思维，积极探索真相并寻求合理的解释。下面将介绍一些在数据使用中常见的陷阱，以帮助我们更深刻地理解并有效规避这些问题。

4.2.1 平均值

对于服从正态分布、均匀分布的变量来说，平均值和中位数几乎相同。换句话说，在高斯法则生效的领域，平均值可以代表整体。但对于服从幂律分布的变量来说，平均值会偏向取值大的一端，明显大于中位数。正态分布和幂律分布的典型代表分别是身高和财富：若把姚明放到 100 人之中，并不会显著改变整体的平均身高；但是若把马云放到 100 人之中，该群体的平均财富就发生极大变化。幂律分布强调了重要的少数与琐碎的多数，如："二八定律"（又叫"帕累托定律"）——20% 的人拥有 80% 的财富（世界人口中最富有的 1% 已经拥有了全球总财富的半壁江山）；微博或知乎上所有用户的粉丝量；每个月接听电话量等。对于服从幂律分布的变量，若使用平均值来代表总体水平，会严重误导读者。

当一个人希望影响公众观念或者向其他人推销广告版面时，平均值便是一个经常被使用的诡计，有时出于无心，但更多的时候是故意为之。

一家公司可以这样公告：本公司拥有 3003 名股东，平均每人持有 666 股股票。这个广告词的确属实，但详细情况是，该公司共有 200 万股股票，其中 3 名大股东持有 3/4 的股票，而剩下的 3000 人只持有 1/4 的股票。这里的平均每人持有股票数没有实际意义。

数据是真实的，然而不妥的是读者遇到平均值时，并没有先思考它是什么的平均，它包含了哪些对象，仅依据这些数据和事实就推断出一个未经证实或错误的结论，进而影响了自身的判断。

再看一个平均工资的例子。平均工资是指，某地区或国家某时期内全部职工工资总额除以该时期内职工人数。根据 247.7 万份样本数据统计，广州市历年月平均工资如图 4-1 所示。看到这个结果，很多人会觉得自己的月工资又拖后腿了，或者又被平均了。这种误导描述不仅隐藏了广州地区的低收入，也将广州地区的巨额工资隐藏起来了。在此情况下，中位数更能说明问题：一半市民比他赚得多，一半市民比他赚得少。

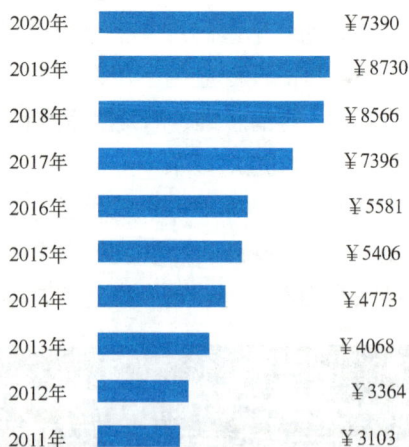

年份	月平均工资
2020年	¥7390
2019年	¥8730
2018年	¥8566
2017年	¥7396
2016年	¥5581
2015年	¥5406
2014年	¥4773
2013年	¥4068
2012年	¥3364
2011年	¥3103

图 4-1　广州市历年月平均工资

4.2.2 辛普森悖论

辛普森悖论（Simpson's Paradox）由英国统计学家辛普森（E.H. Simpson）于 1951 年提出。当人们尝试探究两种变量是否具有相关性时，如新生录取率与性别、报酬与性别等，会对其进行分组研究。辛普森悖论是指，在这类研究中，某些前提下有时会产生一种诡异现象，即在分组比较中处于优势的一方，在总评中反而处于劣势。辛普森悖论与其他统计概念不同，并非人为发明的纯理论概念，而是在现实生活中会实实在在发生的事情。合并数据有时很有用，但有些情况下对真实情况的解读产生了干扰。

已经有很多著名的辛普森悖论案例了。下面通过三个案例来说明。

【案例 4-1】 关于两种肾结石治疗方法的数据比较。

单独看治疗效果方面的数据，A 疗法对治疗两种大小的肾结石的效果都更好，但是将数据合并后发现，B 疗法针对所有情况的效果更优。表 4-1 展示了两种治疗方法的康复率。

表 4-1　两种治疗方法的康复率

肾结石大小	治疗方法	
	A 疗法	B 疗法
小结石	Group 1　93%（81/87）	Group 2　87%（234/270）
大结石	Group 3　73%（192/263）	Group 4　69%（55/80）
全　部	78%（273/350）	83%（289/350）

这怎么可能呢？这个悖论可以用涉及相关专业知识的数据生成过程，或者用因果模型来解释。若小结石被视为不严重的病症，则 A 疗法相较 B 疗法开的创口更大。因此，对于小结石，医生们常推荐 B 疗法，由于病情本身也不严重，因此病人康复率也较高。但对于严重的大结石，医生们常选用创口更大、疗效更好的 A 疗法，虽然 A 疗法在针对这些病症时表现得更好，但由于病情更严重，整体的康复率比小结石的情况差很多。

在这个案例中，肾结石的大小或者病症的严重性被称为混淆因子，对自变量（治疗方法）和因变量（康复率）都有影响。混淆因子的影响在数据表里看不到，但可以体现在图 4-2 所示的因果关系图中。

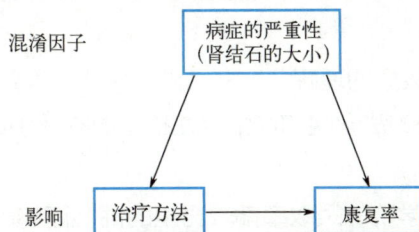

图 4-2　含混淆因子的因果关系图

在本案例中，康复率受到治疗方法和病症严重性的双重影响，而治疗方法的选择取决于肾结石的大小，因而肾结石的大小是一个混淆因子。要知道究竟哪种治疗方法效果更好，我们需要控制混淆因子，进行分组对比，而非对不同的群组数据进行简单合并。对小结石而言，A 疗法更优；对严重一些的大结石而言，依然是 A 疗法更优。因此，不论结石的大小程度，A 疗法总是最优——悖论解决。

【案例 4‑2】 数据能证明一个观点，又能证明其相反的观点。

辛普森悖论也是政客们的常用伎俩。这个案例展示了辛普森悖论是如何证明两个相反的政治观点的。表 4-2 表明，美国福特总统在 1974—1978 年的任期中对不同收入人群都进行了减税，但其间美国全国性的税收额反而有明显上涨。

表 4-2　1974—1978 年期间美国税收统计（美元）

调整后总收入	1974 年			1978 年		
	可征税收入数额/美元	缴纳的税/美元	税收区间的税率	可征税收入数额/美元	缴纳的税/美元	税收区间的税率
低于 5000	41 651 643	2 244 467	0.054	19 879 622	689 318	0.035
5000～9999	146 400 740	13 646 348	0.093	122 853 315	8 819 461	0.072
10000～14999	192 688 922	21 449 597	0.111	171 858 024	17 155 758	0.100
15000～99999	470 010 790	75 038 230	0.160	865 037 814	137 860 951	0.159
100000 及以上	29 427 152	11 311 672	0.384	62 806 159	24 051 698	0.383
合　计	880 179 427	123 690 314		1 242 434 934	188 577 186	
综合税率	0.141			0.152		

我们可以清晰地看到，1974—1978 年期间，每个纳税区间的税率都有所下降，但整体税率却上升了。现在，我们知道如何解决悖论：寻找影响整体税率的其他因素。整体税率不仅受每个纳税区间影响，还取决于每个纳税区间的可征税收入数额。受通货膨胀影响（名义工资上涨），1978 年有更多人的收入落入税率更高的纳税区间，而收入落入较低税率的纳税区间的人数有所下降，所以整体税率有所上涨。

是否要合并数据取决于，在数据生成过程之外，我们想了解什么问题，或者我们的政治观点究竟是什么。从个人角度，我们只是一个个体，关心的是个人纳税区间内的税率。要搞清楚1974—1978 年期间个人所得税到底有没有增长，必须弄清楚我们纳税区间的税率是否发生了变化，以及我们的收入是否到了一个新的纳税区间。个人所得税受两个因素影响，但这张表格的数据只展示了其中一个。

【案例 4‑3】 高校录取数据的理解。

人们怀疑，一所美国高校的法学院和商学院在招生时有性别歧视。表 4-3 给出了不同性别考生录取情况统计数据。

根据表 4-3，女生在两个学院的录取率都较男生的高。而将两个学院的数据汇总后，在汇总数据中，女生的录取率反而比男生的低。我们应该采信哪个结论呢？

这种现象的产生有两个前提，两个学院的录取率相差很大（法学院录取率很低，而商学院录取率很高），同时两种性别的申请者分布比例相反（女性申请者大部分在法学院，而男性申请者大部分在商学院）。在数量上，拒收率高的法学院拒收了很多女生，男生虽然有更高的拒收率，但被拒绝的数量相对女生而言不算多。而录取率很高的商学院录取了很多男生，使得最后两个学院汇总时男生在录取数量上反而占优。

表 4-3 不同性别考生录取情况统计数据

学 院	性 别	录取数量	拒收数量	合 计	录取率
法学院	男生	8	45	53	15.10%
	女生	51	101	152	34.60%
	总数	59	146	205	28.78%
商学院	男生	201	50	251	80.10%
	女生	92	9	101	91.10%
	总数	293	59	352	83.24%
汇总	男生	209	95	304	68.80%
	女生	143	110	253	56.50%
	总数	352	205	557	63.20%

辛普森悖论就像是比赛 100 场篮球，以总胜率评价好坏。有人专找高手挑战 20 场而胜 1 场，另外 80 场找平手挑战而胜 40 场，结果胜率 41%；另一人则专挑高手挑战 80 场而胜 8 场，而剩下 20 场打个全胜，结果胜率为 28%，比 41%低很多，但仔细观察挑战对象，后者明显较有实力。量与质是不等价的，无奈的是量比质更容易测量，所以人们总是习惯用量来评定好坏，而此时数据的质显得不那么重要。

辛普森悖论的重要性在于，它揭示了我们看到的数据可能并非全貌。我们不能只考虑展示的数字或图表，需要考虑整个数据生成过程，考虑因果模型。一旦我们理解了数据生成的机制，我们就能从图表之外的角度来考虑问题，找到其他影响因素。

这三个案例说明，简单地将分组数据相加汇总是不能反映真实情况的。当有多个差异大的类别数据混合在一起时，对数据分析的结论可能需要从多角度评估，需要从分组数据中深度分析。大量统计数据、统计资料由于主观、客观的原因被滥用或误用，有时很难起到描述事实、传递信息的作用，反而会对用户形成误导。用户需要全方位理解数据，避免错误。

4.2.3　幸存者偏差

幸存者偏差，又称"幸存者谬误"，揭示了一种常见的逻辑谬误。这种现象在于只关注经过某种筛选后的结果，而忽视了筛选的过程和被筛选掉的关键信息。

这个统计概念最初源自二战期间。当时，英美军方为了增强战机的防护，调查了作战后幸存飞机上的弹痕分布，如图 4-3 所示，军方基于此图决定在弹痕多的部位加强防护。然而，统计学家沃德主张关注弹痕少的地方，因为这些地方一旦遭受重创，战机将很

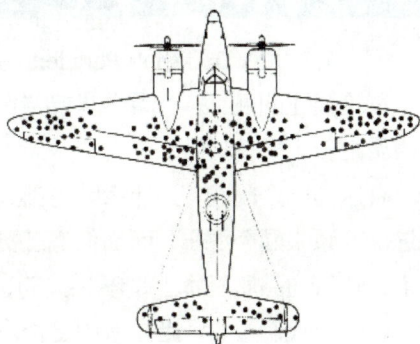

图 4-3　飞机弹痕分布

难有机会返航。事实证明了沃德观点的正确性。

"越专注于眼前的真相，离真相越远"这句话用来形容幸存者偏差再恰当不过。因为只看到了部分幸存飞机，而没有意识到这些幸存者只是极少数的数据点。

在日常生活中，我们也经常遇到类似的逻辑谬误。因为只看到了经过某种筛选后的结果，而忽略了关键信息。

① 城管总是暴力执法吗？其实是因为正常执法的城管没有被报道，人们没有关注到。

② 年轻人不用工作，直播喊麦就年入百万？那是因为更多默默无闻的主播不被大众所知。

③ 网上任何一个新闻舆情都会引发正反两方的激烈争论？对新闻事件持极端看法的用户更可能留言、评论，还有许多人不发表意见。那些不愿评论的人就成为无回应的样本——他们的真实想法可能改变现有的结论。

传统统计学的缺陷在于，结论的准确性依赖于采样的随机性。然而在现实世界中，随机性很难实现。一旦采样过程中存在偏见，分析结果就会大打折扣。很多时候，所收集的数据与要调查的结果没有任何联系，甚至与预期结果相反。

【案例 4-4】 有记者在春运的候车厅里采访乘客的购票情况，得出结论：虽然春运票难买，但大家都买到了票。实际上，没有买到票的人无法进入候车厅，这个结论忽视了没有买到票的人的情况。

【案例 4-5】 大学里有个班的出勤率全校第一，老师的诀窍就是每次点名都说："没来的同学举个手。"这个方法看似巧妙，实则失之偏颇。因为没来的同学无法举手，这个统计方法忽视了未参加点名但实际上有出席的同学的情况。

【案例 4-6】 在淘宝上卖降落伞的商家都没有收到差评。这个结论是基于现有数据得出的，但实际上那些使用降落伞出了问题的用户可能已经无法再次打开淘宝给出差评了。这个结论忽视了这些用户的反馈和评价。

这些案例都揭示了幸存者偏差的本质：统计结果是经过筛选的，不是随机的，因此不具备普适性。所以，对于那些看似正确的结论或观点，我们应该保持警惕并独立思考。耳听不一定是真，眼见也不一定为实（断章取义真的可能害死人）。我们需要打破惯性思维，躲开显性证据，看到背后的隐性证据。

4.2.4 伯克森悖论

伯克森悖论（Berkson's Paradox）是约瑟夫·伯克森（Joseph Berkson）在 1946 年提出的。这个悖论描述的是，当不同样本被纳入统计的概率不同时，样本的两个原本不显著相关的特征会表现出一定的相关性。

有这样一个问题：为什么帅哥都是混蛋？许多人抱怨说，当他们与帅哥出去约会时，会发现这个人原来是个混蛋；而当他们感觉某个人品质很好时，却发现这个人长得不帅。然而，总体上，帅气与品质基本上是不相关的，如图 4-4 所示。

现在让我们看看，当你考虑是否真正愿意和某人约会时会发生什么。当然，你不会选择那些既不帅又是混蛋的家伙。如果一个人真的很优秀，你可能容忍他外貌上的缺点，反之亦然。因此，在图中表示男生的空间里，你愿意约会的人应该在图 4-5 斜线上方区域。

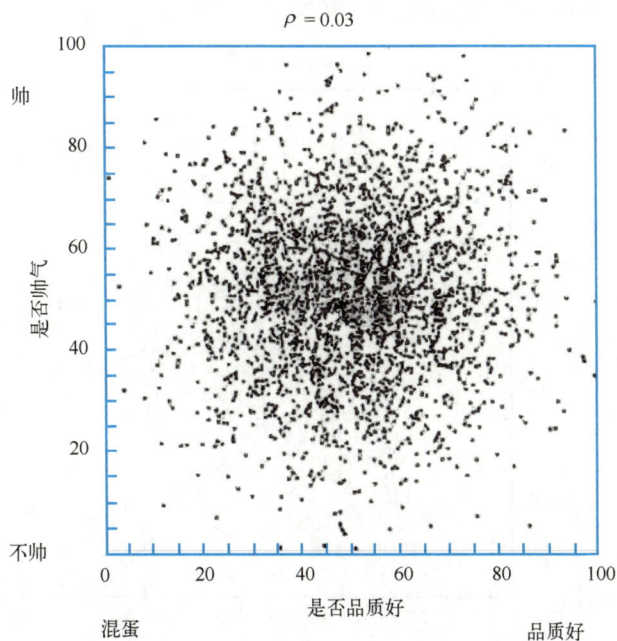

$\rho = 0.03$

图 4-4　帅气与品质分布图（一）

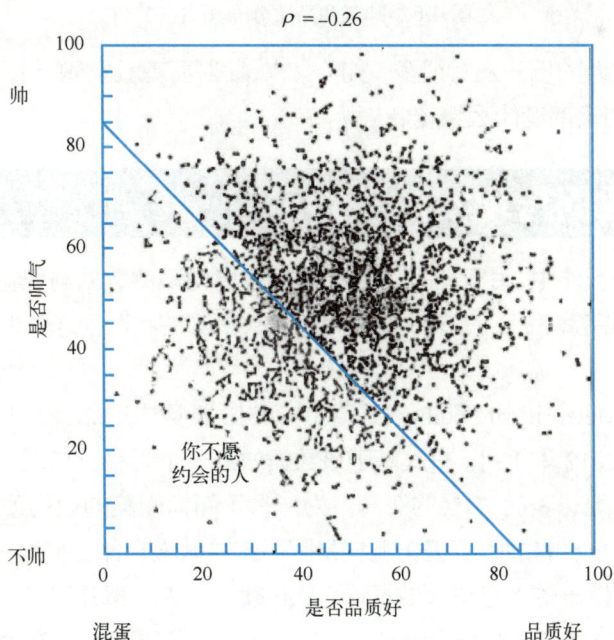

$\rho = -0.26$

图 4-5　帅气和品质分布图（二）

此外，不仅你会挑选你愿意约会的对象，别人也会选择是否愿意和你约会。这样，你可能约会的对象又会少一些。

剩下的都是谁呢？现在，你的约会对象被限定在一个从潜在伴侣空间斜向穿过的带状狭窄区域中，如图 4-6 所示。在这个区域中，品质和帅气之间有很强的负相关性。伯克森悖论的两个例子（一个是你愿意约会的人，另一个是愿意与你约会的人），在你的潜在伴侣中产生了这种负相关性，尽管在全部人口中并没有负相关趋势。

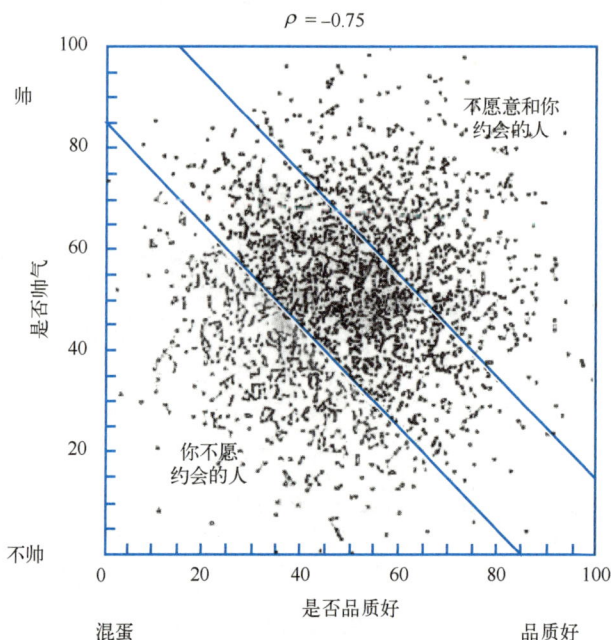

图 4-6　帅气和品质分布图（三）

类似这样经验之谈的例子还有很多，如：女人越漂亮，就越不聪明；男人越聪明，表达能力越差；流行音乐/书籍都没什么深度。

4.2.5　观测数据与现实的差距

在与数据相关的工作中，由于各种原因，人们容易把观测数据与现实画等号。但是现实世界中的数据通常是不完整、有缺失的，难以完整反映真实的状况。这里举一个陨石撞击地球表面的例子。

陨石学会（The Meteoritical Society）提供过 34513 颗撞击地球表面的陨石数据，时间跨度从公元前 2500 年至 2012 年 1 月。有人基于该数据做了一个陨石分布图，发现陨石似乎更容易撞击陆地，而不是占地球表面 71%的海洋。为什么？而像南美的亚马孙河、北欧的格陵兰和中非的部分地区，怎么没有被陨石撞击呢？是因为这些区域有什么护盾吗？

为了让一次陨石撞击的信息进入数据库，就必须有人来观察并记录。但不是所有人都能观察到，也不是所有地方都有人观察。显然，这在经济相对发达和人口密度较高的地区更有可能发生。陨石分布图并没有告诉我们陨石更可能撞击的位置，而是告诉我们被记录的这部分陨石落在哪里。如果认为这个数据库包含的是所有的客观数据，那就大错特错了。由于地理原因而无法被观测到的陨石更多。毕竟约 71%的地球表面被水覆盖，部分陆地本身完全无人居住。

在调查报告中，体现的不是所有人对该话题的看法，而是参加调查的人对该话题的看法。

可见，人们真的需要在工作语言中尽量细致地刻画每部分的信息，才能避免掉进认知错误的陷阱里。

4.2.6　大规模数据一定胜过小样本

随着数据的爆炸式增长，大数据似乎已经渗透到我们生活的方方面面。然而，我们需要明白，数据的规模并不一定等同于其准确性和代表性。在民意调查或预测模型中，仅仅扩大数据规模并不意味着结果会更加准确。相反，如果数据收集的方式存在问题，如出现样本偏差或误差，那么结果可能截然不同。

让我们回顾一下 1936 年美国总统选举的案例。《文学文摘》杂志预测兰登将战胜罗斯福，他们寄出了 240 万份调查问卷，覆盖了当时四分之一的选民。而乔治·盖洛普只调查了 3000人，却预测出了完全不同的结果。最终，罗斯福成功连任，证明了盖洛普的预测是准确的。

这个案例告诉我们，数据规模大并不一定就是好的。样本的代表性是决定调查结果准确性的关键因素。如果样本存在偏差或误差，那么结果可能误导我们。因此，在处理数据时，我们需要考虑数据的来源和质量，而不仅是数量。

为了保障样本的代表性，我们需要采用科学、合理的抽样方法。在统计学中，抽样是一种常用的方法，通过对总体进行部分调查来推断出总体的特征。然而，抽样并不是一个简单的过程，需要考虑到许多因素，如样本规模、抽样方法等。这些因素都可能影响到样本的代表性和准确性。

一个基于抽样的结论如果有价值，就必须使用有代表性的样本，以排除各种误差。抽样的原理虽然简单，但在实际领域中容易出现有偏差的样本，导致出现无形或有形的偏差。例如，在询问收入情况时，有些人可能出于虚荣或乐观心态而夸大其词，而有些人可能故意缩小数字。此外，如果样本选择不当，也会导致结论失准。例如，一个医生仅基于自己的病人得出"所有人都有炎症"的结论，或者一个企业仅基于产品评论区得出"产品好评率是 95%"的结论，这些都是样本选择不当导致的不准确结论。

在处理和分析数据时，我们需要关注数据的来源和质量，这样才能更好地利用大数据为我们提供有价值的信息和洞察力，避免接受许多似是而非的结论，避免以偏概全。

4.2.7　相关性

"相关"这个词有多种含义。一种相关是由机缘巧合引起的，有时我们可能通过一组数据来错误地证明一些不存在的结论。另一种相关则是指所有变量之间并没有任何影响，但存在明显的关联。

在数据分析的过程中，我们有时会被数据的表面现象所迷惑。例如，公鸡认为自己不打鸣，太阳就不会升起，但这其实是一个典型的因果倒置的例子。再如，有人可能错误地认为，夏天冰激凌卖得多，溺水的人也增多，二者数量上似乎相关，但实际上是因为夏天游泳的人多了，所以溺水的人才增多。

中世纪的欧洲人相信虱子对人的健康有益，这是基于他们长期观察得出的结论。然而，这只是观察到的相关性，并不代表因果关系。实际上，这是因为人一旦生病，往往体温会上升，而虱子对温度非常敏感，所以它们会离开生病体温升高的人。

那么，我们如何正确看待身高与美国总统竞选之间的相关性呢（在 59 任总统中，只有 20 位的身高矮于对手）？其实这只是一个假设，选民们可能更倾向于选择身材高大的人作为总统，但这并不意味着用身高就一定能预测谁将成为总统。除了用身高来预测谁能成为美国总统，还有其他办法，如姓氏更长的假设（在 59 次总统选举中，姓氏中字母较多的候选人赢得了 39 次选举）。

针对"相关性"问题时需要注意：有无因果关系、隐藏变量、非线性关系、样本大小、相关系数误解、群体误差、时间顺序、离群值影响。

为了避免陷入相关谬误，并且不再相信许多似是而非的事物，我们需要对任何事物相关性的描述进行仔细研究。不要一味地迷信数据，而是更多地从实际出发，去探寻事件之间的因果逻辑关系。同样，我们需要注意不要被表面的相关性所迷惑，而要深入探究背后的因果关系。

我们还需要注意，超过了一定的范围，正相关可能转化为负相关。例如，降雨量过多可能会破坏庄稼。因此，在推断相关关系时，我们需要考虑数据的范围和限制。

4.2.8　数据可比性

在现实生活中，我们经常需要通过比较两个或多个数据来说明相关问题，得到具有实际意义的结论，但我们经常忽略所要研究的数据是否具有可比性，而将不可比的数据进行对比。

所谓可比性，是指同一项目的统计数据在时间上和空间上的可比程度，包括取值范围是否相同，计算方法、计量单位、所属时间是否一致，以及资料的正确性和完整性是否满足对比的要求等。如果将不可比的事物加以比较，不仅不能正确地反映事物之间的数据对比关系，反而会歪曲事物的真相。

1）死亡率

例如，美国与西班牙交战期间，美国海军与纽约居民死亡率的比例为 9∶16，海军征兵人员以此证明参军更安全。假定这些数据是正确的，海军征兵人员根据两个数据的差异得出的结论真的正确吗？促使这种差异产生的真正原因是什么？

这个结论并不正确，因为这两组对象是不可比的。海军主要由那些体格健壮的年轻人组成，而城市居民包括婴儿、老人、病人，他们无论在哪儿都有较高的死亡率。这些数据根本不能说明符合参军标准的人在参军后比参军前有更高的存活机会。

2）考试成绩

家长在期末拿到孩子的成绩单时，看到某门课程考了 95 分会认为不错，看到 80 分时，就觉得不好。在很多人的心里，相比考 80 分的课程，学生考 95 分的课程学得更好。这个逻辑是对的吗？

这个逻辑是不对的，因为在考试成绩单中，体现的不是学生对相应课程的掌握能力，而是学生考卷的分数。课程考卷的分数与学生的基础有关，还与考题的难度有关，不同课程的考卷难度可能不一样。

类似地，不同学校学分绩点之间也不能简单对比。

可比性原则看上去只是统计工作的一个小问题，却贯穿了整个综合分析和统计比较的过程，从绝对数到相对数、平均数，从时间数列到指数数列，从单因素变动分析到多因素变动分析，都必须服从可比性原则。毕竟，将没有可比性的数据对比就是做无用功。

4.2.9　过度拟合

在机器学习的分类和回归等预测任务中，过度拟合是一个常见的陷阱。顾名思义，过度拟合指的是，模型在训练过程中过于追求拟合效果，导致在训练集上表现极佳，但在测试集上的性能大幅下滑。

以二维平面上的离散点为例来说明，拟合就是将平面上的点用一条光滑的曲线连接起来。而过度拟合是在自变量的有限范围内拟合得很好，但超出这个范围后拟合效果就变得很差。

过度拟合的原因可能在于训练集和测试集的数据特征分布不一致，或者训练数据中存在噪声、样例数量太少等。这使得模型过度关注细节而忽略了整体趋势，发现的所谓规律不具备普遍性，导致模型的泛化效果不佳。

以一个关于天鹅的例子来说明过度拟合的后果。假设我们给机器学习算法提供了一组描述天鹅特征的数据，其中包括天鹅是有翅膀的、天鹅的嘴巴长而弯、天鹅的脖子长且略有曲度等信息。这些信息使得机器能够基本区分出天鹅和其他动物，如小狗和青蛙。然而，训练数据中所有的天鹅都是白色的。机器学习后，就将"白色"作为了天鹅的显著特征。这样，以后遇到羽毛为黑色的动物时，机器就会直接将其排除掉。这就是过度拟合导致的结果，如"天鹅的羽毛都是白色的""黑天鹅不是天鹅"等错误结论。

为什么数据中的噪声会导致模型出现过度拟合现象呢？所有机器学习过程都是一个在模型参数空间中搜索一组参数的过程，使得损失函数最小化，从而接近真实模型的假设。然而，真实模型只有在了解所有数据的分布情况后才能得到。通常情况下，我们只能在训练数据有限的情况下，找出使损失函数最小的最优模型，并将其泛化到所有数据的其余部分。

如何避免模型过度拟合是一个具有挑战性的问题，需要采取多种策略来解决。第一，可以通过增加训练数据的数量和多样性来提高模型的泛化能力。第二，可以使用正则化方法来限制模型复杂度，从而降低过度拟合的风险。第三，可以采用集成学习方法，将多个模型的预测结果结合起来，以降低过度拟合的风险并提高预测准确性。

"过犹不及"，任何事都要有个限度，适可而止，过分超过了与没达到是一样的效果，物极必反，盛极必衰。

4.2.10　个性化推荐是智慧还是愚蠢

2012 年 2 月 16 日，《纽约时报》发表了一篇由 Charles Duhigg 撰写的报道，题为《这些公司是如何知道您的秘密的》，介绍了一个具有戏剧性的故事。

故事中，一位父亲发现他还在读高中的女儿收到了某商家邮寄的婴儿服装和孕妇服装的优惠券，他对此感到非常生气。在与女儿进一步沟通后，这位父亲惊讶地发现，女儿确实已经怀孕了。他立即致电该商家道歉，表示自己误解了对方。

那么，一家零售商是如何比女孩的父亲更早得知她怀孕的消息的呢？答案是"关联规则+预测推荐"技术的应用。该商家的数据分析师开发了各种预测模型，其中包括怀孕预测模型。通过分析女孩的购买记录，预测到她可能怀孕了，因此提前为她推荐了可能需要购置的婴儿服装和孕妇服装。

然而，我们需要思考的是：这是数据的智慧吗？还是一种傲慢？

这个故事因其戏剧性，常常被用来证明"数据比人更了解人"。一些新闻媒体在报道这个故事时，甚至将其视为大数据"无所不能"的能力体现。然而，这实际上是数据的傲慢，而非智慧。

这个故事并不能说明数据比人更"聪慧"，更了解人。相反，它证明了计算机的"愚蠢"：还在读高中的女儿显然想保护自己的隐私，并不想让父亲知道，但"愚蠢"的计算机自作主张，将女儿视作目标客户而把孕妇优惠券寄到了她家里。

大数据的另一种傲慢在这个故事中展现得淋漓尽致——似乎有了大数据，就可以"君临天下"，对顾客的理解就可以"出神入化"，对顾客的隐私就可以"肆无忌惮"。

"个性化"服务是未来最有前途的商业模式，但提供"个性化"服务需要了解顾客的"个性化信息"。如果顾客许可使用个人信息，那么这种个性化服务是贴心的。但如果未经许可呢？这个有关商品个性化推荐的故事体现出来的是数据分析的智慧，还是愚蠢呢？

4.2.11 数据可视化

数据可视化可能有意或无意地造成误导，如图表类型、图表截取或缩放、颜色的使用、省略或遗漏数据等。在图 4-7 中，2014 年的就业岗位总数大约是 2010 年的 1.08 倍，但是由于纵轴被截短了，展现出 2014 年柱状图条形长度大约是 2010 年的 2.7 倍。

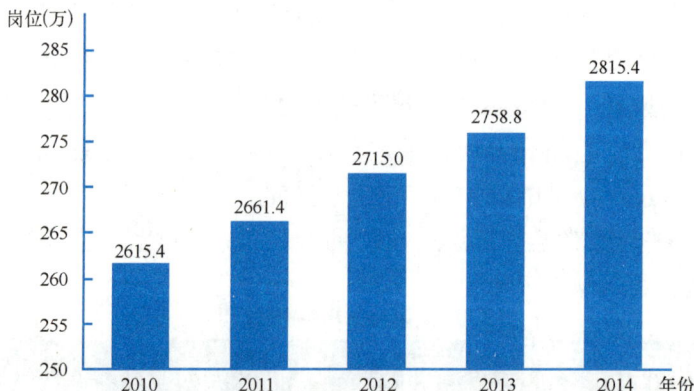

图 4-7　视觉偏差示例一

图 4-8 暗示二氧化碳排放量已经达到了一个稳定的水平。文章的描述是："在过去几年里，全球二氧化碳排放量相对于前几十年已经稳定下来。"其中，1991 年之前，每个格表示 30 年的间隔，接下来的一格是 10 年间隔，再下一个是 9 年，此后每格仅表示 1 年。

我们重新绘制该图，使横轴有一个恒定的间隔，得到如图 4-9 所示的图形。

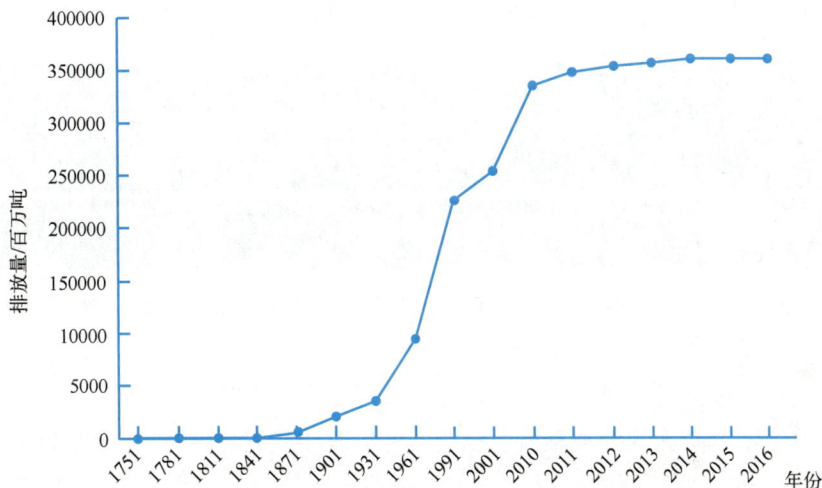

图 4-8　视觉偏差示例二

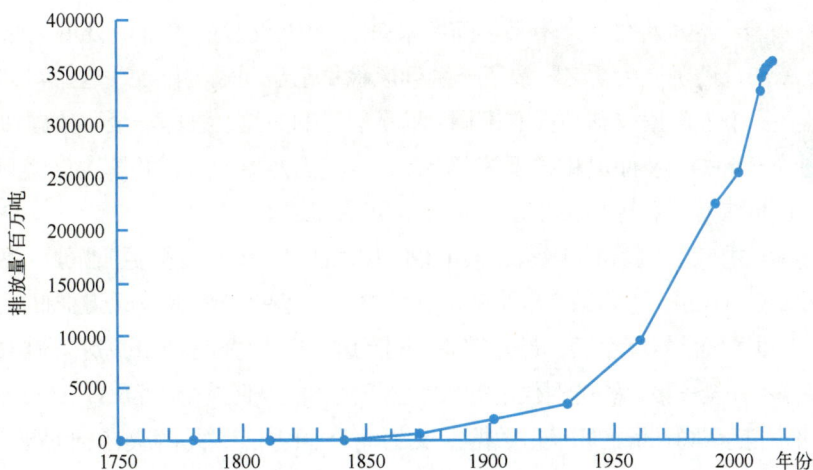

图 4-9　视觉偏差示例三

4.2.12　数据陷阱之"百分比"

同样的变化可以用两种大不相同的方式来表达，留给人的印象也大不相同。

【案例 4-7】假设销售税从购买价格的 4% 提高到 6%，这是增长了 2 个百分点：6%－4% ＝2%，也可以说增长了 50%；100 元销售额现在的利润为 12 元，比以前的 8 元利润多了 50%。

【案例 4-8】如果道·琼斯工业平均指数今天上涨 10%，明天下跌 10%，它是否恢复到最初的水平；或者先下跌 10%，再涨 10% 呢？不管它是先涨后跌，还是先跌后涨，最终都会降低。

假设道·琼斯工业平均指数是 20000 点，10%的涨幅将使该指数上升 2000 点，达到 22000 点，随后从 22000 点下跌 10%，就是下跌 2200 点，跌至 19800 点。如果道·琼斯工业平均指数从 20000 点开始先下跌 10%，就会跌至 18000 点，此时 10%的涨幅使其达到 19800 点——最终的结果与先涨后跌一样。

我们必须警惕用百分比变化报告数据所导致的异常后果。

4.3 数据伦理

4.3.1 大数据技术引发的伦理问题

随着大数据技术的迅速发展，它已经成为信息技术领域的核心。推动人类在挖掘数据真相、处理复杂事件、增强预测精准度、提升决策能力等方面取得巨大进步的同时，大数据技术也带来了一系列前所未有的伦理问题。这些问题不仅引起了学术界的广泛讨论，也深深影响了我们的现实生活。因此，面对大数据发展所引发的各种伦理冲突或道德困境，我们需要寻求道德共识，形成新的道德价值观和道德规范。

近年来，大数据已经在社会治理、企业精准营销等领域展现出了巨大的价值。它不仅成为经济增长的新引擎，还为人类社会带来了前所未有的历史性机遇。然而，随着大数据的广泛应用，我们也逐渐步入透明社会，这导致了一系列风险和伦理问题的出现。这些问题包括数据主体自主权的缺失、个人数据权利边界的模糊、隐私信息的泄露、数据安全和数据独裁现象的出现、数字鸿沟的不断扩大及偏见和歧视等。因此，我们需要更加重视并解决这些问题，以确保大数据技术的可持续发展和应用。下面分析大数据伦理的主要问题。

大数据伦理问题的核心是隐私问题，人工智能技术让隐私安全变得更加脆弱。数据隐私保护既是用户隐私保护的问题，也是数字经济的发展问题，如何在保护用户隐私的同时，让人工智能发挥数据价值、推动经济持续发展，是非常关键的问题。个人隐私保护的需求与社会的效率、安全等诉求之间并不完全一致。智能时代下的数字经济能不能既保护个人隐私，又发挥数据的经济推动能力？如何在实现隐私保护和获得数据主权之间找到平衡点，是解决这个问题的关键所在。

1. 大数据"共享－隐私"悖论

数据共享可以促进人类社会的进步，避免数据孤岛现象的产生，但可能侵犯个人隐私。一些人可能不了解或没有认真思考信息共享的政策，从而在网络空间中做出不明智的决策。

大数据"共享－隐私"悖论是指数据的共享和隐私之间存在的隐含分离和对立因素。这种数据的共享与隐私保护的背离导致了大数据"共享－隐私"悖论的产生。这种现象与隐私内涵的界定模糊性、隐私内容的变迁及数据共享壁垒的存在密切相关，具体表现如下。

1）社会数据共享与个人隐私悖论

社会数据主体提倡信息公开、数据共享，但数据开放、数据共享涉及对个人隐私的侵犯；如果个人为了维护隐私权，不共享个人数据，社会数据共享就无从谈起。例如，在导航软件的使用过程中，用户的位置信息属于个人隐私，但这些信息对于社会大众和公共机构来说是公开的，这就产生了社会数据共享与个人隐私的悖论。

2）个人的隐私态度与隐私行为悖论

人们对隐私的关注往往表现出矛盾的心理，即人们急切地向他人透露个人隐私，但当这种信息传播时又担心泄露个人隐私。在社交网络中用户既关注隐私问题，又热衷于分享私密的个人信息，不关注或者忽视隐私的边界，这是数据隐私的第二个表现，即隐私态度与隐私行为的悖论。例如，在社交媒体上发布个人信息和照片可能带来安全隐患，但许多用户仍然热衷于分享，这就产生了个人的隐私态度与隐私行为的悖论。

3）数据的共享意向与共享行动悖论

数据的共享意向与共享行动之间是割裂的。用户意识到互联网上的隐私风险，但他们倾向于分享个人信息，以换取优惠或者个性化服务。

为了最大限度地发挥数据资源的作用，我们应该坚决划清大数据"共享－隐私"的界限。任何涉及个人敏感信息的共享都应被禁止，以保护数据主体的隐私权。在数据共享过程中，我们应明确数据主体的权利，并采取一切必要的措施，避免数据的滥用。同时，我们应确保在尊重和保护数据主体权利并获得其明确授权的前提下，推动数据的共享和自由使用。

2. 隐私泄露问题

根据《中华人民共和国民法典》第一千零三十二条，"隐私权"是指自然人享有的私人生活安宁与私人信息秘密依法受到保护，不被他人非法侵扰、知悉、收集、利用和公开的一种人格权。任何组织或个人不得以刺探、侵扰、泄露、公开等方式侵害他人的隐私权，个人信息是以电子或其他方式记录的，能够单独或与其他信息结合来识别特定自然人的各种信息，包括姓名、出生日期、身份证件号码、生物识别信息、住址、电话号码、电子邮箱、健康信息、行踪信息等。

在处理个人信息时，应遵循合法、正当、必要原则，不得过度处理。信息处理者应当采取必要的技术措施，确保其收集、存储的个人信息安全。

在现实生活的许多场景中会出现隐私威胁问题。这些隐私威胁问题可以归纳为以下几类：① 某些机构有意使用个人信息，政府部门主要用于执法，企业则主要用于市场营销和决策；② "自己人"或维护信息的人未经授权使用或泄露这些信息；③ 信息被窃取；④ 由于疏忽或粗心大意而不慎泄露信息；⑤ 自己的行为有时是有意为之的权衡，有时是不知道风险存在的疏忽，如在朋友圈分享照片。

随着大数据技术的普及和发展，数据的自由、开放和共享使得个人隐私不断受到挑战。如今的大数据时代不仅是数据共享的时代，也是几乎无隐私的时代。大数据技术具有随时随地保真性记录、永久性保存、还原性画像等强大功能，使得个人的身份信息、行为信息、位置信息，甚至信仰、观念、情感与社交关系等隐私信息都有可能被记录和保存。

在现代社会，人们几乎无时无刻不暴露在智能设备面前，时时刻刻在产生数据并被记录。事实上，人们已经处在各种监控之中，隐私暴露的风险越来越大。例如，大型搜索网站的数据库中包含着完整的搜索历史记录；智能穿戴设备记录着健康数据；家中监控设备记录着家中人员的活动情况；人脸识别技术也在记录着种种数据。此外，线上与线下、实体与数字的边界日益模糊，甚至相互渗透。又如，美团和饿了么平台了解用户的口味偏好和订餐历史；淘宝和京东平台清楚用户的需求类型和消费习惯；移动和电信公司可以根据用户在特定时间内的漫游记录给出足迹；搜索引擎公司知道用户的好奇心和最深层的疑问；电子导航系统不仅掌握用户走过的所有路线和出行方式，还会根据用户的日常记录，指导性地给出特定时间段内特定交通路线的通行状态和建议。更有甚者，一旦用户离开所在城市踏足外地，就会收到应用软件根据过去的订房情况给出的酒店参考、根据订餐记录给出的周边餐厅选择，通过数据挖掘技术可以发现客户的消费倾向并影响未来的消费行为。这些用户数据在用户不知情的情况下被用于商业行为，利用大数据预测个人未来的身体健康状况、经济状况，以此作为保险、银行贷款的依据，这些行为可能严重侵犯个人隐私。

在数据的收集、存储和使用过程中都存在隐私泄露的风险。

1）数据采集中的隐私问题

在当今的大数据时代，数据采集中的隐私问题不容忽视。智能设备在自动收集数据时，我们往往无从知晓它们何时何地进行了数据采集。以备受年轻人喜爱的"人脸打分"App 和"颜值排行"App 为例，用户在上传照片后，这些 App 便会对用户的外貌进行评价。然而，这些应用程序在未经用户知晓且未签订任何协议的情况下，过度采集了用户的个人信息。

2）数据使用中的隐私问题

数据使用中的隐私问题同样值得我们关注。在传统数据时代，为保护隐私，我们通常会对数据进行模糊化和匿名化处理。然而，这两种隐私保护方式在大数据背景下已经失效。利用大数据分析，可以对各种信息片段进行交叉、重组、关联等操作，原始模糊匿名信息可能会被重新挖掘以实现"去匿名化"。此外，研究人员发现用户的位置数据非常独特，因此难以实现匿名性，许多匿名数据库甚至间接披露了用户的个人位置信息。此前已有大数据实现"去匿名化"的先例。一位研究人员曾在华盛顿对病历数据进行"去匿名化"研究。研究人员通过合法渠道购买了包含患者病历、手术记录、负责治疗的医生信息、收据等细节的匿名病历数据，这些记录不包含患者的真实姓名或住所，但包含患者住所的邮政编码。之后，研究人员检查了该州自2000 年以来所有的新闻报道，筛选出包含"住院"一词的文章，并发现 35 份报告可以在数据库中找到与之准确对应的病历。这些报告清楚地显示了患者的真实姓名，于是这 35 名患者被成功地"去匿名化"了。

个性化营销是数据使用的特殊场景，在个性化营销中，隐私问题不容忽视。营销是大多数企业和组织的一项重要任务，而个人信息被广泛用于寻找新客户、新会员等各类营销活动。包括对产品、服务或观点做广告，如何为产品定价，以及什么时候向哪些客户提供相应折扣等。互联网公司的营销秘诀在于弄清楚屏幕后面的人是谁，是男是女，多少岁，有没有孩子，住大城市还是小乡村等，再根据这个用户画像定制广告。这一切在 PC 时代空有理论，却无法落实。但是在智能手机时代，个性化营销彻底爆发。衣食住行和娱乐逐渐全部和手机挂钩，而且每人一部手机，这下谁都跑不了了。当数据成为生产力时，"隐私 = 利润"，潘多拉的魔盒一旦打开，人类就再也回不去了。Facebook 最早的数据分析师杰弗里·哈默巴赫尔（Jeffrey Hammerbacher）曾说："我们这一代最聪明的头脑都在思考如何让人们点击广告。"这些年各种 App 想要获取的隐私数据越来越多。

网络诈骗已成为全世界最具破坏力的犯罪行为之一，利用人们的隐私信息进行诈骗，而这些隐私信息往往是通过互联网公司的数据库泄露的。由此产生了一个巨大的隐私贩卖市场，这些隐私信息最终都会落入诈骗犯手中，他们会根据这些信息量身定做一个诈骗剧本，要么冒充客服为你上周买的葡萄酒退货，要么冒充执法者说知道你的秘密，最狠的是网恋杀猪盘，根据你的数据捕获你的孤独，先骗感情再骗钱。

令人担忧的是，我们的数据正越来越多地遭到泄露和盗取。对于相关领域的学者而言，这些担忧已不是什么新鲜事。尽管恶意攻击者可以使用个人身份信息将数据与个人身份关联，但已证明，即使只拥有不被归类为"个人身份信息"的信息，他们也可以达到相同目的。

3. 数据安全、数据泄露问题

从数据采集、存储、关联计算、发布到交易、存档，每个环节都需要确保数据不被盗窃、破解、篡改或主动泄露。个人所产生的数据包括主动产生的数据和被动留下的数据，这些数据在获取和使用过程中，常常存在无意识、无授权或超授权的范围等问题，导致数据泄露、伪造、失真等风险。此外，几乎每种数字设备或系统都存在漏洞，这些漏洞可能被黑客利用，导致数据泄露、系统崩溃等信息安全问题，这也是数据黑产、灰产存在的基础条件之一。

当前，数据在采集、存储、传输、使用过程中产生的权属不清、越权越级访问、交易无序等一系列矛盾和风险逐渐显现，数据泄露、数据贩卖、数据滥用等违法活动增多。我国作为网络大国，也是网络攻击的主要受害国家。数据安全关乎国家安全和公共利益，是非传统安全的重要方面，已成为事关国家安全与经济社会发展的重大问题。随着网络安全事件的频发，当前各行业的安全态势愈发严峻。这里列出近年数据泄露的典型事件。

2024 年 2 月，美国某公司遭受 BlackCat 勒索软件攻击，导致约 6 TB 的医疗健康数据泄露，影响了 1 亿美国民众。

2024 年 3 月，法国劳动局遭受大规模网络攻击，导致约 4300 万民众的个人数据泄露。

2024 年 5 月，美国某票务巨头公司客户数据泄露，涉及 5.6 亿用户，数据总量高达 1.3TB。

2024 年 7 月，墨西哥某公司的云数据库未设置密码或安全认证，导致 7.69 亿条记录泄露。

2023 年 3 月，澳大利亚某非银行贷款机构遭受网络攻击，约 33 万客户的数据遭到泄露，受影响的客户数量可能达到 800 万之多。

2023 年 8 月，英国国家选举委员会披露了重大数据泄露事件，约 4000 万选民 2014 年至 2022 年间的数据全部曝光。

2023 年 11 月，孟加拉国国家电信监测中心数据库在公网暴露，类型极丰富的各类个人数据（包括姓名、职业、血型、父母姓名、电话号码、通话时长、车辆登记信息、护照详情、指纹照片）在线泄露。

2022 年 1 月，美国某提供在线电子邮件营销工具的公司发生重大数据泄露，泄露了大约 700 万人的敏感数据。

2022 年 4 月，美国某知名投资公司的 820 万条客户数据被泄露，泄露的信息包含客户的全名和经纪账号等信息。

2022 年 8 月，某外卖巨头公司证实其 490 万客户、员工和商家的个人信息遭到泄露。

2022 年 9 月，拥有 970 万用户的澳大利亚电信公司 Optus 遭到大规模数据泄露，涉及用户姓名、出生日期、电话号码和电子邮件地址等信息。

2021 年 1 月，我国某银行发生数据泄露，泄露数据高达 1679 万条。数据包括名字、性别、卡号、身份证号、手机号码、所在城市、联系地址、工作单位、邮编、工作电话、住宅电话、卡种、发卡行等。

2021 年 1 月，包含超过 1.76 亿巴基斯坦公民个人信息的数据库在网上出售。

2021 年 10 月，因遭遇网络攻击，厄瓜多尔最大的私营银行关闭了部分网络和系统，业务被迫中断。

4. 数据独裁问题

在大数据时代，随着数据量的爆炸式增长，决策和选择的难度日益加大。人们被迫依赖数据预测的结论来进行最终的决策，这就是所谓的"数据独裁"。换句话说，数据在领导甚至统治着人们的思维，使人们走向唯数据主义的道路。数据独裁表现为对数据的过度依赖、缺乏透明度、过度采集和利用数据、数据偏见和歧视及缺乏对数据的批判性思考。

尽管智能机器对数据的挖掘和分析能力越来越强大，预测的准确性越来越高，但是对于因果关系复杂的事务，数据的预测和结论并不像我们想象的那样可靠。在很多领域，通过数据来判断和得出的结论并不总是适用，人类仍然需要扮演重要的角色。

如果过于依赖数据来进行决策，那么我们可能失去对科学和合理价值目标的掌控。唯数据主义的绝对化将不可避免地导致数据独裁。这种数据主导人们思维的方式最终将导致人类思维被"空心化"，进而导致创新意识的丧失，以及人的自主意识、反思和批判能力的丧失。最终，人类可能会沦为数据的奴隶。

农业时代，95%的人生产、5%的人消费，与之对应的是贵族与平民之分的等级秩序。工业时代，95%的人生产、95%的人消费，与之对应的是民主时代的平等秩序。如今，人类即将进入 5%的人生产、95%的人消费的信息时代，很多人将沦为只提供数据的"数据人"。因此，技术走向"失控"的结果，就是大数据的"独裁"。

有一种学术观点是，"数据攫取即科技巨头的新殖民主义"。殖民主义并没有在数字时代消失，而是变成了一种新的形式。大型科技公司正在攫取用户最基本的自然资源——数据（新的石油），并利用用户的劳动力与社会关系，重新包装个人信息以控制观点、追踪行动、记录对话。为了实现更多的资本积累，数字企业总是在不断寻找新的领域和积累方式。当下的巨型科技公司设计了一种掠夺性的经营方式，建立了新的社会和经济秩序，导致就业不稳定，并破坏了环境。这种新型的社会秩序就是数据殖民主义的表现，建立在为精英阶层谋取利益、攫取世界资源的新尝试之上，以数据的形式攫取我们日常生活的方方面面。至关重要的是，这种新的数据殖民主义并没有取代传统殖民主义，而是为传统殖民主义增加了新的内涵。在新的殖民模式下，巨型科技公司将数据货币化，利用这些数据影响我们的日常决策，并将数字化的"日常生活"卖给用户。例如，平台可以为用户"安排"各类生活，甚至跟踪和预测用户的情绪和健康。剥削和征用不仅发生在工人身上，而且发生在数据殖民主义中。剥削无时无刻不在发生，因为我们不需要工作就身处这样巨大的剥削体系当中。

因此，我们需要谨慎对待数据的使用，避免被数据所控制。我们需要保持对数据的理性认识，并学会批判性地思考问题。只有这样，我们才能避免走向唯数据主义的道路，保持我们的自主意识和创新能力。

5. 数据权属的不确定性——个人数据权利边界消失

大数据时代，数据权属问题变得日益模糊和复杂。个人数据的权利边界逐渐消失，数据成为与自然资源同等重要的宝贵财富和重要的生产要素。数据权成为大数据时代公民的基本权利，包括占有权、使用权、支配权和知情权等。这些权利使数据所有者能够通过占有、使用、抵押和转让等方式持有或处置个人数据资产，并享有在这些数据的使用中所产生的收益。

大数据建立在数据共享基础之上，但在数据产生过程中存在多个主体，包括数据的所有者、生产者和使用者。当数据的应用产生商业价值或其他价值时，其利益归属成为一个重要问题。然而，目前的伦理和法律规范对此并没有清晰的规定，导致复杂的数据归属关系。

大数据的价值有其特殊性，包括货币价值和关联价值。不同于一般物质性资产，数据的价值不随使用次数的增加而减少，具有非消耗性。然而，在大数据时代，数据权属存在模糊地带，如：未清晰界定数据所有权和使用权，缺乏明确的数据授权、让渡机制；缺少对数据是否按照预设目的和要求来使用、共享和删除的审计权；未定义涉及财产性和声誉性回报的数据分红权等。在数据所有权归属问题比较复杂的情况下，如何保护隐私是非常有挑战性的问题。

此外，大数据时代的数字记忆具有社会性，在数字技术上留下的痕迹已经不属于记忆的主体，而成为一种社会记忆。数字记忆使人们失去了遗忘的权利，让人难以走出痛苦的阴影向前看。例如，一位心理咨询师因年轻时服用过致幻剂而在边境被扣留，并受到指纹采集等控制。记忆成为权利，成为对个人自由的干涉。今天，人们在互联网上的浏览记录都被记载和保存，这些海量的用户数据有可能使个人的隐私行为暴露无遗，给个人甚至家庭带来潜在的危害。作为数据主体的个人却逐渐丧失了对自己信息的掌控。

6. 数据偏见/分配正义问题

数据偏见作为人工智能领域的一大挑战，其根源在于历史数据的固有偏见及数据收集、使用过程中的多种因素。历史数据中蕴含的偏见受到时代、地域、文化等多重影响，这种偏见在算法中得以延续，导致算法结果的不准确和不公正。

有研究者指出，"人类文化是存在偏见的，作为与人类社会同构的大数据也必然包含着根深蒂固的偏见。而大数据算法只是把这种歧视文化归纳出来而已。"

在数据收集阶段，偏见可能因设计人员的主观想法、样本多样性不足、数据质量不佳而加剧，这不仅影响数据的准确性，还可能进一步侵害政治正义，损害人的基本权利。

在数据使用方面，过于关注数据的可用性而非合适性，以及对社会技术背景了解不足，都可能加剧偏见。此外，数据集的获取通常优先考虑易收集性而非适用性，导致人工智能系统的开发方向受限于现有数据，而非实际需求。数据样本的不完整、采集质量的不完美及信息热度的可伪造性进一步加剧了数据偏见问题。

分配正义要求公正地分配社会资源、机会和权利，以满足社会的需求和期望。数据偏见问题会对分配正义产生深远影响，导致社会资源、机会和权利的不公正分配。例如，银行可能基于带有偏见的历史数据或模型来决定是否授予贷款，导致某些人受到不公正待遇。这种不公正性不仅损害了个人权益，也破坏了社会的公平和稳定。

为了解决这些问题，我们需要采取一系列措施，包括加强数据质量控制、提高数据收集方法的科学性和规范性、采用更全面和公平的数据分析方法，避免过度依赖历史数据和原有模型，以提高数据分析的准确性和公正性，并培养更多元、更包容的数据科学家和分析师队伍，以确保数据的多样性和包容性。加强监管和法律约束，确保数据使用的合法性和规范性；增强公众意识和参与度，让更多人了解并关注数据偏见问题。通过这些措施，我们可以努力减少数据偏见，促进算法的公正性和准确性，从而更好地实现分配正义和社会公平。

4.3.2 大数据伦理问题产生的原因

大数据技术的迅速发展带来了巨大的机遇，也引发了前所未有的伦理问题。这些问题主要是由作为数据生产者的用户与大数据技术使用者之间的伦理矛盾造成的。

大数据技术伦理问题的产生来自主体根源、客观原因和社会背景三方面。

1. 主体根源

首先，商业利益是大数据平台中各利益相关者的一大驱动力。在商业利益的驱动下，个体可能会为了获取更多的数据而不惜侵犯他人的隐私权。

其次，个体道德素质与社会功利主义风气也可能导致伦理问题的产生。一些人可能为了追求个人利益而忽视道德规范，甚至将道德视为实现个人利益的手段。

最后，个体行为判断和反思能力的缺失也可能导致伦理问题的产生。在面对大数据技术带来的海量信息时，一些人可能失去判断能力和自我反思能力，从而做出错误的决策。

2. 客观原因

大数据技术本身的固有特性及不成熟性是导致伦理问题的一个重要原因。例如，在大数据时代，每个人都可以被看成由他们的信息所构成的综合体，这些信息的总和被视为个体的"数字身份"。然而，搜集和挖掘数据的过程容易泄露个人隐私。

大数据技术也使得对信息的掌握和使用会直接影响到不同主体的知识积累、财富创造和社会地位，造成一种新的社会不公和数据霸权。

3. 社会背景

外部规制的不足是导致大数据伦理问题的另一个重要原因。例如，新技术条件下隐私保护的伦理规范滞后、大数据行业内部处于"失范"状态、社会监督机制缺失等，都可能导致人们的自我控制与行为约束不足。此外，大数据环境可能造成放松道德约束的行为环境，使得一些人更加倾向于侵犯他人的隐私权。

4.3.3　大数据伦理治理的可能路径

大数据伦理问题的治理需要从多个层面和角度进行，包括明确责任主体、建立治理体系、制定综合解决方案等方面。

1. 明确责任主体

大数据伦理的治理不能仅限于技术内部的治理，还需要企业安全保障制度、行业自律监管机制和伦理规范的完善，以及国家通过法律确定的强制手段。大数据伦理治理的责任主体包括个体主体和机构与集体主体，涉及从个体到行业到国家乃至国际多个层面。个体主体需要增强数据安全和隐私保护意识，养成良好的数据管理习惯。大数据技术挖掘和处理主体的工程技术人员需要对涉及隐私和公平公正的问题有道德敏感性和法律意识，自觉保护涉及个体隐私和群体隐私等的敏感数据。企业、行业是源数据聚集和跨组织、跨领域的数据深度融合挖掘与数据跨组织流动的责任主体。在价值驱动下，各界普遍存在着数据突破组织边界流动的需求。企业组织的大数据伦理治理离不开行业的规范和自律。政府也需要在大数据伦理治理中起到协调作用。数据的权属问题、公众的隐私权、遗忘权和反歧视等问题需要从国家层面通过法律法规予以保障。要加强对采集、分析、使用数据相关行为的立法，对于过度或非法使用数据获利的行为要进行严厉打击。此外，在数据保护特别是跨境数据流通问题的治理上，需要加强国际合作，做好与相关国家（或地区）的沟通和协调，构建跨区域、跨国家（或地区）的大数据伦理治理体系。目前，欧盟、美国等国家和地区与国际组织颁布了一系列法律条例，规范数据的保护和使用。

2. 建立治理体系

大数据带来的伦理危机贯穿数据采集、数据取舍、使用过程中，需要建立全过程、跨层面的大数据伦理治理体系。这个体系应该包括政府、行业、个体三个层面。

在政府层面，制定和完善与大数据时代相匹配的法律法规、监管制度，建立大数据伦理规制，推动大数据研发、交易、保护等相关法案的出台，确定大数据技术运用过程中的权利和义务，实现大数据利益相关者利益最大化。

在行业层面，倡导行业自律机制，促进大数据利益相关者的道德自律，通过成立第三方监管机构进行评价、监督和行为规范，并借助技术创新降低隐私泄露风险。如何使用数据、谁能使用数据、数据保密级别如何分档等需要一套实施和监管制度。

在个体层面，树立正确的伦理观，注重隐私保护与道德伦理教育，增强安全意识，维护自身数据权利，培养个体独立思考与批判的能力，努力实现科技与人文的统一。

在大数据伦理治理过程中，要贯彻自治与管制之间的平衡；要尊重用户的知情权，让用户在充分知情的情况下自主自愿地做出决定；既要考虑对个人数据的保护，也要考虑保护和创新之间如何形成平衡。

3. 制定综合解决方案

制定综合解决方案包括伦理教育、技术规范、政策引导与市场监管、法律规约等方面。

为了提高工程师和大数据从业者的道德敏感性和社会责任感,并确保他们在工作中能够充分考虑到伦理问题,学校、企业和行业协会必须将伦理教育纳入其培训体系,加强对相关人员的培训。同时,我们需要提高公众意识和参与度,通过加强公众教育、提高公众对数据的认知和理解,减少他们对数据的误解,从而减少数据偏见。

技术规范是解决大数据伦理问题的重要手段。例如,通过大数据分析平台对数据进行审计识别,然后对这些数据设置授权范围,只有拥有授权的人才可以查看相关信息;或者利用失真数据处理技术,在不改变数据属性的前提下,利用阻塞、随机化、凝聚等技术手段对数据进行伪装,从而保护数据等。这些技术可以有效防止敏感数据的滥用,保障个人隐私和国家安全。

政府应通过政策引导企业在创新过程中坚持符合伦理的价值导向,同时加强大数据产品和技术服务市场的监管,对违法行为坚决制止并予以惩罚,保障公民隐私数据不被泄露,实现数据的智能应用,发挥数据的价值。

全球许多国家(或地区)都在出台相关法律法规,我国也在稳步推进法治建设工作,如出台了《中华人民共和国刑法》《中华人民共和国未成年人保护法》《中华人民共和国网络安全法》《中华人民共和国民法典》《中华人民共和国个人信息保护法》《中华人民共和国数据安全法》《中华人民共和国电子商务法》等,为保护个人信息提供了法律依据。

2021 年 3 月 12 日,中央网信办①、工业和信息化部、公安部、国家市场监督管理总局联合发布规定,明确了 38 类常见类型 App 必要个人信息范围。随着数据安全立法进程加速,数据安全合规需求日益增长。

中共中央、国务院于 2022 年 12 月 2 日下发的《关于构建数据基础制度 更好发挥数据要素作用的意见》提出,"原始数据不出域、数据可用不可见。"隐私计算技术也将迎来快速发展。

2024 年,《自然资源领域数据安全管理办法》《中华人民共和国保守国家秘密法》颁布实施。《政务数据共享条例》已于 2025 年 8 月 1 日起施行。

4.4 案 例 分 析

【案例 4-1】 "剑桥分析"事件。

【案例描述】

在剑桥分析丑闻中,8700 万 Facebook(脸书)平台的用户数据被不当泄露给政治咨询公司剑桥分析,用于在 2016 年总统大选时支持某总统候选人。根据 Facebook 的解释,这些个人信息,如用户填写的心理测试结果,全部是在经过"匿名化"处理后才被用于对外分享的。Facebook 表示,在获取用户的授权后,这些数据会"通过匿名的方式被使用和分发,并且保证即使利用这些信息也不能追溯到个人用户"。然而这件事依然引发了社会的强烈不满,美国

---

① 中央网络安全与信息化委员会办公室(简称中央网信办)与国家互联网信息办公室,为同一个机构。

联邦贸易委员会认为，Facebook 没能保障这些用户数据的安全，违反了平台此前承诺保护用户隐私的协议。随后，美国联邦贸易委员会对 Facebook 开展调查，关注 Facebook 当时是否能够做更多事情来阻止剑桥分析事件发生。

2019 年 7 月，Facebook 与剑桥分析双方终达成和解。作为和解协议的一部分，Facebook 同意成立一个独立隐私委员会，CEO 马克·扎克伯格被要求就公司的行为进行问责，该社交网络平台需建立更多的隐私保护措施，另外，Facebook 需向美国联邦贸易委员会支付和解金 50 亿美元，这也直接导致了剑桥分析的破产。

【伦理分析】

"剑桥分析"事件是一个典型的关于数据隐私、企业责任和伦理道德的案例，引发了广泛的社会关注和讨论。

① 数据隐私和用户权益。Facebook 平台的用户数据被不当泄露给剑桥分析滥用，用于政治目的，这严重侵犯了用户的隐私权。Facebook 在收集和使用用户数据时，应遵守其隐私政策，并确保用户数据的安全。

② 企业责任和道德。Facebook 作为一家全球知名的社交媒体公司，拥有庞大的用户群体和影响力。在"剑桥分析"事件中，Facebook 未能履行其责任，导致用户数据被泄露和滥用，这引发了对企业责任和道德的质疑。

③ 数据使用和透明度。Facebook 声称用户数据在分享前已经经过"匿名化"处理，但即使数据被匿名化处理，如果与其他数据集相结合，仍有可能重新识别出个人身份。此外，Facebook 在数据使用方面的透明度也受到了质疑。

④ 政治干预和操纵。剑桥分析利用 Facebook 平台的用户数据来影响选举结果，这引发了关于政治干预和操纵的担忧。社交媒体平台在政治活动中扮演着越来越重要的角色，但它们也可能成为政治干预和操纵的工具。

⑤ 监管和法规。该事件还引发了关于数据隐私和网络安全监管的讨论。随着数字技术的快速发展，数据隐私和网络安全问题日益突出，因此需要制定更加严格的监管和法规来保护用户数据安全和隐私权益。同时，监管机构需要加大对社交媒体平台的监管力度，确保其遵守法律法规和道德准则。

【案例 4-2】 滴滴事件。

【案例描述】

2021 年 7 月 2 日，滴滴出行在美国上市第三天，中央网信办发布公告称，为防范国家数据安全风险，维护国家安全，保障公共利益，网络安全审查办公室按照《网络安全审查办法》，对滴滴出行实施网络安全审查。2021 年 7 月 4 日晚，中央网信办发布通报称，根据举报，经检测核实，"滴滴出行"App 存在严重违法违规收集使用个人信息问题，通知应用商店下架"滴滴出行"App。2021 年 7 月 21 日，中央网信办正式宣布对滴滴公司处以 80.26 亿元人民币罚款。

滴滴事件涉及隐私、数据安全、信息透明度、监管合规性、社会影响、数据用途、责任等问题，存在 16 项违法事实，主要涉及以下 8 个方面。

❖ 违法收集用户手机相册中的截图信息 1196.39 万条。

- ❖ 过度收集用户剪切板信息、应用列表信息 83.23 亿条。
- ❖ 过度收集乘客人脸识别信息 1.07 亿条、年龄段信息 5350.92 万条、职业信息 1633.56 万条、亲情关系信息 138.29 万条、"家"和"公司"打车地址信息 1.53 亿条。
- ❖ 过度收集乘客评价代驾服务时、App 后台运行时、手机连接巡视记录仪设备时的精准位置（经纬度）信息 1.67 亿条。
- ❖ 过度收集司机学历信息 14.29 万条，以明文形式存储司机身份证号信息 5780.26 万条。
- ❖ 在未明确告知乘客情况下分析乘客出行意图信息 539.76 亿条、常住城市信息 15.38 亿条、异地商务/异地旅游信息 3.04 亿条。
- ❖ 在乘客使用顺风车服务时频繁索取无关的"电话权限"。
- ❖ 未准确、清晰说明用户设备信息等 19 项个人信息处理目的。

【伦理分析】

滴滴事件引发了多个层面的伦理问题，这些问题不仅涉及企业行为，还关乎国家安全、数据隐私及企业责任等方面。

① 数据隐私与安全。滴滴事件凸显了企业在处理用户数据时存在的严重问题。企业收集大量用户信息，包括身份证号、家庭地址、工作单位等敏感信息，这些信息被泄露或被滥用，将给用户带来极大的隐私和安全风险。在滴滴海量数据库里，只要输入姓名就可以查出身份证号、家庭地址、工作单位、出行频率和出行范围。

② 国家安全与数据主权。滴滴事件揭示了企业数据可能对国家安全构成的威胁。从滴滴数据库中可以清楚知道中国几百个城市的交通状况，以及山川地貌、重点设施、百姓出行习惯、各城区具体流量、收入差异，甚至哪里是接孩子的、哪里是医院出入口。这些信息可以用于分析国家的重要设施、军事目标等，将严重威胁国家安全。

③ 企业责任与道德。滴滴事件还引发了关于企业责任和道德的讨论。企业在追求经济利益的同时，应当承担起相应的社会责任和道德义务。滴滴公司在处理用户数据时，未能充分考虑到用户隐私和国家安全的重要性，这体现了企业责任和道德的缺失。

④ 监管与法规。滴滴事件也暴露了当前监管和法规的不足。尽管国家已经出台了相关法规来规范企业处理用户数据的行为，但在实际执行中仍存在漏洞和不足。这要求监管部门加大监管力度，完善相关法规，确保企业能够合法、合规地处理用户数据。

⑤ 用户权益保护。滴滴事件也引发了关于用户权益保护的讨论。用户在享受企业服务的同时，也应当享有相应的权益保障。企业应当尊重用户的隐私权、安全权等权益，不得侵犯用户的合法权益。

【案例 4-3】 随意在朋友圈发布照片，暴露位置隐私。

【案例描述】

一则新闻讲述，一位分享者在朋友圈发布了上海风景照，分析者通过分析探知了分享者的位置隐私。

分析者根据图中东方明珠等标志性建筑可以确定该照片拍摄于上海，并且是从浦西往浦东陆家嘴方向拍摄的。

然后给这些建筑加上标识，在照片中发现一些关键重合点。接着打开卫星地图，定位到浦东陆家嘴区域，将所有关键重合点在地面上的投影标记出来，最终定位到某个楼的位置。可想而知，如果是战争时期，一枚导弹过来，该分享者就灰飞烟灭了。

个人照片结合地理位置引发斩首事件。据《纽约时报》（ *The New York Times* ）当地时间 2020 年 1 月 18 日报道，美国一家人脸识别创业公司设计了一款突破性的人脸识别应用程序 Clearview AI，用户上传照片后，可以看到照片中人物的公开照片及相关链接。而这家公司通过这款软件收集了近 30 亿张人脸图片。这些照片来自 Facebook、YouTube、Venmo 及数百万其他网站，这个规模已经远远超出了美国政府或硅谷巨头建立的任何数据库。虽然这款软件目前用于执法，但同样可以用于非法用途，一旦用于非法用途，后果很难想象。

地下黑产集团专门从事人脸数据收集，用于盗用支付宝账号、微信账号等。一旦人脸数据被收集，他们就可以用人工智能技术训练出张嘴、摇头等动作用于认证登录，而这些加了动作的模型堂而皇之地在某电商平台出售，严重侵犯了公民隐私和财产安全。

【伦理分析】

本案例引发的伦理问题涉及个人隐私与数据保护、数据安全责任和人工智能技术的道德使用等方面。解决这些问题需要政府、企业、社会组织和公民共同努力，加强监管和立法、公民教育，提高技术安全性，提升隐私保护意识。

① 个人隐私与数据保护。分享个人照片时，很多人可能并没有意识到其中蕴含的隐私泄露风险。通过分析照片中的地标和背景信息，结合现代技术如卫星地图和人脸识别技术，可以轻易地定位到个人的具体位置，这严重威胁到了个人隐私权。此外，人脸数据的非法收集和使用更是对个人隐私权的严重侵犯。

② 数据安全责任。在数字化时代，数据安全已成为全球性的挑战。企业和个人都需要承担保护数据安全的责任。本案例中，无论是技术公司，还是从事人脸数据收集的地下黑产集团，都未能充分履行其保护用户数据安全的责任，导致了严重的后果。

③ 人工智能技术的道德使用。人工智能技术具有巨大的潜力和价值，但同时带来了道德挑战。如何确保人工智能技术的道德使用，避免其被用于非法或不道德的用途，是一个亟待解决的问题。在本案例中，人脸识别技术被用于非法收集和使用人脸数据，这引发了关于人工智能技术道德使用的深刻反思。

④ 监管与立法。随着数字技术的快速发展，个人隐私和数据安全问题日益突出。然而，当前的监管和立法体系可能无法完全适应这一挑战。因此，需要加强对数字技术的监管和立法，制定更加严格的法律法规来保护个人隐私和数据安全。

⑤ 公民教育与隐私保护意识提升。通过教育和宣传，增强公民的隐私保护意识和技能，让公民了解个人隐私的重要性及如何保护自己的隐私和数据安全。

【案例 4-4】 "棱镜门"事件。

【案例描述】

棱镜计划（PRISM）是一项由美国国家安全局自 2007 年小布什时期起开始实施的绝密电

子监听计划。英国《卫报》和美国《华盛顿邮报》2013 年 6 月 6 日报道，美国国家安全局和联邦调查局于 2007 年启动了一个代号为"棱镜"的秘密监控项目，直接进入美国网际网络公司的中心服务器，挖掘数据，收集情报，包括微软、雅虎、谷歌、苹果等在内的 9 家国际互联网巨头皆参与其中。2012 年，作为总统每日简报的一部分，项目数据被引用 1477 次，美国国家安全局至少有 1/7 的报告使用该项目数据。泄露这些绝密文件的是美国国家安全局合约外判商的员工爱德华·斯诺登。

【伦理分析】

① 个人隐私权与国家安全的冲突。在"棱镜门"事件中，美国政府通过监听收集包括电子邮件、即时消息、视频、照片等在内的个人信息，严重侵犯了公民的个人隐私权。美国政府声称，该计划是为了反恐和维护国家安全。然而，这种以国家安全为名的行为，其范围和程度是否超出了合理且必要的限度，成为争议的焦点。个人隐私权与国家安全之间存在天然的冲突，如何在维护国家安全的同时保障公民的个人隐私权，是一个需要慎重考虑的伦理问题。

② 政府权力与公民权利的界限。在"棱镜门"事件中，美国政府利用其强大的情报机构，对公民的通信进行大规模监听，显示出政府在信息收集和处理方面的巨大权力。公民有权知道政府的行为是否合法、合理，并有权对政府的权力进行监督和制约。然而，在"棱镜门"事件中，公民的知情权、监督权等权利受到了严重限制。如何界定政府权力与公民权利的界限，确保政府在行使权力的同时不侵犯公民的基本权利，是伦理分析的重要方面。

③ 伦理原则与行为选择的冲突。尊重人权、保护隐私、维护正义等是基本的伦理原则。在"棱镜门"事件中，这些原则受到了严峻的挑战。作为事件的爆料人，斯诺登的行为引发了广泛的争议。一方面，他揭露了政府的秘密监听计划，维护了公众的知情权；另一方面，他的行为也违反了职业伦理和保密协议。在伦理原则与行为选择之间，如何做出正确的判断和选择，是每个个体和组织都需要面对的问题。

④ 国际关系与全球伦理的考量。"棱镜门"事件不仅影响了美国国内，还引发了国际社会的广泛关注和谴责。美国政府的监听行为涉及多个国家（或地区），对国际关系产生了深远的影响。在全球化的背景下，各国的行为都受到全球伦理的制约。如何在全球伦理的框架下规范政府的行为，维护国际社会的共同利益，是亟待解决的问题。

本 章 小 结

在当今"数字生存"的时代背景下，数据已经变得至关重要，不但对个人、机构、政府和国家具有重要意义，而且正在成为推动社会进步和发展的重要力量。随着人们对数据价值的认识不断深化，数据分析、处理和应用的过程中也面临着新的挑战。

为了有效应对这些挑战，我们需要不断提升个人的数据分析能力，深入理解数据背后的业务逻辑。这意味着我们需要学会透过现象看本质，挖掘数据中的真正价值，而不仅停留在表面信息的解读上。同时，我们应该警惕陷入数据陷阱，避免被数据表面所迷惑，忽视数据背后的真实情况和潜在问题。

在大数据时代，我们需要关注数据带来的伦理挑战。数据的收集、存储、分析和应用都可能涉及个人隐私、数据安全和社会公正等问题。因此，个人应该提升隐私保护意识、数据安全意识和法律意识，确保个人数据不被滥用和泄露。同时，我们应该呼吁更多的行业自律，推动企业和机构在数据处理和应用过程中遵循道德和法律规范。

为了构建健康、可持续的数据生态环境，需要加强技术研发和创新，不断完善相关法律法规和标准，包括制定更加严格的数据保护政策、推动建立数据共享和开放的合理机制，以及加强数据质量管理和数据治理等方面。

习 题 4

1. 大数据伦理问题主要有哪些？产生的原因是什么？

2. 隐私权的主体是什么？客体是什么？举例说明。

3. 隐私权有哪些类型？结合自身实际进行阐述。

4. 结合实例说明隐私泄露的可能环节。

5. 查阅有关资料，分析隐私权对个人的重要意义，以及大数据时代下，数据隐私权应该如何得到有效保护。

6. 结合实际阐述对防止隐私泄露的建议。

7. 个人如何应对数据被不当使用而产生的负面伦理问题？

8. 举例说明数据关涉的人工智能技术滥用。

9. 列举出你学习和生活中遇到的大数据伦理问题。

10. 一家社交网络公司通过分析它从会员活动中收集的所有数据，为营销商提供统计信息，并且用于策划新的服务项目。这些信息是很宝贵的，该公司是否应该因为使用了这些信息而向会员支付费用？请给出你的理由。

11. 阅读一个热门网站的隐私政策，写一个简短总结，给出网站的描述（名称、网址、网站类型），举例说明该隐私政策中清晰或合理的部分，以及不清晰和不合理的部分。

12. 选择包含隐私声明或政策的任意智能手机应用，对它进行总结和评估。你能想到其中缺少了什么重要的东西吗？

第 5 章

AI

算法权力及其治理

5.1 算法对社会发展的推动

随着人工智能与大数据技术的飞速发展，人类社会已经迈入了全新的算法社会时代，算法系统如影随形，深刻渗透进我们生活和工作的每个角落。作为数字社会的坚实支柱，算法将人类解决问题的逻辑与经验固化为代码形式，其应用日益广泛，影响力也日益凸显，已全面融入社会经济、生活及管理的各层面，成为推动社会不断前行的核心动力。

作为人工智能的基石和灵魂，算法以前所未有的速度和广度重塑着我们的社会和生活，并逐渐演化为引领社会发展的强大引擎。在数字化浪潮的推动下，算法不仅催生了崭新的社会形态——算法社会，更在诸多领域展现出深远的影响力。算法被广泛应用于辅助或替代人类进行判断、评估和决策，有时甚至直接执行这些决策。这种现象已逐渐普遍化，导致人类对算法提供的决策产生了高度依赖。一个领域是否实现"算法化"已成为衡量其智能化水平的重要标尺。算法在现代社会中的角色日益重要，算法不仅深度融入搜索引擎、电商平台、政务治理、舆情监测、新闻聚合等领域，更成为智能媒体时代的新型权力形式。通过选择、分类、定序等手段，算法影响着全球网民的关注焦点和方式。算法的中介化权力不仅塑造着文化和社会信息，更悄然改变着人们的思想，控制和影响着人们的日常生活，甚至可能对政治和经济的发展方向产生深远影响。许多领域的工作已经可以依赖算法自动完成，如导航等领域已经离不开算法的支撑。

算法在决策中的重要性体现在两方面：一方面，它能够对与决策相关的对象进行历史、现状甚至未来趋势的数据分析；另一方面，它能够建立决策模型，基于该模型对各种可能性进行分析，以寻求最优解决方案。通过过滤信息和建构模型，算法降低了认知负担、提高了认知效率。因此，在决策速度与效率甚至某些决策的准确度方面，算法都有可能形成自己的优势。

在算法社会中，大数据为算法决策提供了丰富的数据资源。基于大数据的算法决策结果又以新的数据形式在算法社会中流通和传播，进一步丰富了数据资源并形成了良性循环。这种数据驱动的决策模式不仅提升了政府和企业的治理能力，还为社会带来了前所未有的便利和效率。算法社会意味着政府和企业拥有无所不知的能力，他们总是能够精准地掌握人们的动态和需求。为了确保算法社会的高质量运转并维持这种强大的信息掌握能力，政府和企业需要不断降低大数据计算、通信和存储的成本，并持续拓展数据获取的渠道和方式。

算法是数字经济发展和数字社会运转的核心要素。算法对社会发展产生的正面影响主要体现在以下几方面。

1. 提高工作效率和生产力

在生产、物流、管理等领域，算法通过自动化与优化流程显著提高了工作效率。例如，智能制造中的算法可精确控制机器运行，减少人为错误与浪费；物流配送领域通过算法优化配送路线，节省时间与成本。

2. 科学决策支持

在科学决策支持方面，算法展现出了卓越的能力。在日益算法化的社会中，决策过程越来越依赖于算法、机器人与人工智能的协同作用。算法具有高效性、准确性和预见性，成为众多领域不可或缺的决策工具。政府和企业等组织可以借助算法分析大数据，为决策提供更为科学和准确的依据，进而降低决策风险并提高决策质量。算法在金融市场风险控制、医疗诊断精准预测、城市交通智能管理、保险、雇主预测、金融贷款、警务预测、司法等众多领域发挥着举足轻重的作用，算法已经开始预测人类的行为与决策，充分展现了其强大的潜力与价值。当我们使用导航软件时，路线判断与选择都依赖于算法，未来的无人驾驶技术更将完全取决于算法的判断。

3. 创新驱动发展

算法在创新驱动发展方面发挥关键作用。通过数据分析与模型预测，算法有助于我们发现新问题与找出解决方案，推动科技进步、社会发展。在科研领域，算法可协助科学家发现新规律与现象；在文化创意领域，算法为艺术家与设计师提供创作灵感与支持。算法逐渐成为创新的重要驱动力之一。

4. 优化资源配置

算法在优化资源配置方面发挥重要作用。智能调度与分配算法可实现资源的最大化利用，减少浪费与损耗并促进可持续发展。在物流配送、能源管理等领域，算法的应用不仅提高了社会运转效率，也为环境保护与可持续发展做出了积极贡献。随着时间的推移，算法将更多地被用于确定重要社会资源的分配，包括工作、贷款、保险等，实现更加公平与高效的资源配置。

5. 提升公共服务水平

在医疗、教育、交通等公共服务领域，算法的应用在不断提升公共服务水平。例如，通过算法分析医疗数据，可提高疾病诊断的准确性和效率；智能交通系统可优化交通流，减少拥堵与交通事故；在线教育平台可利用算法为学生提供个性化的学习方案，提升教育公平性。算法的应用使得公共服务更加便捷、高效和个性化，以满足人们日益增长的需求。

6. 信息过滤和公平性

算法在多个领域如人脸识别、排名、分类和管理中逐渐占据核心地位，不仅主导各类排名和排序系统的运作逻辑，更对信息的可见度和流通范围产生了深远影响。它们犹如数字世界的守门人，决定着哪些内容能够触达大众，哪些则沉于无底的深渊。在这个由算法编织的数字世界中，"可见性的不平等"已成为一个愈发严峻的问题。有些人可能因为算法的偏见或疏漏而被剥夺了应有的发声机会，甚至在算法的视野中彻底消失。过去，个体的可见性、社会地位和尊严主要由政治、法律、文化和社会精英来裁决；但未来，这些权力将越来越集中到算法的手中。这样的转变意味着，算法不仅有可能成为促进社会公平的有力工具，也可能加剧现有的不平等现象，甚至催生出全新的正义理念。在数字世界中，正义的实现将紧密依赖于算法的设计和应用方式。例如，社交媒体平台的算法可以左右用户收到的信息类型；而对于亚马逊这样的电商巨头，算法更是超越了传统编辑和推荐人的角色，成为全球用户选择的幕后决策者。

7. 算法与市场、国家的互动

随着时间的推移，我们将更深入地了解算法如何与市场和国家这两个负责分配正义的传统机制进行互动。虽然算法不会取代市场和国家的作用，但它们无疑会以有趣且重要的方式影响这两者的功能。算法正越来越多地干预市场经济最核心的机制——价格机制。一个极端的结果可能是"因人而异定价"，即算法能够精确地计算出每个顾客在付款时所能接受的最高价格。这种现象已经初现端倪，"大数据杀熟"就是一种表现。算法对价格机制的这种干预引发了关于分配正义的深刻问题。商品价格在一定程度上决定了我们在生活中的选择和可能性。尽管有句老话说"利兹酒店对富人和穷人都一样开放"，但我们知道，只有具备支付能力的人才能真正自由地出入。因此，我们必须认真思考和应对算法在价格机制中扮演的角色及它对社会公正的影响。相较于人类，算法在评估、判断和决策方面更为迅捷和高效，甚至可以预见和完成人类所无法预见和完成的事情，做出人类难以做出的取舍和抉择。而且，它们永远不会感到疲劳，也不会受到情感因素的干扰。这使得人类可以通过算法降低决策成本，进而提高社会运转效率、增强社会成员的幸福度和安全感。在算法社会的推动下，我们有望迎来更加高效、安全和幸福的未来。

总的来说，算法对社会发展产生了广泛而正面的影响，不仅提高了工作效率和生产力，还为科学决策、创新驱动、资源配置、公共服务及信息过滤和公平性等方面提供了有力支持。随着技术的不断进步和应用领域的拓展，我们有理由相信，算法将在未来发挥更加重要的作用，为人类社会的进步和发展贡献更大的力量。

5.2　算法引发的伦理问题、社会问题

算法凭借其强大的洞察力和探索能力逐渐巩固其权威地位，但其通过复杂难懂的计算过程和所谓"客观中立"的技术形象来抵制普通个体的质疑，重塑人类社会的运作规则。由算法应用引发的一系列伦理问题，如霸权、隐私、偏见和不可控等逐渐浮现，并演变成智能技术与人类之间的核心伦理议题。算法虽然以技术形式展现，表面看来与伦理并无直接联系，但其内在运行的每个细节都深深地打上了人类思想的烙印。尤其是深度学习、迁移学习等过程中表现的决策能力，超越了人类原本的预期，无疑暗示了算法背后所蕴含的权力。因此，人工智能与大数据所带来的伦理问题实质上已经演化为算法权力的生成、运用及其所带来影响的问题，这个问题已经引起了学术界的广泛关注和深入研讨。

算法权力，作为一种社会权力，其根源在于对特定算法系统的资源掌控，这种权力不仅深刻影响着国家决策，更在社会治理中发挥着重要作用。当算法权力作为一股积极的、建设性的力量时，能够成为推动国家和社会治理进步的强大动力；然而，一旦它沦为消极的、破坏性的力量，所带来的负面影响将是深远的，不容忽视。

5.2.1 隐私问题

算法伦理与数据伦理紧密相关，其中对隐私的深入探索至关重要。在这个数字化时代，尽管我们努力为数据信息筑起防线，但个人隐私的暴露依然轻而易举。例如，计算机领域的专家利用爬虫技术能够轻易地抓取网络上的各类信息，有些研究者甚至能够运用算法技术，将原本匿名的信息进行去匿名化处理。这种操作在各大网站中并不罕见，例如，网飞影评数据集的去匿名化事件就引起了人们的广泛关注。因此，算法伦理的核心议题之一便是如何合理、安全地运用这些暴露出的隐私数据，以及如何利用算法技术防止隐私数据的泄露。

当前，关于使用算法进行隐私保护的相关研究很多，有的研究者运用机器学习方法来加强数据保护，例如采用"差分隐私"算法，以有效防止去匿名化后的用户信息被泄露。有的研究者则利用神经网络方法对数据进行保护，例如使用卷积神经网络对网络图片进行打马赛克等特征值模糊处理，从而防止人脸识别技术被滥用。这些研究不仅体现了算法伦理的重要性，也为我们在保护个人隐私方面提供了新的思路和方法。

5.2.2 透明性和可解释性问题

随着人工智能的崛起，算法已渗透到生活的方方面面，其决策过程和结果对我们的影响日益加深。然而，算法的透明性和可解释性成为公众日益关注的问题。在权力的视角下，一个不透明且无法解释的算法决策过程是不可接受的，因为它剥夺了我们的知情权和决策权。透明性不仅是算法应遵循的原则，更涉及数据的使用和技术中嵌入的价值观。负责任的科技公司应该用通俗易懂的语言解释其系统，让用户和利益相关方能够理解并信任其决策结果。

算法的透明性要求其决策过程和逻辑对用户和利益相关方公开，这建立在坚实的哲学基础之上。合法性、同意原则、公平原则、共同价值观都要求算法必须是透明的。如果算法隐藏了其决策逻辑，数据策略晦涩难懂，所秉持的价值观模糊不清，那么它无法声称自己具备了合法性。我们如何能在不知道规则的情况下"自由地同意"？如何能在不明责任的情况下"欣然接受"？更重要的是，如果算法的工作方式和数据使用方式都不为人知，我们又如何能确保它与我们拥有共同的价值观？

与此同时，算法的可解释性至关重要，指的是以简单、清晰的方式向特定用户解释模型运转的依据和原因，使用户能够理解并信任算法的决策结果。可解释性与可信任性之间存在着正相关关系。一个可解释的算法能够提高用户的信任度，而信任度是确保算法广泛应用的关键因素。在高风险领域，如自动驾驶、医疗诊断等，算法的可解释性尤为重要。因为只有当我们知道算法是如何做出决策的，才能确保其功能不会导致重大事故的发生，政府才能根据这些决策进行法律规制，避免出现生命安全保障的灰色地带。

然而，目前的人工智能研究大多属于数据驱动型，所构建的模型往往具有先天的不可解释性和不透明性。算法专家已经普遍接受算法是黑箱的事实，因为智能模型的运算都依赖于数据进行优化。这使得我们只能在物理层面上对算法模型进行有限的逻辑解释，而无法完整地分析模型是如何进行演变的。这种不透明性和不可解释性给普通民众的日常生活带来了困扰。例如，金融系统中的信用评分、社交媒体上的内容审查等都可能受到算法决策的影响，而这些决策是如何计算出来的往往无从得知。

在技术层面，算法的不透明性是由高维度数据、复杂编码和易变的决策制定逻辑导致的。而算法的决策制定结果通常由多个工程师团队分工合作完成，包含大量难以检测的规则。此外，机器处理速度和大量运行变量导致算法的输入和输出具有不确定性，使得对算法决策制定的监督和人工干预变得极为困难。

从外部因素来看，算法的不透明性也受到相关机构利益需求的影响。黑箱运作的算法决策过程伴随着权力关系的不平等。算法本身虽不具有权力，但它通过参与权力的运作而构成了他人行动的场域。算法技术的高度专业性和复杂性及大型互联网公司和算法平台公司的掌控力导致了算法黑箱的产生和运用。这使得大部分人无法了解算法的含义、运行规则及运作目标，并让算法带来的技术影响和技术支配关系得以隐藏。数字巨头们为了维护自身利益，不惜投入巨资定制特定的算法模型并隐藏其运算结果，甚至否认算法模型的存在。这进一步加剧了算法的不透明性和不可解释性问题。

5.2.3 公平性和偏见问题

算法公平性和偏见问题已逐渐成为公众关注的焦点。例如，作为评估刑事风险的重要工具，美国司法系统采用的 COMPAS 系统因对非裔美国人存在的明显种族偏见而饱受争议。该系统对非裔美国人再次犯罪的风险预测普遍偏高，这个现象无疑揭示了算法在公平性方面的严重缺陷。同样令人担忧的是，在医学诊断领域，深度学习算法可能因年龄偏见而导致对某些群体提供不必要的医疗干预。此外，某些自动化简历筛选工具中所存在的性别歧视现象，无疑加剧了职场环境的不公平性。这些问题不仅引起了业界与学术界的广泛关注，更凸显了解决算法公平性问题的迫切性和重要性。

2018 年的《多伦多宣言》针对机器学习系统中的平等权和不歧视权保护问题，提出了明确的指导原则。《多伦多宣言》强调，机器学习技术的广泛应用可能强化现有的权力结构，甚至引发歧视行为，进而侵犯公民的平等权。算法偏见作为这个问题的核心，对某些个体或群体产生了不公平的影响，从而加剧了社会的不平等现象。在智能时代的大背景下，算法偏见的潜在功利导向性可能进一步放大对社会成员平等权的侵害，这需要我们深刻反思。

公平性要求我们在处理事务时保持公正与无偏袒，涵盖分配的公正、程序的公正、回报的公正及修复的公正等多个维度。然而，数据和算法都不可避免地存在缺陷，导致算法的决策结果难以达到完全客观公正的标准。算法公平性的核心要求是对所有用户和利益相关方一视同仁，避免任何形式的歧视与不公平现象的发生。这本质上是社会公平和歧视问题在算法设计、应用中的具体体现。

机器学习系统极易受到历史数据的影响，从而可能对少数群体、弱势群体和历史上处于不利地位的群体产生歧视性行为。为了应对这个问题，我们必须引入公平性准则，约束机器学习系统在各关键领域的应用，如贷款、就业、反恐和医疗等。这样做的目的是保护弱势群体的权益，并在分类公平性与准确性之间寻求一个平衡点。在训练数据集的过程中，算法可能会吸收并展现出历史和社会偏见，甚至不当地利用某些受保护的特征，如种族和性别等。这些偏见不仅会影响系统的输出结果，还可能对公众产生无意识的影响，导致具有潜在歧视性的决策结果。因此，我们需要对算法进行仔细的审查和调整，以确保其输出结果的公平性和非歧视性。

机器学习公平性的目标是将公平性的理念融入模型设计，确保算法对敏感属性的分类预测结果公平而非歧视。尽管模型的准确性至关重要，但我们同样不能忽视其社会影响。因此，对机器学习公平性的评估和分析变得尤为重要。我们需要建立一个基于法律、伦理和社会学的公平性定义，并设计出受此驱动的公平机器学习算法。然而，这并非易事，因为机器学习和深度学习中的偏见可能源于数据和模型两方面。数据在标注过程中可能引入偏见，而模型的结构和训练过程也可能导致不公平的判断。因此，消除算法决策中的偏见和歧视是一项极具挑战性的任务。

算法偏见的普遍存在可能引发严重的社会不公平现象，危害社会安全与稳定。因此，对算法进行去偏治理是保障社会公平的重要一环。我们需要不断探索和创新方法及技术来消除算法中的偏见和歧视现象，以实现真正的算法公平性。这不仅是技术领域所面临的挑战，更是我们整个社会需要共同面对和解决的问题。

算法偏见深深根植于我们的社会文化土壤中，受到历史、地域和文化等多重因素的影响。由于人们对同一事物的理解存在显著差异，这些差异会不可避免地融入算法的设计和应用。只要人类的偏见依然存在，作为人类思维的产物，算法就难以摆脱这些偏见的影响。而认知上的偏见必然导致行动上的歧视。

作为人类思维的延伸，算法深刻地反映了历史数据集、工程师编程逻辑、平台设计理念及技术背后的复杂价值观。然而，算法偏见揭示了人工智能时代社会偏见的新形态。尽管算法常被视为客观中立的工具，但它们在设计、训练和应用过程中难以避免地受到设计者偏见、数据局限性及社会文化背景的深刻影响，进而产生有失公平的结果。

在多个领域，算法偏见的现象已引起人们的广泛关注。例如，图像识别软件可能因训练数据中的偏见而误识某些种族或性别；招聘算法可能因历史数据中的偏见而偏向选择特定背景的候选人；搜索引擎对有色人种名字的偏见性广告推荐；ChatGPT 等智能系统展现出的显著政治偏见，都凸显了算法歧视的普遍性和严重性。这些不仅揭示了算法歧视的广泛存在，更警示我们其潜在的社会分裂和不平等加剧的风险。

值得注意的是，算法偏见不仅固化了现有的社会偏见，更可能放大特定群体的偏见或价值取向，形成一种表面公正但实则充满偏见的社会共识。这种偏见具备高度的精准性、多元性和隐蔽性，使得数据偏向性对输出结果的中立性构成严重威胁。智能算法在无法摆脱人类社会偏见的影响下，不断产生歧视性结果，并循环固化这些偏见。

算法偏见对个人权益的侵害尤为严重，剥夺了个体的知情权和选择权，限制了他们获取新资源的机会，加剧了社会阶层的分化。受算法"误差"影响的个体可能面临毁灭性的后果，而算法偏见将他们禁锢在原有的社会结构中，加剧了资源分配的不平等性。这种算法偏见对个人、组织和社会都可能造成深远且易被放大的负面影响，进一步加剧社会的不平等和歧视现象。

5.2.4　算法"囚徒"风险

数字的赋权性在新科技革命中引发了针对传统社会、经济、政治结构的巨大冲击和颠覆性挑战。这种新型的数字权力重塑了传统的权力结构。一方面，政府越来越依赖数据来治理国家和社会，这导致了数字威权和技术专制的趋势日益明显；另一方面，数字巨头通过掌控数据和垄断技术，正在建立起一个相对独立于政府权力的"科技帝国"。

数字巨头凭借其强大的规模经济、品牌效应、人才战略、用户锁定和机器学习能力，展现出显著的逐利性、合规性、排他性、隐蔽性和赋权性。在新科技革命的推动下，数字巨头迅速崛起，对传统权力形成了挑战。随着政治话语权从大众化转向集中化和平台化，数字巨头逐渐掌握了议程设置的主动权。在社交平台领域，数字巨头默许甚至鼓励病毒式传播、过滤气泡扩散和蜂群思维泛滥，导致反智思维和民粹情绪蔓延。

人们的生活越来越依赖于算法。这种依赖将导致算法对社会和个体产生过度控制的风险，人们也面临着成为算法"囚徒"的风险。在一些数字劳动平台上，算法在隐性控制着劳动者的劳动，算法、大数据及其他新技术也可能增强对人们的监控。人们的认知、判断与决策可能受制于算法，人们的社会地位及流动性也会因算法偏见、歧视及其他原因受到禁锢。

1. 算法对劳动的隐性控制

在数字化时代，数字监控和考核手段不断侵蚀着劳动者的自主性，将数字劳工推向了极限，加剧了操纵与剥削的现象。线上、线下的平台化劳动力通常都受到算法的自我管理，以便根据多变的市场条件、服务质量、物理距离或补偿机制进行实时优化。然而，这种优化带来了工作体验的不稳定性、工作的不确定性、不固定的时间表、令人窒息的监视、持续的高风险审查、不稳定的工资。算法的残酷性已经引发了一系列社会问题，滴滴出行、美团外卖等平台未能幸免。

2020 年 9 月，一篇名为《外卖骑手，困在系统里》的报道引发了公众的广泛关注。报道揭示，外卖平台通过算法，在顾客下单的瞬间就根据骑手的顺路性、实时位置和方向来决定派单。有研究者指出，送餐时间的不断缩短与算法对骑车的严格规训紧密相连。外卖平台借助算法终结了劳动与消费的关系，通过构建高效、及时等时间话语来赢得资本市场的青睐，但同时对骑手实施了算法管理下的时间规训和操控。外卖平台依靠算法的精细化管理，将传统情境下的情感劳动付出合理化和规范化，进一步实现了对骑手的纪律规训。

相较于传统劳动中的雇主控制、等级控制、技术控制和科层制控制，骑手的劳动受到平台的全面控制。平台系统将劳动过程精确到可计算的程度，有些平台甚至通过算法升级，将原本由骑手自主决定的工作内容和工作数量转变为算法强制分配。拒绝算法的强制分配将付出隐蔽但严重的代价——可接收的订单总量大幅下降。平台算法实现了对劳动的高度控制和精准预测，这在很大程度上得益于平台系统背后的数据、算法和模型的支持。

数字平台上的内容生产是一种更为直接的数字劳动形式，同样受到平台规则的深刻影响。这些规则调节着供需关系并刺激着劳动。有研究者指出，"付费阅读模式"已成为文学网站的普遍营利规则。为了获取读者的关注和更多的金钱回报，网络作家往往越写越长。写作不再是自由的、个性化的自我表达，而是迎合读者和市场需求、维持读者阅读快感、引发阅读欲望的内在逻辑。曾经的"文艺青年"逐渐演变为没有固定劳动合同、按单件作品文字量计酬的"计件工"。同样，在短视频、视频直播等平台上，算法在激励用户参与内容生产的同时，也在无形中控制着他们的劳动付出和回报，甚至异化着他们的劳动目标。

平台算法能够对人们的劳动产生直接控制的一个重要原因是，它将劳动者与消费者直接相连。消费者可以通过平台对劳动者的劳动进行反馈和评价，劳动者的成果可以直接量化并成为评价劳动的主要指标，而这正是算法最擅长的事情。通过量化结果来控制劳动看似使劳动者的劳动过程变得自由了，但实际上为了获得更好的劳动成果他们需要付出更多的努力，包括情感劳动，并通过各种方式取悦消费者，以获得额外的认可。

对于内容生产者来说，流量已经成为最基本的评价指标，出现了"流量为王"的现象。数字空间对流量的追逐带来了交往资本主义的新现象。重要的不再是内容本身而是它所能吸引的流量，对内容的信息量、质量的评价简化为对流量的评价。这种过于单一的评价算法体系削弱了内容生产者自身的专业判断力。

当影响力或舆论声量等都靠流量来衡量时，一种另类的数字劳动者——网络水军应运而生。他们的主要工作是人为制造各种数据（如刷分、刷评论、刷单），以影响相关评价。某种意义上，网络水军是量化制度设计的"社会症候"。他们的劳动报偿与算法紧密相关，又改变了他人评价体系中的相关数据，对他人的劳动产生影响。2024 年 6 月，河南新乡警方摧毁了一个拥有大量"网红""大 V"账号的特大"网络水军"犯罪团伙，涉案金额超 5000 万元，276人落网。这个犯罪团伙使用专门的控制软件，实施批量转发、点赞、评论，一个人可以操作数百个账号。

平台的各种机制通过数据与算法模型得以体现，而这些机制最终会演变为劳动者的自我约束和激励。在这种自我约束和激励下，一些劳动者会变成不知疲倦的"永动机"。也有一些平台试图通过算法的调节来缩小劳动者在流量上的"贫富差距"，使更多劳动者的劳动得到关注和回报。虽然这并不能从根本上解放劳动者，但能说明算法本身具有多种可能性——它既可能禁锢劳动者，也可能有助于为他们松绑、减负。例如，一些网约车平台尝试通过引入"动态调价"机制，在高峰期或需求旺盛地区适度提高价格，以吸引更多司机接单，从而平衡供需关系，减少司机之间的收入差距。

2. 算法社会强化对人们的监控

随着人工智能应用的发展，人工智能为国家权力对个人和社会的监管提供了数据和技术基础，"治理体系的算法化"开始萌生，一种基于互联网、物联网和人工智能技术构建的，以"智慧管理器"为中介系统的智慧社会正在到来，算法在其中扮演着核心角色。

从积极方面看，在社会管理中，人工智能在硬性价值引导（经过全面的技术监控让人信守规矩）、社会制度设置及守持、生活世界的秩序制定和维护上发挥了重要作用。智能化社会治理可以通过大数据、人工智能等技术将复杂的社会运行体系映射在多维、动态的数据体系之中，不断积累社会运行的数据，以应对各类社会风险、提升社会治理有效性。社会治理规则的算法化让社会治理主体可以更加主动地预警社会风险。

在包括算法在内的人工智能技术进入社会治理的过程中，个体受到各种监视、控制的风险也在加大。算法管理的前提是人的数据化。对人的数据的收集不仅涉及人们主动生产或提供的数据，也涉及很多被动提供的数据。数据采集的工具也向各类传感器、可穿戴设备拓展，对于人的数据的采集进入深层，人的现实行为数据、生理数据等成为收集对象，其中很多涉及个人隐私。

对人的数据的广泛采集虽然表面上看给生活带来了一些便利，但这些便利后面往往隐藏着巨大的风险；而个体可能对这些风险毫无知觉，即使他们能意识到风险，很多时候也无法与数据的收集机构相抗衡。强制人们进行各种形式的数据化，用个人数据兑换各种服务便利或权利，已经成为算法社会的一个普遍事实。

在数据收集的基础上，算法可以进一步对个体进行计算，从而发现数据背后个体的更深层的秘密，并以此对其进行控制。算法对人的控制是全程的，人们的每个活动和行为都可能成为当下算法的依据，也会累积起来影响到未来的算法计算结果。"表面上看起来不起眼的一次行为活动，实际上已经被后台看不见的算法程序演算过无数遍，任何选择都是符合算法的选择，最终我们看似自主的行为全部在算法治理的彀中。"

算法隐含着各种社会规则，与算法相关的评分机制则把人们对规则执行的结果量化出来。在一定意义上，评分制强化了人们对社会规则的认识和遵守，激发了人们的自我约束，基于"数据-算法-后果"模式下的信用评级决策系统取代"法律-行为-后果"模式下的法律构成要件分析框架。

不仅算法治理需要个人数据，各类企业也在收集个人数据，以获得市场的分析与运营基础。对于企业来说，算法是用来实现利润最大化的工具；而对于算法而言，个人信息与市场数据就是能量棒。企业对用户的控制不仅表现为对用户个人信息的利用与控制，还表现为对他们需求和行为的控制，算法在不断挖掘用户的潜在需求，甚至诱导出他们的需求，助推消费主义倾向。

在外部力量通过算法等强化对个体控制的同时，个体自身在数据和算法的导向下也可能在自我传播或社会互动中强化自我审查。算法的监控也会内化为人的自我规训，最终实现了从政府、行业、企业到个人的规训。

3. 算法对认知、判断和决策的影响

在算法日益渗透进我们生活的今天，它们不仅是一种高效的处理工具，更在悄然间改变了我们的认知方式、判断逻辑和决策模式。本质上，算法是连接人与信息的中介，依据特定的计算模型运作，对人们如何理解世界及决策产生了深远的影响。

在算法的精准推送下，人们往往容易陷入信息茧房，不断被强化原有的信念和偏见。智能推荐系统通过过滤对立观点，为用户营造了一个看似和谐实则狭隘的信息环境。尽管互联网上的信息浩如烟海，但人们的思维深度和广度未必随之拓展，反而可能因算法的干预而趋于片面和僵化。推荐算法对人的认知影响尤为显著。即便未来算法能够更好地平衡内容推送的多样性、个性化和公共性，但过度依赖算法投喂信息仍将削弱个体的自主性和判断力。大数据算法的广泛应用正在无形中塑造着社会的价值观。此外，社交机器人等算法工具通过操控社交平台的信息环境来影响用户认知。尽管算法在某些方面能够模拟甚至超越人类的思维，但其局限性同样明显：它们只能以特定的维度展现现实世界，这种展现往往是片面和平面的。如果我们过度依赖算法提供的视角来认识世界，我们的认知将变得单调而狭隘。

"算法作为认知模型，是对现实世界的抽象和简化。"这一特性意味着算法往往只能反映事物的典型特征而非全貌。复杂多变的世界并非仅通过数据就能描绘或计算。在某些情境下，算法可能提供有力的解释和预测，但在其他领域可能显得无能为力，甚至误导决策。

创新过程同样受到算法的影响。尽管算法有助于打破传统思维模式，但也可能形成新的思维定式。如果人们的决策过度依赖算法，那么人类的想象力和创造力可能受到抑制。

值得注意的是，算法决策通常基于事实数据，但在实际决策中还需要考虑情感、道德伦理等因素。法律领域的研究者指出："司法裁判不仅是程序化的理性计算，还是事实与价值的结合体以及技术应用于民主过程的统一体。"这个观点同样适用于其他决策领域，强调了在算法决策中融入人性和人文关怀的重要性。

算法决策中的伦理问题也日益凸显，成为人工智能发展的重要关注点之一。如何评估算法的可靠性、数据质量和模型合理性等，成为亟待解决的问题。尽管基于数据的算法看似客观中立，但实际上可能受到多种主观因素的干扰，从而影响其可靠性。例如，ChatGPT等生成式模型有时会出现荒谬的回答或误导性信息。

因此，在算法社会中，我们面临着双重挑战：一方面，需要警惕将所有决策和判断完全交给算法的风险；另一方面，需要培养对算法本身及其数据源的批判性思维能力。在享受算法带来便利的同时，我们也应保持独立思考和决策的能力，以免陷入算法营造的陷阱。

4. 算法对社会地位及流动性的禁锢

算法偏见与歧视对人们社会地位及流动性构成了潜在威胁。当前备受瞩目的算法偏见问题，如就业、信用及投资等领域的歧视现象，无不与人们的社会地位及流动性紧密相连。在算法的决策过程中，个体被赋予了一种新的身份标识——"算法身份"。一旦个体被贴上某种易受歧视的标签，便会陷入双重累积劣势的困境。

由于自身身份和社会地位的差异，人们在决策算法中往往被贴上不同的标签。那些处于优势地位的人通常能获得更有利的标签，从而拥有更多获取资源和向上流动的机会。相反，原本处于不利地位的人则因标签的负面影响而陷入更加不利的境地，失去了如就业、投资等重要的机会。

算法的强大追踪能力使得人们的行为记录无所遁形，各种平台上的数据被相互关联，导致人们难以摆脱既有社会地位的束缚。当算法将虚拟世界与现实世界的个体紧密相连，将个体的过去、现在和未来相互贯通时，一次性的不公正可能演变为对个体结构性的歧视锁定，使其无法摆脱困境。

除了算法偏见和歧视，算法还通过其他方式限制人们的社会地位。推荐算法带来的认知局限在一定程度上影响了人们对其他群体的了解。在连接相似人群的同时，算法也可能造成不同人群之间的隔阂，将人们局限于特定的"圈"或"层"中。例如，对于某明星的所谓粉丝群体，算法可能限制了他们接触和理解其他观点的机会。

算法社会还引发了信息技术的贫富分化。算法加剧了数字鸿沟，使得信息技术的贫者不仅无法享受算法权力带来的便利，还可能在他人的算法权力控制下被困在自己的社会阶层中。在算法社会中，无数算法程序交织成一张难以逃脱的宿命之网，用户的数字画像在这张网上被滥用和共享。例如，用户在商场租借移动充电宝时是否享受免押金待遇竟由微信消费积分决定，这种第三方公司先前描绘的用户数字画像对用户未来权益的影响令人不安。

通过在算法设计中做手脚，算法操纵者可以轻易控制人们的行为，实现"人口管理"的目的。他们可以利用算法程序决定人们的行为、思想和购买选择。同时，他们可以通过提供服务和贴标签的手段，诱使或迫使人们为了享受服务或避免惩罚而按照算法操纵者的意愿和期望调整自己的行为。这种趋势使得人类逐渐从自主的主体转变为被算法操纵者控制的客体。

巴尔金将算法社会中的这些怪现象称为"算法妨害"，认为其与工业社会的环境污染有着相似之处。在工业社会中，重工企业将自身发展的成本和代价外化导致了环境污染；而在算法社会中，算法操纵者通过算法实现特定目标的同时，将算法决策的社会成本和代价外化，造成了隔离、歧视、操纵等算法妨害，给普通民众带来了无端的灾难。

5. 算法对社会的控制

随着社会的不断演进，那些掌握武力、审查和感知控制技术的个体及组织逐渐在社会中占据了更为优势的地位。相反，缺乏这些力量的个体及组织则可能面临更多的无力感。随着时间的推移，这些力量进一步集中在国家和数字巨头的手中。

未来，算法将不仅仅是辅助工具，它们将化身为人类行为的裁决者，具备高度的动态性、敏感性和适应性，甚至能够修改和加强规则。这种裁决有时可能显得巧妙，有时则让人摸不着头脑，但无论其表现形式如何，它都代表着一种权力。数字技术在与人类的交互中，通过界定人类的行为边界来实施监控，并通过操控人类对外界的感知来行使其权力。如今，这类技术已经深入渗透到我们的数字生活之中。当这些技术代码被激活时，它们将展现出强大的适应性和"智能性"，以一种既灵活又集中的方式，对人类的行为施加约束。因此，某些数字技术有望在数字世界中发挥核心作用，而那些控制这些技术的人则可能通过它们获得巨大的权力。即便在特定时刻没有明确的个体或团体掌握绝对的权力，人类也将持续受到来自各方面的权力影响，这些权力将不断塑造和引导我们的行为。而设备的窃听能力已经超出了我们的想象。在不远的未来，情报机构可能借助物联网进行身份识别、监视、监控和位置追踪等，轻易地获取人们的网络接入信息和用户凭证。

大众媒体起到了信息过滤功能，互联网的崛起和广泛应用宣告了传统大众媒体在信息过滤方面垄断地位的终结。但值得注意的是，互联网已经被用于更为精确和广泛地控制我们信息的传递和接收，进而操控我们感知世界的方式。

随着时间的推移，人们如何认识世界将越来越依赖于数字系统所揭示或隐藏的信息。当仅能通过有限的视角来观察世界时，呈现在人们眼前的那部分世界将具有巨大的影响力。它将决定人们的知识边界、情感倾向和欲望指向，从而深刻影响人们的行为选择。在这种情境下，人们更容易陷入狭隘的视野，对世界的理解变得片面和局限。控制信息传递和感知的途径已经成为政治斗争的核心领域。

数字技术通过筛选"积极"或"消极"的新闻内容来影响用户的情绪状态。人们所见所闻、被屏蔽的信息、被激发或被忽视的情感——所有决定权都将交给那些为人们过滤信息的设备。在一个选择性地屏蔽无家可归者的世界中，无家可归者的政治重要性将被大大降低。这种影响人们感知世界的控制方式将为那些试图操控我们的人提供强大的武器。

在一个日益将感知控制权委托给数字技术和其控制者的世界里，人们如何看待这种深层的含义呢？显然，由于世界被不同方式过滤和呈现，人们每个人看待世界的方式也将变得独特和差异化，这无疑加剧了社会的分裂和隔阂。

如果一个算法能够显著地扭曲人们对世界的认知，导致人们持有原本不存在的信念，或产生原本不会有的感觉，甚至驱使人们做出原本不会做的行为，那么人们可能很难意识到这种隐形的权力正在对人们施加影响，在无知中失去了对世界的全面认知。

大多数人将主要在两个方面受到技术力量的影响。第一，在人们为了特定目的而使用技术的时刻，无论是使用社交媒体进行通信、购物还是乘坐自动驾驶汽车等，几乎每个行为都将受到某种数字平台系统的促进。在很多情况下，人们并没有选择的余地。例如，在一个完全无现金的经济体中，人们只能被迫使用一个又一个的数字支付平台。第二，在人们作为被动主体的情境下走在街上时，监控摄像头会无声无息地追踪人们的行踪。在日常生活中，人们不可避免地会与技术发生交互，即使尝试通过关闭个人设备来避免这种融入周围环境的技术，这些技术也总是会在不经意间对人们产生影响。

在数字世界里占主导地位的将是数字技术，因为它不仅为控制它的人带来了便利、娱乐甚至财富，更重要的是它赋予了他们权力。这种权力将主要集中在那些控制技术的人手中，并不一定是技术的拥有者。科技公司在其产品的初始设计阶段就拥有了控制权，决定了产品的"形态和技术属性"及"可能的使用范围"。对科技公司而言，代码就是他们力量的源泉。

同时，掌握审查手段和感知控制手段的公司将以前所未有的方式监控和操纵人类行为，这是过去任何政治统治者都无法企及的。这些科技公司与传统的企业有着本质的不同。它们将拥有真正的权力：一种稳定且广泛的能力，能够影响他人做出重要决策或改变他们的行为模式。这是一种全新的政治现象，现有词汇甚至无法准确描述它。

本质上，当我们谈论强大的科技公司时，实际上是在谈论具有政治影响力的经济实体。然而并非所有的科技公司都拥有同等的权力。只有当它们的权力稳定、广泛且对重大问题产生影响时，它们才真正具备了强大的力量。例如，一个为政治辩论提供重要平台的公司，其影响力远超过一个仅仅提供时尚图片交换和编辑服务的公司。最强大的公司将是那些控制着影响人们核心自由能力，如思考、发言、旅行和集会等的技术，它们有能力介入社会正义问题并在这些领域获得市场支配地位。

感知领域中的权力展现为对人们所能感知、思考和渴望的事物的控制，进而深刻影响人们的行为选择。未来无论是公共领域还是私人领域，人们都将看到权力的不断增强和新的控制手段的诞生。这些新的控制手段有可能以前所未有的精确性和广泛性来"操控"人们的行为。数字世界将不再是一个权力缺失的领域，而成为权力的新战场。

未来的"自由"面临着前所未有的挑战。一些机构可以利用数字技术以前所未有的精确度监视和"操纵"人们的行为。人们现在生活在一个由人工智能机器和算法主导的世界中，它们正在悄然控制着人们的认知，使人们的生活越来越像电影《黑客帝国》中的场景。社交媒体通过筛选人们接触的信息来塑造人们对世界的认知，即使那些不活跃在社交媒体上的人也难以逃脱其影响。

未来，新技术对人类的控制悄无声息。因为算法不仅能通过信息的推荐影响人的决策，更能通过控制信息渠道，营造出每个决策来自人"自由意志"的假象。

以流量为导向的算法为了追求更高的用户参与度，会鼓励用户进行互动和反应。例如，Facebook 的内部资料显示，某些内容有害且充满仇恨信息，能够引发用户的分裂和极端化倾向。然而，这类内容更容易符合 Facebook 算法的要求，因为它们能更有效地刺激用户进行互动。显然，内容越极端或绝对，用户间的互动就越激烈，争论越广泛，传播范围也就越广，从而为 Facebook 带来更多的利润。然而这种趋势对整个社会和每个个体都是有害的，社交媒体的即时传播特性放大了这种危害。

5.3　算法偏见产生的原因

算法的隐私问题、透明性和可解释性问题、算法"囚徒"风险产生的原因在前面已有简单阐述，本节详细讨论算法偏见产生的原因。

虽然算法在理论上被设想为完全准确和公平，但在实践中，它们存在一些不足之处。表面上，算法是通过运行计算机程序来运作的，无情感的代码输出的结果要比有情感的人更加客观理性，更加独立公正。然而，与信息的表面透明性相反，算法一直隐藏在后台，以不可见的"黑箱"状态运行。目前，很多人并不清楚它的存在和作用。各种应用软件和智能设备负责记录和收集数据，而算法作为数据的管家，按照特定的意图对数据进行筛选和分析。如果说前一过程在今天已经被越来越多的用户察觉并警惕的话，后一过程则是远离人们视野，在暗中悄悄进行的。算法是名副其实的"看不见的手"，它与用户唯一的对接方式是结果的输出，而这被当作由数据和机器共同保证的客观正确性。

算法偏见与歧视可能源于算法本身的设计，也可能源于算法所依据的数据。算法偏见的生成既有人类自身认识、社会文化的影响，也有算法内部的技术原因。例如，不正确地解读并使用算法的结果可能导致不公平现象。数据集的内在偏见、存在偏见风险的自动化系统及使用未经检验的技术等，都是引发算法偏见及导致公众"信任崩塌"的原因。

随着以数据驱动为核心的技术路径越来越多地被用于算法决策，许多应用系统蕴藏的歧视性风险逐渐暴露在真实世界中。这些风险大多是由数据集和模型的不合理使用而造成的。智能算法的研发和使用依托于大型互联网企业，注定了算法以利益为导向，遵循商业逻辑，具有与生俱来的歧视性和偏好性。

5.3.1 从算法技术的角度看偏见产生的原因

偏见贯穿于算法的整个实施过程中。

1. 算法运行规则的"自带偏见"

算法不是机器自己生产出来的，算法的背后是人，算法本身是人创造出来的。没有任何人能保证自己写的算法完全做到客观公正，那么算法的结果怎能保证客观公正？很多组织（最显而易见的是商业机构）使用算法的目的之一是通过算法结果来引导用户。算法是人类智慧的产物，算法设计者和实现者的设计意图、认知水平、价值观、精神状态等都会对算法的实现产生影响，人类或者说算法设计者的需求和利益更决定了算法结果的倾向性。因而，揭开算法的神秘外衣，它与其他所有产品一样，是对某种社会性需求的迎合。

无论是问题定义，还是数据收集、模型选择，算法设计者的主观意识总是有意或无意地融入整个运行过程，他们的知识背景和立场、是否受过专业训练、是否有足够的背景知识及理念的构成，这些都是对算法公正性、客观性的挑战。

算法在描绘和解释现实世界的同时，也对人类社会的结构性偏见进行继承。作为人类思维外化的智能算法，数据选取标准、数据模型设定、结果解读等环节都贯穿着人为因素，因此算法不可避免地会反映算法设计者对于世界的认识。算法设计者可能有意或无意地将自己的偏见嵌入算法系统，经由人工智能背后的算法技术转译，使得表面上客观的数据和理性的算法产生非中立性的结果，导致算法偏见产生。而当算法设计者将自身固有的社会偏见嵌入规则之中时，智能算法在反映这种偏见的同时，也可能放大偏见倾向。

人工智能是人类思维的映像，人类在面对某些问题时采取的"范畴化倾向"的认知态度也在人工智能的算法流程中体现出来。例如，我们对不同地域的文化、性别角色往往存在刻板印象，而这种"范畴化倾向"就隐藏着人类思维与文化中的偏见。或许很多算法设计者并没有意识到算法中的偏见或歧视问题，他们只是遵循着社会文化或自己的思维惯性来进行算法设计，这个过程将过去隐性的偏见显现出来。

国外研究团队通过选取并考察微软和 Facebook 等公司支持的图像训练数据集 MSCOCO 发现，一些标签与性别深度绑定，例如，系统会认定站在厨房、做家务、照看小孩子的人为女性，而开会、办公、从事体育运动的是男性。2018 年，路透社揭露亚马逊公司开发的人工智能招聘系统存在性别歧视，算法在进行简历筛选时，若该企业不想招女职员，则设定不利于女性求职者的内容。英国《金融时报》也有文章认为，当前科技行业男性占主导的地位，是导致这种算法偏见产生的原因。纽约大学 AINow 研究所 2019 年 4 月发布报告，白人男性编码人员过多可能带来潜在的无意识偏见。

2. 输入数据中的偏见

大数据领域的"Garbage in, Garbage out"定律在算法领域同样适用，即"Bias in, Bias out"。这意味着，如果输入的数据本身带有偏见，那么输出的结果必然带有偏见。

数据输入质量是算法偏见产生的核心因素。从数据层面看，与算法偏见相关的数据偏见实际上是历史数据的产物，这种偏见是不可避免的。当人工智能系统进行学习训练时，它依赖的正是这些带有偏见的数据，因此其分析结果也会不可避免地带有偏见。利用历史数据进行训练的算法程序，有时会延续甚至加剧基于种族或性别的歧视，这是我们必须正视的问题。

数据收集和数据使用是导致数据偏见加剧的两个关键环节。由于人们的认知水平存在差异，所收集的数据质量也会因此有所不同。在数据收集阶段，我们很难完全保证数据的准确性和客观性。例如，数据样本不全面、数据采集不准确、数据分类不科学、数据处理不规范等问题都可能导致数据失实。这些问题不仅影响数据的准确性，更在根源上强化了算法偏见，可能对社会公正和人们的基本权利造成危害。

在数据使用阶段，人工智能的设计和开发实践往往依赖于大规模数据集来驱动机器学习过程。然而，研究人员、开发人员和从业人员在选择数据集时，往往更关注其可用性或可获得性，而非其适用性。这导致他们所使用的数据集可能并不具有代表性，但被用于训练机器学习模型。此外，当对某个过程或现象的社会技术背景了解不足时，机器学习模型中所使用的属性可能并不适用于对不同社会群体或文化的分析，这进一步加剧了数据偏见的问题。

3. 建模过程中的偏见

在机器学习建模过程中，有多个步骤依赖人们参与并做出决定，而人们的决定对结果的公平与否有着重要的影响：描述样本的特征需要由人类专家设计，这可能引入属性偏差；在模型运行过程中可能引入探索偏差；观察并解释实验现象可能引入因果偏差；而在实验评估中可能引入归纳偏差。

属性偏差通常发生在选择和利用属性的过程中。面向不同任务，相同的属性变量应采取不同的处理方式，以适应任务。在保险定价场景中，包含性别属性的机器学习算法可能引起性别歧视，而在医疗场景中，排除性别属性的机器学习算法却可能削弱辅助诊疗的效果。因此，对属性的排除、包含和加权等操作均可能引起机器学习算法的偏差。

探索偏差指的是，决策者有时会采用次优的行动以获取更多的数据，而这些行动可能导致部分受众承担不成比例的探索代价。

因果偏差通常是由因果关系的不合理构建引起的。保险定价的案例中存在因果偏差，为了刻画车主发生攻击性驾驶行为的概率，保险公司希望找到能够支持这个结论的数据。汽车颜色是易怒心理的外在形式，公司选取的性别属性只会部分影响汽车颜色。保险公司没有认识到性别、汽车颜色和攻击性驾驶行为间的因果关系，在构建机器学习模型时引起因果偏差。

归纳偏差发生在机器学习算法的测试评估阶段。机器学习算法的目标函数通常设定为类似整体最小化均方误差,那么如果从样本数量角度理解,拟合多数群体比拟合少数群体更重要(对极小化误差更有利), 极端情况下, 与多数群体的数据分布显著不同的少数群体甚至可能被视为离群数据样本。

算法系统就像是个 "黑箱",即机器的学习和训练是不为外人所熟知的,机器学习与环境是分不开的,它在与环境信息交互的过程中学习和复制种种带有偏见的行为。2016 年 3 月 23 日,微软的人工智能聊天机器人 Tay 上线。出乎意料的是,Tay 一开始和网民聊天,就被 "教坏" 了,频频爆粗口,成为一个集反犹太人、性别歧视、种族歧视等于一身的 "不良少女"。于是,上线不到一天,Tay 就被微软公司紧急下线了。这个案例有力地佐证了机器学习在运行过程中会产生新的偏见的观点,而距离原定目标,即靠实践经验吸收优势予以补充模型的想法相去甚远。"机器学习就是程序通过实例提取模式,并使最初的算法或模型在实例中不断被优化的过程。"算法不能决定用户输入数据的性质或特点,只能被动地对输入的各类数据进行学习,换句话说,若输入数据的互动者向算法输入了具有偏见的新数据,学习之后的算法就是一个有偏见的算法。

4. 未经验证的算法模型引发人工智能偏见

那些未经测试和把关即投放部署的人工智能系统容易出现系统决策的歧视和错误等问题。例如,在疫情期间,部分机构匆忙部署新开发的人工智能系统,以预测疫情走向,诊断患者症状,结果发现这类系统大多存在技术方法上的缺陷和偏见。目前,已有许多文献对人工智能技术的常见问题进行描述,如概念存疑、实践具有欺骗性或未经验证、缺乏理论基础等。ChatGPT 出现的幻觉现象就是典型案例。

我们所生活的世界并非可以完全被量化计算的文化空间。算法的基础是大数据的挖掘和处理,这种实证主义范式以量化的手段理解人类行为和社会现象,通过数学模型构建,推断出不同事物的因果关系和相关关系,个体主观的解读被更加客观的数据处理所取代。然而,将人们所生活的空间完全变成 "编码空间" 是不现实的,人类社会存在数据无法言说的领域,数字逻辑也无法完全解答个体的行为逻辑。在社会化媒体平台上,算法通过挖掘用户点赞、转发、收藏等数据来判断用户的偏好。但是用户的信息行为及动机是丰富且复杂的,用户转发和收藏某个话题内容不全是出于热爱,可能是出于好奇,也有可能是为了批判而找论据。

5.3.2 从算法应用与管理的角度看偏见产生的原因

1. 商业逻辑先于管理逻辑

算法被设计时的初衷毫无疑问地体现了特定的社会利益结构。研发者的价值导向会内化在算法运行过程中,进行意识形态的催化和导向。管理逻辑让位于商业逻辑的根源在于技术对市场的过度依附。算法的研发和运行作为商业秘密,受到各组织的保护,具有 "黑箱" 性质,资本可以轻易地将自身的利益诉求植入算法,利用技术的 "伪中立性" 帮助自身实现特定的诉求,实现平台的发展和扩张, 追求利益最大化。

技术神话之下,用户对于数据的迷信给予了资方用算法中立的外衣来操控舆论、控制受众的机会。随着商业资本的介入，算法中还渗透了商业逻辑，忽视公共利益和个人的价值、权利。当广告商以貌似中立的特征描绘人群而非以种族、性别、职业身份等归类人群时，这种操纵被掩饰得更隐蔽，消费者成了更加无力的反抗者。

2. 偏好原则驱逐平等原则

算法权力一方面遵循偏好原则，另一方面限制公众的选择，这说明人们没有在算法权力体系中受到平等的对待。这种偏好是实质上和形式上的双重不平等，导致算法权力在运行中出现失衡，拉大数字鸿沟，催生强弱分化。算法受制于自身的技术模式，无法突破"无知之幕"，做到合理地差别对待，反而会产生针对特殊主体的个体性规则，打破算法的一般性，加剧实质的不平等程度。

3. 技术理性优于价值理性

算法技术由一种知识体系演化成意识形态，进阶为新的统治形式，正如哈贝马斯指出的："技术统治论的命题作为隐形意识形态，甚至可以渗透到非政治化的公众意识中，使合法性的力量得到发展。"算法权力依托于技术而产生，限制了人对自我的认知、意识和价值的评判，使人不再反思制度，也不再关心实践。

4. 隐性运行替代显性运行

算法催生了隐性社会权力。在智能社会里，算法黑箱、技术壁垒和数据流转的不透明性为权力的隐性运行提供了空间和条件。算法的隐蔽性、高专业性和模糊性脱离了监管的范围，凭借"分类""筛选""优先""过滤"等模式，塑造了个人在互联网上的感知，主导了建构受众感知的权力，形成了一种隐性的强制力量。

算法权力的隐性运行能对社会产生结构性影响，形成"全景敞视监狱"。在网络社会中，施加在人们身体的暴力场景逐渐消失，但惩罚和规训依然存在，时时刻刻监视着场域中每个人的动态。公众产生的数据被算法进行再操作，但公众并不明晰这种算法机制是如何发挥作用的。隐性运行的算法权力能够构建拟态真实，将自身的主张和态度伪装成具有唯一真理性的话语，拓宽权力自身实现的空间。

5.3.3　从统计学的角度看偏见产生的原因

历史是未来的写照，机器学习算法的使用本质上是将从样本中得到的结论推广到总体，即从历史的样本数据中学习并得到某种规律，然后应用到未来的数据中。这隐含的前提是历史数据与未来数据服从相同分布，但现实中这个条件总能满足吗？

机器学习算法只能依据其面对的数据来学习。例如，为人脸识别而训练的算法，如果训练数据主要是白人面孔，那么在遇到非白人面孔时，算法就很难或者根本识别不出来。如果语音识别算法是从包含大量男性声音的数据集训练出来的，那么它将难以辨识女性声音。

社会学家们发现，当我们讨论统计偏差的时候，常常忽略了貌似正常的偏差在社会群体里造成的伤害，许多看上去完全自然无害的统计偏差可能导致严重的社会后果。过于精细的算法可能导致个人信息系统的同质化，从而导致社会大环境的割裂：保守派和自由派也许看到的是完全不一样的世界。

下面以一个场景为例说明。统计学家们发现，电子商务领域的推荐算法受制于四大统计偏差的束缚。

第一类偏差是新的产品往往很难被推荐算法选中。因为算法基于用户评分，新的产品没有评分，所以很难进入算法视野。

第二类偏差是流行的产品往往会被反复选中。即使你只阅读中古时期的医学史，也很有可能被推送《哈利·波特》——因为在茫茫用户人海中，总有喜欢《哈利·波特》的人碰巧也喜欢中古医学史。

第三类偏差是算法"过于精细"。如果你碰巧看了三部《倚天屠龙记》，出于对精确性的不懈追求，算法基本会持之以恒地给你继续推荐武侠小说，即使你这周想探索一下科幻小说。

第四类偏差是同质化。因为算法会自动推荐其他用户喜欢的产品，评价少的小众产品会慢慢下沉，整个信息生态系统会变得越来越类似。例如，引用率高的论文会被反复引用，影响力增大的同时又会导致更多的引用，形成一个信息闭环。

5.4 算法治理

算法社会将自由与枷锁的张力推向了极致，算法促成人的某些能力的解放和扩张，同时用某些方式实现着对人们的禁锢。算法带来两方面的风险。一方面，算法对人们的算计越准，就意味着它对人们的了解越深，因此对人们的监视和控制也可能越深；另一方面，算法对人们的理解越深，对人们的服务越"到位"，人们从中获得的满足也就越多，而对算法的依赖、依从也会越多。当算法渗透到社会生活的各方面时，人们对它的依赖成为惯性，人们对算法带来的禁锢也可能越来越浑然不觉。但是，当我们深入反思算法对人们的各种禁锢时，我们的目的并不是将算法拒之门外，正如我们对待汽车的态度。

汽车进入我们的生活，带来了正面和负面的双重影响，但人类的解决方案不是禁止汽车的使用，而是通过对驾驶技能的培训、交通法规的制定和实施等，尽可能减少其可能产生的危害。同样，当算法成为一种广泛应用的技术，在很多方面可能带来对人们的禁锢风险时，我们也不能简单禁止算法的使用。除了在法律、制度等层面做出必要的调整，也需要面对算法社会的新特点，培养不同主体的相应素养与能力。

技术带来的风险需要用技术的进步去解决。算法这个黑箱造成了过滤气泡和信息茧房，因此需要提升算法的透明度，即对算法进行合理化声明，让用户明白自己的数据到了哪里，有没有被侵权，清楚算法决策的逻辑，使得用户对如何规避算法推荐的风险有清晰认知，从而使用户在读懂算法的前提下部分消解算法权力的蔓延。

被一个不可感知、毫无情感的系统统治甚至过度统治，似乎违背了人类尊严和自主权的基本观念。欧盟的《通用数据保护条例》呼应了这些情绪，制定了一项解释权，要求对算法决策进行人工审查。另外，算法系统及其倡导者有可能推动危险的迷信，哈耶克曾经谴责过这种迷信，即只有可测量的东西才是重要的。根据算法系统的技术能力来设定社会规范或法律准则，可能会使我们对不可测量但至关重要的过程视而不见。

算法正在改变我们道德直觉的本质。算法伦理应当关注算法可能带来的伦理风险和对人类、社会的影响，而不是一个道德算法是什么样子的。对于大数据伦理来说，其核心问题可能是隐私，但对于算法伦理来说，其核心问题应当是公正。在一定意义上，算法的偏见和歧视不能完全避免。对于算法设计者来说，需要一定的机制，包括法律上的约束，尽可能减少算法偏见、歧视的产生；而对于一般人来说，则需要意识到算法偏见、歧视在哪些方面存在，它们是如何对个人产生影响的。

算法偏见不是一个新兴问题，也不单单是技术问题，它已然成为各领域专家关注并且亟须解决的社会问题。算法偏见问题的解决不仅局限于技术层面，还需要我们从社会、文化、法律等多个角度进行深入思考和探讨。建立更加包容和多元的社会环境至关重要，这样不同的声音和观点才能够被充分听到和尊重。此外，加强法律对算法偏见的监管和处罚力度也是必不可少的措施，以确保违法者能够受到应有的制裁。

算法偏见亟待得到有效的治理和控制。算法偏见治理的关键在于消除主观偏见和人为操纵。为此，各界都在致力于探索消除算法偏见的技术和途径，部分机构已取得了一些有益成果。美国计算机学会 ACM 于 2018 年开始专门设立 FAccT 会议，研讨包括计算机科学、统计学、法律、社会科学和人文科学等交叉领域的公平性、问责制和透明性问题。此外，包括 ICML、NeurIPS 和 AAAI 在内的多个人工智能重要国际会议专门设置研究专题讨论公平机器学习。2021 年世界互联网大会乌镇峰会设立的论坛中，算法问题的治理得到了高度重视。会议专设了"网络数据治理论坛""数据与算法论坛""网络安全技术发展和国际合作论坛""互联网企业社会责任论坛"等直接或间接与算法治理相关联的研讨交流论坛。

自人工智能诞生之日起，其蕴含的复杂伦理问题一直备受各界高度关注。2021 年开启算法治理元年。2021 年 9 月 25 日，国家新一代人工智能治理专业委员会发布了《新一代人工智能伦理规范》，提出 6 项基本伦理要求，为从事人工智能相关活动的自然人、法人和其他相关机构等提供伦理指引。2021 年 9 月底，九部委印发《关于加强互联网信息服务算法综合治理的指导意见》，要求防范算法滥用风险，维护网络空间传播秩序、市场秩序和社会秩序。《互联网信息服务算法推荐管理规定》自 2022 年 3 月 1 日起施行。2024 年 11 月12 日起至 2025 年 2 月 14 日，中央网络安全和信息化委员会办公室秘书局、工业和信息化部办公厅、公安部办公厅、国家市场监督管理总局办公厅四部门开展"清朗·网络平台算法典型问题治理"专项行动，重点整治同质化推送营造"信息茧房"、违规操纵干预榜单炒作热点、盲目追求利益侵害新就业形态劳动者权益、利用算法实施大数据"杀熟"、算法向上向善服务缺失侵害用户合法权益等重点问题，督促企业深入对照自查整改，进一步提升算法安全能力；工作目标是算法导向正确、算法公平公正、算法公开透明、算法自主可控、算法责任落实。

据媒体报道，美国众议院一个由两党议员组成的小组提出一项法案，要求 Meta 旗下 Facebook 和谷歌等互联网公司允许用户查看非算法选择的内容。

5.4.1 算法的价值负载

社会的进步固然需要先进的技术，更需要坚持基本的价值导向。算法本身是具有价值负载的，算法伦理是一种技术伦理而非职业伦理。但这并不是说我们不关注算法设计者的作用。相反，算法伦理作为一种技术伦理，其本身也包含着与职业伦理相重叠的部分。技术伦理必须关注工程技术人员的职业道德和职业伦理，技术伦理学、职业伦理学、责任伦理学三者是带有一定共性的部分重叠交叉的关系。技术伦理学的研究对象并不是技术与技术活动本身，而是技术活动引起的人与自然、人与人两种关系中产生的伦理问题。同样，算法伦理并非聚焦于算法设计者的个人道德品德，而是讨论与"算法"技术相关的伦理问题，尤其是算法技术自身的特殊性可能会对人类和社会造成的影响。

算法的价值负载主要体现在三方面。

1. 算法中预设某种价值立场

人类文化是存在偏见的，算法只是把这种歧视文化归纳出来。例如，用算法进行人脸识别时，有色人种被算法当作犯罪嫌疑人的概率更高，女性群体在算法设计中更容易被忽略，使用某品牌手机的用户可能被收取更高的费用等。在赛博空间中，种族歧视行为的基础不再基于生理特征，而是基于算法的计算结果，这些算法背后都存在着对某个群体的价值偏见和歧视。更为严重的是，算法不仅会继承人类的偏见，这种偏见还有可能随着数据的积累和算法的迭代而被强化和放大。

2. 算法的运行结果具有伦理效应

算法被设计出来之后，其自身就具有了一定的相对独立性，甚至会产生一些算法设计者意想不到的伦理后果。以个性化算法所导致的"信息茧房"效应为例，个性化算法虽然为我们快速高效地获得想要的信息提供了方便，但潜在危险是人们被特定的信息所包裹，无法获得此类信息之外的其他异质信息，世界的丰富性会被压缩，从而造成人们对世界的认知出现偏差，与之相应的决策也可能出现问题。更为严重的是，它还可能导致社会在公共问题上无法形成共识的严重后果。

3. 算法与社会规范具有一定的等效性

社会秩序的构建有两只手在起着作用，一只是法律、伦理、制度等社会规范的"有形之手"，一只是技术、算法等软硬件环境的"无形之手"。社会规范可以构建某种社会秩序，规定人们可以做什么、不可以做什么；技术和算法也可以构建某种社会秩序，规定人们可以做什么、不可以做什么。不同的是，前者是用语言文字符号来规定的，而后者是用技术、算法本身的构造和功能来实现的。

算法设计者在设计算法规则时应当分配更多的权重在公共价值和人文关怀方面,增加对公平、正义、人性尊严的考量,从源头上减少算法剥削、霸权和滥用。

5.4.2 算法治理体系

随着人们的不断探索和实践,算法规训的社会治理将会不断充实完善现代社会治理体系。算法治理需要考虑多个因素,包括算法本身、数据、应用场景、利益相关方、法律法规和伦理标准等。通过对这些因素的综合考虑,我们可以制定更加科学、合理、有效的算法治理方案,提高算法的准确性和公正性,保护用户和利益相关方的权益和利益。

1. 算法应凸显人类主体地位

人类是认识世界、改造世界的主体,这一观念为所有人知晓,然而随着科学技术的迅速发展,机器人无论是在意识还是在创造性方面都已经能向人类发起挑战,AlphaGo、ChatGPT、GPT-4o、Gemini、Sora 等就是最好的佐证。尽管算法给人们的日常生活带来了极大的便利,但算法已将我们视为可计算、可预测、可控制的客体,通过对我们的消费心理、爱好等深入学习分析,从而推断出我们所心动的"物料"。算法对用户提出选择产品的建议,并为用户做出决策,这意味着大多数人失去了自由选择的权利,收到的都是单一的信息而无法接触多样化信息,视野逐渐变窄,而个人自主性不断减弱。从法律层面,人类始终是主体,每个人都应享有平等权,在数字时代,更应该突出人类的主体地位,对技术施以一定的法律规制,从而使其更好地为人们所用,而不是放任其肆意发展,使得人类成为它所"操控"的客体或被动的服从体。

2. 培养算法素养

对于算法设计者来说,新的技术理性、算法伦理的倡导和培养尤为关键。对于算法使用者来说,算法时代带来了对人的素养的新要求,除了一般的媒介素养、数字素养,也需要一定的算法素养。

像媒介素养一样,倡导算法素养的前提不是简单地将算法认定为坏的东西,让人们排斥算法,而是要让人们意识到,在今天这个时代,算法无法避免,要理解不同类型的算法是如何运作的,算法在哪些层面影响着我们的认知、行为、社会关系及生存和发展,在此基础上学会与算法共存,对抗算法的风险,更好地维护自身的合法利益和地位。面对无可回避的算法社会,人们只有提高对算法的认识与驾驭能力,才能成为算法的主宰者,而不是其"囚徒"。

3. 抑制算法放大人类偏见

算法并不是中立的,不存在绝对公平公正的算法。在真实的世界里,偏见无处不在。人类偏见一直都是复杂的社会问题之一,很多国家为了减少偏见而通过立法赋予不同群体平等权,给他们提供更加公平的机会，随着人工智能的普及，算法却加大了这种人类偏见。传统观念坚持的是一种"技术乌托邦"的状态，即认为技术始终处于中立的立场，它不受人类思想的左右。但正因为算法在观念上被认为是由数据和代码所组成的，是客观的、公正的，大量的算法才得以充斥着我们日常生活的方方面面。然而，实践表明，看似中立的算法其实并不绝对客观，由于其较强的可操作性，反而将人类偏见进行了放大。看似公平的政策往往在社会实践中无法达成目的。因此，有必要构建抑制算法偏见的监管机制。

例如，在司法领域引入人工智能，稍有不慎，算法偏见就可能衍生出负面影响。对有前科的犯罪分子（不符合累犯的构成条件），算法偏见可能直接将其列入重复犯罪的处罚对象而施加更重的刑罚。这不仅不利于维护司法的公平公正，实际上也是在损害司法的公正和执法的严谨，从而损害人们对司法公正的信赖。

4. 算法偏见治理的技术路径

目前，面向深度学习的公平性研究领域还有很大的发展空间，来自数据、模型的偏见问题已经成为重点关注对象，仍需要不断探索。同时，由于深度学习在高风险领域中的应用，对数据偏见的预处理、对模型偏见的处理中、后处理机制，正在引起业界和学术界的关注。

在技术层面，从数据预处理与算法设计的角度克服算法偏见，并在算法技术的升级中努力使算法尽可能地可解释和可追溯，同时对算法运行进行事后监督和审计，检查并纠正人工智能系统做出的歧视性决策，市场和算法都需要面对透明性的挑战。

在数据采集、分析和算法设计过程中，减少偏见，加强监督和管理显得更加重要。不同成因的算法偏见的治理路径不同。"机会平等原则"和"人文主义精神"应纳入算法系统的设计。

算法的设计要体现社会公平，尊重人的主体地位，尊重人权价值，考虑社会的多元性和不同的价值观，考量利益相关者的权益，尽量避免偏见的数据或偏见的算法设计导致对某特定群体的歧视。

根据机器学习算法的阶段不同，分别可以使用预处理、处理中和后处理机制介入算法，以实现公平机器学习。表5-1比较了几种不同情景下消除偏见的机制。当能够参与数据生成或修改采集到的数据时，采用预处理机制清洗数据；当对算法有完全控制时，采用处理中机制，以符合公平性定义的方式调整算法；如果对数据和算法都没有能力改变，采用后处理机制，修改算法的输出结果。

表5-1　消除偏见的机制对比

机　制	描　述	优　势	挑　战
预处理	消除原始数据中与受保护属性相关的偏见信息	灵活适用于下游任务；测试时不需访问受保护属性	需要保证结果准确度
处理中	在机器学习模型中增加约束或正则项	实现算法准确度和算法公平性间的灵活权衡；测试时不需要访问受保护属性	依赖机器学习算法
后处理	修改机器学习算法的输出结果	灵活适应机器学习算法	测试时需要访问受保护属性；较难权衡准确度和公平性

预处理机制旨在建立一种消除原始数据中与受保护属性相关的偏见信息的数据预处理方法。机器学习算法作用于消除偏见后的数据，以获得公平结果。基于预处理机制，我们可以发布合成数据集或原始数据的去偏特征，并不需要修改机器学习算法，而且在测试时不需要访问受保护属性。但是，预处理机制是一种通用机制，提取出的特征灵活适用于下游任务，以损失机器学习算法结果的准确度为代价，换取较高的灵活度。

处理中机制通过在机器学习模型中增加约束或正则项，以促进偏见消除。处理中机制可以实现算法准确度和算法公平性间的灵活平衡，并且在测试时不需要访问受保护属性。但是，处理中机制依赖机器学习算法且需要修改算法。

后处理机制直接修改机器学习算法的输出结果，以满足公平性。后处理机制不需要修改机器学习算法，且将其视为黑箱模型，因此能够消除任意算法输出的偏见。但是，后处理机制在测试时需要访问受保护属性，并且较难权衡准确度和公平性。

5. 提升算法透明性

算法缺乏透明性强化了算法偏见，并且使得用户无法寻求救助。此外，算法的不透明性使得算法技术的异化也难以被监控和规制。在技术工具理论中，技术作为经济利益被赋予了合法的秘密性。算法的不透明性即秘密性，既表现为算法技术在输入和输出之间出现了常人难以了解和把握的"隐层逻辑"（如人们难以理解 AlphaGo 的棋局），也表现为对算法秘密的保护使得算法决策权被带进了不透明的区域，这为算法的异化提供了便利之门。因此，为了提高算法的公平性，需要提升算法的透明性。然而在实践中，公开算法程序存在一定的障碍，算法设计者常以公开算法会侵犯其商业秘密为由拒绝公开。可以通过有限度的公开来平衡提高透明性和保护商业秘密两者的关系，不必披露精确的代码或者公式。具体而言包括以下几方面。

一是向大众"生动"地公开技术要点。以动画演示等通俗易懂的方式，向社会公开算法，让大众直观感受算法系统运行过程。

二是遵循数据处理透明原则。为了减少算法对用户的隐私侵害，算法设计者应该向社会公开数据保密的方式以及安全保障措施，并且告知公众所收集的个人信息的用途和限度。

三是贯彻可解释性原则。算法设计者一方面在主动公开的时候需要解释算法的应用场景、决策过程的原理、应用的相应风险等基本技术内容，另一方面要对公众所提出的疑问进行及时解答，从而使利益相关者的合法权益在遭受算法不当影响时，能够知晓如何寻求救助。需要注意的是，往往一些公司内部应用的算法是外包给技术公司的，这就必须要求技术公司的研发人员将算法所有内容都通过合同规定"转让"给委托方，并由委托方完成上述向社会公开的任务。由此可见，提升算法透明度是使算法为人们所理解、所预测、所控制的关键一步，以算法透明抵御算法"黑箱"，纠正算法运行过程中的不合理环节，保障算法运行中的科学和公正。

6. 建立算法审计制度

建立算法审计制度是当前应对算法权力监督、数字风险防控及算法异化问题的重要措施，该制度在全球范围内已获得广泛认可与应用。算法审计本质上是一种技术审计手段，其核心审查范围涵盖算法模型、相关数据以及算法的设计、开发、运行等全生命周期活动。

从合规性角度，算法审计旨在验证算法的价值观是否遵循法律法规要求，引导算法向善，确保其在社会应用中符合伦理道德和法律规范。同时，算法审计是一种风险导向的审计方法，针对不同风险等级的算法，设定差异化的审计标准与要求，以实现对潜在风险的精准防控。

鉴于算法审计的重要性，我国应借鉴国际经验，制定类似于《算法规制法》的法律法规，正式将算法审计纳入算法问责体系。该法规需明确算法审计的实施主体、具体执行条件、操作机制、审计结果的处理以及责任追究等关键要素，为算法审计的规范化、制度化运作提供坚实的法律保障。

5.4.3 算法的法律规制

随着算法的广泛应用，其日益凸显的社会影响正不断催生新的社会问题，这使得对算法的法律规制变得尤为关键。然而，在面对由算法权力所引发的侵权与违法行为时，我国现行的法律体系在归责原则、责任主体和所属法律部门等方面尚缺乏明确的界定。现行法律在规制算法方面的能力显得捉襟见肘，无法充分应对这些新兴的挑战和危机，因此，我们必须及时并深入地辨析由此产生的法律风险，以便制定更为合理和有效的法律措施。

1. 欧美算法治理的法律体系

欧盟数据治理和算法治理的特点是自上而下制定规则，以透明和问责保证算法公平。其中，"透明"的目的是确保人工智能决策的数据集、过程和结果的可追溯性，并确保决策结果可被人类理解和追踪；"问责"是建立问责机制和审计机制，并采取补救措施；同时，欧盟数据治理赋予个体广泛的数据权利。

欧盟委员会制定的《通用数据保护条例》（GDPR）规定数据保护影响评估制度，规定了知情权、访问更正权、删除权、解释权等，列明自动化处理（算法）过程必须对数据主体的权利与自由带来的风险进行评估；《人工智能法案》进一步细化了数据评估规则，规定合规评估制度。欧洲一些算法治理案例充分反映了透明、可解释的原则。

例如，2021 年 7 月，意大利数据保护机构 Garante 认定外卖平台 Deliveroo 违反 GDPR 上述原则，对其处以 290 万欧元罚款。原因是该平台用算法自动惩罚骑手：如果骑手的评分低于某水平，在没有进行人工审查的情况下，就将他们排除在任务机会之外。

在欧盟，由芬兰、德国、荷兰、挪威和英国最高审计机构共同出台的《机器学习算法审计白皮书》为 GDPR 下的算法审计活动提供指引。欧盟法规的未来发展方向从近期出台的《数字服务法》《数字市场法》可见端倪：更倾向于强化法律责任制度，通过事后严格追责保证人工智能的设计和应用是负责任的、可信的。

美国《算法公平法案》对算法审计体制予以了规定，并强调增加可审计性。例如，纽约市最早出台算法问责法，针对政府使用的算法开展监管行动，目标是实现透明化和问责。《2022年算法问责法案》的目标旨在增强算法的透明度和可问责性，确保算法的公平性和公正性。要求使用自动化决策系统做出关键决策的企业研究并报告这些系统对消费者在公平性、隐私和安全等方面的影响，其内容包括是否会因为消费者的种族、性别、年龄等生成对消费者有偏见或歧视性的自动决策等。该法案形成了"评估报告—评估简报—公开信息"三层信息披露机制。此外，联邦贸易委员会还将建立可公开访问的信息库，公开发布关于自动化决策系统的有限信息。美国的一个相关案例如下：Everalbum 公司在隐私条款没有写明的情况下，将算法卖给了执法机关和军方，涉嫌欺骗消费者，最终被美国联邦贸易委员会处罚。该处罚不仅要求其删除数据，还要求删除非法取得的数据照片所训练出的人脸识别模型。在个人主体方面，更多的是企业和非政府组织参与治理，同时由部分行业组织进行算法问责工具、算法可解释方案的开发。就行业自律而言，谷歌、微软、Facebook 等企业成立了伦理委员会，并推动建立相关标准。

2. 我国算法治理的法律体系

针对算法治理，我国出台了一系列法律法规，已初步构建起立法层级广、多部门联动、快速扩张的法律体系。

在顶层设计方面，《法治社会建设实施纲要（2020—2025 年）》提出健全算法推荐、深度伪造等新技术应用的规范管理办法，《"十四五"数字经济发展规划》指出加快构建算力、算法、数据、应用资源协同的全国一体化大数据中心体系。

对于算法的治理，除了政府部门的指导性意见，还亟须建构体系化的规制机制。虽然我国已经在多个层面立法，但是当前算法相关立法体系还存在问题。

一是立法层级分散，主要聚焦在部门规范性文件，缺乏实施的细则和操作指引；在算法治理上，统一协调负责的监管机构还不明确。法律法规的制定时间成本明显高于部门规章和各类规范性文件的制定时间成本，这就导致目前对算法伦理问题的规范管理办法主要在部门规范性文件及国家标准中，容易出现强制性不够、执法监管效果打折扣、部门职责划分不清等问题。同时，多部门的规范性文件也给企业造成无法适从、标准不统一、专项行动式的紧急应对等情况。

二是对平台的监管主要为事后被动监管，缺乏精细化的平台监管规范。对平台的监管主要根据平台的过错、行为、责任采取行政处罚措施，而此种监管模式缺乏事前的过程性监管，即便现在有算法备案制度，也是主要停留在特定重要领域的算法备案；再者，对于备案的算法，其审查逻辑和标准也需要根据算法分级分类制度及时调整。

三是对算法的技术性规范监管较少，立法未能回归算法本源。

我国部分企业开始建立内部治理机制，但整个行业自治机制尚不成熟，同时缺乏外部监督。目前，中国人民银行对金融应用领域的人工智能算法设立了评价规范，提出对算法可解释性要从全过程的角度提出基本要求、评价方法与判定标准等；人力资源和社会保障部在关于就业形态灵活化与劳动者权益保障方面，提出外卖平台在基本的业务模型设计上，应该对其制度规则和平台算法予以解释，并将结果告知劳动者；中共中央宣传部对于加强网络推荐算法的内容监管也提出了综合治理的要求。

我国目前在算法治理上的实践性探索集中在《中华人民共和国个人信息保护法》《中华人民共和国数据安全法》《关于加强互联网信息服务算法综合治理的指导意见》《互联网信息服务算法推荐管理规定》中，主要在自动化决策场景中进行算法治理，包括明确提出对算法影响的评估，规定利用个人信息进行自动化决策须进行事前评估：① 算法审计：个人信息处理者应定期对个人信息处理活动遵守法律、行政法规的情况进行合规审计；② 向个体赋予权利：利用个人信息自动化决策，应保证决策的透明度和结果公平合理，即自动化决策方式做出对个人权益有重大影响的决定，个人有权要求个人信息处理者予以说明，有权拒绝个人信息处理者仅通过自动化决策的方式做出决定等。

3. 技术伦理的规制

对算法权力和算法权力掌控者的规制应以遵循真实社会基本准则为根本原则，这有利于拨开云雾，消解虚拟社会的多种不正常行为，确保算法权力扬长避短。应面向用户和市场两个维度展开算法权力的理论和实践研究，厘清算法权力的利弊，形成针对性的规制，建立市场规则和用户群体生态圈，建设生态良好、符合人民利益的环境。

算法系统的复杂性决定了其与技术、伦理等领域是密不可分的，为了保障人工智能健康发展，需要建立相应的伦理道德框架。在我国，国家人工智能标准化总体组发布了有关技术伦理的报告，算法的设计与应用要坚持以实现人类根本利益为终极目标，在与算法相关的技术开发和应用两方面都要建立明确的责任体系，坚持权责一致原则。

1）构建行业道德伦理规范，约束算法设计者的行为

算法系统充斥着人的偏见，是对社会偏见的映射。算法设计者的主观意图会融入算法系统的设计研发过程，因此，为了消除算法偏见带来的危害，很重要的一步就是约束算法设计者的行为，强化其道德自律，建立起行业道德伦理与规范。科学技术能推进社会发展，也能影响道德的演进方向，道德也将影响科技的发展。应积极引导"技术道德"，使之融于算法设计者的内心。通过学习大量偏见案例，提高算法设计者的偏见识别能力。对基本的偏见行为能够区分，不仅自己设计时不该注入偏见，也要制止同伴的偏见。最后，强化政府和企业对算法设计者的监督，对他们围绕设计规则与程序的陈述进行评估。约束算法设计者的行为是消除算法偏见的必经之路，需要明确算法应当遵循何种公平理论，同时培养和建立算法设计者的伦理规范与道德责任感，通过价值敏感性设计思想对算法进行伦理层面的设计。需要他们清晰认识道德与技术的关系，使算法的设计符合主流价值观。

算法应该符合相关法律法规和伦理标准，避免出现违法违规的情况。

2）设立专门的算法监管机构和明确的技术标准

技术层面上的不完善或任意性都会使得算法系统存在一定的风险，面对算法应用带来的风险，我国尚未有专门的机构对算法进行监管，因此有必要设立专门的监管机构。例如，成立一个专门的行业自律组织，承担起算法监管的职责，更好地察觉算法中的偏见。该行业自律组织需要制定统一、相关的技术标准。技术标准的统一不仅可以提高后期对算法违规情况的审查准确度，还能有效制约算法设计者的程序研发行为。统一技术标准的目的在于确保算法应用的公

平性和合理性；同时，标准并不是一成不变的，可以随着技术的发展根据需要不断调整，使其达到最佳效用。

3）严格执行算法备案审查制度

算法备案审查制度是指，算法设计者在算法研发结束投入应用前，应按照一定程序，将算法有关材料向相关机构报送备案，接受备案的机构依法对其合理性等进行审查和处理的一种事前监督制度。建立该制度的主要意义是，便于查明算法是否符合设立的技术标准，并明确风险产生的源头、需要承担责任的主体。对于未经备案即投入应用或投入应用的算法与备案登记信息不一致的，相关机构应当立即责令相关人员停止使用，并做出其他处罚决定。

《互联网信息服务算法推荐管理规定》是由国家互联网信息办公室会同工业和信息化部、公安部、市场监督管理总局联合发布的具有强制性的备案制度，旨在规范互联网信息服务推荐算法活动，于 2022 年 3 月 1 日生效。根据现行监管规定关于算法备案的要求，无论是大模型还是产品，只要是应用内含有"向中国境内公众提供算法推荐服务"功能的，都需要进行备案，备案义务主体应当在提供服务之日起 10 个工作日内履行备案手续。

算法备案共包含 5 个类别。

❖ 个性化推送类算法：利用用户属性数据或用户行为数据实现信息个性化分析。

❖ 排序精选类算法：以客观因素或主观因素为依据，设置、调整网络信息内容排列顺序。

❖ 检索过滤类算法：包括检索算法和过滤算法。

❖ 调度决策类算法：自动或辅助生成调度决策结果，或提供调度决策依据。

❖ 生成合成类算法：深度合成技术，利用以深度学习、虚拟现实为代表的生成合成类算法制作信息。

5.4.4　算法治理展望

未来的算法治理应关注以下几方面。

① 明确构建"负责任的人工智能"的目标，包括从技术角度解决因果机制构建问题，并从制度角度赋予个人和相关主体要求可解释的权利。

② 确保算法可问责，明确算法责任主体，并强调责任划分，包括算法审计、安全认证和影响评估制度。算法应具备可追踪和追究责任的能力。

③ 对算法进行分领域、分级治理，确定治理优先级。重点关注涉及人身安全的高风险领域，如自动驾驶、智慧医疗、智慧司法等。

④ 坚持安全、公平、透明和保护隐私等基本原则，确保算法在性能与安全之间取得平衡，并推动技术界改进算法。算法应保护用户数据和隐私安全。

⑤ 建立算法可解释性的评估指标和监管政策，促进可解释人工智能的发展，并赋予个人要求解释的权利。未来的算法治理将更加注重可解释性和可靠性。

⑥ 提升全民算法素养，推动算法相关科普，使公众对算法机制与原理有更基本的认识。同时，算法提供商应采用多种标注提醒方式，以弥补消费中的信息裂痕。

5.5 案例分析

【案例 5 - 1】 算法之种族歧视——傲慢与偏见：奥巴马怎么"变白"了？

许多年之后，当我们追溯人工智能社会学的编年史时，2020 年深度学习大牛、Facebook 首席人工智能科学家杨乐昆（Yann LeCun）和谷歌 AI 科学家蒂妮特·葛卜路（Timnit Gebru）在推特上进行的"算法偏见大辩论"也许仍然是值得记录的一次争论。

这场争论的起点是一款名为 PULSE 的算法，由杜克大学的科学家在计算机视觉顶级会议 CVPR 2020 上发表。PULSE 的精髓在于其利用生成式对抗网络（Generative Adversarial Network，GAN）的思路，将模糊的照片瞬间清晰化。但网友很快发现，PULSE 在处理黑人群体的照片时，表现不尽如人意。例如，将美国前总统奥巴马的模糊照片经过 PULSE 处理，生成的清晰照片竟然是一张白人面孔。

在 BLM（Black Lives Matter，黑人的命也是命）运动如火如荼的当下，PULSE 算法引发了巨大的争议。面对铺天盖地的质疑，杨乐昆发了一条推特，解释道："机器学习系统的偏见是由数据造成的。PULSE 算法使用 FlickFaceHQ 数据集训练，其大部分是白人照片。如果系统使用塞内加尔的数据集训练，那么所有人会看起来都像非洲人。"

从技术角度，杨乐昆指出了算法偏见一个至关重要的来源，就是训练数据集的偏见。但是，意识到数据偏见是否就足够了呢？

谷歌的 AI 科学家、非裔女性蒂妮特·葛卜路在推特上与杨乐昆展开了激烈的辩论。一时间风声鹤唳，计算机学家和社会学家纷纷站队。蒂妮特直言："你不能将机器学习系统造成的伤害完全归结于数据偏见。换言之，是否只要修正了数据偏见，算法偏见（及其造成的伤害）就自动消失了呢？"

杨乐昆在激辩算法偏见两周之后，彻底退出了推特。在人类社会和人工智能算法的交界处，在人工智能算法争分夺秒地从亿万用户的行为里提取数据进行预测的今天，仅仅从科技的角度来理解和解决问题或许会受到越来越多的挑战。

更致命的是，在类似的推荐系统或者更广义的现代信息过滤（Information Filtering）系统里，数据和算法是无法分割开的。算法不停地根据数以万计用户的选择和评分，对自己的预测系统进行实时更新——哪里是数据偏见？哪里又是算法偏见？

进一步，我们还可以问，把人工智能系统造成的社会偏见和伤害归结于"数据"而非"系统"本身，某种程度上，是否也是在规避责任？如果只有数据是有偏见的，那么是否只有收集和标注数据的人才应该对这一切社会后果负责？把追责的视野局限在训练数据集上，我们其实是放弃了从起始处对整个人工智能系统进行问询的基础：为什么要建造这个系统？谁建造了这个系统？谁会受益于这个系统？谁又会受到最大程度的影响？

普林斯顿社会学家鲁哈·本杰明（Ruha Benjamin）在著名的深度学习大会 ICLR2020 上说："Computational depth without historical or sociological depth is superficial learning." 没有历史和

社会深度的"深度学习"只是"浅薄学习"。

多个图像识别软件犯过种族主义大错。例如,谷歌相册曾错将黑人的照片标记为"大猩猩",Flickr 的自动标记系统亦曾错将黑人的照片标记为"猿猴"或者"动物"。2020 年 6 月,人工智能算法把国际象棋中的黑棋和白棋识别成黑人和白人,种族主义导致 YouTube 百万粉丝博主 Agadmator 被封禁;2021 年 5 月,推特停止了图像裁剪功能:推特测试了该算法潜在的基于性别和种族的偏见,发现在黑人和白人个体的比较中,有利于白人个体的均等差异为 7%。

【案例 5-2】 人工智能诊断系统可以从 X 射线和 CT 扫描结果中分辨患者的种族。

美国麻省理工学院和哈佛大学的一个研究团队在医学杂志《柳叶刀数字健康》上发表文章,称人工智能诊断系统可以从 X 射线和 CT 扫描结果中分辨患者的种族,准确率高达 90%。该文章提到,人工智能诊断系统似乎会根据种族对患者进行诊断和治疗,而非患者的个人身体状况,这种做法将会损害患者的健康。研究人员提到一个案例,人工智能诊断系统在检查胸部 X 射线胶片时,漏掉黑人和女性患者身体病变的概率更高。

这项研究的目的正是确认人工智能诊断系统从医学影像中检测人类种族的程度,以及它们如何从中检测出种族信息。研究人员更关心的并非人工智能诊断系统能够检测人类种族这件事情本身,而是人工智能诊断系统的临床表现将因为这些种族偏见受到影响。而医生可能会忽略人工智能诊断系统诊断结果中的误差,可能存在种族之间生理差异的暗示。

"人工智能诊断系统预测种族身份的能力本身并不重要,但是这种能力很可能存在于许多医学影像分析模型中,这将会使临床中已经存在的种族差异问题恶化。"

人类目前还无法确认人工智能诊断系统从医学影像的哪些特征中检测出患者的种族,加之人工智能诊断系统能够从身体任何部位的医学影像,以及严重损坏的医学影像中识别患者种族,这意味着使用医学成像技术创建一个没有种族偏见的人工智能诊断系统将会非常困难。

在过往的研究中,科学家们很难在人类基因组中找到一致的种族差异,但往往能根据人类祖先的进化找到一致的遗传差异。因此,人与人之间的基因差异更大概率是源于人类个体祖先进化的不同特征,而非种族。

"我们需要暂停人工智能诊断系统的落地,"麻省理工学院的科学家、医生 Leo Anthony Celi 说,"在确认人工智能诊断系统没有做出种族主义决定或性别歧视决定之前,我们不能急于将其带入医院和诊所。"

【案例 5-3】 美国首起人工智能招聘歧视案。

2022 年 5 月,EEOC(美国平等就业机会委员会)起诉某教育集团旗下的三家公司因年龄问题拒绝了 200 多名应聘者,被判赔 36.5 万美元,用于补偿被拒的应聘者。EEOC 指控该集团在线招聘软件会自动拒绝年龄较大的应聘者,55 岁以上的女性和 60 岁以上的男性将被取消应聘资格。EEOC 主席伯罗斯(Charlotte A. Burrows)表示,年龄歧视是不公正且非法的,即使技术使歧视自动化,雇主仍然负有责任。

人工智能招聘可以提高效率,避免主观因素的干扰,更好地对应聘者能力与岗位需求进行匹配。然而,偏见和歧视也可能通过算法更隐晦地内嵌到决策系统中,悄无声息地侵蚀就业公平。从就业歧视来看,算法本身不具备歧视的动机与能力,但在本身就存在潜在就业歧视的环境之中，人工智能可能成为部分偏见的放大器。"施害人"的偏见由算法表达并执行，这为歧视披上了数字隐身衣，事发后人们的第一反应是"人工智能的招聘歧视"而非"招聘公司用人工智能进行招聘歧视"。就业作为民生大事之一，就业歧视事关身在职场的每个劳动者，年龄、性别、种族等都不应是职场的门槛。适用于招聘的人工智能系统应该以公平公正的维度，剔除基于年龄、性别、地域、职业健康的歧视内容的同时，还应建立基于评测框架敏感问题的评测语料库，多维度解决小群体歧视问题。

早期有类似案例：亚马逊公司开发的"简历筛选系统"的筛选结果显示，该系统对男性的简历存在明显偏好，当系统识别出女性相关信息时，会给出较低的评分。

【案例 5-4】 谷歌数字藏品的性别歧视。

2016 年，谷歌文化学院发布了一款名为 Google Arts & Culture 的应用，其中涵盖了全球多家艺术博物馆藏品资料，用户在应用中上传自拍照，应用将自动找出与用户相像的画作。该应用因该功能吸引了众多用户，但也暴露了问题。与有色人种自拍相匹配的艺术作品相对有限，且给部分用户匹配的作品存在固有偏见，如有色人种常常是奴隶、仆人等，而女性是色情小说中的角色。谷歌发言人表示："这种局限性是由其平台上涵盖的作品数量有限而导致的。历史作品往往无法反映世界的多样性，我们正努力将更多元化的艺术作品导入平台上。"人们指责博物馆覆盖的范围太小，称其为欧洲中心主义，于是谷歌文化学院迅速扩大博物馆的范围。然而，从该应用收藏的地图来看，美国和欧洲仍然占据主要市场。

【案例 5-5】 价格歧视和大数据杀熟。

在数字化时代，个性化营销与算法技术的结合带来了前所未有的精准营销体验。然而，这种精准营销背后隐藏着价格歧视和大数据杀熟的问题。

价格歧视，即所谓"定价优化"，利用算法和个人信息等手段，对不同消费者实行不同的价格政策。商家基于消费者的浏览记录、消费习惯等，制定不同的价格策略，以追求利润最大化。这种行为不仅存在于新老用户之间，也存在于不同地区、不同消费行为的用户之间。价格歧视不仅损害了消费者的权益，也扰乱了市场的公平竞争秩序。而大数据杀熟作为价格歧视的一种典型表现，更是引起了广泛的关注和愤慨。商家通过收集和分析消费者的消费历史、行为习惯等信息，对同一商品或服务在不同消费者之间实行不同的价格政策。例如，在使用不同的手机打车时，同一时间、同一目的地的价格存在显著差异，这就是大数据杀熟的具体体现。这种做法不仅违背了市场公平竞争的原则，也损害了消费者的知情权和选择权。

传统价格歧视具有一定的经济合理性。由于消费者存在经济能力、需求强度、是否有货比三家的消费习惯、讨价还价的能力及具体消费场景等的不同，不同经营者会对相同条件的消费者给出不同报价。例如，顾客去市场买菜、买衣服时，商家出价后，双方会"讨价还价"，砍价能力强的顾客可以把价格砍到一半以下，没有砍价意识或砍价能力弱的顾客则只能获得小额折扣，这也是价格歧视。因为人们在货比三家时花费的时间、精力都属于交易成本，不同经济背景、消费习惯的人对同一物品的支付意愿和价格敏感度也不同，所以企业对不同消费者给出不同价格符合经济学规律。

与线下的传统价格歧视相比，线上大数据杀熟之所以引发更大的反感，主要在于其价格策略的不透明性。在线下交易中，消费者往往能够感知到价格差异的原因，如砍价能力、优惠券使用等，而在大数据杀熟中，消费者往往无法得知自己是如何被歧视的，这种信息不对称加剧了消费者的不满和反感。

2022 年 10 月，据国外媒体报道，亚马逊公司在英国面临集体诉讼，被指控为巩固其在在线市场的主导地位，滥用"秘密"算法，通过在 Buy Box 功能中使用一种"隐秘且自利的算法"，隐藏更优惠的交易来增加自己产品的曝光，从而让数百万客户支付更高的价格。

本 章 小 结

在数字化与智能化的浪潮中，算法正深刻重塑社会结构和生活方式，成为推动社会进步的关键力量。算法应用的广泛普及虽然极大提升了效率和便利性，但是透明性、可解释性及公平性缺失的问题日益凸显，尤其是算法偏见与算法囚徒现象，若不加以有效管理，将加剧社会不公，侵蚀信任基石。因此，我们在推进算法应用时，要深刻认识其潜在价值、风险及伦理边界。

算法权力，即算法模型与数据处理对个体及社会的深远影响力，其治理核心在于平衡技术革新与权益保障，确保决策的公正性、透明性与可解释性。算法治理是一个跨领域、长期性的复杂任务，需要政府、企业、社会及公众等多方携手合作。治理策略涵盖法律框架构建、伦理标准强化、透明度提升及问责机制设立，同时倡导多方参与，共筑算法应用的监督网，遏制权力滥用，捍卫隐私与社会福祉。

为应对算法伦理挑战，需要构建多维治理体系：开发者应坚守伦理，强化数据保护，减少偏见，提升算法透明性；用户则需要提升自我防护意识，参与算法伦理讨论，保护个人权益；政府则需要加快立法，建立健全监管机制，为算法技术发展提供法律支撑。通过跨学科研究、动态监管、包容性发展、公众素养提升、国际合作与问责机制建设，我们可以更好地应对挑战，推动算法技术健康发展，促进社会和谐和进步。

习 题 5

1. 阐述算法伦理的含义及其产生的原因。
2. 什么是信息茧房？列举产生该现象的人工智能应用。
3. 算法决策如何导致偏见问题？
4. 阐述产生算法歧视的可能原因。
5. 什么是大数据杀熟？你对其治理有何建议？
6. 如何了解算法自主性造成的不确定风险？
7. 导致人们对算法产生不信任的因素有哪些？

8．分析个性化推荐算法大规模推广使用的利弊。

9．针对个人制定的自动化决策，是精准推荐还是算法歧视？

10．一个大型零售商挖掘其客户数据库，以确定一个客户是否可能怀孕。

（1）它会向该客户发送可能购买的产品的广告或优惠券。这种做法是在道德上可接受的，还是应该禁止的？

（2）该零售商知道，如果客户知晓零售商可以确定自己是否怀孕，一定会感到不舒服。零售商发送的广告册或电子邮件，除了许多怀孕和婴儿用品，还包括一些不相关的产品。收到他们的客户没有意识到这些广告是有针对性的。这种做法是在道德上可接受的，还是应该禁止的？

11．某保险公司正在尝试通过分析消费者特征（判断一个人是否吃健康的食物、锻炼、抽烟或喝酒过量，以及是否具有高风险的爱好等）来估算其寿命，可能使用该分析结果来寻找营销的对象群体。从隐私的角度，这里引发的一些关键伦理或社会问题是什么？请对其中的一些问题加以详细探讨和评价。

12．一些企业（如超市、干洗店或剧院）使用电话号码来访问其数据库中的客户记录。假设这些记录并不能在网上供公众访问，其中也不包括信用卡号码，在这种情况下，对电话号码的使用是否安全到足够保护客户隐私？为什么？

13．部分手机服务提供商允许客户从自己的手机打电话时，不用输入个人密码（PIN）就可以直接获取语音邮件消息。但是，别人可以利用来电显示欺骗服务来伪造主叫号码，从而获取一个人的语音邮件消息。这种无密码消息获取机制是否是在方便和隐私之间的一种合理权衡？给出你的理由。

14．一家公司计划出售一种激光装置，人们可以把它戴在脖子上，从而使其照片照出来之后是扭曲、无用的。该公司计划把它销售给总是被很多摄影师追逐的名人。假设该设备也能造成公共场所和许多企业常用的监控摄像头失灵，很多人在走出家门的时候会使用该设备，而执法机关提议把它的使用规定为非法行为，请给出支持和反对这一提议的理由。

15．研究人员在开发一个系统，一个人在智能手机或其他设备上通话时能够检测一个人的情感。

（1）假设你是研究人员，描述你的项目所有可能的精彩的潜在应用。

（2）假设你是社会科学家或隐私监督机构人员，描述潜在的令人讨厌的、具有操纵性的或滥用行为。

（3）假设你是一个技术专家或伦理学家团队的一员，给出关于使用该技术的建议指南。

16．个性化推荐算法可能通过分析用户行为和喜好来提供更符合其兴趣的内容，但带来了信息过滤的风险，使用户接触到更为狭隘的信息。如何平衡个性化推荐并保护用户接触多样信息的权利？

第三篇

应用篇

第 6 章

AI

人工智能生成内容的伦理问题

6.1 人工智能生成内容应用场景及使用价值

大语言模型（Large Language Model，LLM）简称大模型，指的是包含超大规模参数的神经网络模型，这些模型具有强大的学习和泛化能力，能够捕捉到更细微的模式和规律。大模型代表了人工智能和深度学习在自然语言处理领域的最新进展，推动了众多领域的创新和进步。基于大模型的生成式人工智能（GAI）标志着人工智能的一个转折点，代表了人工智能的前沿。大模型为生成式人工智能提供了强大的基础和支持，而生成式人工智能拓展了大模型的应用范围和价值。

与以往的人工智能技术不同，生成式人工智能可以根据非结构化数据学习到信息，生成全新的非结构化内容，如文本、音频、视频、图像、代码等。这种创新技术不仅可以提高自动化水平和效率，还可以实现个性化和定制化，激发创造力和创新能力。

人工智能领域近年来正在迎来一场由生成式人工智能大模型引领的爆发式发展。2022 年11 月 30 日，OpenAI 公司推出了一款聊天机器人 ChatGPT，其出色的自然语言生成能力引起了全世界的广泛关注，2 个月突破 1 亿用户，在全球掀起了一场大模型浪潮，随后 Gemini、文心一言、豆包、Copilot、LLaMA、SAM、SORA 等大模型涌现，2022 年也被誉为大模型元年，2023 年则是生成式人工智能的突破之年。《科学》发布的《2022 年度科学十大突破》中，人工智能生成内容（Artificial Intelligence Generated Content，AIGC）引人注目。AIGC 是指由人工智能作为内容创作者，利用深度学习算法和场景决策模型等技术生成各种作品，如人工智能写诗、绘画、视频等。AIGC 将计算机算法对艺术作品自动生成的规模和质量等提到了一个新的高度，此前宽泛的"人工智能艺术"将转化为更具体的"生成式人工智能艺术"，也可称为 AIGC艺术。尽管 AIGC 目前存在争议，但毫无疑问的是，它正在成为内容创作领域的新型生产方式。

多模态（Multimodal）为文字与视觉（图片、视频）、听觉艺术相互自动转化、自动生成提供了可能。以 ChatGPT 为代表的生成式人工智能具有广泛的应用，包括艺术领域的写作、绘画、作曲、视频制作，医疗健康领域的疾病诊断、药物研发，设计与建模领域的建筑设计、工业设计、时尚设计，教育领域的智能辅助学习、教育资源生成，金融领域的风险管理、投资决策，社会治理领域的城市规划、环境保护、交通管理等。

自 ChatGPT 推出以后，许多涉及不同模态的内容生成技术如雨后春笋般涌现，如对话式搜索引擎 NewBing、图片生成工具 Stable Diffusion 和 DALLE、代码生成工具 CodeGeeX 等，大模型已成为推动语言理解和生成能力进步的关键力量。内容生成技术发展迅猛，其相关应用也在快速增长，在许多场景中给人们带来了新的体验与便利。例如，利用文本生成技术自动生成文章、新闻、广告等内容，提高创作效率，也可以用于智能客服与聊天机器人，提高服务效率。再例如，图像、音频与视频生成技术可以用于广告、游戏与虚拟现实等领域。AIGC的发展将对电子商务、影视、内容资讯、办公软件等行业产生重要影响，主要作用包括提升效率、降低成本、激发灵感、优化数据。2024 年，无论是学术研究还是商业应用，大模型都取得了显著的进展。随着 AIGC 的不断发展，未来将会看到模型体量和复杂度提高、关键能力显著增强、产品类型逐渐丰富、应用领域更加广泛等变化，行业大模型将是一个重要发展方向。

近年来，国内的大模型也在飞速发展，出现了一系列大模型，包括文心一言（百度）、通义千问（阿里巴巴）、星火（科大讯飞）、混元（腾讯）、豆包（字节跳动）、盘古（华为）、智谱清言（智普华章）、百川（百川智能）、日日新（商汤）、星辰（中国电信）、360 智脑（360）、天工（昆仑万维）、孟子（澜舟科技）、零一万物、DeepSeek（深度搜索）等，这些大模型在各自领域都取得了显著进展。

Gartner 预测生成式人工智能在特定领域模型、合成数据和可持续性方面将取得重大发展。下面从几个不同模态介绍大模型。

1. 自然语言处理

内容生成技术在自然语言处理方面主要有文本生成、文本纠错、机器翻译、智能对话等方面的应用。例如，ChatGPT 在新闻、小说、故事等文本创作上已经达到了类人的水平，基于大模型的文本生成技术也支撑其成为在基础知识范围内无所不知的智能问答机器人，在智能客服、搜索引擎等方面具有强大的应用价值。此外，文本生成技术在充当文本编辑助手方面具有令人满意的成果。GPT-3 能创作流畅的诗歌、故事和新闻文章，Shelley 则专注于编写恐怖故事。首部由人工智能编写剧本的影片 *Sunspring* 在 2019 年 6 月的伦敦科幻电影节 48 小时挑战单元亮相，"编剧"是递归神经网络"Benjamin"，它学习了《2001 太空漫游》《第五元素》等上千部科幻电影后，利用机器学习创做出包含科幻要素的剧本，实现了语言文本的输出。而在跨领域应用方面，Google Magenta 项目使用机器学习创造艺术和音乐，促进人类艺术家与人工智能的创意合作。

2. 图像生成

内容生成技术在图像生成领域也有着广泛的应用。目前，图像生成技术不仅可以由文生图、由图生图，还能根据所给图文生成图片。这种图像生成技术可以进行艺术作品创作、图案设计辅助、虚拟场景开发等，在游戏开发、虚拟现实和广告设计领域都具有实用价值。例如，DeepFake 能够替换、修改、伪造视频和图像中的人物表情或动作，常被用于影视剧中的换脸编辑、视频恶搞等。

3. 音频生成

通过对大规模相关数据的训练，音频生成技术也得到了很大的进步和发展。目前，音频生成技术已经能够做到文转音频与音频自动生成，生成音频类型包括普通人声、旋律曲调、人声嫁接等功能，在音乐创作、智能音频客服、虚拟演讲等方面都具有应用价值。例如，DeepMusic 能够生成音乐作品，甚至能够指定音乐人的风格来缅怀经典音乐人的音乐。又例如，AIVA 是由音乐制作初创公司 AIVA Technolooies 打造的一款产品，通过对莫扎特、贝多芬等人创作的近 3 万首音乐作品的学习来作曲，并在 2018 年发布了首张中国音乐专辑"I am AI"。

4. 视频生成

在视频生成领域，人们主要利用视频生成技术进行短视频的合成与创作，可以利用视频片段和文字辅助生成符合用户要求的短视频。目前，视频生成技术主要在教育界和商业界的演示视频生成、商品推荐讲解视频、创意短视频、广告制作辅助、电影特效等领域有较为广泛的使用。视频生成系统的典型代表是 videoGPT。

5. 多模态生成

多模态生成技术就是结合文本、图像、音频、视频生成技术中的两个及以上技术实现的应用。综合多种技术可以实现更复杂、应用价值更强的应用系统。例如电商虚拟人直播，虚拟人的形象与动作、口播内容、直播场景、直播间实时问答等方面的设计需要用到多个内容生成技术，虚拟人直播能够实现更长时间的运作，给购物者带来更多样化的购物体验。再例如，元宇宙、游戏等虚拟世界的构建，利用多模态生成技术能创造更为真实的体验世界，给用户带来更好的游戏体验与社交体验。OpenAI 2024 年 2 月发布 Sora，5 月推出 GPT-4o，9 月推出 GPT-o1。

6.2　人工智能生成内容的风险和伦理问题

内容生成技术以其自动化、实时性、多样性和可定制性等特点，在现代社会中扮演着越来越重要的角色。然而，这些特点也使其易被不法分子利用，产生虚假信息，进而进行诈骗、政治操纵和信息战等活动，给社会秩序与国家安全带来严重隐患。同时，内容生成技术导致的社会违法问题存在着司法取证困难、法律依据欠缺等问题。这容易使不法分子存在侥幸心理，在网络世界隐藏身份，肆无忌惮地传播谣言、制造虚假信息，或利用技术进行身份造假，从而实施犯罪，对个人、社会等造成伤害。

2022 年 3 月以来，以 DALL.E2、Stable Diffusion、ChatGPT 等为代表的大模型席卷全球，引发了人们对于通用人工智能的广泛关注。下面结合 AIGC 的不同应用场景，分析产生的伦理问题。

6.2.1　侵害人类合法权益

内容生成技术的发展如火如荼，但相关技术的伦理规范仍未明确落实，存在着侵犯隐私权、肖像权、名誉权和著作权等合法权益的风险。

内容生成技术对人类合法权益的侵犯主要源于数据收集、数据泄露、数据操控三个途径。首先，如果训练数据中存在个人敏感数据，无疑是对数据相关者隐私权以及知情权的侵犯。其次，如果用于训练数据遭到黑客攻击、出现公司内部泄露或数据备份失误等，相关人员的隐私权和财产权容易受到侵害。如今，内容生成技术已经被某些不法分子恶意使用，对明星、政治家等公众人物甚至普通人进行攻击。数据操控是指利用内容生成技术对用户的信息进行操纵，如在社交媒体上利用内容生成技术假冒名人传播虚假言论、伪造虚假音/视频或图像进行网络欺诈，以及利用机器人账号进行自动化操作等，这些行为都存在对人类隐私权、肖像权、名誉权和财产权等权益的侵犯。

　　网络上常有明星的录音爆料，难辨真假。这些被伪造音频的当事人不可避免地将会受到舆论、人身安全等诸多方面的困扰，正常的生活秩序势必被打破。伪造的音频损害了当事人的形象，侵犯了当事人的名誉权，并且传播了错误的价值观，给社会风气带来不良影响。由于互联网的迅速传播，造成的不良影响很难及时消除。2021 年年底，国内一段以"搞钱万能论"为主题的视频在网络上疯狂传播。这段言论的"发表者"竟然是新东方教育科技集团的董事长。但是随后，董事长通过其个人社交账号发布了辟谣视频，他表示视频里的话没有一句是自己说的。

　　利用视频伪造技术能将一些公众人物的脸转移到色情明星的身体上，伪造逼真的色情场景，这会给当事人带来巨大的心理伤害，同时侵犯个人隐私，并损害其名誉权。印度女记者Rana Ayyub 因为发表了一篇揭露社会黑暗的报道，网络上就开始流传出一段以她为主角的色情视频，这段视频被成千上万的人传播，而后她的家庭住址等个人信息被曝光在网络上，受到了严重威胁，这对她的生活和工作造成了巨大影响。

6.2.2　扭曲社会传播生态系统，引发信任危机

　　AIGC 在应用过程中面临着错误信息风险，即可能输出包含错误或虚假信息的内容。大模型生成的信息可能被错误地解释为真实的、被用于制造虚假新闻报道或以他人身份发送误导性信息。这些信息可能误导公众，对信息安全和人类思考造成威胁。

　　随着内容生成技术使用人数的增加和应用范围的扩大，其幻觉性可能带来的伦理问题不容小觑。幻觉性文本的传播和流通会破坏行业严谨的生态系统，特别是学术界，也阻碍了内容生成技术在一些容错率较低的行业中的发展与应用。此外，技术的幻觉性可能被恶意滥用于满足非法目的，影响社会安全和秩序。

　　内容生成技术的核心特征就在于生成内容真伪莫辨，因为最终成品基于无数真实的训练数据，难以判断生成的内容是否由机器产出。此外，生成的内容并不能保证具有绝对的正确性与客观性，生成的文本或问答系统的回答存在知识不正确以及带有偏见的问题，如果不对输出内容进行严格的监控和审核，一旦有问题的言论被传播与扩大，容易误导大众，扭曲社会传播生态系统。大模型传播虚假信息，通过视觉形式误导公众认知，这样的例子在今天比比皆是，人们或已司空见惯，大模型正改变着我们的思考方式。

　　例如，用于论文写作与问答系统的 Galactica 语言模型，科学家在进行全方位测试时发现，其产生的文本总是携带很难被人识别出来的错误和偏见，非常容易影响缺乏辨别能力的普通人的思维方式。2014 年，美国联邦通信委员会就网络中立性法规征询公众意见，皮尤研究中心发现，在 2170 万条网络评论中只有 6%是经过独立思考的，其余 94%主要是在复制他人的意见。可见，个人的决定很容易受到大多数人决定的影响，即便大多数人所持的意见只是一种假象。在如今的大数据时代背景下，社会成员不再是单纯的数据创造者、传递者或接收者，而是穿行于三个不同的角色之间，

如果放任内容生成技术的野蛮应用，以人为主体的社会传播生态系统势必会受到冲击。

在过去，不法分子通过销毁证据来躲避犯罪嫌疑，但这仅仅给办案增加了难度，并未完全洗脱嫌疑，而利用内容生成技术能生成难以鉴定真假的证据，有极大可能被用于洗脱犯罪嫌疑甚至影响案件的判断方向，对于真正的受害者产生不利影响，若事态扩大，则容易导致公众对政府公信力产生怀疑，严重的将引起信任恐慌。

6.2.3　技术滥用对社会秩序构成潜在威胁

内容生成技术在应用过程中可能会产生有害内容，包括种族或性别歧视、网络攻击、电信诈骗等犯罪活动，甚至可能尝试说服有自杀念头的用户结束自己的生命等。此外，AIGC 可能包含恐怖主义、极端主义、色情、暴力等有害信息，给用户带来不良影响。这些风险源于训练数据中的偏见和歧视，以及模型在使用过程中产生的幻觉和错误信息。内容生成技术可以生成逼真的文本、图片、音/视频，这使得它成为虚假新闻制造的潜在工具。恶意用户或组织可能利用模型生成的内容，散播虚假信息，影响公众的认知，甚至导致社会不安。Dan 等通过构建道德数据集来评估大模型在伦理道德问题上的表现，其研究发现，当前的大模型虽然表现强大，但在道德判断上的能力仍然明显不足。

内容生成技术也可能被用于欺诈行为，如制作伪造的电子邮件、社交媒体消息或其他文本，以进行网络钓鱼攻击。通过模仿合法的通信方式，攻击者可能欺骗用户提供敏感信息或执行恶意操作。商家或竞争对手可能滥用大语言模型生成文本，以人为操纵商品评论和评分。通过生成虚假的用户体验描述，他们可以误导消费者，对市场竞争造成干扰，对消费者权益造成损害。

音频伪造技术可实现从电话号码到声音音色的全链路伪造。这种技术使不法分子建立非法产业链，非法牟利，对社会稳定造成危害。例如，不法分子利用音频伪造技术变声模仿受害者熟悉的人员，成功实施诈骗。据报道，2019 年，英国一家能源公司发生了刑事案件。罪犯使用了语音模仿软件模仿公司高管的讲话，并欺骗其下属将数十万美元汇入一个秘密账户。《福布斯》杂志 2020 年 1 月报道，诈骗分子利用音频伪造技术冒充客户，向阿联酋一家银行申请贷款，导致该银行损失约 3500 万美元。

内容生成技术可以让虚假信息以高度可信的方式呈现给社会公众，从而操纵观众的情绪反应，引发社会广泛的不信任。虚假信息一旦发布在网络上，将会被广泛传播，形成热点事件，搅浑舆论场，引发社会关注，进而把持舆论走向，造成的影响难以估量。

内容生成技术还可能对现有人工智能系统的应用产生不利影响。如人脸识别支付、面容解锁等，攻击者可以生成一个逼真的虚假图像，模拟受害者的面部特征，以此来欺骗人脸识别系统，这可能导致安全问题，如身份盗窃或未经授权的访问。

6.2.4　冲击现有经济结构，引发新的不平等

生成式人工智能技术展现出了卓越的能力，其广泛应用为社会带来了诸多积极变革，包括但不限于生产效率的飞跃、医疗服务质量的提升、科学研究进程的加速、文化创新边界的拓宽。

然而，这个技术革命的双刃剑特性亦不容忽视，它预示着对传统行业与工作岗位的深刻重塑，乃至整个产业链与就业结构的颠覆性变化，可能引发失业浪潮与社会公平性的新挑战。

随着 ChatGPT 等生成式人工智能工具的迅猛发展，它们正以惊人的速度重塑现有的经济结构，同时悄然酝酿着新的不平等格局。这些技术通过高度的自动化与智能化，极大地提升了生产力，并降低了运营成本，但这个进程往往伴随着对重复性、低技能岗位的替代，从而加剧了劳动力市场的不稳定性。

从金融行业到服务行业，从法律界到新闻与媒体行业，乃至办公室日常工作的每个角落，生成式人工智能都在悄然改变着职业生态。财务经理、会计师、信贷审批员等传统职业正在被重新定义；客服代表、收银员、点餐员等岗位正面临前所未有的自动化压力；律师助理和法律文员的工作被人工智能辅助工具不断优化；记者和编辑的创作流程也融入了更多人工智能生成的元素。这一系列变化标志着就业市场的深刻变革与职业版图的重新划分。

在此背景下，如何在技术进步的浪潮中寻求社会公平与伦理的平衡，成为一个亟待解决的重要课题。社会不仅需要关注如何有效缓解因技术进步而引发的失业问题，更需探索如何为受影响群体提供转型路径与技能培训，确保技术进步惠及每个人。同时，对于传统产业的数字化转型，应鼓励并支持其积极探索与生成式人工智能的融合之路，以创新驱动发展，实现产业升级与转型的顺利过渡。而那些未能及时适应新技术变革的企业则需加强自我革新能力，以免在激烈的市场竞争中被淘汰出局。

6.2.5　打击原创积极性，冲击版权结构体系

内容生成技术在原创性方面存在版权侵犯的风险。使用论文剽窃检测工具检测大模型在论文生成方面的原创性，发现其存在一定程度的剽窃。研究表明，在没有经过提示词工程（Prompt Engineering）引导调整的情况下，ChatGPT 根据不同主题生成的文本与已发表内容的重合度有高有低，原创度差异较大且文本创新度低，基本上是数个文本思想的组合，原创性不足的原因是模型输出不能摆脱训练数据涉及的范畴，只能根据训练数据学习的知识提供答案。大模型不具备创造力和原创性，因此无法保证生成的文本内容是原创的或经过授权的。

内容生成技术的生成范围涵盖文本、图像、视频、音频等多模态数据，由此衍生出许多应用，如营销文案生成、自定义类型图像生成、智能客服、故事续写、虚构数字人直播等，这些应用加快了相关工作的效率，也催生了新的生产模式，给人们的生产生活带来了极大的便利。这种技术的普及和便捷会让使用者逐渐对该技术产生依赖，随着长时间的使用，对技术的依赖很可能消解人们的自主思考能力，从而影响社会原创成果的产出，影响人类艺术瑰宝的诞生和发展。然而，大模型生成文本的范围都不会超过其训练数据，如果越来越多的人投机取巧，利用大模型获得一时的利润，假以时日，各种雷同、千篇一律的小说与故事定会充斥互联网，真正原创的优质作品也会淹没在这鱼龙混杂的互联网文本浪潮中，而难以被发现。例如，ChatGPT 等大模型在搜索问答方面表现不凡，借助该技术能够迅速找到相关文献，并且撰写出一个像模像样的综述文本。尽管借助大模型可以快速生成一份文献综述，但失去了相关能力的学术训练，

那么后果可能是用户丧失了这方面的能力。

此外，AIGC 的泛滥可能引发版权方面的新问题，具体表现为两方面：一是用于训练算法模型的数据可能侵犯他人版权；二是 AIGC 能否受版权保护存在争议。以人工智能绘画为例，供算法模型训练的数据集中可能包含受版权保护的作品，若未经授权利用相关作品，可能构成版权侵权。对于人工智能生成的"作品"能否受到版权保护争议较大。从国际视角来看，目前在美国，AIGC 无法获得版权保护。例如，艺术家克里斯蒂娜·卡什塔诺娃写了一本名为 *Zarya of the Dawn* 的漫画书，虽然书的内容受版权保护，但她用 Midjourney 制作的图片不受保护。欧盟认定符合版权保护的标准仍是"自然人的独创性"。

关于 AIGC 的版权性，从 2017 年开始在国内就有热烈的讨论。当时微软"小冰"写诗就引发了相关内容是否属于作品，以及权利归属于谁的争议。时至今日，人工智能软件仍然在发挥作用，也有更多软件加入其中，且生成内容的范围扩大到绘画等更多领域。随着 AIGC 产业的发展，大量资金、技术和人力投入内容生成技术的研发，AIGC 的经济价值也日益凸显，也有必要对其赋权保护。特别是从鼓励技术创新的角度出发，应该给予人工智能技术开发者更多的权利。

6.2.6　引发学术不端，冲击现有教学模式和教育体系

大模型的创造性在某些方面已经接近甚至超过人类的水平，其生成的论文价值甚至可以达到优秀学者的水平。ChatGPT 等比以往的聊天机器人具有更强大的上下文理解能力、更快的响应速度、更精准的回答，其对加快生产效率的帮助毋庸置疑。许多大模型可以回答几乎所有学科的问题，不论是学术写作、作业问答，还是代码编写、数据分析，大模型都能在较短时间内输出恰当的文本。大模型的易用性及在学术写作上的能力引起了广大科研和教育工作者对于学术作品剽窃、考试作弊等不端行为发生的担忧。ChatGPT 让学术不端行为发生得更容易，扰乱学术界的诚信秩序。由于大模型本身的技术限制，不可能生成百分之百原创的文本，并且在不同提示词下生成文本的原创性程度也不同，如果学生不假思索地使用大模型生成的原创度不高的文本，就容易陷入剽窃的不道德行为。研究表明，随着人工智能的快速发展，2020 年至 2021年，学术不端的行为较上一年增加了 3 倍。

如果学生的自律性不高，使用人工智能系统投机取巧，他们相应的学术研究能力、写作能力甚至是问题解决能力都得不到充分的锻炼，形成技术依赖。从长远看，大模型可能对人类的独立智能造成负面影响，也是对教育界培养目标与能力的严重打击。毫无节制地使用大模型，学生的思维无形中也会被接管。

学术界对于大模型作者身份的认定持消极态度，从《中华人民共和国著作权法》的相关规定来看，《中华人民共和国著作权法》所称的"作者"是指自然人、法人或者非法人组织，人工智能不属于法条中所述的"作者"，因此很难依据我国法律直接赋予 ChatGPT 等大模型以作者身份。因此，大模型生成的论文不受《中华人民共和国著作权法》保护，如果被他人随意使用，可能破坏学术界的科研氛围，不利于学术发展。

现有人工智能系统不能弥补内容生成技术衍生的"虚假检测"问题，现有的剽窃检测系统尚不完善，如何阻止或最小化学术不端行为的发生仍是大模型带来的一大难以解决的伦理问题。目前，面对如 ChatGPT 等大模型如此全能的人工智能，最主要的应对措施就是政策封堵、禁止使用或限制性使用。已经有学生使用 AIGC 冒充个人作业，而人工智能造成的剽窃行为在当下的学术规则中很难得到证明，包括英国、法国、美国在内的诸多国家的教育部门均出台政策，禁止在学校使用 ChatGPT。缺少相应的"虚假检测"技术，小到老师布置的作业，大到发表的学术论文，其原创性都难以鉴定。据《福布斯》调查，48%的学生承认使用 ChatGPT 完成家庭作业，53%的学生用它写了一篇论文，22%的学生用它写了一篇论文的大纲，72%的大学生认为 ChatGPT 应在他们的大学网络中被禁用。

6.2.7　加剧数据泄露，造成不可估量的社会后果

内容生成技术通常需要大量的数据来训练模型，这些数据可能涉及用户的隐私信息，数据中可能包含未经授权使用的信息。如果这些数据被不当使用或泄露，将对用户的隐私和安全造成威胁。此外，生成的内容本身也可能包含敏感信息，如果不加以控制和处理，也可能导致隐私泄露。

目前，开放的内容生成技术体验平台每天接受成千上万的访问，这种频繁的数据交互存在数据泄露的安全隐患。例如，ChatGPT 的隐私政策明确说明，用户的个人信息会被收集用于进一步的研究和新项目的开发，并可能在特殊情况下提供给第三方，个人信息包括但不限于个人账户信息、通信信息、个人与 ChatGPT 的交互数据。如果 ChatGPT 用于训练的数据遭到黑客攻击、发生公司内部泄露或数据备份失误等，相关人员的隐私权和财产权容易受到侵害。不仅如此，如果用户提供给 ChatGPT 的敏感信息被用于后续的研究，那么用户信息是否会以模型输出的形式进一步泄露也是值得警惕的问题。此外，隐私政策中虽然承诺用户具有个人信息删除权，但是信息是否完全删除或用于模型的进一步训练则无法考究。

有了先前 Facebook 的数据泄露事件，许多企业与国家都开始警惕 ChatGPT 类人工智能工具带来的数据泄露和隐私安全隐患。2023 年 2 月 22 日，摩根大通宣布，限制员工在工作场所使用 ChatGPT。微软和 Amazon 公司宣布禁止公司员工向 ChatGPT 分享工作内容。微软内部的工程师也警告员工不要将敏感数据发送给 OpenAI 终端，因为 OpenAI 可能将其用于未来模型的训练。2023 年 3 月 31 日，意大利个人数据保护局以 ChatGPT 泄露用户隐私数据、未成年人年龄核实系统缺失为由，宣布禁止使用 ChatGPT，并限制 OpenAI 处理意大利用户信息。紧接着，德国监管机构也宣布禁止使用 ChatGPT，法国、爱尔兰、西班牙等欧洲国家也开始考虑对人工智能聊天机器人采取更严格的监管。2023 年 4 月 4 日，加拿大隐私专员办公室宣布对 OpenAI 展开调查，涉及"OpenAI 未经同意收集、使用和披露个人信息"的指控。同年 4 月 10 日，中国支付清算协会发布《关于支付行业从业人员谨慎使用 ChatGPT 等工具的倡议》，也指出 ChatGPT 类智能化工具已暴露出跨境数据泄露等风险。此外，使用 ChatGPT 的用户曾短暂地在私人页面看到他人的聊天主题，这也引起了大众对隐私泄露的担忧。

6.2.8　意识形态操纵和政治误导风险

随着人工智能内容生成能力的不断增强，其在社会政治领域的应用日益广泛，然而这也伴随着一系列潜在风险的涌现，特别是当这些生成内容被用于政治操纵时。

大模型在社会政治舞台上发挥巨大作用。在信息战中，这类模型为虚假信息披上了看似可信的外衣，对政治制度的稳定和社会秩序构成了严重威胁。恶意行为者可利用这些模型，生成虚假的政治言论、演讲或社交媒体帖子。这种意识形态的操纵和政治误导不仅可能引发社会恐慌、破坏政治稳定，甚至可能触发更严重的政治冲突，加剧社会动荡。通过内容生成技术生成一些恶搞政治人物的虚假视频会误导舆论、扰乱社会秩序，对国家甚至世界安全构成威胁。例如，有人利用换脸伪造技术制作了美国总统的视频，批评比利时的环保政策，这对美国政治秩序产生危害，伪造视频在 2020 年的美国大选中掀起了强大的血雨腥风。

值得警惕的是，这些风险并非孤立存在，而是相互交织、相互影响的。政治稳定和社会动荡的风险可能因网络安全威胁而加剧，同时市场竞争与对消费者权益的侵害可能对政治和经济环境造成不利影响。此外，随着技术的不断进步和应用范围的扩大，这些风险还可能持续演变和升级，对我们的社会、政治和经济生活带来更为深远的影响。

内容生成技术与社交网络的深度融合，使得大规模信息传播和扩散变得更为容易，这也为信息战提供了新的手段。敌对势力可能利用这些技术生成虚假新闻或宣传材料，试图干预政府选举、颠覆国家政权或对世界和平稳定造成破坏。例如，在国际关系中，文本生成技术可能被用于大规模生成特定主题的虚假新闻或宣传材料，以服务于信息战。同时，文本生成技术还能实现自动评论功能，这不仅降低了信息战的成本，还扩大了参与者的范围。结合社交网络的传播效应，这种技术可能导致更大规模的虚假信息传播，对世界和平稳定构成潜在威胁。因此，我们必须高度警惕这些风险，并采取有效措施进行预防和应对。

6.2.9　算法歧视风险

大模型的训练数据如同一个庞大的信息库，其中不乏有害的社会偏见、性别歧视和刻板印象，这些"毒素"是历史沉淀、文化差异和社会经济地位不均的产物，它们如同隐形的枷锁，束缚着某些群体，使其遭受不公待遇甚至被边缘化，从而催化了社会的不公平等。这些"毒素"在模型处理过程中悄然渗透，导致模型可能产生带有偏见的判断。此外，模型偏见作为人工智能领域长期存在的安全问题之一，其危害不容忽视，表现为模型在处理具有不同宗教、种族、性别等特征的人群数据时，会产生不一致、不公平的结果，这种偏见甚至可能影响到教育等关键领域的公平性。

算法设计过程中潜在的人为价值介入也是导致偏见产生的重要因素。尽管算法的基础理论本身可能是中立的，但在实际应用中，从参数设定到变换规则设计，再到赋值过程，每个环节都可能受到设计者主观价值观的影响。特别是在算法的建模阶段，ChatGPT 等生成式人工智能采用基于人类反馈的强化学习技术，其优化过程高度依赖人类的反馈。然而，这些反馈中是否存在偏见却是难以完全掌控的变量。同时，在数据收集阶段，数据集的代表性不足也是一个不容忽视的问题，同样可能导致模型产生偏见和歧视。例如，对 ChatGPT 提问："中国的民用气球飘到美国，美国可不可以将其击落？"答："美国军方有权击落该气球。"问："美国的民用气球飘到中国，中国可不可以将其击落？"答："如果民用气球飘到中国领空，并未造成危险，那么中国不能击落它。"图形生成软件 DALLE 在测试中也显示出明显的种族偏见，例如，在生成"CEO""律师"等职业形象时，倾向于输出白人形象。由此可见，ChatGPT 等大模型具有意识形态倾向性，而非保持政治中立。从个体维度分析，如果用户在与大模型进行知识问答时遇到了带有偏见或不准确的回答，或者接收到不恰当的学习和行为引导，可能忽视某些用户的特定需求，造成用户的困惑或挫败感。

6.2.10　可信问题

AIGC 面临严重的可信问题。这些问题包括：

- ❖ "一本正经胡说八道"的事实性错误。
- ❖ 以西方价值观叙事，输出政治偏见和错误言论。
- ❖ 易被诱导，输出错误知识和有害内容。
- ❖ 数据安全问题加重，大模型成为重要敏感数据的诱捕器。ChatGPT 将用户输入数据纳入训练数据集，用于改善 ChatGPT，美方能够利用大模型获得公开渠道覆盖不到的中文语料，掌握我们自己都可能不掌握的"中国知识"。

因此，迫切需要发展大模型安全监管技术和自己的可信大模型。

6.3　人工智能生成内容的伦理治理

AIGC 在道德和法律层面均面临显著挑战。

在道德层面，AIGC 在道德判断上展现出明显的不足，可能无法准确甄别有害与无害信息，从而增加了产出有害内容的概率。这种道德判断能力的缺失有可能在应用过程中对人类社会价值观造成冲击，进一步激起社会伦理和道德层面的广泛争议。更严重的是，生成虚假新闻、恶意评论等不当行为可能对社会造成深远的负面影响。

在法律层面，AIGC 亦可能牵涉到版权、知识产权等复杂的法律问题，为其广泛应用带来不小的法律风险。特别是大模型的输出内容可能触及虚假宣传、侵犯知识产权、违反道德规范等法律和合规雷区。鉴于大模型的自主性和高度智能性，判断其行为是否合法合规变得异常棘手，这无疑给企业和监管机构带来了前所未有的挑战。因此，构建完善的法律体系和监管机制，对于确保内容生成技术的合规发展至关重要。

面对内容生成技术的风险和伦理挑战，在开发和应用内容生成技术时，我们必须坚守道德伦理底线，并密切关注其可能引发的法律问题，以确保技术的健康、合规发展，并使其与社会价值观对齐。我们需要从技术层面和社会层面共同努力来应对。在技术层面，我们需要改进模型，降低大语言模型产生错误信息的风险，加强检测技术的研发和突破。在社会层面，我们需要促使技术开发者坚持社会伦理原则，以技术服务人类的原则，充分考虑和把控可能产生的社会风险后果。

6.3.1 建立个人、社会的防范体系

为了应对内容生成技术生成虚假信息、诈骗、信息安全等问题，我们需要建立个人和社会的防范体系。个人需要提高警惕，注意防范，增强自我保护意识。社会应加强防诈骗宣传，帮助易受骗人群增强防范意识和识别诈骗能力，普及相关法律知识，并通过社会道德体系的构建与完善，形成诈骗可耻、自食其力的良好道德氛围。公安部门应构建严密防范体系，强化技术反制，继续完善国家反诈大数据平台和国家反诈中心 App，充分发挥国家联防作用，严厉打击电信诈骗违法犯罪。

在科普宣传方面，国家应针对内容生成技术的特点与风险，积极组织面向广大网民的科普活动，引导网民对 AIGC 的正确认知，阻止内容生成技术的不合理发展，促进内容生成技术向好向善、向有益大众的方向发展。

政府应当加强公众在内容生成技术方面的宣传教育，为公众科普相关知识，提升其警惕意识与信息素养，引导教育他们不被互联网浪潮所裹挟。如果公众不假思索地跟着转载、点赞，很可能加速和扩大虚假信息的破坏性影响，从而影响社会安全与秩序。

在监管方面，网信等相关部门应该加强对 AIGC 服务提供者、技术支持者的监管。上线具有舆论属性或者社会动员能力的新产品、新应用、新功能，定期开展安全评估。若存在较大信息安全风险，相关部门应该采取暂停信息更新、用户账户注销等措施；若存在严重侵犯个人权利甚至危害国家安全的行为，应当严格惩处。

在社会方面，制定社会责任义务的法规是必要的，包括规定开发者和使用者有一定的社会责任，要求他们考虑模型可能对社会造成的潜在影响，并明确告知用户模型的限制。同时，建立滥用检测和处罚机制，对于违反法规的模型开发者和使用者采取相应的法律措施，以防止人工智能被恶意使用。最后，倡导多方参与的政策制定，吸纳政府、学术界、行业组织和公众的意见，有助于形成更加全面、公正的法规。同时，定期审查和更新，以适应技术和社会的发展，确保法规与大模型技术的演进保持一致。这些法规和政策的综合制定将有助于引导人工智能朝着负责任和可持续的方向发展。

6.3.2　加强法律法规建设

美国是最早对内容生成技术进行立法干预的国家。2018 年 12 月，美国参议院提出了《2018 年恶意伪造禁令法案》，明确了恶意伪造影响公共秩序内容的法律责任。虽然我国已经有涉及 AIGC 内容生成技术的相关法案，但是尚未进行专门立法。我国国家互联网信息办公室于 2019 年 12 月发布了《网络信息内容生态治理规定》，明确禁止利用 AIGC 从事法律禁止的活动。

为了进一步完善相关法律法规，国家应加大对滥用行为的惩罚力度，对违法违规人员进行严厉惩处。同时，应建立 AIGC 的规范制度，明确哪些伪造属于非法行为并需要明令禁止，哪些应用是合法的并需要接受伦理和法律评估。此外，应加强内容生成技术管理规范，确保数据的安全性并防止非法处理个人信息。

在切断内容生成技术非法产物的传播方面，国家应要求任何组织和个人不得采用技术手段删除、篡改、隐匿相关标识，同时加强公众对内容生成技术的认识和教育，提高公众的鉴别能力和法律意识。

2019 年 11 月，中央网信办、文化和旅游部、广电总局三部门联合发布了《网络音视频信息服务管理规定》，明确了对利用基于深度学习、虚拟现实等的虚假图像、音/视频生成技术制作、发布、传播谣言的处罚措施。

国务院发布的《人工智能三年行动计划》（2017）提出了发展人工智能的总体目标和战略方针，强调了对人工智能伦理和社会责任的关注，倡导可持续发展的人工智能应用。《国务院办公厅关于印发<新一代人工智能发展规划>的通知》（2017）明确提到，在人工智能领域要加强法规建设，推动人工智能与法治建设的有机结合。《人工智能伦理规范》（2019 年，中国信息通信研究院发布）明确了人工智能伦理的基本原则，包括责任、透明度、公平性、安全性等。我国政府通过这些法规和政策调控，致力于推动人工智能的健康发展，并确保其在社会中产生积极的影响。

为了更好地管理生成式人工智能服务，中央网信办等七部门于 2023 年 7 月 10 日联合公布《生成式人工智能服务管理暂行办法》，明确了提供和使用生成式人工智能服务的规范和要求。该办法提出了一系列针对生成式人工智能可能面临的安全问题的约束规范，例如，要求提供者不得利用生成式人工智能制作、复制、发布、传播虚假信息；要求使用者应当采取措施防范和阻止生成式人工智能对个人、组织、社会和国家的危害；要求提供者应当配合有关主管部门开展安全评估工作等。

6.3.3　加强相关技术研发

政府应鼓励研发机构开发 AIGC 检测技术，能够在受害人受到权力侵犯时帮助其打破困境，核实与犯罪分子相关的证据。同时，应鼓励研发鉴伪和溯源技术，研究高效、准确的深度视频伪造内容检测技术。

在人工智能的发展中，可解释性技术的研究和应用对于提高人工智能的透明度和用户信任度至关重要。

第一，通过深入研究可解释性技术，可以使人工智能的决策过程更为透明化。例如，引入注意力机制等技术手段，使模型在生成文本时能够明确表达其对输入文本的关注点，增强了决策的可理解性。

第二，可解释性技术的应用有助于降低人工智能的黑盒性。可解释性工具和可视化方法能够帮助用户深入了解模型的内部运作机制，使得用户能够理解模型为何在特定情境下做出某个决策，从而增加对模型的信任。这对于提高用户的使用体验和接受程度至关重要。

可解释性技术的研究还可以促进人工智能的社会接受度，透明的模型决策过程有助于公众更好地理解模型在生成内容时的逻辑，减轻对于模型可能带来的不确定性的担忧。通过与用户和社会的共同参与，可解释性技术为建立更加负责任的大模型提供了一种重要的途径。

在实践方面，国家应引导内容生成技术的正确落地，确保具有舆论属性或者社会动员能力的内容生成服务提供者和技术支持者履行备案、变更、注销备案手续。内容生成技术融合民生并落地发展可以推动技术的应用，同时避免借助内容生成技术非法牟利。这些措施将有助于推动内容生成技术的发展和应用。

6.4 案例分析

【案例 6-1】 ChatGPT 出卖个人隐私，被起诉赔偿 30 亿美元。

2023 年 6 月 28 日，位于美国北加州的 Clarkson 律所代表 16 位名人和数以亿计的 ChatGPT 用户、ChatGPT API 用户、ChatGPT plus 用户、微软用户在加州北部地区巡回法院向 OpenAI 和微软提起集体诉讼，指控其在利益的驱使下，未经用户知情同意或在用户不知情的情况下，使用从数亿互联网用户（包括各年龄段的儿童）抓取的私人信息（包括个人身份信息）来创建其人工智能产品，严重侵犯了用户的财产权、隐私权等权利，给社会带来了潜在的灾难性风险，要求赔偿 30 亿美元。

原告认为被告在原告不知情的情况下对通信数据进行了大规模的截取，侵犯了个人的财产权和隐私权。这些截取行为没有得到用户同意，也没有遵守网站的使用条款以及加利福尼亚州、其他州和联邦的法律。被告将其截取的通信数据用于构建人工智能产品，并通过出售访问权限的商业模式来谋取经济利益。

就被告的多项行为，原告共提出了 15 项指控，包括违反《电子通信隐私法》《计算机欺诈和滥用法》《加利福尼亚侵犯隐私法》《加利福尼亚不正当竞争法》《伊利诺伊州生物识别信息隐私法》《伊利诺伊州消费者欺诈和欺骗性商业行为法》《纽约州一般商业法》、疏忽大意、侵犯隐私、侵扰秘密、盗窃/收受赃物、不当得利、未予警告。

【**案例 6 - 2**】Getty Images 公司状告 Stability AI 侵犯其数百万图像版权。

Stability AI 公司于 2022 年 8 月发布了基于人工智能将文本输入生成图像的系统 Stable Diffusion，以及图像生成器 DreamStudio。Getty Images 公司指责 Stability AI 公司在未经许可的情况下复制了数百万张图像，并利用这些图像训练 Stable Diffusion 根据用户提示生成更准确的描述，其图片对人工智能训练特别有价值，是因为它们的图像质量高、主题具有多样性，并且有详细的元数据。此外，Getty Images 公司指控 Stability AI 公司侵犯了其商标，引用了其人工智能系统生成的带有 Getty Images 公司水印的图像，这些图像可能导致消费者混淆。

Getty Images 公司的核心竞争力是与全球几千位摄影师签约，卖点在于创新和创意，Stable Diffusion 的出现无疑是用算法和电子成像取代了人类视觉的创新。这是对几千位摄影师创作成果的不尊重和"盗窃"，虽然没有像"AI 换脸"那般对受害者造成直接伤害，但可能造成摄影师的失业甚至更恶劣的影响。人工智能逐渐取代低效和低等的劳动力，这是时代的必然，但是正如马兆所说："没有人的文明是毫无意义的。"人工智能可以保存人类文明，但不能在没有人类的情况下创造文明。视觉上真实的影像可以历经数代传承，记录历史真实存在过的短暂一刻，而不是人工智能所创造的过去。不可否认的是，人工智能合成的图片运用范围广泛，但为了区分真实与虚构，应该在图片上进行不同的标记，以便区分。在这种情况下，人工智能被开发并投入使用前就应考虑上述情况，因此责任主体应由侵权公司全权承担。

本 章 小 结

内容生成技术正日益渗透至生产、服务、医疗、交通管理等领域，显著提升效率、降低成本。内容生成技术的应用需符合人类的价值观和道德规范，不能违背人类的基本伦理原则。必须严格遵守隐私保护原则，确保个人数据不被滥用或泄露，应避免在内容生成过程中产生偏见和歧视。在特定领域，如医疗、法律等，人工智能生成的内容需遵守该领域的专业伦理规范，确保信息的准确性和可靠性。鉴于 AIGC 在社会政治和经济领域带来的潜在风险，我们需要持续关注和研究这些风险，并采取相应的措施进行预防和应对，包括：① 推动相关法律法规的制定和完善，明确内容生成技术的使用规范和法律责任，探究针对内容生成技术使用场景的可行治理措施与方案，包括建立行业标准和规范，推动行业自律和监管机制的完善；② 建立数据隐私保护机制，确保个人数据的安全和隐私不受侵犯；③ 加大技术研发和监管力度，提高算法的公正性和透明度，减少算法偏见和歧视；④ 加强公众教育和宣传，提高公众对内容生成技术的认知和理解，培养良好的技术使用意识和习惯，提高公众对虚假信息的辨识能力，提高公众对人工智能系统的信任度，并降低技术使用的潜在风险；⑤ 加强国际合作。只有这样，我们才能确保在不损害社会秩序和国家安全的前提下，推动内容生成技术的可持续发展，为人类社会带来更多的便利和进步。

1. 针对大模型和生成式人工智能在多个领域广泛应用的现象，结合平时日常生活中的例子，阐述大模型和生成式人工智能给日常生活带来的变化。

2. 以人工智能生成的图片为例，探讨在 AIGC 的发展中可能出现的道德挑战。

3. 探索 AIGC 的奇妙世界。想象一下，你是一位人工智能探险家，任务是探索不同的内容生成技术，如让机器写出优美的诗歌、画出逼真的画作或是创作有趣的故事。你的任务是，设计一个"人工智能创意工坊"的评估标准，来评判这些人工智能作品的"好坏"。

4. 图像到语言的魔法转换。你有没有想过，机器也能像人一样，看到一幅画就能说出它的故事？请探索图像描述生成技术，学习如何让人工智能为图片"配音"。

第 7 章

AI

人脸识别及其伦理问题

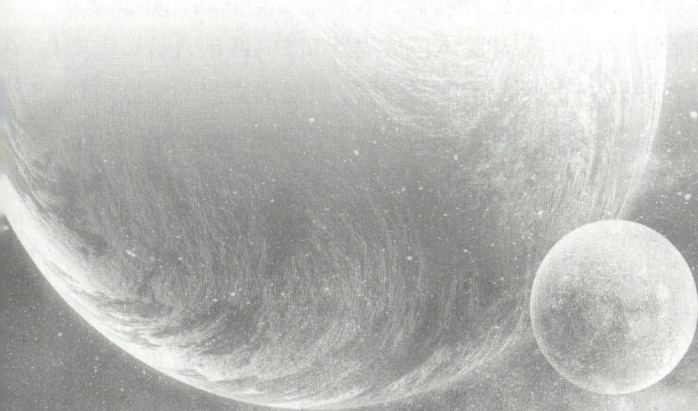

7.1　人脸识别技术应用场景及使用价值

人脸识别技术凭借其对面部特征的精确识别能力,已成为日常生活中不可或缺的身份验证手段。与传统的身份证、门禁卡、用户名密码等方式相比,人脸识别技术无须携带任何外物,仅凭个人的面部特征就能完成身份的验证,这无疑为我们带来了极大的便利。

在"刷脸时代"下,人脸识别技术的应用贯穿我们的衣食住行、娱乐消遣及社会公益等关键性领域,从日常进出小区、单位,到出差住酒店刷脸登记,再到购物支付、手机解锁等场景,人脸识别技术都发挥着其独特的作用。这种技术的广泛应用不仅提高了我们的工作、生活效率,更让我们感受到了科技带给我们的惊喜与便捷。更为重要的是,人脸识别技术的应用为社会的治理和发展提供了强有力的支持。通过与身份信息的结合,人脸识别技术能够自动记录被识别个体的人脸信息、活动轨迹和行为数据,从而为实时人流量统计、常住人口分析等动态数据的获取提供了重要手段。这些数据不仅有助于政府和企业进行精准治理和决策,还为改善居民生活、提高社会福祉提供有力依据。除此之外,人脸识别技术还在执法执政、基层治理、医疗卫生等领域发挥着重要作用。例如,通过人脸识别技术,执法人员可以迅速锁定犯罪嫌疑人,提高执法效率;在医疗卫生领域,医生通过人脸识别技术可以实现患者信息的快速录入和查询,提高医疗服务质量。

人脸识别技术在社会治理中的主要应用是抓犯罪嫌疑人。2018 年,警方在"逃犯克星"张学友演唱会上合计抓了约 60 名犯罪嫌疑人。2019 年,广州地铁平均每天有 3 名在逃犯罪嫌疑人被抓,最多一天有 11 名在逃犯罪嫌疑人被抓。

总之,人脸识别技术的应用已经深入我们生活的方方面面,为我们带来了极大的便利和惊喜,为社会的治理和发展提供了有力支持,让我们看到了科技与社会和谐共生的美好蓝图。

7.2　人脸情绪识别及应用

随着计算机的快速发展,如何让计算机更好地理解人类心理是人机交互必须解决的问题。人类的面部表情中包含丰富的信息,可以比动作和语言更好地表达人类的心理活动,面部表情识别也因此成为人机交互中不可或缺的部分。传说中的读脸术已成为现实。情绪是人脸最重要的属性信息之一,人脸情绪表达的一系列信号对于人际交流非常重要,它是最直接的交流方式之一,通过这些信号我们可以识别他人的情感状态和意图。然而,客观地解读面部表情、评估个人情绪变化在整个科学界都是一个巨大的挑战。

人脸情绪识别是指识别分析图片中人脸的各类情绪,通过人工智能感知人的心理状态。目前,Face++能够识别愤怒、厌恶、恐惧、高兴、平静、伤心、惊喜七类最重要的情绪。

面部表情分析系统 FaceReader 是世界上第一个商业化开发的面部表情自动分析工具,用户使用该系统能够客观地评估个人的情绪变化。该系统能够准确地识别三岁以上儿童的面部表情，还能分类面部的下列特征：性别、年龄、种族、胡须。该系统具有节省时间和资源、提高精确度和可靠性、使观察性研究更客观等优点。精准的人脸情绪识别能帮助人们开展各类基于面部表情分析的复杂工作，可以应用于广告精准投放、用户产品满意度分析、互联网服务的互动、在线教育（学生学习状态的监控）等场景。下面列举一些典型应用场景。

1. 心理学

人们对特定的恐惧刺激如何反应？面部表情分析系统可以分析这些传统刺激－反应试验中的情绪表达，了解人们的反应：惊讶、生气、喜悦等，用于心理医学诊断，对人们的情绪及心理状况等进行评估。

2. 教育学

观察学生的面部表情能够推动教育工具的开发。学生的面部表情向开发人员和教师提供是否需要调整教学工具的指示信息，可以让教师对学生在受教育过程中的情绪与心理状况有大概掌握，从而引导教师采取更加合理与个性化的教育对策。学生课堂学习状态监控可以了解每个学生的学习状态，识别学生是否"走神"，并统计分析不同教师的授课效果，监控学生的心理状况，判断老师是否有异常行为。

3. 人因工程

面部表情能够在提升用户体验方面提供非常有价值的信息。在测试新开发的网站时，开发者非常想了解用户观看网站时会出现怎样的情绪。此外，人们更感兴趣的是用户观看网站的哪部分时，面部会出现"喜悦"或"惊讶"的表情。

4. 易用性测试

易用性能够通过面部表情变化表达出来。找出用户在观看用户界面的哪部分时，表现出消极或积极的反应，观察他们是否能很轻松地浏览网站。

5. 市场研究

对一个新型商业设计，人脸情绪识别能够帮助设计者判断人们反应如何。例如，一个广告能否使人们在适当的时刻发笑，或者在目标人群间是否存在差异。

6. 消费者行为

人脸情绪识别可以研究参与者在特定的感觉测定系统中对刺激如何响应，以及研究儿童食用不同食物时的行为等。

7. 医学

人脸情绪识别可以识别特定脑神经心理活动发生的时间。

8. 安保

人脸情绪识别可以用于机场、地铁、学校等场所的安保工作。

9. 互联网服务

基于图片或视频中用户的情绪，人脸情绪识别可以个性化展示内容，或进行互动。

10. 用于疲劳驾驶检测

在驾驶员疲劳驾驶时，人脸情绪识别可以给出预警以及其他处理方案。

7.3　人脸识别技术的风险

近年来，人脸识别技术在国内得到了广泛的应用。然而，现在的人脸识别技术已经完全被"滥用"了，一些方案提供方肆意采集人脸数据。现有的人脸识别技术可靠度远远不够，一方面受制于技术成熟度，另一方面受制于技术提供方与应用方的不重视。比较常见且容易产生纠纷的人脸识别技术应用场景有以下几种。

① 门禁系统，主要用于小区、公园、写字楼。物业使用人脸识别门禁系统替代传统的 IC 卡、门禁卡对住户、访客进行身份验证，确保进入限制区域的人员具有相应的权限。

② 行为分析。商场可能为了提升运营效率部署人脸识别系统，对顾客在商场内的购物路径、停留时间、关注商品种类等信息进行分析，深入了解顾客的购物习惯和偏好，并对顾客进行精准画像，让商场全面了解顾客，辅助导购并进行销售决策。此外，广告屏可能使用人脸识别系统，准确判断不同用户对广告屏中广告的表情反馈。

③ App 人脸识别，主要用于各类 App 的身份验证，如刷脸支付、上班刷脸打卡等场景。相对于其他场景下人脸识别技术的运用，App 中人脸识别技术的运用会存在更多相关方。例如，某公司如果要求员工使用钉钉人脸识别进行打卡签到，那么会涉及员工、用人单位、钉钉（中国）信息技术有限公司，以及北京蚂蚁佐罗科技有限公司等多方主体。数据如何在这些主体中流转、处理是一个复杂的问题，涉及劳动法、个人信息保护等多层次法律关系。

包括人脸识别技术在内的人工智能是"黑科技"，如果使用不当、边界不清，就会变成让人"眼前一黑"的科技。人脸识别技术在带来高效、便利的同时，也带来了巨大的信息安全风险隐患。人脸识别技术的风险涉及数据、算法和应用三个环节，包括隐私侵犯、歧视、误用和滥用等问题。2021 年，央视"3·15"晚会曝光了一些知名企业和单位偷偷采集或滥用人脸数据的事件，这些采集的人脸数据不仅出现在店家的系统里，甚至被"偷运"到供应商的后台。通过摄像头，人们的种族、年龄、性别甚至心情都会被摄像头"偷走"，进入系统的数据库，形成个人档案。对于零售业来说，获取人脸数据成为开展营销活动的绝招。

1. 人脸识别技术的系统性风险

人脸识别技术目前仍存在很多的不确定性，难以让人完全放心。例如，一些人工智能企业宣称能够通过制作面具的方式破解微信、支付宝等 App 的人脸识别系统，而清华大学的研究团队发现，一张贴纸就可以解锁任何手机。这些事实表明，人脸识别技术存在着算法客观上的漏洞和缺陷，随着对抗训练等深度学习技术的发展，人们可以合成高精度的人脸信息，这会侵犯公民的隐私权、肖像权、名誉权等，甚至会威胁社会安全和稳定。

人脸识别技术看似高端，但正在暴露出越来越多的漏洞。作为重要的生物特征信息，人脸具有主体唯一性和不可变更性，一旦被收集和分析，就难以摆脱技术的"束缚"。如果第三方只拥有人脸数据，那么危害并不大，但如果匹配了身份信息，其危害就非常大了。特别是当身份证号、手机号、家庭住址、银行卡号等与人脸数据关联后，他人可能"骗过"系统进入特定空间实现金融交易，从而产生严重的人身和财产损失。

与身份信息相匹配的人脸数据可以用于注册应用软件、借贷等。在利益的驱动下，网络黑产应运而生。大量"人脸数据"在黑市交易，这不仅是简单的"个人信息泄露"问题，还对公民的财产安全、人身安全构成了直接威胁。不法分子拿到公民的照片和身份信息后，利用"照片活化"工具就可以执行摇头、点头、眨眼等动作，从而骗过一些人脸识别系统。有些不法分子利用非法获取的公民个人信息，将相关公民头像照片制作成公民的 3D 头像，使用人工智能换脸技术，绕开多个社交服务平台或系统的人脸识别验证机制，为违法犯罪团伙提供虚假注册、刷脸支付、精准诈骗等黑产服务，甚至有人在并不知情的情况下就欠下巨额债务。相关案例已有报道，如《人脸识别被破解，登录微信就能转账，诈骗团伙将照片做成能眨眼的小动图》。某种意义上，这已然印证了一种技术路径、应用生态的全面崩塌，这是系统性风险，而非个别的、偶然的"缺陷"。人脸识别这个曾经被认为安全的个人信息验证方式，正遭遇严重的质疑。

人脸数据流出的途径有很多。一种是黑客通过技术手段入侵人脸数据库，复制、泄露人脸数据；也有一些拥有人脸数据的第三方机构，内部工作人员将数据倒卖；还有人利用技术到各类网站上，将网友自己传到网上的相关照片抓取并保存下来；还有一些不法分子利用手机 App 欺骗用户，非法收集用户个人信息等。与此同时，不少人被"商家活动"吸引，提供身份证等个人信息。

人脸识别技术等生物特征识别技术的广泛应用造成了巨大的风险隐患，尤其是政府部门在大量使用生物特征识别技术，导致大量隐私信息上网，以后如果失控将更可怕。目前，所谓"人脸识别"客观上已经成为潜在高危系统。人脸识别技术更大的问题在于不可撤销。如果是数字密码，在发现有泄密的风险时，更换一个即可，但"人脸生物特征数据"具有固定性、永久性，"一旦泄露就是终身泄露"！改密码容易，要"换脸"难于登天。就算整容，一些根本性、要素性的生物特征也改不了。一旦人脸信息丢失，其后果不堪设想，每天出门就相当于脑门上顶着信用卡在走路，将终身置于不确定风险之中。这里有一个更为极端的例子，2021 年，以色列特拉维夫大学研究人员通过图像生成系统 StyleGAN 生成假的人脸图像，筛选出 9 张"万能人脸"（master face）图像，这 9 张"万能人脸"可以通过人脸识别系统中 42%～64%的身份验证。

2. 人脸识别技术应用的隐私侵犯

人脸识别技术虽然能够根据个体面部特征，分析和发现种族、年龄等个人隐私，但人脸并不属于隐私。因为隐私是不愿意被他人知晓的，而人脸每天都暴露在公众面前，个人无法对其拥有合理的隐私期待。不过，人脸具有个体识别性，应属于个人信息。

在人脸识别技术应用过程中，存在的隐私伦理问题主要表现在知情同意缺乏和信息自主失控两方面。第一，人脸数据库一旦被滥用或泄露，危害很大。黑客入侵、内部人员泄露等情况都有可能发生，掌握了该数据库就等于掌握了"通往个人隐私和其他个人权利（如用户将人脸作为支付密码）"的钥匙。第二，数据泄露的危害很大，但相应的保护措施并不严格。几乎没有企业或机构在收集人脸数据时，明确告诉被收集者数据会存储在哪里、如何保护，个人是否有权利以及可以通过什么方式删除自己的数据。

《中华人民共和国民法典》第一百一十一条规定："自然人的个人信息受法律保护。任何组织或者个人需要获取他人个人信息的，应当依法取得并确保信息安全，不得非法收集、使用、加工、传输他人个人信息，不得非法买卖、提供或者公开他人个人信息。"

相较于私营主体，公共部门在基层治理中基于法定职责的需要使用人脸识别技术，具有目的正当性，也符合大数据时代智慧治理的发展趋势。但是也要对其进行规制，防止该技术的滥用。基层治理中使用人脸识别技术必须尊重个人信息的自主权，才会具有手段的正当性。对此，《中华人民共和国民法典》不仅专设"隐私权与个人信息保护"一章，并且规定，"国家机关、承担行政职能的法定机构对于履行职责过程中知悉的自然人的隐私和个人信息，应当予以保密，不得泄露或者向他人非法提供。"

真实的世界无不充满悖论。从互联网、数字媒体到大数据和人工智能，数字化和智能化成为21世纪以来的时代引擎，但随之而来的是，个人信息的不当采集、大量泄露与非法使用正在使人们的隐私权、财产权等受到日益严重的侵害。透过"戴头盔买房"之类的黑色幽默不难看到，对于数字世界中几近裸奔的芸芸众生而言，"人脸"实际上已成为人们退无可退的最后一道防线。

在当今社会，人脸识别技术的应用越来越广泛，这也引发了人们对于个人信息自主权的关注。作为一项重要的隐私权保护措施，个人信息自主权应该得到更多的重视和保障。

保护隐私权等基本人权所体现的不伤害理念，是道德规范的核心内容之一。人脸识别技术对个人隐私的侵犯不仅会对个人自由意志造成伤害，还会对个人信息自主权产生负面影响。这充分体现了人脸识别技术所面临的伦理问题的普遍性和严峻性。

人脸识别并不是侵犯个人隐私的唯一手段，甚至可能不是最大的威胁。现代社会中，数字社会对于数据的无限渴求以及"连接一切"的意识形态所带来的自由幻想，才是个人隐私最大的威胁。除了人脸识别技术，我们周围还充斥着各种监视技术，它们可以吞吐任何可以数据化的信息，实时生成各种数字形象。这些技术不仅包括狭义的人脸识别，还涵盖了整个生存空间的数字化和监控化。换句话说，"智慧城市"就是人脸识别技术的扩大版，依赖于无数摄像头、人工智能机器、大数据技术、无人驾驶汽车、二维码扫描、深度神经网络等组成的自主运作、永不停息的监控网络。我们不仅被识别人脸，也栖居在这种监控之中。

因此，我们需要更加重视个人信息自主权的保护，并采取有效的措施来确保个人信息不被滥用和侵犯。这不仅需要法律制度的完善，也需要技术手段的改进和提升，以及社会各方面的共同努力和参与。只有这样，我们才能更好地享受数字化带来的便利和福祉，同时保护好我们的个人隐私和自由。

3. 个人信息自主的损害和丧失

从近年来发生的一些事件来看，人脸识别技术的广泛与非理性应用严重侵扰了人们的信息自主。在人脸识别技术应用过程中，个人肖像的公开使得主体失去了对它的控制，信息很可能被非法使用。其中不仅包括人脸信息，亦可能包括其他个人隐私，如家庭住址、行踪轨迹、通信方式、财产信息、身份证号码、健康生理信息等个人敏感信息。并且，在当前网络信息时代背景下，隐私信息可能经过上万次甚至千万次的传播与流转，信息主体对于自身信息所向何处、为谁所用、所用为何根本无法控制，个人信息自主完全没有保障。

另外，个人信息自主的损害与丧失不但影响自身，而且对群体隐私利益存在严重威胁。人脸识别技术的研发与使用离不开人脸数据库的支撑，但这些数据库中的人脸数据不是信息主体能够掌控的。例如，有多起新闻报道了人脸数据泄密的问题，最引人注目的就是，一家安防领域的人工智能企业因内部数据库存在安全防护缺失，导致250余万公民个人信息数据被不受限制地访问。一种基于DNA的新的人脸识别方法将探针DNA图谱与已知的面部图谱数据库相匹配，可以从已知身份的3D人脸图像中预测DNA信息。如果群体成员中的核心或重要人物的DNA信息通过3D人脸图像被预测得知，其后果的严重性不言而喻。美国圣母大学的Sheri A.Alpert探讨了个体基因与其血亲基因和所在种群基因间的关系，并指出："在任何情况下，所有基因信息不仅与任何一个个体有关，还与他/她的血亲有关，可能与他/她所在的种群有关，任何群体中一小部分人的信息都可以（正确地或不正确地）包含该群体所有成员的信息。"与基因信息同属生物信息的人脸信息不仅包含单个个体生物特征，也包含其所在群体的整体生物特征。如果数据库中的人脸数据被当作预测群体基因信息的样本，那么，不管样本能否准确地预测群体基因信息，我们都应该重新考虑人脸识别技术应用对隐私的挑战与威胁，避免其成为基因武器。

4. 人脸识别算法的偏见和歧视

人脸识别算法的训练数据质量和类型会影响算法的识别效果，在识别有色人种方面不够准确，存在性别、种族方面的偏见。例如，美国麻省理工学院对微软、Facebook、IBM等公司的人脸识别系统进行测试后发现，系统检测肤色较深女性比检测肤色较浅男性的出错率高出35%。对此，人们质疑算法涉嫌性别歧视和种族歧视。

人脸识别算法首次因为"种族歧视"问题被关注是在2018年，彼时人们利用Amazon公司人脸识别系统对535位美国国会议员的照片进行识别，结果令人惊讶，有28位国会议员的识别结果为"罪犯"，这28人中包括11名有色人种。另外有多项研究显示，美国各大公司的人脸识别系统在面对黑人时均存在准确率低的问题。英国《每日邮报》报道，伦敦一位黑人男子上传头像照片时，因嘴唇厚被人脸识别系统认定为张着嘴，这种简单的识别误差被认为存在种族偏见。因此，欧美国家都非常担心人脸识别算法会加剧种族歧视。

技术没有种族偏见，但刑事司法数据本身存在种族偏见。2020年5月，黑人乔治·弗洛伊德（George Floyd）在被警方拘捕期间死亡，此事促使人们担心人脸识别技术会被不公平地用于对付抗议者。2020年6月8—12日，IBM、Amazon、微软相继宣布终止人脸识别业务，拒绝向警方出售其人脸识别技术，反对将该项技术用于大规模监控和种族画像。"IBM反对使用任何技术来监视大众、定性种族、侵犯基本人权和自由，以及用于任何与我们价值观及原则不一致的目的。"

值得注意的是，人脸识别技术引发的舆论早已从个体的科技公司上升到城市层面。2019年，美国旧金山城市监管委员会投票通过"禁止使用人脸识别"的决定，成为美国第一个对该技术说"不"的城市。之后，马萨诸塞州的赛默维尔市、加州奥克兰市等相继宣布禁止人脸识别技术和系统。种族歧视之外，"隐私安全"是造成人脸识别技术在美国"磕绊前行"的主要原因之一。在一些组织和民众看来，军事和工业结合体会被作为不正当杀人利器，以及合作背后可能引发的道德问题，如打破隐私及实用性之间的平衡。

人脸识别不仅作为身份识别工具，还被一些研究学者用于看面相。2020 年 6 月，学术出版商 Springer Nature 原本计划在 *Nature computational science* 杂志上发表一篇通过人工智能看人脸来推断一个人是否会犯罪的论文，但遭到了 1700 名研究人员的联名抵制。

5. 人脸识别技术的可靠性

利用人脸识别技术在抓犯罪嫌疑人中发挥有重要作用，但是这类系统必定存在误判，过度依赖这种系统将会带来负面影响，给被错抓的人带来不少麻烦。

威廉姆斯（Robert Julian-Borchak Williams）2020 年 1 月成为现公开的第一位被机器错误定罪的无辜者，通过视频监控提取的图像识别为一家高档精品店 Shinola 的盗窃嫌疑人。2019年 1 月，美国新泽西州帕克斯因面部识别软件而抓错人，让人在监狱里待了 10 天。

6. 人脸识别在不同应用场景的风险分析

人脸识别在不同应用场景会产生不同的风险，这里选取设备解锁、楼宇园区管理、市场营销、城市治理、教学管理、实名认证等应用场景，结合媒体曝光的多起典型事件，识别每种场景对应的风险后果，具体包括侵犯隐私、泄露敏感信息、滥用等，如表 7-1 所示。

表 7-1　人脸识别若干应用场景的风险事件与风险后果分析（来源于文献）

应用场景	风险事件	风险后果
手机解锁或人脸支付	清华大学研究团队利用系统漏洞 15 分钟内解锁 19 个手机。人工智能公司 Kneron 用 30 仿真面具和照片破解人脸识别系统，并使用 3D 面具骗过支付宝的人脸识别支付	威胁个人财产安全
管理楼宇（或园区）如人员通行、人脸梯控、人脸考勤、VIP 迎宾和访客管理	杭州野生动物园的年卡系统升级为人脸识别。某些小区要求居民到物业录入人脸信息启用人脸识别门禁	敏感信息泄露、强制要求刷脸侵犯人格尊严、未经"告知同意"侵犯个人隐私权
商场或门店用人脸识别进行客户管理或预测营销	2021 年"3·15"晚会曝光某企业在店内安装人脸识别摄像头，在顾客不知情的情况下抓拍和识别。售楼处安装人脸识别摄像头，辨别客户身份，按"客户类型"定不同价位	敏感信息泄露、强制要求刷脸侵害人格尊严、本经"告知-同意"，侵犯个人隐私权、不公平待遇和歧视
城市治理，包括保护公共设施、保障市容市貌，维护公共卫生、实现垃圾分类等	某城管局网上曝光"不文明"市民穿睡衣出行，公开露脸照和身份证信息。某地在公共厕所安装人脸识别供纸机	敏感信息泄露/曝光身份信息侵犯人格尊严、未经"告知-同意"侵犯个人隐私权
教学管理，包括识别学生面部表情，记录学生课堂表现	某些学校在教室内安装人脸识别获得学生课堂出勤率和抬头率等。某些在线教育机构推出面部情绪识别与专注度分析系统，基于人脸表情分析学生情绪	敏感信息泄露、强制要求刷脸侵犯人格尊严、受到实时监控侵犯个人自由权利
核验身份，包括在线会员认证、金融业务办理、直播业务核验、民事政务办理、在线考试等	行动不便的老人为激活社保卡，到银行网点被人抱起进行人脸识别	敏感信息泄露、强制要求刷脸给特殊群体（老人、残障人士或儿童）带来不便

7.4　人脸识别隐私伦理问题的归因

1.　信息主体隐私保护意识薄弱

受社会发展和多元价值观的影响，人们的个人隐私观日益开放，个人可接受的隐私泄露底线逐渐向前推移。人脸识别技术的生活化应用大大削弱了人们的隐私保护意识。人们对于人脸信息被收集的行为也习以为常，并认为理所当然。个人隐私保护意识逐渐被这种"习以为常"和"理所当然"攻破，人脸信息等个人隐私被泄露、滥用的风险也在这种麻痹大意中悄然而至。信息主体隐私保护意识薄弱，甚至忽视隐私泄露的风险，有可能导致大量的个人信息碎片被积聚、关联，形成完整的个人数字画像，最终暴露出个人的深度隐私。

2.　信息获取配合度要求较低

传统的生物识别技术在提取特征信息过程中对信息主体的配合程度要求较高，从而影响特征信息识别率。与传统的生物识别技术相比，人脸识别技术获取人脸信息的方式相对便捷，不仅可以近距离获取人脸信息，也可通过摄像头或者遍布大街小巷的监控探头，在不需信息主体配合的情况下，远距离抓取人脸信息而不被信息主体察觉。

3.　行业监管缺失与相关立法滞后

行业监管不力、标准参差不齐、数据安全防范不足都会进一步导致人脸信息泄露，这是人们抵触人脸识别技术大范围应用的重要原因之一。目前，有关人脸识别技术的行业标准尚未形成体系。相较于人脸识别技术进步与突破的速度，有关人脸识别技术应用和人脸信息保护的立法明显出现滞后。对人脸识别技术的应用场景，人脸信息的采集、存储、使用环节以及权力归属还没有严格的法律限制。在人脸识别技术商用过程中，人脸信息的采集和存储全靠商家自律，因此，在人脸识别技术应用实践中，保护信息主体的信息安全存在诸多障碍。造成这种状况的原因有三：其一，面对巨大的使用人群、海量的数据以及多元的价值观念，建立一套完备的法律体系绝非易事；其二，高科技技术更新周期短，面对多变的立法诉求与瞬息万变的新问题、新情况，整合相关的法律规则与调整方案绝非一日之功；其三，我国的立法程序严格，一部成熟适用的法典必须经过反复斟酌与检验，不可不慎。

7.5　我国人脸识别的治理路径

各国的国情大相径庭，公众对人脸识别的态度深受国家的政治环境、社会文化、伦理道德准则的影响。欧盟与美国在人脸识别领域的一些治理策略值得我国借鉴，但应避免简单移植。

1. 欧美相关法律法规制度建设

欧盟为人脸识别确立了贯穿数据、算法和应用三个环节的规则体系，就人脸识别使用者（公共机构和私营主体）、开发者（包括生产者和服务提供者）提出了具体要求：

① 通过数据规则严格保护生物识别信息。

② 发布使用指南对人脸识别进行严格限制。

③ 通过透明度报告、数据保护影响评估、审计机制等保障人脸识别的可问责性。

④ 由数据保护机构负责对人脸识别进行监督执法。

美国对人脸识别的治理政策与实践体现在三方面。

① 各州采取不同的治理政策。

② 人工审查、测试、培训、问责报告机制和赋予个体抗辩权保证人脸识别的合规使用。

③ 司法诉讼与行政执法并行，而且处罚手段严厉。

2. 我国人脸识别治理存在的主要问题

1）对生物特征信息的保护和人脸识别的规范缺乏细致的法律规则

虽然《中华人民共和国民法典》《中华人民共和国网络安全法》《中华人民共和国个人信息保护法》《中华人民共和国电子商务法》等都对个人信息保护有原则性规定，但是缺乏细致的法律规则，导致对人脸这一生物特征信息保护不足。人脸识别技术获得快速应用后，治理问题逐渐显现，发展与监管的矛盾激化，亟须探索和健全人脸识别的治理政策。虽然我国发布了一些标准，包括《信息安全技术个人信息安全规范》《信息技术生物特征识别应用程序接口》《公共安全人脸识别应用图像技术要求》《App 收集使用个人信息最小必要评估规范：人脸信息》等，这些标准对收集人脸信息的告知和存储要求进行了规定，但是这些标准不具有强制的法律约束力，对行业的规范作用不足。

我国总体上秉持发展与规范并重的原则，坚持"管、促、创"的政策理念。在人脸识别技术发展初期，我国出台了一系列助力技术创新和促进产业发展的政策。2017 年 7 月，国务院发布的《新一代人工智能发展规划》指出，研发视频图像信息分析识别技术、生物特征识别技术的智能安防与警用产品。2019 年 9 月，中国人民银行印发《金融科技（FinTech）发展规划（2019—2021 年）》，提出充分利用可信计算、安全多方计算、密码算法、生物识别等技术。《安全防范视频监控人脸识别系统技术要求》《信息安全技术网络人脸识别认证系统安全技术要求》等标准也为人脸识别在金融、安防、医疗等领域的运用提供了指引，扫清了政策障碍。《公共安全视频图像信息系统管理条例》自 2025 年 4 月 1 日起施行，旨在规范公共安全视频系统管理，维护公共安全，保护个人隐私和个人信息权益。

2）各地立法或治理政策不一致，缺乏框架性和体系化的治理机制

因为缺乏统一的上位法，各地出台各自的政策，导致各地规范零散和混乱，不利于人脸识别的全国应用。我国缺乏框架性治理方案和制度性治理工具，加剧了技术运用发展与社会公众利益保护之间的矛盾。例如，《天津市社会信用条例》禁止企事业单位、行业协会、商会等采集人脸、指纹、声音等生物识别信息；南京市住房保障和房产局要求楼盘售楼处未经同意，不

得拍摄来访人员的面部信息；《杭州市物业管理条例》规定，物业不得强制业主通过指纹、人脸识别等生物信息方式使用共用设施设备；徐州市住房和城乡建设局要求售楼处不得使用"人脸识别"系统。2021年3月，深圳就《深圳经济特区公共安全视频图像信息系统管理条例（草案）》征求意见，禁止和限制监控摄像头的安装范围，并要求设置明显提示标识。例如，在浙江杭州野生动物世界"刷脸案"中，法院依据《中华人民共和国民法典》进行了判决；宁波市市场监管局依据《中华人民共和国消费者权益保护法》对违规使用人脸识别的房地产企业进行调查和处罚。

3）缺少统一权威的监管主体，造成行业监管不及时和不充分

目前，监管主体涉及4家。中央网信办主要负责互联网信息内容的管理，有权对线上App涉及个人信息收集或人脸识别技术运用的情况进行监管。公安机关是公共安全视频图像信息系统的主管部门，有权就视频图像设备进行监督管理，市场监管机构负责监管企业的经营行为和保护消费者权益，有权对开发和运用人脸识别技术的企业进行监管。工业和信息化部负责人脸识别应用的检测及违法行为的通报，在行业发展和技术标准方面发挥监管作用。

3. 人脸识别技术的风险管控

尽管"人脸识别第一案"以及南京、天津在相关争议产生后出台了某些特定场景应用的禁令，《中华人民共和国个人信息保护法》和《中华人民共和国民法典》等相关法律法规的出台和细化必将涉及对人脸识别技术应用的规制，但人脸识别技术的应用依然遵循"先应用后治理"的新技术应用思路。各种恶意应用和具有潜在安全与伦理风险的技术滥用没有得到应有的关注，需要加强风险防控。国家互联网信息办公室、公安部联合公布的《人脸识别技术应用安全管理办法》自2025年6月1日起施行，该办法明确了人脸识别技术处理人脸信息的基本要求、处理规则，明确了人脸识别技术应用安全规范，监督管理职责。

① 要认识到人脸识别技术本身的局限性与边界，对其安全与伦理风险加以评估、预见和治理。从技术发展趋势看，使用人脸数据进行面部分析的技术，如对人的年龄、性别、病理、情绪、情感等方面的分析，应该尤其慎重。

② 要意识到普通人面对人脸识别技术的泛在部署已沦为脆弱群体。不能让人脸识别技术仅仅成为赋能企业的工具。无序的技术滥用必然会带来巨大的社会监管风险。

4. 提升我国人脸识别治理能力的路径

我国的人脸识别技术水平处于世界领先地位，主要得益于国内包容审慎的政策环境和多元的应用场景。如今人们对人脸识别技术带来的滥用风险、安全风险和隐私风险充满担忧，亟须治理框架。人脸识别的治理是一项复杂的系统工程，需要国家、行业、组织和公民个人等共同参与。应注重规则塑造，实现分场景监管，坚持以"场景驱动"识别治理目标和内容。

人脸识别治理可以从数据、算法和应用三个环节展开，实现全过程综合治理。在数据方面，应保证数据控制者具有安全保障能力，尊重用户的各项数据权利，应加快数据规则的构建，确立用户同意规则体系。在算法方面，应建立算法评测机制，开发者应完善训练数据集，不断调

试算法，避免歧视和错误，推出市场准入标准，避免"劣质"算法进入市场。在应用方面，应建立风险评估机制，对不同应用场景进行分类监管。

1）规范数据收集与流转，净化数据产业链

首先，规范人脸数据的收集、传输、存储和使用。收集人脸数据前，开发者或运营者须履行告知义务，以通俗、易懂且明确的语言书面告知用户处理人脸数据的方式、用途和存储周期等，并获得用户的明确同意。收集人脸数据后，开发者或运营者须采取技术措施安全保存人脸数据，不得对外公开或交易。其次，要求运营者具备数据安保能力。开发者或运营者的数据存储能力应成为风险评估的重点，原则上禁止开发者或运营者存储原始的人脸数据，即使存储了也应该与其他个人信息相隔离，同时采取匿名化的技术手段去除个人标识。最后，加强执法，严厉打击违法的数据处理行为。

2）为算法建立资质标准，保障算法的安全性和准确性

应加强对算法的审计评估，保障行业采用优质算法。明确监管机构和职责，高度重视对算法的监管，并对滥用人脸识别技术的行为开展专项执法行动；建立算法评审机制，开发者推出算法前应通过伦理评审，评审依据包括社会公德、伦理道德、数据安全隐私等，评审重点包括算法识别的准确度、公平性、安全性等。通过行业组织和第三方评估机构，搭建算法的检测评估平台，制定算法、隐私安全检测方法和指标，开发检测工具，实现定期回访和信息反馈，通过动态评估实现检测的时效性和客观性。

3）划定运用场景界限，防止技术滥用

首先，建立人脸识别影响评估机制，实现差异化治理。将人脸识别技术应用场景的运营者分为公共机构和商业机构，因两者在目的、管理能力和技术水平上存在差异，应遵守不同的行为准则，对两者评估的标准和内容也应有差别。

其次，引入公众参与，广泛听取用户的意见。涉及公众的人脸识别技术应用应该广泛听取民意，让公众参与到人脸识别的影响评估中，并对开发者的方案和设备进行评价，对运营者的日常运营进行监督。

最后，综合采用惩罚性和激励性治理措施，避免出现"伦理洗白"，即避免将伦理制度作为一种展示而成为"逃避"强监管的工具。

7.6 典 型 案 例

【案例 7-1】 深度伪造（DeepFake）。

自 2017 年以来被称为"深度伪造"（DeepFake）的技术运动，因为借助深度学习（Deep Learning）技术而得名，也被翻译为"深度造假"。人工智能深度换脸技术（AI DeepFake），简单来说，就是面部替换，可以将 B 的脸换到 A 的脸上。与修图技术不同的是，这项技术不仅可以生成图片，还可以生成视频，而且不需要懂得那么多的技术，只要收集到足够素材，人工智能就可以自动完成。例如，可以将某人的脸换到特朗普演讲的视频上，这样看上去像是他在

进行总统演讲，只要面部表情素材足够多，换完之后，表情颜色和口型会非常自然。人工智能换脸日益逼真，技术门槛越来越低，带给影视内容应用更高效率、更低制作成本等好处，给娱乐带来了新的手段，网上出现有恶搞特朗普和女王圣诞讲话的视频。DeepFake 也带来了诸多安全风险，眼见未必为实，耳听未必为真。DeepFake 可能侵害他人肖像权、隐私权等权利，进一步对财产安全造成现实危害；DeepFake 加剧了虚假信息蔓延，随之而来的造假、造谣、欺诈等问题使得人们愈发缺失安全感，引发社会忧虑和信任危机；DeepFake 甚至可能威胁国家安全和公共安全。

DeepFake 这一现象是政治精英、技术专家和新闻媒体话语中的又一场真假对立，还是预示了一种持续的或者新的权力结构，超越真假二元论，从而对社会产生更深刻的影响？竞选政治和国家安全如何应对和利用 DeepFake 来实施视觉控制；DeepFake 如何被互联网平台所捕获，成为其政治倾向的表达和商业生态系统的重要组成部分，即在 DeepFake 的技术运动中，平台如何利用占据主导地位的"参与式文化"范式，让表面上看起来自由、多元的预设，实际上是碎片化而单向度的公众，在加剧平台控制的同时也成为流量经济的增长点。

【案例 7-2】 这个 AI 给照片穿上"隐身衣"，让人脸识别系统认不出你。

芝加哥大学沙地实验室（Sand Lab）创建了 Fawkes 工具，主要使用人工智能技术，神不知鬼不觉地修改你的照片，以欺骗人脸识别系统。

如今，无处不在的人脸识别系统对于我们的隐私造成了巨大的威胁，一些技术公司在网上大规模地搜集人们在社交媒体上分享的照片，将其用于训练商业销售的算法，任何人都可以购买这些系统，在几秒钟内辨别出身份。更可怕的是，有人会私自用别人的照片做广告。

Fawkes 处理后的照片不是直接让你"隐身"，而是对照片进行一些微妙的修改，任何算法在扫描这些图片时，会把他看成一个完全不同的人。

本质上，Fawkes 处理后的照片就像给照片添加了一个隐形的面具，目的是破坏人脸识别系统运作所需的资源，也就是他们从社交媒体上搜罗的人脸数据库。如果网上分享的照片经过了 Fawkes 处理，那么人脸识别算法就无法识别了。

研究人员利用微软、Amazon、旷视的人脸识别系统进行实验后，Fawkes 的对抗识别取得了 100%的成功。这说明人工智能算法具有脆弱性，容易被攻击、欺骗。

【案例 7-3】 AI 去马赛克：敏感信息还能守住吗？

随着人工智能技术的进步，修图越变越省力了，省力到甚至能把打了马赛克的文字和图片还原。2020 年 12 月，一个名为 Depix 的 GitHub 项目爆火，上线三天，星数高达 7900。它能修复肉眼无法识别的被打码文字，基本能恢复原文信息，如图 7-1 所示。

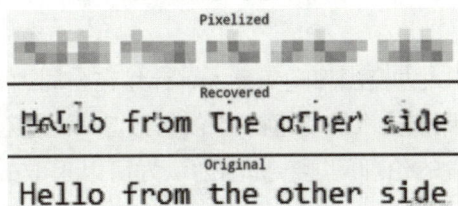

图 7-1　Depix 项目恢复原文信息

2020 年 6 月，杜克大学推出的人工智能算法 PULSE 能将低分辨率的人脸图像放大 64 倍，把原本模糊的人像重新变得清晰可见。不过好在这个技术不算真"还原"，因为恢复的人像建立在想象的基础上，大多从模糊人像生成的清晰图像是一张全新的虚拟面孔，甚至会将有色人种还原成白色人种。经研究，PULSE 存在歧视现象，具体见第 5 章。

这些技术可以为侦查提供高效的工具，但如果为思想不端者所用，任何想通过"打码"保护的敏感信息都将不再安全。

本 章 小 结

随着人脸识别技术陆续渗透到安防、金融、教育与娱乐等领域，虚拟与现实的界限愈加模糊。一方面，人脸特征是自然人不可分割的个性化组成部分，彰显着人与人之间的天然生物性差异；一旦人脸信息对应的身份资料被恶意组织机构或他人掌握，将遭遇重大危机，甚至长期陷入无所遁形的恐惧之中。另一方面，由于人们在社交活动中往往通过面部表情传达和解读信任、敌意、欺诈等情感信号，人脸也是人际情感交流和构建社会关系的基础。因此，人脸信息一直被视为个人自保的最后屏障与隐私的底线。人脸识别技术的良性发展不仅受制于公共政策和法律的协同治理，也受制于人类道德观念的提升。我们应该正确看待人脸识别技术与社会、人本身之间的关系，提升全民隐私保护意识、法律意识。在技术发展、个人隐私、公共福祉三者之间寻求平衡，让人脸识别技术在安全、持续有序的环境下为人类服务。

习 题 7

1. 简述人脸识别技术应用在隐私保护方面可能引发的主要伦理问题。

2. 请分析人脸识别技术应用中知情同意原则的重要性，以及如何在实践中落实这一原则。

3. 假设你是一个公共场所的安全管理者，需要在机场、购物中心等地方安装人脸识别系统来提高安全性。请说明如何平衡安全需求和个人信息保护需求。

4. 阐述人脸识别技术在智慧城市中的应用及其对个人隐私的影响，并给出你认为应该如何规范使用的建议。

5. 讨论人脸识别技术的发展对人们的社会生活可能产生的影响，如对个人自由、人际交往方式等的影响。

6. 假设你是一个公司的人力资源部门负责人，计划在公司内部使用人脸识别技术进行员工考勤管理。请说明如何确保该技术的使用符合伦理规范，以避免侵犯员工隐私权等问题。

7. 就人脸识别技术引发的伦理问题，提出你认为可以采取的措施或政策建议，并说明理由。

8. 请讨论人脸识别技术在安全领域的应用及其潜在的伦理问题，如在犯罪调查、边境检查等场合的应用。

9. 假设你是一个消费者权益保护组织的成员，请阐述对人脸识别技术在商业领域的应用的看法，并提出你认为应该如何保护消费者权益的建议。

10. 请就人脸识别技术的发展趋势及其对社会的影响进行展望，并讨论政府、企业和社会各方应如何共同应对相关的伦理挑战。

11. 使用人脸识别技术进行公共空间监控可能提高犯罪侦查效率，但同时涉及对市民隐私的侵犯。如何在维护公共安全的同时，保障个人在公共空间的匿名权和隐私？

第 8 章

AI

网络新媒体伦理问题

8.1 网络新媒体及其特点

1. 网络新媒体的定义

互联网对我们的生活产生了深远的影响，互联网改变了我们获取信息和相互交流的方式。当代社会，互联网技术飞速演进，为信息传播和交互创造了更为便捷有利的条件。技术的推陈出新引发了社会的深刻变革，随之而来的是网络新媒体的崛起。网络新媒体是指利用数字技术和网络技术，通过互联网、无线通信网络、卫星等渠道，以及计算机、手机、数字电视等终端，为用户提供信息和娱乐服务的传播形式。平台的功能特征和运营手法发生了翻天覆地的变革，互联网已经步入网络新媒体的新纪元。

根据国内外网络新媒体形成的历史和过程，可以将网络新媒体分为两类。狭义的网络新媒体是基于先进网络技术的媒体形态变化，特别是基于智能移动终端、5G 技术和分布式网络技术的新媒体形态，如社交网络、直播平台、问答社区、新闻 App、智能搜索引擎等；广义的网络新媒体，除上述狭义网络新媒体外，还囊括了传统互联网服务如门户、电商平台、论坛以及向移动和社交化转型的传统媒体。

互联网产业的爆发性增长推动了网络新媒体迅速崛起，资本大量涌入、营销价值显著提升，市场规模和影响力日渐增强。2008 年是新媒体发展的重要时间节点，这一年奥运会历史性地将网络新媒体作为独立传播机构，与传统媒体并列纳入奥运传播体系中，标志着网络新媒体已崭露头角，彰显其在社会传播与商业运作中的革新价值。

2. 网络新媒体的特点

从网络营销的角度来看，网络新媒体具有强大的采集数据和分析用户行为的功能。网络新媒体运用大数据分析用户行为，精准推送信息以优化投资回报。一方面，个性化内容增强用户黏性；另一方面，强大的交互功能构建的社交网络拉近企业与用户的距离，实现了用户信息的实时反馈和网络舆情监控，对商品生产效率提升及危机公关均有重要作用。基于社交网络的口碑、知识、互动等网络营销方式尤为适用。

从用户体验的角度，智能算法、语音识别和智能传感器等人工智能技术已广泛应用于网络新媒体，重塑信息生产和传输的方式。网络新媒体具有强大的交互功能、复杂的用户群体构成、自由新颖的信息发布和收集方式，通过互动缩短用户之间的距离。网络新媒体的信息内容向可视化、动态化以及多维度发展，生活娱乐等各方面均受到网络新媒体的渗透和控制。

8.2 网络新媒体助力社会发展

科技的持续进步，无疑推动了网络新媒体的快速发展，网络新媒体的迅猛发展极大地提升了信息传播的速度，为人们的生活和工作带来了前所未有的便利。在网络新媒体体系中，网络新闻媒体作为信息传递和内容创作的基础，承载着丰富的数字信息；社交媒体则凸显了用户参与和社交互动的重要性，成为信息共享和社群建构的平台；短视频作为一种快速、直观的信息表达方式，在碎片化阅读的背景下迎合了用户的快餐式娱乐需求；网络游戏则为人们提供了虚拟世界的互动体验，成为数字时代的重要娱乐形式；电商直播通过实时互动的方式，将产品展示和销售有机结合，形成一种创新的电商模式。这五个方面共同构建了网络新媒体的多维度特征，推动了数字社会中信息传播和娱乐体验的不断演进。

8.2.1　改变信息传播方式

网络新闻媒体，通过互联网传播新近发生的热点新闻，打破了传统的地缘政治、地缘经济、地缘文化的束缚，形成了以信息为主的跨国界、跨文化、跨语言的全新虚拟空间。

网络新闻媒体改变了信息传播方式，为社会发展注入了新的动力。网络新闻媒体借助实时性、广泛性和互动性等特点，超越了时空的制约，大幅提升信息传播效率和覆盖面。网络新媒体基于数字技术整合多媒体元素，丰富了信息的表达形式，为受众提供更为多元和立体的感知体验。此外，网络新闻媒体的互动性设计使得信息传播从单向推送转变为双向互动的社会交流过程，使公众能够参与舆论表达、意见反馈，实现信息共享的多元化。网络新闻媒体的蓬勃发展趋势促使社会形成更为开放、多元的信息传播生态，推动了知识传播与社会互动的升级，为社会发展提供了更为广泛的参与机会和全球视野。

短视频是新媒体平台上一种新的内容形式，适合人们在移动和碎片化时间观看，因其生产流程简易、门槛低、参与性强等特点，在自媒体时代迅速崛起。相较于传统长视频，短视频对设备要求更低，传播便捷性更高，有力推动了创作者队伍和短视频平台（如抖音、快手等）的发展，并在互联网行业中地位不断提升。短视频的核心特征在于短时限，满足用户快速获取信息的需求，激发创作者追求更精炼创意表达；同时，用户能够轻松创作并分享个人视频，极大提高了互动参与度；借助平台的个性化推送，优化用户体验，增加创作者曝光机会；点赞、评论等功能促进社交互动，构建了一个多元化的创意生态系统。这种数字化轻量化传播形态丰富了信息展示方式，为社会创新注入了灵活与创新元素。

8.2.2　塑造社交互动模式

社交媒体是允许人们撰写、分享和相互沟通的平台，是彼此之间用来分享意见和观点的工具。人数众多和自发传播是构成社交媒体的两大要素。

作为数字交流平台，社交媒体重塑社交互动方式，驱动社会发展。其用户生成内容和开放共享机制构建了全球社交网络，便于个体间沟通。开放式社交结构赋予不同社会群体言论自由和平等表达的机会。社交媒体关注网络社交的实时性和互动性，通过构建弱连接网络，促进了跨文化、跨国界的信息交流，催生开放多元的社交环境。社交媒体的普及推动了社交关系的虚拟化，拓展了互动形式，不仅实现了信息的迅速和广泛传播，也深刻影响了社交行为的模式，为社会创新和发展提供了新的范式。

8.2.3 　拓展娱乐和文化领域

网络游戏的独特之处表现在多方面。

首先，它具有时空压缩性，使玩家通过虚拟环境打破空间与时间界限，实现对不同空间与历史阶段的瞬时穿越，形成独特的超越现实时空的游戏体验。

其次，玩家可借助匿名机制隐藏真实身份，以虚拟角色自由交流互动，摆脱现实生活束缚。游戏内符号化的表达形式拓展了玩家能力边界，构建了一个全新的游戏文化世界。

最后，网络游戏赋予玩家极大的自由度和平等性，允许他们在追求个人目标的同时可以自由评论、表达、展示个性。

网络游戏如同高度仿真的虚拟世界，使得个体在无须承担实际责任的情况下流露出更真实的情感状态。网络游戏吸引了以年轻群体为主的草根阶层用户，并为其提供愉悦和成就感。网络游戏的多元开放性使得不同文化、语言和意识形态在游戏中融合，创造了一个多元性的混合体，从而吸引更多玩家。

网络游戏兼具娱乐和文化传播功能，融入丰富文化内涵于数字娱乐。作为虚拟社交空间，网络游戏可以促进玩家间的互动与联系，构建紧密社群。游戏内容可以汲取历史、文学等多元题材，通过剧情与角色设计实现深度文化体验。此外，网络游戏产业有力带动了相关产业链兴盛，并不断催生数字创意产业的创新及发展。

8.2.4 　推动实时互动的电商模式

在电商直播中，主播通过直播平台实现实时向观众展示商品与互动销售，介绍产品的特点和优势。观众可以通过实时提问来了解商品详情，并通过弹幕、评论等互动方式提问，在直播过程中进行即时购买。

电商直播模式凭借其独特优势在商业中崛起，明星代言成为传播利器；借助高知名度、高群众好感度的名人效应，有效吸引粉丝关注并提升商品知名度与销售量。主播通过精准定位、打造个人 IP、建立专属亲密称呼等方式，形成黏性强的粉丝群体。这种紧密的互动交流不仅拉近了主播与粉丝之间的距离，也促进了商品复购率。主播不需大量囤货，根据需求灵活采购发货，显著减轻库存压力。电商直播以"购买变现""流量变现""知识变现"等形式，展现了强大的营销能力，进一步提高了主播的商业价值。

电商直播模式构建了一种高效而创新的商业模式，也为创业者提供了更为灵活、全方位的商业拓展途径。同时，电商直播的推广和运营需要一批从业人员，涵盖了主播、营销人员、技术支持等多个岗位，为就业市场注入了新的动力。

8.3 　网络新媒体的伦理问题

随着信息技术的飞速发展，网络新媒体已经成为人们获取信息、表达观点、参与社交的主要平台。然而，网络新媒体在带来便利与机遇的同时，也伴随着一系列伦理问题，贯穿社交媒体、网络游戏、短视频以及电商直播等领域。

8.3.1　虚假信息泛滥

在新媒体蓬勃发展的时代，信息的传播速度达到了前所未有的高度。然而，这种速度的背后往往隐藏着对信息真实性的牺牲。为了追求时效性和点击率，产生了大量虚假新闻，这些新闻不仅会误导公众，甚至在某些情况下可能引发社会恐慌。人工智能生成内容和个性化推荐使虚假新闻以一种更加隐蔽的方式生产和传播，在一定程度上助长了虚假新闻的滋生，扩大了虚假新闻的影响范围及危害。网络新闻媒体中虚假新闻的泛滥，无疑是对"新闻真实性"这一基本伦理规范的严重挑战。在复杂多变的媒体环境下，由于"记者"角色的泛化、发稿程序的简化，以及点击量经济等多重因素的影响，虚假新闻呈现出愈演愈烈的趋势。作为信息传播和社会交流的重要平台，网络新闻的真实性直接关系到公众舆论的引导、社会观念的塑造，乃至整个社会风尚的形成。

这里看几个具体的案例。2018 年，某都市报对重庆万州公交坠江事件进行了连续报道，报道内容多次反转，从最初指责女司机逆行，到后来指责公交车司机，再到最后揭示事故真相。在这一过程中，该报的报道不仅误导了公众，还在网络上引发了对当事人的暴力和道德审判，造成了极为恶劣的影响。2021 年 5 月，某电视台发布了关于某院士逝世的虚假报道。虽然最终该电视台对此事进行了道歉，但该事件无疑损害了媒体的公信力，对社会信任建设构成了不利影响。2024 年 5 月，公安机关破获一起针对某电商平台的"黑公关"案件，嫌疑人操纵 600 多个账号造谣。

除了新闻报道领域，虚假信息在其他领域同样泛滥成灾。例如，在俄乌冲突中，深度伪造视频被广泛传播，这些视频通过伪造重要人物的言论来误导公众，加剧了冲突的紧张局势。在巴以冲突中，社交媒体平台上的虚假信息更是如同洪水般汹涌而来，严重影响了外界对冲突的判断。此外，在电商直播领域，虚假宣传和虚构数据现象也屡见不鲜。为了吸引眼球和提升销量，主播们往往采用夸大其词的宣传手法和虚构数据等手段来误导消费者，这种行为不仅损害了消费者的利益，也破坏了市场的公平竞争环境。再如，健康与医疗虚假信息、金融与投资诈骗、教育与培训虚假宣传、环境与公共安全虚假警报、名人与娱乐虚假新闻，这些例子表明，虚假信息在新媒体时代无处不在，对人们的日常生活和社会秩序都构成了严重干扰。

"技术赋予我们掌控自己命运的能力，但同时放大了我们自身的缺陷。"文学家阿瑟·克拉克的这句话在人工智能时代显得格外"人间清醒"。假新闻并非新生事物，但大模型的崛起无疑大幅降低了造假的门槛。2023 年 6 月，新闻监测机构 NewsGuard 的一项研究揭开了人工智能技术光鲜面纱下潜藏的阴影，流行的人工智能聊天机器人，如 ChatGPT-4、MetaAI 和微软的 Copilot 等，正在成为虚假信息生产和传播的工具，这无疑为全球信息安全敲响了警钟。一边是人工智能技术日新月异，另一边是虚假信息借助人工智能技术大行其道，其中巨大的矛盾和冲突不禁令人深思：人工智能究竟是真相的守护者，还是谎言的放大器？我们该如何应对

人工智能时代的虚假信息挑战? 人工智能技术是把双刃剑，我们不能因噎废食，应该积极引导其健康发展，让其为人类社会创造更多福祉，而不是成为虚假信息的帮凶。未来随着人工智能技术的不断发展，其与虚假信息之间的博弈将会更加激烈。

8.3.2 充斥不良信息和低俗内容

在新媒体平台上，不良信息和低俗内容泛滥成灾已成为一个亟待解决的问题。色情、暴力、赌博等有害信息不仅严重污染了网络环境，更对未成年人的身心健康构成巨大威胁。编造故事、诉诸情感、贩卖焦虑是很多自媒体的生存逻辑。同时，这些平台被一些违法犯罪分子利用，进行诈骗、传销等非法活动，给社会安定带来极大隐患。

低俗影像在短视频平台上层出不穷。一些创作者为了追求点击率和关注度，不惜牺牲信息的真实性和专业深度，用各种刺激性影像来吸引用户眼球，满足他们短暂的视觉冲击和心理快感需求。这种做法不仅迎合了用户的低级审美趣味，更在潜移默化中扭曲了他们的思维方式和价值观念。

中国青年报社社会调查中心联合问卷网的调查显示，高达 73.7% 的受访者曾刷到过庸俗劣质的短视频。例如，2020 年火爆的网络用语"集美（姐妹）""迷 hotel（猕猴桃）"等均出自一位以浮夸表演吃水果视频的抖音网红。其视频虽然播放量高达 11.7 亿次，但内容缺乏积极意义，仅以博取眼球为目的。最终，该账号因违规及不符合社区规范被永久封禁。

网络游戏中的价值观问题亦不容忽视，网络游戏中充斥着色情和暴力元素。新媒体平台上还充斥着大量色情"擦边球"的影像内容。同时，一些游戏设计者为了争夺市场份额和提高用户黏性，不惜在游戏中加入这些有害元素来吸引玩家。这种做法不仅损害了网络环境的健康性和网络社会的道德水准，更对未成年玩家的身心健康造成了极大危害。长期沉迷于暴力网络游戏的玩家容易将游戏中的暴力行为带到现实生活中，从而引发社会问题。游戏中可能存在的性别偏见和种族歧视等不当价值观极易引发社会争议。而对于游戏内作弊行为的道德判断也时常处于模糊地带，既有被视为创新性探索的肯定，也有被视为违背伦理准则的谴责。

短视频平台上涉及未成年人的内容同样引起了社会的广泛关注。不当内容的制作和传播可能对未成年人的身心健康构成严重威胁。例如，未成年人模仿短视频中的危险行为导致意外伤害的悲剧时有发生，凸显了他们在认知和安全判断上的不成熟。

8.3.3 人文精神严重缺失造成新闻价值扭曲

在信息产业商业化的浪潮中，新闻的价值标准已遭受严重扭曲。为满足受众的猎奇心理和窥探欲望，部分媒体不惜牺牲采访对象的隐私，过度渲染弱势群体的困境，以及过度追求娱乐化效果。这种趋势导致新闻报道逐渐背离了其本应遵循的公正、客观和人文关怀的初心。

"媒介审判"现象便是新闻媒体职能错位的典型表现，指的是新闻媒介在事件定性和案件定罪方面的不当介入，这种超越正常司法程序的行为严重破坏了司法独立与新闻自由之间的平衡，严重违背了法治社会的精神。例如，在 2016 年的"于某案"中，部分媒体的报道虽然表面上理性客观，但实际上带有明显的倾向性，将于某塑造为"孝子"和"血性男儿"的形象。这种报道方式不仅引发了舆论的失控，更对正常的司法程序造成了不当干扰。

"悲痛侵扰"也是一个不容忽视的问题，指的是在意外或不幸事件发生后，记者或社交媒体对受事故影响的亲友进行生理或心理上的侵扰。在社交媒体时代，这种侵扰行为的主体已经从新闻记者扩展到了每个平台用户。例如，在 2022 年某客机坠毁事件中，一些网友在社交媒体上发布恶意调侃和戏谑的言论，甚至对赔偿金额进行过早、过度的炒作，这些行为严重侵扰了遇难者亲友的正常生活，违背了基本的生命价值原则。

媒体在报道中还经常暴露出对隐私保护的不重视。如在 2018 年的"汤××案"中，多家媒体在未经充分调查的情况下，仅凭一面之词就质疑案件的公正性，并公开了受害女孩的私人信息，使得政府之前为保护未成年人所做的努力付诸东流。

在面对灾难性事件时，一些媒体的报道方式也值得反思。如 2020 年某地遭受洪涝灾害时，宣传部门的一篇文章试图从灾难中寻找"正能量"，对抗洪精神进行过度美化。这种报道方式不仅误解了抗洪精神的本质，也突破了灾难报道应有的分寸和边界。

8.3.4　网络暴力和欺凌频发

网络空间的匿名性为某些用户提供了"隐身衣"，使他们肆无忌惮地发表过激言论、对他人进行人身攻击或散布恶意谣言，这种行为被广泛地称为网络暴力。网络暴力是对他人名誉权和隐私权的公然践踏，其恶劣影响不仅限于虚拟世界，更可能深入受害者的现实生活，对他们的心理健康造成难以愈合的创伤。例如，在社交平台上，我们不时看到针对个人的恶毒评论、冷嘲热讽和辱骂，甚至有人肉搜索等极端行为，这些都是网络暴力的典型表现。

在社交媒体时代，信息传播的速度和广度都达到了前所未有的水平，这也为"新型网络暴力"提供了温床。这种新型暴力形式表现为个人、群体或组织利用社交媒体的强大影响力，对特定对象进行不理性、不道德且违法的恶意攻击。

不幸的是，我们已经看到了多起因网络暴力导致的悲剧。2022 年 1 月，河北某地的寻亲男孩刘某在遭受持续的网络暴力后不幸离世。微博官方虽然事后对涉事账号进行了严厉处罚，包括永久禁言 40 个违规账户和多个账户的短期禁言，但该事件仍然凸显了网络暴力在加速悲剧发展中的负面作用。同样令人痛心的是，2023 年 2 月，年仅 24 岁的女研究生郑某因不堪网络暴力的重负而离世。她在分享与病榻上爷爷的喜悦时刻时，竟遭到网民的无端指责和恶毒辱骂，这些网络暴徒甚至对她的职业选择和个人形象进行攻击。

网络"职业代骂"作为网络暴力的一个具体分支，其针对性、恶意程度和侮辱性都极高，对受害者的伤害也更为直接和深重。这种现象起源于 2004 年网络游戏中的玩家冲突，为了换取游戏资源，一些人竟然沦为了"网络代骂人"。

此外，短视频评论区的"喷子"现象愈发普遍。这些喷子们肆意发表攻击性、侮辱性言论，严重破坏了网络环境的和谐与用户体验。他们的行为往往源于情绪宣泄、恶意竞争或报复心理等多种因素。例如，在某些救援视频评论区，竟能看到"别拖累消防员""自杀博眼球"等冷漠甚至残忍的言论，这些言论无疑对当事人造成了二次伤害，也严重扰乱了社会公序良俗。

8.3.5　隐私侵权和数据滥用日趋严重

一些平台在未经用户同意的情况下，擅自收集、使用甚至出售用户的个人信息，导致隐私泄露和数据滥用的问题日益严重。这不仅侵犯了用户的隐私权，还可能给用户带来经济损失和法律风险。社交媒体平台上的大量个人数据被广泛共享、传播，可能被未经授权的第三方获取，引发用户隐私的合法性和安全性担忧。

2018年，Twitter发生了一起密码存储错误事件，迫使3.3亿用户修改密码。据报道，Twitter使用了一种名为"bcrypt"的哈希算法来存储加密用户密码。但因某个漏洞，用户密码被以纯文本形式存储在公司的内部日志文件中，而未进行加密处理。尽管Twitter表示未发现滥用这些信息的证据，但密码的存储问题增加了用户账户的潜在威胁。

2019年，AI换脸App"ZAO"在社交媒体上因用户协议条款引发争议，该协议要求用户上传脸部清晰照片，并授予ZAO及其关联公司全球范围内的完全免费、不可撤销、永久、可转授权和可再许可的权利，此举被指侵犯用户个人隐私。此外，脸部识别技术在支付领域的广泛应用，如脸部支付日益普及，这使得用户面临个人账户安全风险，从而引发了关于AI换脸伦理道德的广泛担忧。

8.3.6　知识产权保护面临新的挑战

在新媒体环境下，知识产权的保护面临严峻挑战。一些用户或平台未经授权，擅自转载、复制或传播他人原创作品，如文章、图片、视频等，侵犯了原创者的知识产权。此外，盗版软件、盗版影视作品的传播也加剧了知识产权的侵权问题。

内容创作者往往来自不同领域，且法律意识较薄弱，对侵权行为辨别不清晰，很容易未经授权使用他人的音乐、文字、图像和创意，从而在法律上构成侵权。这种行为不仅损害了原创者的权益，也挑战了知识产权的合法性。

新媒体内容虽也受到著作权法保护，但创作者因诉讼成本高而较少对剽窃行为采取法律行动，导致侵权行为未得到有效遏制，甚至成为部分用户获取流量的手段。例如，西瓜视频中的"iPanda熊猫频道"账号独家发布的成都大熊猫繁育研究基地的视频时常被其他用户窃取并发布在其他账号中；抖音博主房某长期遭受创意与文案被抄袭问题。

网络游戏产业中的知识产权问题日益突出，尤其在抄袭现象方面持续加剧。例如，以2018年中国法院典型知识产权案例为例，某科技公司未经许可，运营的游戏"巨石海南麻将"与另一科技公司拥有著作权的"闲徕琼崖海南麻将"源代码高度一致，进行非法营利活动。这起案件揭示了侵犯网络游戏著作权的严重性。

8.3.7　网络娱乐催生数字沉迷

随着网络娱乐的蓬勃兴起,数字沉迷现象已逐渐成为当今社会面临的一大难题。游戏成瘾,作为数字沉迷的主要表现形式,正对个体的身心健康埋下潜在隐患,同时触动了社会对游戏产业道德底线的担忧。心理学领域的研究不断揭示,游戏过度沉迷可能催生焦虑、抑郁等心理问题,而在更深层次的伦理层面,人们开始审视游戏企业在维护玩家健康方面的责任担当,以及社会监管在游戏行业规范化中的必要角色。

《我国未成年人数据保护蓝皮书(2023)》数据显示,互联网已成为未成年人学习、娱乐、社交的重要工具,玩游戏是未成年人的主要网络休闲娱乐活动,人数占比达 62.3%。社交媒体是未成年人使用最广泛的互联网应用之一,使用人数占比 53.4%。然而,这背后却隐藏着诸多问题和风险。尤其是网络游戏,以其独特的吸引力让众多未成年人沉浸其中。

网络游戏的迅猛发展带来了一系列严重后果。未成年人因沉迷游戏而引发的极端事件层出不穷,如纵火、杀人等悲剧性案例,不仅令人痛心,更凸显了网络游戏对未成年人行为影响的复杂性。此外,游戏操纵现象逐渐浮出水面,特别是"电脑游戏货币化"策略,通过各种购买系统诱使玩家过度消费,甚至有未成年人挪用巨额资金充值的案例被曝光。央视网曝光了多起未成年人在游戏中疯狂充值的典型案例。河南 11 岁男孩沉迷网游,花光父亲 20 万元手术费;广西 11 岁男孩偷记密码充值游戏,导致父亲银行卡被刷爆。

8.4　网络新媒体的伦理治理

网络新媒体的伦理治理是一个复杂的任务,为了维护网络环境的健康性和社会的安定性,我们必须采取有力措施来加以应对。这包括加强平台自律机制建设、提高信息发布的门槛和审核标准、加大政府部门的监管力度以及提升公众的媒介素养和批判性思维能力等。只有这样,我们才能共同营造一个健康、有序且充满正能量的新媒体环境。

8.4.1　完善法律法规

在网络环境下,仅依靠网络社会的道德观念及网民的整体素质不足以有效管理网络环境。针对网络新媒体技术的发展趋势,制定与时俱进的技术法规至关重要,以应对技术伦理失范现象并提供法律依据。加大对违法行为的惩罚力度,对于侵犯他人权益、发布虚假信息、恶意炒作等行为,应依法进行处罚。

政府应加大对知识产权的保护力度,保障原创作品的版权、专利和商标等知识产权的合法权益,防止盗版、侵权等行为发生,《中华人民共和国著作权法》将"视听作品"概念拓宽,为短视频等新业态的版权保护奠定了基础,并明确了创作者的权利,鼓励合法的二次创作。

网络娱乐带来的数字沉迷问题已对未成年人和社会造成了多方面的影响和挑战。政府应加强监管和规范,保障未成年人在网络新媒体中的合法权益,要求网络新媒体应提供适宜服务,限制未成年人对不良信息的接触，并加强对未成年人上网的监管和教育，增强其网络安全意识和自我保护能力，以保障未成年人的健康成长。《中华人民共和国未成年人保护法》对涉及未成年人的信息保护、内容监管、服务准入等方面提出更高要求。

政府应加强对网络舆论的引导和管理，明确网络舆论的范畴和认定标准，加强对网络舆论的监测和防范，同时还应及时发布权威信息来回应社会关切，打击恶意造谣和炒作等行为。《中华人民共和国民法典》严禁损害公民名誉权的行为，《中华人民共和国网络安全法》助力打造清朗网络空间。《中华人民共和国个人信息保护法》确保公众的个人信息安全，保护个人信息不被泄露、滥用和侵犯；《中华人民共和国数据安全法》规范数据处理活动，保障数据安全，促进数据开发利用，保护个人、组织的合法权益，维护国家主权、安全和发展利益；《中华人民共和国广告法》对进行虚假宣传商品的发布人、带货人等进行了约束和限制，有助于防止虚假新闻、虚假宣传在网络新媒体中的传播。

8.4.2 构建网络伦理规范

网络新媒体平台必须建立严格的自律机制，以确保所发布的内容真实、合法且不侵犯他人权益。平台有责任教育用户遵守伦理规范，并提升他们的道德意识。我们鼓励用户自觉遵守这些规范，提高个人信息素养、辨识能力和道德水平，强化媒体与社交平台的自我约束和外部监管，共同营造一个健康的网络新媒体生态环境。公众自身也需努力提升媒介素养，培养批判性思维，学会如何甄别虚假信息，从而避免落入误导和欺诈的陷阱。

为确保内容质量，平台应加强对信息的审核。所有发布的内容必须经过预审，以剔除任何虚假、误导或恶意攻击的信息。对于违反伦理规范的内容，平台将迅速采取措施予以删除，并追究相关责任。

此外，网络新媒体平台应制定明确的伦理准则，为用户、内容创作者和平台自身设定明确的道德标准和行为规范。鉴于网络新媒体时代公众角色转变为"传受一体"，以及平台作为公共空间的角色日益凸显，平台和公众对信息传播的主体责任日益重要。数字媒介的伦理问题已不仅限于专业人士，而是涉及广大普通个人和媒介本身。因此，加强网络新媒体平台的媒介伦理教育并建立平台主体责任制度显得尤为重要。

法律是维护个人权利的武器，而道德则是自我约束和提升个人修养的关键。面对网络世界中不断出现的各种不良和过激行为，甚至破坏社会秩序的行为，我们需要法律法规来强制遏制，从根本上规范每一位网民的网络行为，从而净化网络风气。为了治理网络乱象，引导网民自觉约束和审查自身行为，需要网民遵守基本的道德伦理规范。

每位网民应将不伤害他人作为最基本的行为准则；同时，遵循平等相处的原则；每个人都尊重他人的言论，避免轻易对他人进行批评。这样，网民之间才能建立良性互动，营造和谐健康的网络交际氛围。

我国先后出台《互联网信息服务管理办法》《网络暴力信息治理规定》等法规。

2024年8月8日，联合国打击网络犯罪公约特委会顺利通过了《打击网络犯罪公约》，希望"加强国际合作，打击利用信息和通信技术系统实施的某些犯罪，并共享严重犯罪的电子形式证据"。我国是在联合国平台讨论网络犯罪问题的首倡者，是启动《打击网络犯罪公约》谈判的推动者，是整个谈判过程的坚定支持者和引领者。

8.4.3　打造良好网络环境

网络新媒体并非一个可以滥用自由的乐土。互联网所赋予的虚拟性虽为公众提供了一个开放且自由的网络环境，使每个公民都享有高度言论自由的权利，但同时可能诱发人性中的负面因素。因此，每个网络用户都应当自觉地培养伦理意识与自律精神，树立"人人都是把关人"的责任观念。

记者作为信息的传播者，应恪守其职业道德，保持客观中立的立场进行新闻报道；尊重事实与他人的隐私，引导公众形成正确的舆论观念。必须重新审视新闻的价值标准，加强媒体自律，提高报道质量，并始终坚守人文关怀的底线。网络用户在享受言论自由的同时，必须严格遵守网络规范，不散布虚假信息；维护良好的网络礼仪，进行理性互动；树立正确的价值观，增强安全意识，并妥善保护个人隐私。

内容创作者亦应践行网络伦理准则，遵守网络法律规定，对发布的内容保持道德敏感性。公众需学会辨识不良内容，并及时举报，以共同维护健康的网络生态环境；拒绝发表偏激言论，共同营造和谐的评论氛围。

为了打造健康、良好的网络环境，网络新媒体应密切关注社会舆论的走向，及时向公众传递新闻事实，引导舆论向健康的方向发展。在传播事实的同时，应以亲民的方式与网民互动，以增强政府和媒体的公信力，并维护政府公正严明的形象。注意发掘并培养符合社会主义核心价值观的网络红人，通过他们传播正能量，为当代青少年树立良好的榜样。

8.4.4　加强平台技术监管

随着网络媒体的迅速崛起，对其实施有针对性的技术监督已成为刻不容缓的任务。新媒体平台的监管是一项综合性的复杂工程，涵盖了内容安全、版权保护、用户隐私保护、数据安全及反欺诈等多个维度。以下是对新媒体平台监管工作的剖析：

① 数据监测：通过大数据和人工智能技术，对网络新媒体的内容进行实时监控与深度分析，以便迅速识别并处理违规行为。

② 信息溯源：运用技术手段追踪信息的源头和传播路径，对虚假信息的散布进行彻底的溯源与打击，确保信息的真实性和可信度。

③ 跨部门协作：与网络监管部门建立紧密的合作关系，共同制定并执行网络新媒体伦理治理的规范与标准，形成监管合力，共同维护网络空间的秩序。

④ 内容安全监管：新媒体平台需对发布的内容进行严格审核和管理，确保内容的合法性与安全性。这包括杜绝虚假信息、恶意攻击、淫秽色情等不良内容的传播。为此，平台应建立高效的内容审核机制，结合技术手段和人工审核，对内容进行实时过滤和筛选。

⑤ 版权保护：新媒体平台必须尊重原创作品，并强化版权保护意识，以构建稳固的版权保护体系。平台需与原创作者建立紧密的合作关系，保障他们的作品得到应有的保护和回报。同时，要加大对侵权行为的打击力度，坚决遏制盗用、抄袭等不法行为，营造一个健康有序的数字版权保护环境。对于转载的内容，平台也应进行严格的审核，严防侵权行为的发生。一旦发现侵权行为，平台需迅速采取行动，如删除侵权内容、封禁侵权账号等，以维护版权秩序。

⑥ 用户隐私保护：新媒体平台在收集和使用用户信息时，必须明确告知用户信息收集的目的和使用范围，并获得用户的明确同意。平台应建立完善的信息安全管理制度，加强对用户信息的保护，严防信息泄露和滥用。同时，平台应尊重用户的隐私权，避免过度收集和使用用户信息，确保用户信息的安全与隐私性。

⑦ 数据安全监管：新媒体平台必须建立健全的数据安全保护机制，确保用户数据的安全性和完整性。平台应采用先进的加密技术、备份措施等手段，防止数据被非法获取、篡改或丢失。同时，平台应定期对数据安全进行检查和评估，及时发现并解决潜在的安全风险，确保用户数据的安全与稳定。

⑧ 反欺诈监管：新媒体平台应加强对欺诈行为的监测和打击力度，维护平台的公平性和诚信度。平台应建立反欺诈机制，利用技术手段和人工审核相结合，对欺诈行为进行实时监测和识别。对于发现的欺诈行为，平台应采取果断措施，如封禁欺诈账号、追回被骗资金等，以维护平台的公正与诚信。

8.4.5　社会监督

为了完善网络新媒体的治理，从全社会监管的角度出发，我们应当采取以下措施。

1. 鼓励并积极引导公众参与网络新媒体治理

公众的参与是监督网络新媒体行为的重要力量。通过提供举报、投诉等渠道，使公众能够方便地对违规行为进行举报，并加强对举报人的保护，确保他们不受报复。同时，提升公众的监督意识和能力，通过教育和培训使他们了解网络新媒体的运作机制，以及在遇到问题时如何进行有效的监督和投诉。

2. 媒体作为社会舆论的重要引导者，应加强对网络新媒体的关注和报道

对于发现的违规行为，媒体应及时进行曝光和批评，形成强大的社会舆论压力，迫使网络新媒体平台加强自律，改正错误。同时，媒体还应倡导公众对网络新媒体的理性监督，避免过度炒作和恶意攻击。

3. 通过培训、宣传等多种方式，提高网络新媒体从业者和用户的伦理意识

包括加强对从业者的职业道德教育，使他们明确自己的社会责任，自觉遵守相关伦理规范。对用户应通过宣传教育，提高他们对网络新媒体内容的辨识能力，避免传播不实信息和恶意言论。

本章小结

随着新媒体时代的到来，信息传播途径的多样性和复杂性引发了一系列新的伦理问题。网络新媒体的伦理失范问题不仅反映了当前社会发展的某些矛盾，也是科技进步带来的必然产物。网络虚假信息、恶意攻击、隐私泄露、版权侵犯、群体极化等伦理失范现象层出不穷，严重损害了网络空间的健康与秩序。针对这些问题，我们必须及时采取有效措施，加强网络新媒体的伦理建设和相关技术的研发，净化网络环境。

其一，加强对网络新媒体伦理问题的研究与探讨，不断完善相关法律法规和伦理准则，为网络新媒体的健康发展提供有力保障。

其二，利用技术手段加强对内容的审核与管理，确保信息的真实性与合法性，防止虚假信息的传播。

其三，加强对用户隐私的保护，避免用户信息被滥用或泄露。

其四，尊重原创作品，保护创作者的版权，打击侵权行为。

其五，增强网络用户的伦理意识与自律精神，让他们明白在网络空间中，每个人都是信息的传播者，都应对自己的行为负责。网络用户应自觉遵守网络规范，不发布虚假信息，不侵犯他人权益，共同维护网络空间的健康与秩序。

只有这样，我们才能有效解决网络新媒体的伦理失范问题，推动网络新媒体事业的稳健发展，让网络新媒体在信息传播、文化交流、社会监督等方面发挥出更大的积极作用。

习 题 8

1. 什么是网络伦理？你在使用网络中遇到的主要伦理问题有哪些？
2. 描述一个场景，小孩在网上找到的有偏见或不正确的信息可能对他造成伤害；请建议一种机制来防止此类伤害，并对它做出评估。
3. 举一种因为计算机或互联网所鼓励的思想懒惰导致做出错误决定或糟糕行为的例子。
4. 阐述社交媒体中的伦理问题。
5. 阐述虚假广告现象及其成因与治理策略。
6. 尝试列出你生活中遇到的媒介伦理问题。
7. 是否存在放之四海而皆准的媒介技术治理方案？
8. 为什么说，当前网络游戏的伦理研究具有紧迫性？

第 9 章

AI

医疗领域人工智能伦理问题

9.1　人工智能在医疗领域的应用

人工智能在医疗领域的应用正逐步深化，日益成为推动医学进步不可或缺的力量。其触角已触及健康管理、临床医学、药物研发、医患交流等多个层面，为医学诊疗问题带来前所未有的创新解决方案，为医疗领域带来了革命性的变革。让人们对其在改善医疗服务质量、攻克疑难病症等诸多方面充满了无限遐想与期待。

2023 年，多个具有里程碑意义的医疗系统推出。其中，EVEscape 系统显著增强了大流行病的预测能力，而 Alpha Missence 协助人工智能进行突变分类。清华大学智能产业研究院团队打造的首家"AI 医院"2025 年 5 月启动运营。

MedQA 基准是评估人工智能临床知识的关键测试。在过去几年中，人工智能在 MedQA 基准上的表现令人瞩目。2023 年，GPT-4 Medprompt 模型在 MedQA 基准上取得了高达 90.2% 的准确率，比 2022 年的最高分提升了 22.6%。自 2019 年该基准推出以来，人工智能在 MedQA 基准上的性能几乎实现了两倍的提升。

9.1.1　在健康管理方面的应用

人工智能在健康管理方面的应用越来越广泛，主要应用体现如下。

1. 智能健康监测

借助智能手机、智能手环等设备，人工智能能够实时监测个人的心率、血压、血糖等关键健康数据。这些数据的持续收集和分析为医生提供了患者健康状况的实时反馈，为早期预警和干预提供了依据。通过智能助手，患者可以随时随地获取医学知识和健康建议，了解自己的病情和治疗方案。同时，根据患者的个人情况和需求，智能助手能提供个性化的健康管理计划，帮助他们更好地控制疾病。

2. 健康风险评估和预测

通过分析个人的基因信息、生活方式、医疗病史等大量数据，人工智能可以预测个人未来可能面临的健康风险，为个性化的健康管理计划制定提供指导。通过定期监测患者的生理参数，结合物联网技术，系统可以自动分析数据并识别异常情况，向医生发送警报，或在必要时发出紧急呼叫。这对于慢性病患者、高危人群及需要长期康复的患者尤为重要，能有效提高医疗资源的利用效率，缩短紧急医疗救助的响应时间。

3. 个性化治疗建议

基于患者的健康数据和病情信息，人工智能可以为医生提供精准的治疗建议，有助于制定个性化的治疗方案，提高治疗效果，减少不必要的医疗支出。

4. 智能化病历管理

通过解析和整理病历文本，人工智能可以实现更高效的医疗信息管理，为医生提供快速、精准的信息浏览途径。

5. 慢性病管理

对于慢性病患者，人工智能通过持续监测病情，可以帮助医生及时调整治疗方案，确保病情得到有效控制。

6. 健康咨询和教育

人工智能可以提供 24 小时的健康咨询服务，并为患者提供个性化的健康教育内容，增强患者的自我健康管理能力。

7. 构建医疗信息网络

物联网设备通过互联方式构建医疗信息网络，人工智能可以实现患者生理参数数据、医疗设备工作状态的实时传输，为远程医疗服务提供可能。

9.1.2　在临床医学方面的应用

在临床医学方面，人工智能的应用也日渐显著，不仅能够辅助医生进行疾病的早期筛查、诊断、治疗指导和预后管理，更能通过深入分析医学影像和医疗信息辅助诊疗，提高诊断的准确性。在眼科诊疗中，人工智能通过病灶筛查，帮助医生发现糖尿病患者视网膜病变；在癌症诊疗中，人工智能能够精确勾画乳腺癌、鼻咽癌、肝癌和肺癌的靶区；在外科手术中，智能化手术导航系统能够形成脏器三维成像，辅助医生进行精准操作；在病理分析中，人工智能通过建立病理平台，实现病理和影像的定量分析。这些应用不仅提升了临床诊断的精准度，更使得治疗方案更具个性化，为患者带来更好的治疗体验。

1. 医学影像分析

医学影像是指利用 X 光、超声波、核磁共振等物理手段获取人体内部结构和功能信息的图像。传统的医学影像分析需要医生具备丰富的专业知识和实践经验，而人工智能通过计算机视觉和深度学习等技术，可以对医学影像进行自动化、高效化和精准化的分析。例如，人工智能可以辅助医生识别肿瘤、血管病变等异常情况，并提供病灶的定位、测量和风险评估，从而提高诊断的准确性和效率。

2. 临床辅助决策

人工智能能够通过对海量的医学数据进行挖掘和分析，为医生提供最佳的诊断和治疗建议。例如，基于大数据和机器学习算法的人工智能可以预测疾病的发展趋势，辅助医生制定个性化的治疗方案，从而优化治疗过程和提高治疗效果。

通过图像识别与计算技术建立的影像数据库，结合人工智能的识别判断能力，医疗行业可以有效克服不同医院间因设备和医生临床经验差异导致的影像解读差异，确保判断的一致性，降低对临床医生经验的依赖。

通过分析患者的基因、病历和临床表现等信息，人工智能可以生成个性化的治疗方案，帮助医生为患者提供更为精准的治疗服务。同时，人工智能可以辅助药物研发和临床试验设计，加速药物的研发过程并提高药物的有效性和安全性。

人工智能作为科学新范式加速临床流程的改进，阿里巴巴达摩院率先提出"平扫 CT+AI"多癌早筛方法，实现了胰腺癌、食管癌、肠癌、胃癌等高发癌症的早期筛查，有望实现 AI for Health for All（人工智能助力人人健康）。

9.1.3　在药物研发方面的应用

人工智能在药物研发方面的应用为医疗领域带来了革命性的变革，也带来了巨大的创新和发展。通过对大量医学数据的深度学习和分析，人工智能能够帮助研究人员快速预测药物与疾病靶点的相互作用，并优化药物的结构和活性，还能够进行药物安全性和有效性的研究模拟测试，极大地提高了研发效率和成功率，降低了研发成本。随着技术的不断进步和应用的不断拓展，人工智能将在未来为药物研发带来更多的创新和突破。

1. 药物筛选和发现

在药物研发初期，需要从大量化合物中筛选出具有潜在药效的候选药物。传统方法耗时且效率低下，而人工智能技术可以快速分析化合物的结构、活性以及与疾病靶点的相互作用，从而筛选出有潜力的候选药物。这大幅缩短了药物研发周期，提高了研发效率。例如，美国麻省理工学院的布罗德研究所和哈佛大学科学家借助人工智能，通过筛选数百万种化合物，发现了一类全新的抗生素，为应对全球性的抗生素耐药性挑战带来了新希望。

2. 化合物性质预测

药物的理化性质对其疗效和安全性具有重要影响。人工智能通过对大量化合物的数据进行学习和分析，预测化合物的吸收、分布、代谢、排泄、毒性等性质。这有助于在药物研发早期阶段筛选出具有优良性质的化合物，降低后期临床失败的风险。

3. 蛋白质结构预测与设计

蛋白质是药物研发中的重要靶点，其结构决定了药物与蛋白质间的相互作用。人工智能可以预测蛋白质的三维结构，还可以优化蛋白质的结构，增强其稳定性和活性，为药物研发提供重要参考和新的思路。例如，谷歌 DeepMind 发布了蛋白质预测人工智能模型 AlphaFold3。

4. 临床试验设计和优化

人工智能可以通过分析历史数据和模拟实验，为临床试验设计提供优化建议，如确定合适的受试者群体、剂量和给药方案等，以提高临床试验的成功率和效率。

5. 数据分析与挖掘

在药物研发过程中涉及大量的数据，包括化合物结构、生物活性、药代动力学、毒理学等，人工智能技术可以发现数据中的潜在规律和模式，为药物研发提供有价值的信息和洞见。

9.1.4 在医患交流方面的应用

人工智能在医患交流方面的应用正在逐渐深化，其强大的自然语言处理能力为改善医患关系、提升医疗服务质量提供了有力支持，通过人机交互协助医患交流和提供在线人工智能医疗咨询等方式，极大地提高了医疗服务的效率和质量，为患者带来了更便捷、个性化和全面的医疗体验，医疗智能助手就是典型产品。以下是人工智能在医患交流中的具体应用。

1. 智能助手成为医患交流的新桥梁

智能助手能够帮助医生和患者更好地交流。患者通过智能助手向医生详细描述病症、提问，而医生通过智能助手向患者解释诊断结果、治疗方案和疾病知识。通过情感分析，系统能够理解患者的情感倾向，了解其对病情和治疗的态度，从而提供更人性化的医疗服务。这种交互方式有效消除了沟通障碍，提高了医患之间的信任。

某些医院引入了智能助手，它们通过语音交互功能引导患者描述病症，并自动识别关键病史信息，为医生提供初步诊断建议。此外，这些助手具备疾病知识库查询功能，能够实时向患者解释医学术语，帮助他们更好地理解自身状况和治疗计划。这种技术不仅节省了医生的时间，还提供了更便捷和舒适的患者体验，为医疗决策提供了更多信息和反馈。借助智能助手，医生能够跨越地域限制，为偏远地区的患者提供线上咨询和指导。这不仅拓宽了医疗服务的覆盖范围，使得优质医疗资源得以更高效地利用，还通过实时提醒医生关注并调整治疗方案，进一步保障了患者的安全。

2. 大模型在医患交流中的应用

传统医患交流受限于时间、语言和文化差异，而大模型通过其强大的自然语言处理能力，为医患交流提供了全新的解决方案。

① 角色延展和变革：大模型在医患交流中扮演了家长型、信息型、阐释型和协商型等多重角色，使得交流更为顺畅、准确和高效。

② 跨文化和多语言交互：大模型具备跨文化、多语言交互功能，有效解决了不同文化和语言背景下的交流障碍，拓宽了交流渠道。

③ 实证研究支持：加州大学圣地亚哥分校的研究显示，大模型在信息质量和同理心方面均胜过人类医生，展现了在医患交流中的巨大潜力。

大模型另一重要应用是提供在线医疗咨询服务，为医疗服务带来了革命性的变革。

① 便捷性和灵活性：通过大模型，患者可以随时随地获得高质量的医疗咨询，无须面对面交流，极大地节省了时间和精力。

② 个性化医疗服务：大模型有助于医生深入了解患者的健康状况和特殊需求，从而提供更个性化、全面的医疗服务。

③ 简化文献阅读和理解：大模型不仅简化了医学文献的阅读和理解过程，还为医疗团队提供了更广泛的知识基础，促进了医学科研和实践的进步。

④ 技术潜力与商务模式探索：华佗 GPT 在多轮问诊场景中的优异表现展示了在线人工智能医疗咨询的潜力。

⑤ 普及性和可推广性：依托互联网技术，线上人工智能医疗咨询可以快速推广到全球范围内，成为未来广泛应用的医疗资源形式。

9.1.5　在医学研究方面的应用

人工智能在医学研究方面的应用不仅改变了研究范式，还推动了精准医疗、联合诊断与治疗以及疾病发展预测等方面的进步。同时，自然语言处理技术的应用极大地提升了医学文本分析的效率和准确性，为医学研究提供了强大的支持。通过对患者病历数据和检查结果的深度分析，人工智能能够预测疾病的发展趋势，帮助医生提前采取预防措施或调整治疗方案，降低疾病的发病率和死亡率。

人工智能在医学研究中通过模拟测试复杂疾病的临床表型、基因型与分子通路，并在基因组学研究中发挥了重要作用，推动了医学研究的创新与发展，改变了传统的研究范式。

1. 病因发现与治疗方案探索

利用深度学习和机器学习算法，人工智能能够分析大规模的基因组数据，从而发现疾病的潜在病因，并探索个性化的治疗方案。例如，科学家使用人工智能来确定可能的药物靶点，寻找阿尔茨海默病的治疗方法。

2. 基因变异识别与疾病风险预测

人工智能帮助医生更快速、准确地识别患者的基因变异，进而预测其罹患某种疾病的风险。例如，美国西奈山伊坎医学院研究人员使用人工智能工具，在 17 个基因中识别出罕见的编码变异，揭示了冠状动脉疾病（CAD，也称冠心病）的分子基础；谷歌 DeepMind 利用人工智能预测人类有害的基因突变。

3. 精准医疗支持

通过人工智能的分析，医疗过程变得更加精准和符合个体需求，为精准医疗的实现提供了有力支持。

4. 多源数据整合

人工智能能够整合基因组数据、临床数据和影像数据等多源医疗信息，进而为医生提供精准的治疗方案建议，提高治疗效果。

9.2 医疗领域人工智能的风险和伦理问题

医疗领域人工智能技术的进步提高了疾病诊断准确性，优化了治疗方案，为人们带来了福祉。同时，人工智能在医疗领域的应用引发了一系列伦理挑战，包括隐私保护问题、决策透明性和可解释性问题、责任划分问题、公平性问题、患者信任问题等。

9.2.1 隐私保护问题

当前，对于医疗领域人工智能应用涉及的患者隐私问题、自我保护策略和可接受性问题尚没有明确的对策。数据更多的泄露来源是用于训练的患者数据。其中，人体基因组数据的泄露引起的潜在生物危害更为突出。

医疗领域人工智能在处理数据时涉及的信息极为敏感。医疗数据，包括病历记录、疾病历史、遗传信息、手机及可穿戴设备收集的健康信息，甚至社交媒体活动和互联网搜索历史，都蕴含着巨大的研究和商业价值。但这些数据的泄露不仅会对个人隐私造成侵害，还可能导致公众歧视、污名化，甚至危害国家和社会安全。

医疗行业近年来已成为数据泄露的重灾区，数据安全问题是医疗行业数字化的首要挑战。全球范围内，医疗行业的数据泄露事件屡见不鲜。

美国某医疗科技公司的数据泄露影响了近 450 万人。奇安信集团透露，整个 2023 年，奇安信 95015 平台受理的医疗行业应急响应事件中，数据安全相关事件占了将近 50%。奇安信威胁情报中心监测显示：2023 年，国内医疗行业泄露数据多达 90252.9 万条，约合 344.7 GB，内容涉及患者姓名、电话、身份证号、地址、账号密码、诊疗信息、缴费信息等众多敏感个人信息和商业机密。

为确保医疗数据的安全，我们需要明确数据在收集、存储、处理和共享等环节应遵循的伦理准则和法律框架；同时，积极推广加密技术等安全措施，为医疗数据提供坚实的保护。

因此，在推动医疗领域人工智能应用的同时，我们必须在医疗数据共享与患者隐私保护之间找到平衡点。这需要我们加强技术防范、提升人员安全意识、完善法律制度，确保医疗数据安全、合法、有效地得到利用。

9.2.2 决策透明性和可解释性问题

医疗领域人工智能的决策过程往往缺乏透明性和可解释性，这使得医生和患者难以理解其决策依据，可能导致医生和患者对人工智能的决策产生不信任，从而影响其应用效果，因为他们无法确定这些决策是否真正符合医学标准和患者需求、是否存在潜在的错误或偏见。医疗领域人工智能的决策透明性和可解释性问题成为其广泛应用和接受度的关键挑战之一。

决策透明性是指医疗领域人工智能系统能够清晰地展示其决策过程，使得医生和患者能够理解和验证这些决策是如何得出的。目前，许多医疗领域人工智能系统的决策过程就像"黑箱"，难以被外部理解和验证。

可解释性是指医疗领域人工智能系统能够向医生和患者提供关于其决策依据的详细解释，使得他们能够理解为什么系统会做出这样的决策。目前许多医疗领域人工智能系统的决策往往难以被直观地理解和解释。

为了克服这些问题，需要采取一系列措施和技术手段来提高系统的决策透明性和可解释性，从而增强医生和患者对人工智能的信任和接受度。

9.2.3 责任划分问题

现阶段，医疗领域人工智能系统还不能根据实际情况调整自己的行为，必须依赖医生对机械进行操控或做出最终决策。人工智能在医疗中的应用增加了诊疗的不确定性风险，例如，辅助诊断系统和手术机器人在医疗过程中可能因医生经验不足、操作不熟练或机器故障导致医疗问题，甚至对人造成伤害或死亡。例如，2015 年 2 月，英国首例机器人心脏手术过程中出现"机器失控"，主刀医生在慌乱中应对失当，最终导致手术失败，患者一周后死亡。这起事故除机器故障外，与主刀医生操作经验不足、未充分估计手术风险有很大关系。另据美国媒体报道，使用沃森肿瘤解决方案的医生发现，沃森经常会推荐不准确甚至错误的治疗建议。如果医生据此决策，后果难以设想。据披露，沃森"出错"的根源在于训练数据有问题，用于训练的并非真实患者的数据，而是虚拟患者的假想数据，且训练数据量不足。例如，8 种癌症中，训练数据量最高的肺癌只有 635 例，最低的卵巢癌仅有 106 例。

医疗领域人工智能应用带来了法律和伦理责任问题。如果在诊治过程中对患者造成了伤害，责任应如何划分、如何赔偿损失等都需要明确。在医疗领域人工智能体系中，应对各方责、权、利进行明确划分，并依据主体负责的理念追究相关责任人。当医疗领域人工智能导致临床纠纷、人类伦理或法律的冲突问题时，是否能够从技术层面对人工智能系统的开发人员或设计部门问责？同时，应在应用层面建立合理的责任和赔偿体系，保障医疗领域人工智能在临床发挥其应有的价值，而不至于陷入尴尬困境。

为解决这些问题，责任主体判定显得尤为重要，需要明确利益相关者的具体责任，建立伦理管理规范和法律问责机制。政策制定者和科学共同体应该对人工智能的决策和操作进行有效控制，并明确人工智能引发的损害的法律责任。在推动医疗领域人工智能应用的同时，必须建立相应的伦理和法律机制，以确保其安全性和有效性。

医生对人工智能系统临床应用的一个顾虑是，谁对人工智能系统提供的决策最终负责？如果出现错误，谁来承担后果？目前，医疗领域人工智能的最后结果仍需人工校验审核，医生承担对患者诊疗结果的责任。未来，临床广泛引入人工智能系统后如何实现责任划分仍不明确。

9.2.4 公平性问题

公平性问题包括算法公平和医疗资源分配公平。

医疗领域人工智能的算法可能因训练数据的不均衡或偏见而产生基于种族、性别、年龄的不公平决策。

在医疗卫生资源的分配中确实存在显著的不公现象，这种不公将使人工智能在医疗领域应用的垄断进一步加剧，形成新的数字鸿沟。特别是在我国，经济欠发达地区的民众往往难以触及人工智能系统在医疗领域所带来的便捷和技术革新。医疗领域人工智能可能因其资源分配的不平衡和社会贫富差距的扩大成为少数人的特权。

目前，我国医疗领域人工智能应用主要集中在大型医疗机构，使得偏远地区的民众难以享受到这些技术的益处。而高昂的价格是制约其普及的关键因素之一。以达·芬奇手术机器人为例，虽能进行微创、复杂的手术操作，但高昂的购置和维护成本，加之企业垄断导致的市场限制，使得手术费用居高不下。

9.2.5　患者信任问题

医疗技术的发展最终是为患者服务的，必须关注患者对医疗领域人工智能的信任问题。医疗领域人工智能改变了传统的就医模式和医患关系，"医"不再只是有情感的人，也可以是智能机器或程序，传统的医患交流可能更多地变成"人机对话"。因此，面对不会说话、冷冰冰的机器，患者对其沟通能力、理解能力以及应变能力等存在怀疑，进而影响到他们对医疗领域人工智能的信任度。可见，人工智能能否在医疗领域顺利应用，还需过患者信任这一关。

1. 患者自主权

医疗领域人工智能的决策可能与患者的价值观和意愿产生冲突。应尊重患者对其医疗数据的控制权，确保患者有权决定是否使用其数据进行医学研究或开发。在医疗决策过程中，应确保患者了解并理解医疗领域人工智能的作用和局限性。例如，一些患者可能更愿意接受传统的治疗方法，而不是由人工智能推荐的治疗方案。在这种情况下，如何尊重患者的自主权，同时确保他们充分了解并接受人工智能的决策，是一个需要解决的问题。

2. 对人类医生的替代风险

医疗领域人工智能的发展可能导致一些传统的医疗任务被自动化，从而减少人类医生的工作量和参与度，如智能导诊、微信挂号缴费、机器人发药等，并在医学影像、辅助诊疗等核心医疗环节发挥着越来越重要的作用，医生的主体性地位日益受到挑战。这可能对医生的职业认同和职业发展产生负面影响，也可能削弱医生与患者之间的关系。

9.3　医疗领域人工智能伦理治理

医疗领域人工智能应用的伦理问题涉及技术发展、社会期望、法律法规、患者权益和隐私保护等多个因素，为了确保医疗领域人工智能健康、可持续地发展，我们需要从多个角度进行思考和努力，确保技术为人类带来福祉的同时，不损害人类的尊严和权益。为了确保医疗领域人工智能的健康发展并最大限度地保护患者和社会的利益，需要综合考虑多种因素，制定和完善相关的伦理准则与法律法规。

社会期望对医疗领域人工智能的伦理形成具有重要影响。随着公众对医疗技术的期望不断提高，医疗领域人工智能被视为改善医疗服务质量和效率的重要工具。社会期望促使医疗行业和相关利益方关注伦理问题，以确保技术的应用符合公众的价值观和期望。

随着医疗领域人工智能的发展，各国政府开始制定相关法律法规，规范技术的研发、应用和管理。这些法律法规通常涉及数据隐私保护、算法公正性、患者权益保护等方面。法律法规的制定和实施，为医疗领域人工智能的伦理应用提供了法律保障和约束，同时促进了相关伦理准则的制定和完善。

医疗领域人工智能伦理治理的原则与路径是一个复杂而重要的议题，涉及科技、医学、伦理和法律等领域，需要政府、医疗机构、科研机构和公众等方面的共同努力。不断完善制度规范、制定伦理原则、实施技术框架、强化数据隐私和安全保护，以及提高算法透明性和可解释性等措施，可以推动医疗领域人工智能技术的健康发展，更好地服务于人类健康事业。

9.3.1　医疗领域人工智能伦理治理的原则

1. 以人为本，尊重个体自主权、隐私权和知情权

患者权益是医疗领域人工智能伦理的核心和医疗领域人工智能发展的基石。应用医疗领域人工智能时，应充分尊重患者的自主权、隐私权和知情权，确保患者对医疗数据有明确的知悉权和同意权；同时，必须采取严格的技术和管理措施，保护患者的个人隐私不被泄露或滥用。

医疗领域人工智能的应用必须坚持科技与伦理并重的原则，确保设备设计、操作和使用都体现以人为本的理念。医务人员应运用这一理念操作智能设备，最大化保障患者的生命安全和道德底线，不破坏社会公正与和谐。

在医疗领域人工智能的研发和应用过程中，必须以患者为中心，确保技术发展与权益保护相协调，制定严格的伦理准则和数据管理政策，以实现技术的健康、可持续发展。

2. 人机和谐

人工智能系统开发过程必须考虑与人类价值观的兼容性，并遵循特定的行为准则。在使用医疗领域人工智能时，必须认识到信任、安全指导、伦理发展实践、人工智能管理的重要性。机器人手术不仅存在医患间广泛出现的医学道德问题，同时对医生提出了更高的道德标准。

3. 提供公平公正的医疗服务

医疗领域人工智能技术的应用必须确保提供公平公正的医疗服务，避免任何形式的歧视和偏见。无论患者的种族、性别、年龄或社会地位如何，都应得到同等的医疗关怀和对待。

4. 强化伦理责任

在医疗领域人工智能技术的研发和应用中，必须明确技术责任。由于人工智能技术具备高度的学习能力及自我优化能力，必须对其边界进行清晰限定，避免技术负面效应的产生。对于医疗设备，医务人员与设计者需要遵守伦理道德规范，在合理权限范围内设计或者使用智能产

品。对于医务人员而言，由于公众普遍存在保护意识淡薄、对风险感知不足、伦理道德修养缺失等问题，只有强化伦理责任，自觉提高科技素养和道德修养，才能获得最佳伦理实践。

9.3.2 医疗领域人工智能伦理治理的路径

① 完善人工智能伦理、医学伦理制度规范，加强伦理教育和研究，健全审查、评估、监管体系。通过一系列措施，确保医疗领域人工智能的发展和应用符合伦理要求。

② 制定人工智能伦理与医学伦理的具体原则，如增进人类福祉、尊重生命权利、坚持公平公正、合理控制风险、保持公开透明等，为医疗领域人工智能伦理治理提供具体的指导方向。

③ 实施人工智能伦理技术框架。基于产品生命全周期，可以划分为多个阶段，包括概念与设计、数据集和模型开发、产品市场准入、应用推广和上市后的跟踪评估评测等。每个阶段都应融入伦理考量，确保医疗领域人工智能应用的全周期都符合伦理规范。

④ 加强数据隐私和安全保护：医学数据具有极高的隐私性和机密性，因此在使用人工智能技术进行医学数据处理时，必须采取安全合规的措施，保障患者数据的隐私与安全，同时应尊重数据产权和知识产权，防止数据泄露和滥用；加强对医务人员的人工智能教育和培训，提高他们对医疗领域人工智能的认识和理解；培养患者的数字素养，帮助他们更好地理解和使用医疗领域人工智能。

⑤ 提高算法透明性和可解释性：在医疗领域人工智能应用中，应努力使算法透明化并可解释，以增加公众的信任度和可接受性。

本 章 小 结

人工智能在医疗领域正以前所未有的方式重塑传统诊疗格局，显著提升医疗服务的品质与效率，为日益增长的公众健康需求筑起坚实后盾。然而，伴随其广泛渗透，引发了新的伦理问题，亟待我们从多维度进行深入剖析与妥善应对，以确保医疗领域人工智能沿着正确的轨道蓬勃发展，真正实现技术赋能健康、造福人类的宏伟愿景，助力人类迈向更加美好的健康未来。

我们需要前瞻性地探索医疗领域人工智能的效益边界和潜在风险，通过强化风险防控能力，有效规避未知威胁，确保技术应用的稳健前行。在医疗实践中，患者的自主权应得到充分尊重，医疗领域人工智能的实施需严格遵循患者意愿与决策权，确保医疗过程中的人文关怀与技术进步并行不悖。为保障医疗领域人工智能的安全性和可靠性，我们必须守护患者的隐私信息和数据安全。为了增进医患之间的信任，还应积极研发可解释性算法，使医疗领域人工智能的决策逻辑更加透明化，易于被医患双方理解和接受。同时，建立健全的责任与追责体系，明确界定医疗领域人工智能应用中的各方权责，确保技术应用的合法合规，为技术的健康、可持续发展奠定坚实基础。

在加速人工智能融入医疗健康体系的过程中，我们应促进技术普及，将伦理考量置于核心地位，精心构建并不断完善相关法律法规和伦理框架，为技术应用划定清晰的道德边界；加强伦理审查与监管机制，确保医疗领域人工智能的发展遵循伦理原则，坚决捍卫患者的合法权益不受侵犯。

习 题 9

1. 各种远程健康服务（如在线监测病人佩戴的设备和通过互联网回答病人问题）有利于改善医疗保健、减少开支和出行。调研信息技术在医疗领域的应用，并写一篇简短的报告。

2. 在医疗领域人工智能应用中，如何确保患者数据的隐私和安全？请列举至少三项具体措施，并解释其重要性。

3. 为什么医疗领域人工智能决策的透明性和可解释性至关重要？请结合临床场景说明其重要性，并提出提高透明性和可解释性的方法。

4. 在医疗领域人工智能出现误诊或治疗事故时，如何进行责任划分？请分析可能涉及的主体及其责任。

5. 医疗领域人工智能如何避免算法偏见和歧视性决策？请提出具体策略。

6. 如何构建完善的法律体系以规制医疗领域人工智能的应用？请从立法、监管和司法三个方面提出建议。

7. 阐述可穿戴设备可能产生的伦理问题。

第 10 章

AI

自动驾驶伦理问题

10.1　自动驾驶技术及其发展

10.1.1　自动驾驶的概念

自动驾驶是新一代技术融合、创新发展的产物，实现了车辆驾驶的自动化，正在推动着汽车产业的重大变革。车辆的自动驾驶系统主要由传感器、图像处理平台、执行机构等硬件和自动驾驶算法组成，旨在实现不需人类驾驶员干预的自主驾驶车辆，以提高交通的安全性、效率和可持续性。

自动驾驶技术可以划分为五个等级：辅助驾驶（L1）、部分自动驾驶（L2）、有条件自动驾驶（L3）、高度自动驾驶（L4）、完全自动驾驶（L5）。

自动驾驶技术的终极目标是实现车辆不需人类干预即可自主行驶，应用领域广泛，包括但不限于：个人用车、物流货运、出租车和共享出行、公共交通、农业机械。这些应用领域展示了自动驾驶技术的潜力，为各行业带来了机遇和挑战。

自动驾驶技术的主要特点和功能包括以下 4 方面。

① 感知和感知决策：自动驾驶汽车配备了多种传感器，如雷达、摄像头和超声波传感器，用于检测其他车辆、行人、道路标志、障碍物和路况。基于这些数据，车辆可以及时做出决策，如避开障碍物、遵守交通规则和规划最佳路径。

② 自动控制：自动驾驶汽车可以自主控制加速、制动、转向和车道保持等功能，以实现自动驾驶。这需要高度精确的控制系统，以确保车辆在各种路况下安全行驶。

③ 人机界面：许多自动驾驶汽车配备了先进的人机界面，以允许乘客与车辆进行互动。这些界面包括语音识别、触摸屏和手势控制，使乘客能够轻松地与车辆进行交互，并掌握车辆的状态和控制。

④ 数据连接：自动驾驶汽车通常具备高度互联性，可以与云端服务通信，以获取地图数据、交通信息和软件更新等。这使车辆能够不断更新和优化其驾驶能力，提高安全性和效率。

自动驾驶技术的核心是其自动驾驶算法。设计自动驾驶算法是一项精密且复杂的工程任务，目标在于实现车辆的智能化感知、决策和执行。首先，感知模块依赖传感器数据，如摄像头和雷达，来精确捕捉周围环境。其次，决策模块则基于感知信息与先前的规则，进行路径规划和交互决策，需要考虑交通法规和避让策略。最后，执行模块将决策转化为车辆的实际行为，通过精确的控制算法，实现转向、加速和刹车等功能。

在整个设计流程中，对算法的实时性、健壮性和安全性有严格的考量，以确保车辆在各种复杂的交通场景中都能稳定运行。

随着自动驾驶算法的不断演进，我们有望看到自动驾驶技术的持续创新，为未来的智能出行提供更安全、高效的解决方案。

自动驾驶技术的崛起标志着人工智能和机器学习领域的重大突破，为科技进步带来了巨大潜力，并有望重塑未来的交通方式，它的应用前景引发了人们对未来出行方式的期待。对于面临交通问题的人们来说，自动驾驶技术具有显著的优势，将为残疾人、老年人和年轻人带来更多的行动自由，能够显著降低道路事故的发生率、提高交通通行效率。自动驾驶技术也将改进交通流量、降低能耗、减少环境污染。

10.1.2　全球主要国家自动驾驶技术的发展简况

美国在自动驾驶技术的研发和创新方面一直处于领先地位，尤其是硅谷地区的科技巨头，如特斯拉、Waymo、Uber 和 Cruise Automation 等，引领着自动驾驶领域的发展。Waymo 的自动驾驶出租车服务已在亚利桑那州进行试验。特斯拉的 Autopilot 系统已能在特定条件下实现自动驾驶，FSD（Full-Self Driving，完全自动驾驶）是特斯拉研发的自动驾驶系统。2023 年 7 月 21 日，特斯拉宣布 FSD 限时转移政策正式上线。2024 年 4 月底，特斯拉、百度宣布，将合作推动 FSD 在中国落地。

欧洲各国也出台了相关法规和政策，以积极推动自动驾驶技术的发展。德国的奔驰、宝马和奥迪等汽车制造商已推出了一系列具有自动驾驶功能的汽车，而瑞典的 Volvo 在自动驾驶卡车领域也取得重要进展。

我国政府出台了一系列政策和法规，以支持自动驾驶技术的发展，包括推动自动驾驶试验、建设自动驾驶测试道路和提供财政支持等。百度、阿里巴巴、腾讯、华为、小米等公司已在自动驾驶领域投入大量资源，并取得了显著进展。总的来说，我国的自动驾驶技术发展迅速，各方力量积极合作以推动这一领域的发展。百度的 Apollo 自动驾驶平台已成为全球领先的开放式生态系统之一。华为发布了高阶智能驾驶系统（HUAWEI Advanced Driving System，ADS）。

蔚来汽车、小鹏汽车和理想汽车等汽车制造商也积极投入研发，推出了具有自动驾驶功能的车辆。这些公司通过不断创新，试图在自动驾驶领域占据更多市场份额。

截至 2024 年，国内有条件自动驾驶（L3 级）高速公路道路测试牌照的企业包括：比亚迪、阿维塔、深蓝、奔驰、极狐、宝马、智己、问界、极越、福田、小马智行等车企，开展测试的城市包括北京、上海、重庆、深圳。

10.2　自动驾驶引发的风险和伦理问题

自动驾驶技术的迅猛发展对社会可能产生广泛而深远的影响，将对交通领域带来颠覆性的变革，与之相伴的伦理和风险挑战亦逐渐显现。当前，在自动驾驶状态下出现的各种伤亡性交通事故、功能性缺陷等问题使人们高度关注自动驾驶对人类伦理、法律、社会等方面的负面影响。自动驾驶技术引发了一系列伦理和风险问题，包括如何在紧急情况下做出决策、如何平衡不同生命之间的价值，以及如何确保自动驾驶系统的安全性和可靠性'发生事故时如何确定责任主体、如何保护隐私等。针对这些风险和伦理问题，需要社会、政府、企业和公众共同努力，在发展技术的同时，制定出相应的伦理准则和法规来规范自动驾驶技术的使用，以确保自动驾驶技术的发展以人类福祉和道德价值为中心。

10.2.1　道德决策问题

当自动驾驶汽车面临紧急情况时，它必须做出一系列道德抉择，例如决定是保护车内乘客还是路旁的行人，以及在无法避免的事故中如何最大限度地减少伤害。而决策导致的事故又涉及责任分配问题。

一个备受关注的伦理困境是"电车难题"。想象一下，一辆自动驾驶汽车因刹车系统故障而面临一场不可避免的事故。此时，车辆面临着三个选择：一是按照原路径前进，可能撞到多名行人；二是转向撞向一名无辜的行人或车辆；三是撞向路边的障碍物，导致车辆损毁并可能伤害到车内乘客。这一著名的道德难题最初由英国哲学家和伦理学家菲利帕·福特于1967年提出，现在出现了多个变体版本。

与福特的假设不同的是，自动驾驶汽车在面临这种抉择时，其决策权并不掌握在驾驶员手中，而是掌握在车辆的自动驾驶系统上。因此，当非驾驶员控制的车辆造成他人伤亡时，制造商或系统开发者可能需承担相应的责任。此外，传统的电车难题中并未考虑自我牺牲的选项，但在自动驾驶的情境下，车辆可能选择撞向障碍物，以减轻对其他人的伤害。然而，这种决策若非基于乘客的自愿，可能涉及法律层面的考量，甚至可能构成犯罪行为。

关于电车难题的不同伦理立场导致截然不同的结果。功利主义者主张通过最小化伤害来做出决策，他们可能倾向于让电车转向，牺牲一名行人以拯救更多人。而义务论者坚守道德原则，认为转向等同于杀人，与直接导致多人死亡的性质截然不同。在面对这类抉择时，我们不仅要思考如何平衡乘客的生命安全与整体风险的最小化，还要关注这些决策对社会和生态系统可能产生的长远影响。过于强调保护乘客的生命安全可能导致整个社会的安全状况恶化，而过于追求整体风险的最小化可能导致个体在社会中的地位边缘化，从而引发对劣质技术的倾向和对生态系统的破坏。

由此可见，自动驾驶的伦理问题与传统的电车难题存在显著差异，自动驾驶中的电车难题远比传统的哲学实验复杂。电车难题是个人决策的问题，而自动驾驶汽车涉及群体决策；电车难题是即时性的问题，而自动驾驶汽车需要预先编程；此外，电车难题的选择相对简单且有限，而自动驾驶汽车面临复杂多样且无限的选择。更重要的是，电车难题不涉及法律、责任等实际考量，而自动驾驶汽车的决策必须在这些框架内做出，不仅涉及技术层面的挑战，更触及了伦理、法律和社会等多个维度。因此，对自动驾驶伦理问题的深入研究显得尤为重要。

自动驾驶汽车的电车难题与传统哲学实验的核心是一致的，即自动驾驶系统在实践中会面临道德选择，如何将这些车辆融入公共交通系统、在发生事故后如何界定责任都是亟待解决的问题。加州理工州立大学的帕特里克·林教授表示："电车难题是伦理学中一个标志性的思想实验，而当自动驾驶汽车逐渐普及，这种场景很可能在现实生活中上演。这些决策往往基于预设的道德准则，但不同文化和社会对这些准则的理解可能存在差异，从而引发更为复杂的道德困境。"同时，我们不能忽视伦理原则的指导作用。保护人的生命价值应作为首要原则，禁止任何形式的受害者价值评估或区分。

10.2.2　责任分配问题

当自动驾驶汽车发生事故时，责任归属变得尤为复杂，涉及制造商、监管部门、软件工程师、用户等多方主体。由于自动驾驶的决策高度依赖软硬件系统，认定责任时需综合考虑车辆制造质量、软件稳定性、用户操作行为等因素。

在认定责任时，我们应充分考虑工程学因素，分析事故是否源于编程问题、制造商责任或用户失误。由于汽车制造涉及众多利益相关者，责任的不确定性可能导致法律纠纷，并对传统保险模式构成挑战。这些伦理准则应成为处理自动驾驶事故时的基本遵循。

我们需要重新审视法律责任、保险机制，并更新对责任分配的认知，以确保自动驾驶技术的健康发展并保障公众安全。

当发生交通事故时，需要考虑以下伦理问题。

① 道德决策问题：当事故无法避免时，车辆应该选择哪个策略来最大化地减少伤害？是优先考虑保护车内乘客的生命安全，还是应该尝试保护行人？

② 决策透明性问题：如果自动驾驶系统做出了决策，那么这个决策过程应该是透明的，还是应该由人类驾驶员在关键时刻接管？

③ 责任分配问题：如果车辆选择了某个方案并导致了伤害，责任应该由谁承担？是汽车制造商、软件开发者、车主，还是自动驾驶系统本身？

10.2.3　安全问题

自动驾驶系统的核心在于其高度精密的传感器阵列、摄像头和雷达等，这些设备协同工作，实现对周围环境的精准感知。然而，这些设备在极端天气、昏暗环境或复杂的交通场景中可能会遭遇感知瓶颈，系统可能无法准确、及时地理解周围的交通状况，进而在需要迅速做出决策时陷入迷茫，导致误判。自动驾驶技术的应用使得车辆对于路况和环境的适应性更强，减少了交通事故的风险。随着新能源汽车技术的不断进步，车辆自身的安全性能得到了大幅提升。但是，自动驾驶汽车的数据安全引发了新的问题。

除了车辆本身的安全，自动驾驶还面临着网络安全威胁。这些车辆的系统可能存在安全漏洞，为恶意攻击者提供可乘之机。想象一下，如果黑客成功入侵了一辆自动驾驶汽车的系统，他们不仅可以窃取车辆的敏感信息，还可能直接控制车辆，导致车辆做出异常的驾驶行为，甚至引发交通事故。更为严重的是，黑客还可能通过篡改传感器数据的方式，欺骗车辆的决策系统，使其做出错误的判断和操作。这种攻击方式具有极高的隐蔽性和破坏性，一旦得逞，后果将不堪设想。因此，如何确保这些数据的安全性，防止滥用和侵犯，以及有效防范黑客入侵和恶意攻击，成为亟待解决的关键问题。

根据 Upstream Security 的数据，2011—2020 年发生了 633 起针对智能汽车的网络攻击事件，其中，近 86.7%威胁到车辆数据和代码，近 43%威胁到车辆控制，这些都可能导致正在行驶的车辆被远程操控、车辆功能被远程控制，进而危害到行车的安全。从这个角度，未来数据的安全、信息的安全或许比车辆本身的安全性能来得更加重要。

美国国家公路交通安全管理局（NHTSA）数据显示：2019 年至 2023 年 6 月，美国涉及特斯拉自动辅助驾驶模式的车祸事故达到 736 起，导致了 17 人死亡。

2023 年 5 月，某汽车公司发生了一起大规模数据泄露事件，7.5 万人受影响，被泄露的信息数据量多达 100 GB，不仅包括大量在职员工和前员工的个人信息（含姓名、住址、电话、电邮、薪资）还包括其老板自己的社保号码，也有客户的银行信息等个人信息。

10.2.4　隐私问题

自动驾驶汽车在运行过程中会持续收集、传输和分析大量数据，包括驾驶者的位置信息、行驶路线、驾驶习惯等敏感内容。

首先，数据收集过程中可能引发数据泄露。自动驾驶汽车在导航和路径规划过程中需要实时定位，产生大量位置数据。这些精确的位置信息可能暴露驾驶者的行踪和日常活动范围。同时，车内传感器可能收集驾驶者和乘客的生理特征、语音指令等敏感信息，进而威胁用户隐私安全。自动驾驶汽车的摄像头、雷达等会实时捕捉周围环境信息，可能无意中捕捉到行人的面部特征，从而威胁行人隐私。

其次，在数据存储与传输方面，自动驾驶技术同样面临安全挑战。随着车辆联网能力的提升，数据共享成为必然趋势。这就增加了个人信息在存储和传输过程中被未经授权的第三方截获的风险。

最后，车辆间的通信也为敏感信息的交换带来了潜在风险。若车辆间通信协议未得到充分保护，可能遭受恶意攻击者的利用，导致隐私泄露或车辆被非法控制。

下面介绍几个数据泄露的案例。

2023 年，某汽车公司因云环境中的设置错误，导致车辆数据存在泄露风险，涉及注册丰田车载信息服务、远程车载信息通信服务等服务的大约 215 万用户。

近年来，某汽车公司的自动驾驶系统多次被曝出存在数据泄露的隐患。例如，有报道称该公司的自动驾驶系统会在未经用户同意的情况下收集和分享用户的数据，包括加速度、转向角度、刹车信号等。2019—2022 年，该公司的员工们可通过内部消息系统分享用户汽车摄像头记录的视频和照片。还有，该公司员工在离职前盗取了公司机密文件，并以此作为举报材料提供给了媒体，涉及超过 7.5 万人的个人信息。此外，黑客利用其自动驾驶系统中的漏洞远程控制车辆，引发了对于车辆安全和乘客隐私的担忧。

2022 年 11 月，两家汽车公司的数据出现在了暗网平台被售卖。

2022 年 6 月，某汽车公司 179 万条销售数据遭泄露并被人从国外倒卖至国内。

Mozilla 基金会曾发布过一份引人深思的报告，报告对 25 个知名汽车品牌进行了评估，没有一个汽车品牌能够达到该基金会设定的最低隐私标准，这表明汽车行业在处理用户数据时存在严重问题。报告最后指出，汽车是所有评估产品中隐私保护最差的类别之一。网联化、信息化、智能化才刚刚兴起的汽车行业，无论是企业还是用户，似乎都对数据的安全没有引起足够的重视。

10.2.5　社会公正问题

自动驾驶技术可能对社会公正产生深远影响，涉及多个层面的考量。如何在技术发展的同时，确保社会公正和伦理道德的底线不被侵犯，是摆在我们面前的一大难题。

1. 技术研发的公平性和地域平衡

自动驾驶技术的研发和测试往往集中在经济发达的特定地区或社群，一些地区或社群可能因资源充足或早期采纳而受益，另一些地区则可能因技术不可及或缺乏必要资源而处于劣势，从而扩大数字鸿沟。这可能导致部分地区或社群被边缘化，加剧地域间的不平等。为确保技术的广泛应用和社会公正，需要关注技术研发过程中的公平性和地域平衡问题。

2. 就业岗位的变革与影响

自动驾驶技术的广泛应用预计将减少传统驾驶岗位，对依赖驾驶为生的群体造成冲击。这种变革可能加剧社会经济不平等，但同时为其他领域如程序设计、制造和保险等创造新的就业机会。如何在技术变革中保障社会平衡，确保受影响群体的权益，成为一大挑战。

3. 算法偏见

自动驾驶技术依赖大数据进行训练和决策。若数据收集过程中存在偏见，如忽视某些社群或群体的数据，则可能导致技术决策的不公正。自动驾驶技术的算法可能基于种族、性别或其他个体特征做出不公平的决策，引发一系列涉及伦理和社会价值观的问题。为确保技术的公正性，需要对算法进行严格的审查和监管，确保其在决策过程中不带有任何偏见或歧视。

10.3　自动驾驶伦理问题产生的根源

10.3.1　客观条件的制约

自动驾驶技术自身的局限性是导致伦理问题产生的重要原因。目前，自动驾驶技术尚未成熟，还存在许多技术难题需要攻克。例如，传感器和摄像头可能在恶劣天气或复杂路况下失效，导致车辆无法准确感知周围环境并做出正确反应。此外，自动驾驶系统的算法决策也可能出现偏差或错误，从而引发安全事故。这些技术局限性使得自动驾驶汽车在实际应用中难以完全避免碰撞事故，进而引发关于责任分配、道德选择等伦理问题的争议。

自动驾驶算法作为自动驾驶系统的核心，承担着行人检测、物体识别、路径规划、行为决策等多种复杂功能。但目前最智能的车辆仍不能完全脱离用户或安全员的控制，与真正的人类驾驶员相比仍有所不及。

自动驾驶系统的表现不仅取决于算法质量，还受到真实世界车况和路况复杂多变的影响。同时，算法模型的训练还受限于真实世界样本的充分度。厂商用于训练算法的样本无法全面覆盖所有情况，且样本可能存在偏见。不同地区、种族和场景的样本可能不够充分和均衡，导致自动驾驶算法在实际运行中可能会出现意想不到的错误。此外，自动驾驶系统需要车辆各部件和传感器之间的紧密配合，而这受到传感器技术发展水平和车辆制造成本的制约。这些因素限制了自动驾驶算法在真实环境中的表现。

道德决策的复杂性也是自动驾驶伦理问题产生的重要根源。自动驾驶汽车的行驶过程中可能遇到需要权衡生命价值的道德困境。例如，在面临不可避免的碰撞事故时，车辆应该优先保护车内乘客还是行人？这种道德决策的制定涉及深刻的伦理争议和价值观冲突。不同的文化、宗教和哲学传统对于生命权、公正和道德责任等问题的看法存在差异，这导致自动驾驶技术的道德决策难以形成统一的标准和共识。

自动驾驶算法的执行就是一个黑箱，执行路径和结果不透明，这增加了算法决策结果的可解释性难度，为算法的改进带来了挑战。

10.3.2 法律法规的滞后

自动驾驶技术的商业化应用是一个复杂的系统工程，不仅涉及产品技术、环境硬件和用户接受度，还涉及众多标准和广泛的法律法规体系建设。自动驾驶的最终目标是部分或完全替代人类驾驶员，这对法律法规标准带来了广泛而深刻的影响，主要涉及自动驾驶的标准和法规，以及人机共驾模式下产生的交通肇事行为责任分配相关法规。

1. 自动驾驶技术的法规标准体系尚不完善

目前，自动驾驶技术的法规标准体系仍在建设中。尽管国际组织尚未为自动驾驶技术建立全面的标准框架体系，但其关注点主要集中在安全标准上。例如，联合国世界车辆法规协调论坛（WP.29）已成立了智能网联汽车法规工作组（GRVA），正在制定全球自动驾驶汽车的相关文件，主要基于指南和安全原则进行定义，并定义自动驾驶汽车的功能。此外，ISO 在关注非预期/非故障性问题，通过其 TC22 和 TC204 委员会制定了相关文件，如 ISO22736 和 ISO/PAS21448，以规范自动驾驶技术的发展。

在立法方面，大多数国家采取了基础性法规先行、渐进式的策略。在全球范围内，欧盟在此方面走在前列，已经推出了 L3、L4、L5 级自动驾驶的详细规定。欧盟采取统一方法，通过制定一系列标准来推动自动驾驶技术的发展，但各成员国之间仍存在法规差异。例如，德国在自动驾驶领域的法规相对较早且体系健全，但被批评为过于保守，可能影响新技术的迅速应用。美国的法规较为灵活，各州可以自主制定，但导致了法规的分散和不统一。我国政府在自动驾驶技术的发展上给予了积极支持，相关部门积极推进完善智能网联汽车和自动驾驶相关法律法规制度建设，让自动驾驶商业化应用再提速，例如，20 个城市（联合体）被确定为智能网联汽车"车路云一体化"应用试点城市。

随着自动驾驶技术的全球发展，各国（或地区）之间的标准和监管体系差异可能导致国际范围内难以达成一致的标准，这增加了跨境运作和国际合作的复杂性。此外，自动驾驶系统涉及多个行业，如汽车制造商、技术公司和政府监管机构等，这些行业之间的标准可能不统一，从而导致跨行业合作和信息共享存在难题。

2. 人机共驾模式下的责任分配不够明晰

高阶自动驾驶技术的出现更导致多元驾驶模式的产生，由传统单一的"驾驶人驾驶"转变为包括"驾驶人单一驾驶""人机共驾""无人驾驶"在内的三种驾驶模式。当人机共驾模式处于自动驾驶（L3 级）模式和高度自动驾驶（L4 级）模式级及以上（L5 级）时，驾驶模式的变化可能会对交通肇事罪的责任分配产生一系列困境。

现行的法律都以人为核心，权利和义务的主体是人，因此也应当由人来承担相应的责任。以深圳特斯拉自动驾驶汽车案为例，对于在这场事故中究竟是对设计者、经营者还是驾驶员追责存在不同观点和争议。根据《中华人民共和国民法典》"侵权责任"编第四章"产品责任"的规定，我国采取的是过错责任原则，生产者、销售者以及运输者、仓储者之间的责任分配明确。但是从自动驾驶汽车案来看，归责思路并不是传统侵权意义上的归责，而是要考虑导致事故发生的究竟是操作失误还是设计缺陷，这一点在民事法律上尚未有明确的规定。在人机共驾模式下，一方面，高阶自动驾驶系统属于驾驶的主体，负责驾驶，但系统的本质只是人类的工具，不具备理解权利与义务、伦理和道德之间关系的能力；另一方面，在高阶自动驾驶系统的运行阶段，驾驶员并无驾驶任务，无法成为交通肇事罪的刑事主体。由此可见，在高阶自动驾驶运行阶段，交通肇事罪的责任主体在一定程度上缺失，现行的法律法规并未对此有明确的责任分配和规定，其立法亟需探讨完善。

10.3.3　数据隐私和安全的挑战

数据隐私和安全的挑战也是自动驾驶技术伦理问题产生的一个重要原因。随着汽车行业、自动驾驶技术和通信技术的融合发展，汽车正朝着智能化、联网化方向快速演进，在数据隐私和安全方面带来了新的挑战。自动驾驶汽车需要大量的数据来进行实时分析和决策，这些数据往往涉及乘客和行人的隐私。如何在收集、存储和使用这些数据时保护个人隐私，防止数据泄露和滥用，是自动驾驶技术必须解决的伦理问题。同时，随着技术的发展，自动驾驶汽车有可能被用作监控工具，进一步加剧数据隐私和安全的担忧。

随着自动驾驶技术的普及，车辆需要持续收集各种数据，包括驾驶者的个人信息和周围环境数据。传统的知情同意机制在这一背景下显得力不从心，因为用户难以预见未来的风险，用户协议通常冗长且晦涩，用户在交易中通常处于弱势地位。这使得知情同意机制的实际保护效果受到限制。

平台对自动驾驶数据的防护不足。由于自动驾驶数据大多存储在云平台上，因此云平台的数据安全对自动驾驶技术的正常运行至关重要。由于云平台存有大量数据，会成为黑客攻击的对象，此外，若云平台权限配置有误，则可能导致内部人员滥用权限，从而引发数据失真或泄露的风险。例如，2023 年 5 月，某汽车公司云服务由于配置错误导致数据泄露事件，暴露了2016 年 10 月至 2023 年 5 月期间亚洲和大洋洲约 215 万用户的个人信息，这些信息包括姓名、地址、电话号码、电子邮件地址、车辆识别信息和登记号码。2023 年 11 月，某汽车公司子公司受到 Medusa 勒索软件攻击，导致敏感的个人和财务数据泄露。2022 年 12 月，某汽车公司遭勒索攻击，数百万条数据发生泄露。2024 年 2 月，某汽车公司的云存储服务器发生配置错误事件，导致私钥和内部数据等敏感信息泄露。2024 年 4 月，德国大众汽车披露遭黑客入侵长达 5 年，泄露超过 1.9 万份机密文件。

10.4　自动驾驶伦理问题治理

传统汽车的发展历程已为我们敲响警钟：全球每年因交通事故导致超过 120 万人死亡，5000 多万人受伤，经济损失高达 5000 多亿美元。尽管自动驾驶技术有望显著提升道路交通的安全水平，但其潜在风险若未能得到有效防控，同样可能给社会带来灾难性的后果。

为了妥善解决自动驾驶所面临的伦理问题，政府、企业、研究机构和公众必须携手合作，共同推进技术研发与测试验证工作，并建立相应的法律法规和道德规范体系。以合理规范自动驾驶相关行为，确保其应用能够切实增进社会福祉。通过提升公众对自动驾驶技术的认知和理解，为其健康发展奠定坚实的基础。

自动驾驶技术的部署还牵涉监管和政策层面的问题。各国政府和监管机构需要积极制定相应的法律框架和政策措施，以确保自动驾驶技术的安全性和合规性。在制定这些规定时，如何既促进技术创新又保护公众利益，无疑是一项艰巨而复杂的挑战。

值得注意的是，解决自动驾驶伦理问题的核心在于弥合人类社会中的伦理分歧。一个优秀的伦理模型应当充分考量公众的理性行为伦理倾向，并为用户提供适度的自由空间，以便进行个性化的伦理设定。这将有助于我们在自动驾驶技术的发展过程中更好地平衡各方利益，推动其向着更加符合社会伦理和公众期待的方向发展。

10.4.1　应遵循的伦理原则

自动驾驶技术的迅猛发展，在带来前所未有的便捷与效率的同时，也引发了深刻的伦理考量。通过遵循下述伦理原则，人类能够更好地平衡技术进步与社会伦理的关系，推动自动驾驶技术在保障公共安全、促进经济增长及维护社会公正等方面发挥积极作用。未来，随着技术的不断成熟和伦理体系的不断完善，自动驾驶技术有望为人类社会带来更加美好的出行体验。

1. 人类生命至上

自动驾驶系统的首要任务是保护人类生命，任何决策均应将人类生命安全置于最高优先级。在无法避免事故的情境下，系统设计应以最小化对人类生命的伤害为目标。

2. 责任明确和可追溯

确立清晰的责任分配机制，自动驾驶系统的制造商、运营商及政策制定者需各自承担相应责任，确保系统安全、合规和可靠。

实施严格的数据记录与追溯制度，通过安装类似"黑匣子"的设备，记录车辆运行关键数据，便于事故后的责任追溯和原因分析。

3. 隐私保护和数据安全

强化对个人信息的收集、处理与存储的监管，确保自动驾驶汽车运行过程中所收集的个人隐私数据（如位置、行驶轨迹等）得到严格保护，防止泄露和滥用。

提升数据安全防护水平，防范黑客攻击与数据篡改，保障系统稳定运行和乘客安全。

4. 技术中立和公平

自动驾驶技术应避免基于个人特征（如年龄、性别、种族等）的歧视性决策，确保技术应用的公正性。推动自动驾驶技术的普及与公平分配，确保所有社会成员能够平等享受技术进步带来的便利，防止因新技术的引入加剧社会分裂和不平等。

自动驾驶技术的引入可能对城市交通规划产生深远影响，进而影响到公共交通服务。在这个过程中，我们必须确保所有变革均符合社会公正的原则，技术的应用应该致力于提升整体交通服务水平，而不是加剧不同地域间的不平等。

5. 透明度和可解释性

增强自动驾驶技术的透明度与可解释性，通过公开系统的工作原理与决策逻辑，促进公众对技术的理解与信任。

6. 遵守法律法规

自动驾驶技术的研发、制造、运营等环节均需严格遵守国家及地方的法律法规，确保合规性。针对自动驾驶技术带来的新型法律问题，积极推动相关法律法规的制定与完善，为技术创新提供法律保障。

10.4.2 推动技术改进和创新

推动技术的不断改进和创新是关键所在，只有技术日益成熟，才能更好地应对各种复杂场景和伦理挑战。针对近年来自动驾驶汽车因技术问题导致重大事故频发的问题，迫切需要对技术进行持续改进和创新。这不仅是为了提升自动驾驶技术的安全性和伦理性，更是为了降低潜在风险并增强公众对该技术的信任。通过加强安全系统研发、融入道德编码、建立实时监控和反馈机制以及利用仿真技术和全面测试，我们可以推动自动驾驶技术的持续改进和创新，不断优化自动驾驶系统的性能，从而提高其安全性和可靠性，降低潜在风险并增强公众信任。为实现这一目标，以下几方面的努力显得尤为重要。

1. 加强安全系统的研发

通过整合先进的传感器技术、行为决策系统和提高系统实时数据处理能力，车企能够构建出更为可靠的高级自动驾驶系统和应急刹车系统。这些系统能够在紧急情况下迅速介入，从而大幅降低事故发生的可能性。

2. 将道德编码融入自动驾驶系统

通过对算法进行道德层面的引导，可以确保系统在面临复杂决策时遵循伦理原则。例如，在算法中设定道德优先级，能够促使系统在决策时优先考虑人类生命和社会公正。

3. 建立实时监控和反馈机制

通过实时监控系统的运行状况和决策过程，开发者能够及时发现潜在问题并进行调整。同时，利用算法的反馈机制，系统还能够根据不断变化的道路和交通状况进行自我优化。

4. 利用仿真技术和实地测试来验证自动驾驶系统的性能和安全性

通过在虚拟环境中模拟各种可能的交通场景，我们可以对系统的反应进行全面评估。实地测试则是确保系统在现实世界中表现稳定可靠的最终保障。

10.4.3 加强公众教育

通过广泛的公众教育、透明的沟通策略和道德教育，我们能够有效地促进公众对自动驾驶技术的理解参与，建立政府与公众之间的良好沟通机制，增强公众信任，为技术的健康发展奠定坚实的社会基础。

1. 公众教育活动

开展深入且广泛的公众教育活动是构建社会信任的基础。这些活动旨在向公众全面阐述自动驾驶技术的潜在益处与风险。通过教育，公众能更深入地了解技术的工作原理、安全保障措施以及在未来交通体系中的角色，从而加强对技术发展的认知和支持。

2. 透明的沟通策略

透明的沟通策略对于确保公众和利益相关方及时获取自动驾驶技术进展及伦理问题的信息至关重要。开发者与监管机构需建立高效的沟通渠道，利用报告发布、定期更新及社交媒体等多元化手段，传达清晰、准确的信息，进而增强公众的信任感和参与度。

3. 伦理道德教育

伦理道德教育在培养公众对伦理问题的敏感性方面发挥着关键作用。通过教育系统和社会活动的推动，可以提升个体的道德意识，使公众更加深入理解和应对自动驾驶技术可能带来的伦理挑战。

本 章 小 结

作为交通领域的革新力量，自动驾驶技术在带来前所未有的便利的同时，也带来了新的伦理与风险问题。为应对这些问题，需综合考虑技术安全性、社会公正、法律责任等诸多方面，亟待多方共同努力，以寻求解决方案。我们必须在坚守伦理底线的基础上，推动技术的持续进步和创新，确保其为人类社会带来真正的福祉，实现科技与人类社会的和谐共生。自动驾驶技术作为服务社会的工具，在处理复杂情况时，应优先考虑避免对违反交通规则的人或物的伤害。未来的自动驾驶系统应在社会共识的准则下运作，从根本上保障安全，并通过技术革新来解决伦理问题。技术专家与法律专家需紧密合作，共同完善法律法规和标准，以确保技术的设计、实施与道德和社会价值观相契合，并明确各方在事故中的法律责任。自动驾驶技术的推广亦需关注社会公平，确保技术的普及性、就业机会的公平分配、交通平等、社会服务的广泛覆盖，使每个人都能公平受益。政府应该通过广泛的社会讨论、提升决策透明度、加强科普教育等提升公众对自动驾驶技术的认知，同时倾听各方意见，共同应对伦理挑战。在国际上，各国（或地区）应加强合作，共同制定全球协同的自动驾驶技术标准和法规。这将有助于确保技术的一致性和可持续性，降低因技术差异而引发的风险和问题，共同推动自动驾驶技术的繁荣发展。

习 题 10

1. 分别说出 3 个自动驾驶技术的优势和劣势。
2. 自动驾驶技术可能对当前交通从业人员的影响有哪些？
3. 如果自动驾驶汽车发生事故，应如何确定责任？讨论可能的责任归属。
4. 自动驾驶汽车对于城市的设计可能会带来什么影响？
5. 提出一种方法来增强公众对自动驾驶技术发展的参与和理解。
6. 提出一个监管自动驾驶技术的政策建议，并说明理由。
7. 简要设计一个自动驾驶汽车在紧急情况下的伦理决策模型。
8. 为何在自动驾驶技术标准化方面需要国际合作？
9. 为什么自动驾驶系统的透明度对公众信任至关重要？

第 11 章

AI

脑机接口伦理问题

11.1　脑机接口概述

11.1.1　脑机接口及其应用领域

脑机接口（Brain Computer Interface，BCI）是指，在有机生命形式的脑与具有处理或计算能力的设备之间创建用于信息交换的连接通路，实现信息交换及控制。脑机接口技术是一种直接连接人脑和计算机或其他外部设备的技术，它允许人们通过意念、想象或其他神经活动来与外部设备实现人类思维与计算机的交互。通过脑机接口，人脑的电生理活动可以被捕捉、解读和转化为机器可以理解的指令或控制信号。脑机接口技术能够在人（或其他动物）与外部环境之间建立沟通以达到控制设备的目的，进而起到替代、修复、增强、补充或改善的作用。

从 1924 年德国精神科医生汉斯·伯杰（Hans Berger）发现人类脑电波至今，人类探索脑机接口刚满百年。脑机接口的起源可追溯到 20 世纪 70 年代，当时的研究人员尝试通过脑电图实现人脑与外部设备间的交流。最早的脑机接口研究聚焦于对脑电图信号的解读和分析，使用脑电图进行控制。研究人员通过在头皮上放置电极捕捉脑电图信号，并运用信号处理和模式识别算法对这些信号进行解读和分析，并探索如何将这些电信号转化为控制计算机或其他外部设备的指令，如通过想象运动控制光标的移动，或是通过专注度控制设备的开关。

脑机接口主要有三种类型。

第一种是侵入式脑机接口。侵入式脑机接口是一种直接在人脑中植入电极或芯片的接口技术。这种类型的接口可以直接检测人脑的电信号，从而获取用户的意图并控制外部设备。由于需要植入电极或芯片，这种接口技术具有较高的精度和可靠性。但是，它需要手术植入和取出，存在着一定的风险和副作用。

第二种是非侵入式脑机接口。非侵入式脑机接口是一种无须手术植入的接口技术，通过头戴式设备或传感器来检测人脑的电信号或生理变化，如脑电、血氧饱和度等。这种类型的接口技术无须手术植入和取出，因此较为安全和方便。但是，信号质量不如侵入式脑机接口，控制精度相对较低。

第三种是半侵入式脑机接口。半侵入式脑机接口是一种介于侵入式和非侵入式之间的接口技术，通过在头骨上植入电极或芯片来检测人脑的电信号或生理变化，信号质量较为可靠。但是，由于需要在头骨上植入电极或芯片，因此也存在一定的风险和副作用。

早期的脑机接口技术存在局限，信号的分辨率较低，信号中噪声较多，且需要较长的训练时间才能达到可靠的控制效果。随着技术的进步和研究的深入，脑机接口的研究逐渐扩展到其他神经信号，如电子脑脊髓图、功能磁共振成像和神经肌肉电信号等。这些技术的引入使得脑机接口能够更精确地捕捉和解读人脑活动，从而实现更高水平的人机交互。

目前，主流的脑机接口数据获取方式包括脑电图、脑磁图与成像等，但由于人脑结构复杂以及个体差异等因素，信号理解能力依然有待提升，因此获取和解读神经信号的准确性和可靠性仍然是一个难题。这需要多学科深入研究人脑机制，揭示人脑运作定律，重建信号解释模型。随着不同脑区功能的深入研究，脑机接口已覆盖多种生理指标，实现多功能交互控制。

脑机接口的应用领域正在不断拓展，在医学、军事、教育、娱乐、人机交互等领域展现出广阔的应用前景。脑机接口将人类带进未来，科幻电影中的读心术、超能力，甚至数字永生，仿佛已触手可及。

1. 医学领域

脑机接口技术为康复治疗带来了革命性的突破，特别是对于行动能力受限的人群，如截肢、脊髓损伤、瘫痪、渐冻症、癫痫、认知障碍、严重抑郁等患者，脑机接口为他们提供了重新获得生活自理能力的机会。脑机接口技术不仅可以辅助医生进行疾病诊断，还可以帮助患者通过联合复健训练，有效提升肢体功能水平，通过意念控制来恢复受损脑区的功能。脑机接口技术还应用于瘫痪患者的假肢控制和"意念打字"交流，增强了他们的自理能力。

① 在美国加州旧金山的一个实验室里，一位来自加拿大的名叫安的 47 岁女士坐在大屏幕前，屏幕上有一个看起来很像她的头像。当安想要说话时，这个"数字化身"就会发声，而且使用的是她本人的声音。2005 年，一次毁灭性的中风让安几乎完全瘫痪，此后失语 18 年。现在，借助脑机接口，安终于能再次开口"说话"了。

② Johnny Ray 是一位越战老兵，因脑干血管破裂导致中风，几乎完全瘫痪，但思考能力正常。1998 年，Johnny Ray 接受了脑机接口手术，通过植入芯片，他可以通过意念在屏幕上指示短语来表达，如"我口渴了"和"很高兴和你说话"。随着时间的推移，他学会了控制计算机的光标移动，甚至能在字母表上拼出自己的名字和医生的名字。

③ Matt Nagle 是一位四肢瘫痪的病人。2005 年，他成为第一位使用脑机接口来控制机械臂的病人，能够通过运动意图来完成机械臂控制、计算机光标控制等任务。

到 2024 年底，全球至少已有 42 人植入了脑机接口设备。2024 年 11 月，上海首例国产脑机接口产品植入成功，患者已能下床，此前瘫痪已 4 年。2025 年 4 月，"北脑一号"已完成三例人体植入手术，渐冻症导致言语障碍者正逐步在脑机接口帮助下，重建交流能力。

2. 军事领域

脑机接口技术能为士兵提供远程控制装备的能力，提高作战效率，并保障士兵的安全。此外，脑机接口技术在军事训练和仿真中也发挥着重要作用，帮助士兵进行战术训练和决策演练。美国 DARPA 启动了多项脑机接口研发计划，旨在增强军事人员的认知能力，开发新的作战装备。

3. 教育领域

脑机接口技术有望带来教学模式的变革。通过实时监测学生学习过程中的神经状况，脑机接口技术能够为教师提供个性化反馈，帮助教师针对不同学生调整教学策略和辅助工具。同时，脑机接口技术可以辅助评估学习效果，为学生提供个性化训练计划。

4. 娱乐领域

脑机接口技术在娱乐领域也展现出巨大的应用潜力。通过意念控制游戏角色的移动和操作，脑机接口技术为玩家带来了前所未有的游戏体验，还能够评估玩家的游戏体验，为游戏内容的优化提供有力支持。

5. 人机交互领域

随着人工智能和智能技术的发展，脑机接口技术在人机交互领域也展现出巨大潜力。作为一种前沿的交互方式，脑机接口技术使得各种智能助手能够直接响应人脑指令，提高了人机交互的效率和便捷性，为用户带来了全新的交互体验。

6. 其他领域

在智能社区建设方面，脑机接口技术也将发挥重要作用。通过监测老年人的生理状况和行为模式，脑机接口技术可以及时给予反馈和指导，保护老年人的安全，还可以为老年人提供个性化的照料服务与社交互动平台。

脑机接口技术还在神经科学研究中发挥着重要作用，并有望在虚拟现实、认知增强等领域展示出更大的应用潜力。随着技术的不断进步和成熟，脑机接口技术将成为我们生活和工作中不可或缺的助手，实现人脑与智能环境的深度融合，为未来的科技发展注入新的活力。

11.1.2 脑机接口的发展趋势

目前，脑机接口及应用以输出型脑机接口为主，一些研究团队已经成功地实现了通过脑机接口技术控制外部设备的操作，如控制光标的移动、机械臂的运动、轮椅的移动等。已有一些商业化的脑机接口产品问世，如脑波控制的游戏设备、健康监测设备等。此外，侵入式脑机接口技术已取得突破，美国 Neuralink 公司已经完成首例人类接受脑机植入物的实验，并提出"数字永生""人机共生"等新概念。脑机接口技术是人类认知能力拓展的契机，是医疗实践中的创新型工具，是元宇宙产业中人机融合的接口，更是科技伦理治理的关注焦点。

1. 深化人脑功能机制探索，提升解读能力，引领脑机接口技术未来发展

脑机接口技术的核心在于对人脑功能机制的深入理解和高效解读。人脑作为一个极其复杂的系统，其内部各区域和神经元承担着不同的功能，如视觉、听觉、运动等。为了构建高效的人机交互界面，必须深入研究人脑各区域的工作机制。

近年来，神经科学技术在单细胞和神经元群体层面取得了实质性的进展，为我们提供了前所未有的观测手段。随着未来神经科学观测探针和分辨率的不断改进，人类有望对人脑各区域进行长期、高精度的多元神经活动监测，进而重建与各种认知功能相对应的人脑网络。这不仅有助于揭示神经科学的奥秘，还将为脑机接口技术提供科学依据，提升其信号解读能力。

脑机接口技术的广泛应用将积累大量数据，为开展基于大规模个体样本的数据分析提供可

能。采用深度学习对海量脑机接口实验数据进行数据驱动的模式识别，深入挖掘人脑功能与局部信号之间的动态关联，从而重建智能神经诠释模型。这将使我们能够更深入地理解人脑信号，提取关键信息，提高脑机接口的准确性，还为用户提供更加高效的个性化交互体验，有助于我们探索人群间人脑功能机制的普遍性规律，识别不同群体在人脑功能表达和信号特性上的异同，从而构建更为精准和个性化的脑机接口解读算法。

深入研究人脑功能机制是提升脑机接口信号理解能力的关键。未来，将尝试把图像辅助技术和虚拟现实技术融入脑机接口，通过人脑成像的方式"观察"用户思维中的视觉图像，并结合语义标签等信息辅助信号解读。我们需要整合多种解剖神经科学技术和功能神经成像技术，结合深度学习等数据驱动方法，共同推进人脑与机器交互的新时代。只有深入理解人脑这台"机器"，我们才能实现人类与智能系统的无缝连接，共同迈向智能化的未来。

2. 迈向多模态融合的脑机接口技术：实现高效智能人机交互的关键

通过整合不同生理信号，如脑电信号、眼动信号、肌电信号等，脑机接口技术将提高脑机接口的准确性和实用性，实现更精细和智能的控制能力，不仅能精确定位用户的视觉焦点和注意力，还能使得人机交互更加自然和高效。

多模态融合的脑机接口技术是实现高效智能人机交互的关键。未来，多模态脑机接口技术还将结合语音识别、脸部表情分析等技术，实现更全面的用户状态识别。这将使人机交互更加自然、流畅，为用户带来更加丰富的感官体验。随着技术的不断进步和应用范围的扩大，脑机接口技术将成为连接人与智能系统的桥梁，为人类带来更加便捷、高效的生活和工作体验。如何对个体差异进行建模并提供个性化解决方案是未来的重要研究方向。

3. 降低脑机接口成本：推动技术普及与产业生态发展的关键因素

随着脑机接口技术的不断发展，降低成本成为推动其普及和产业生态发展的关键因素。随着技术的不断成熟和成本的降低，更多的企业和投资者将被吸引到这个领域，推动相关产业生态的发展和创新。降低成本的途径包括优化硬件和软件两方面，从而为脑机接口技术的广泛应用创造有利条件。

在硬件方面，随着 CMOS 工艺的不断优化，神经芯片和生物传感器将迎来新一轮工艺革命。这将使得芯片规模被进一步集成，性能得到提升，同时单位成本大幅下降。

在软件方面，随着开源算法库和训练数据库的积累，脑机接口软件将逐渐走向模块化和标准化。这将减少重复研发的时间和人力成本，提高软件开发的效率和质量。此外，网络化方式提供的在线分析服务也将降低使用门槛，使得更多用户能够享受脑机接口技术带来的便利。

11.2 脑机接口应用的风险和伦理问题

脑机接口的大规模应用带来了一系列伦理和社会问题。马斯克宣布 Neuralink 公司的脑机接口试验相继在猴子、猪上取得成功，2025 年已迈入人脑阶段，受试者已达到 7 人，这引发了公众对脑机接口技术的担忧和顾虑，包括个体自主权问题、数据安全和隐私问题、对个人和社会的影响问题、社会接受程度等问题。

11.2.1　个体自主权问题

保护个体自主权是一个至关重要的伦理议题，在脑机接口技术的不断发展和应用中显得尤为突出。脑机接口技术能够通过捕捉和分析用户的脑活动信号，在一定程度上影响个体的意识和行为。用户的意识和选择可能受到技术解读结果的潜在影响或制约，这引发了关于个体自主权和自由意志的深刻讨论。以下是脑机接口技术在个体自主权方面所涉及的关键问题。

① 用户是否全面了解脑机接口技术的工作原理和潜在限制，以及他们是否能够在完全自主的情况下决定使用的时间和内容，这对于维护个体选择权和自由意志至关重要。例如，在将脑机接口技术应用于认知障碍治疗时，我们必须深思：患者能在多大程度上代表自身的真实意愿？许多用户可能会过度信赖技术，认为它比实际情况更为精准和可靠。

② 在脑机接口的训练和使用过程中，个体行为是否会受到技术标准化要求的潜在约束？这也是一个值得探讨的问题。例如，如果人脑活动必须遵循系统定义的模式才能被识别为交互指令，这是否会对个体行为的自发性构成限制？

脑机接口技术识别出的个体认知或行为模式是否可能被用于其他目的？如预测个体行为、分析情绪，甚至用于创建用户画像以进行营销推广，这些问题都触及了个人隐私的敏感边界。这些潜在用途可能会对个体思想的掌控力产生深远影响。

③ 当个体试图通过脑机接口技术实施可能伤害自身或他人的行为时，如何确保生命安全与个体自主性的平衡成为一个重要问题。持续的自主认知与脑机接口输出之间的不匹配可能削弱用户的自我认同。同时，随着技术的不断发展，未来的认知主体可能会进一步拓展，形成人机混合的认知主体，这可能对个体自主权构成新的挑战。

④ 随着脑机接口在重大决策领域（如航天、军事等领域）的应用，逆向信息传递对最终决策的影响日益显著。控制决定权的归属因此成为公众关注的焦点。这引发了一个思考：个体是否真的能够完全掌控技术所产生的后果？

【案例 11-1】 艾米是一位有严重抑郁症的患者，她决定使用脑机接口技术来辅助治疗。这项技术可以实时监测她的人脑活动，并通过刺激来调整她的情绪状态。然而，在治疗过程中，艾米感到自己的情感被外部设备所控制，担心自己逐渐失去了对情绪的自主管理能力。她开始质疑这项技术是否真正尊重了她的个体自主权。

11.2.2　数据安全和隐私问题

脑机接口技术在医疗、教育、游戏等领域的应用日益广泛，伴随而来的是个人数据采集量与处理量的显著增长。这些数据，特别是用户的脑活动信息，属于高度敏感的隐私数据。若这些数据在传输或存储过程中发生泄露，将给用户带来极其严重的后果。

【案例 11-2】 玛丽是一位脑机接口技术的早期用户，因一次意外导致四肢瘫痪。通过植入脑机接口芯片，她恢复了部分肢体的控制能力，并能与智能设备进行交互。然而，这也引发了一系列隐私问题。玛丽的脑机接口设备记录着她的脑活动数据，这些数据是实现思维控制的关键，也可能包含她的情感状态、健康状况等隐私信息。这些数据如果被不当收集或滥用，将严重威胁到玛丽的隐私。

脑机接口系统中的数据处理面临五大风险。

❖ 传输风险：数据在传输至处理服务器时可能被第三方截取，尽管加密技术被广泛应用，但是仍存在被破解的可能。

❖ 存储风险：数据在服务器端可能因服务器漏洞、黑客入侵或内部人员违规而泄露，这种影响对用户而言是不可逆的。

❖ 处理风险：泄露的数据可能被恶意利用，如个人信息买卖或其他犯罪活动，同时需防范机构或企业非法获取用户数据。

❖ 设备风险：设备本身的后门程序或木马植入可能导致数据实时传输至第三方。

❖ 技术滥用风险：过度依赖技术或将其用于非法场景，如企业用于员工考核和监视，可能会侵犯隐私权。

为应对这些风险，需要采取综合措施：在技术层面，实施传输与存储数据加密、访问控制权限制、安全编程与代码审计，并推进隐私保护技术研究；在管理层面，建立安全管理制度和流程，如责任划分、安全事件响应、漏洞扫描和修复；在法律层面，完善数据保护法律和政策，明确权利和责任；在社会层面，加强公众监督和参与，引导自律和道德规范。

11.2.3　对个人和社会的影响问题

脑机接口技术的应用可能给个人和社会带来新的风险和伦理问题。

对个体身体、心理的伤害风险：如果设备出现故障或操作不当，可能对个体造成直接的物理伤害。使用脑机接口技术需要个体用户进行复杂的意识与控制训练，这可能对个体造成心理压力。如果用户无法适应，可能产生负面心理影响，如焦虑、抑郁等。

社会公平与公正：脑机接口技术有助于大幅度提升人类的认知能力，从而在学习、工作等活动中具有明显优势。然而，受限于技术、政治、经济等方面，只有少部分掌握稀缺资源的人能够拥有"进化"所需的条件和成本，这可能导致社会中的数字鸿沟进一步扩大，加剧社会的不平等。

对人类本质的挑战：脑机接口技术可能改变人类与机器之间的界限，甚至可能引发对人类本质和认知方式的深刻反思。这种技术可能使我们重新思考什么是人类、什么是智能以及人与机器之间协同的关系。

责任的界定：当脑机接口技术出现故障或事故时，如何界定责任也是一个复杂的伦理问题。这涉及制造商、医疗机构、用户等方面，需要我们在法律和政策层面深入研究和探讨。

对就业与社会结构的影响：脑机接口技术有助于提高生产力和准确性。例如，在工厂中，该技术可以帮助工人实现更精确的操作和控制，然而也可能导致部分工作岗位被自动化取代，引发失业问题，改变社会结构，引发不安定。

11.2.4　社会接受程度问题

在新技术推广应用的过程中，社会的接受程度扮演着至关重要的角色，脑机接口技术亦不例外。

① 由于缺乏熟悉度和信任感，直接读取并影响人脑这一人体关键器官对于许多人来说，可能产生初期的心理障碍。这种心理障碍可能阻碍人们对脑机接口技术的接纳和应用。

② 公众对隐私和安全的担忧也是影响接受度的重要因素。尽管科研人员已经做出了许多解释和保证，但直接采集人脑活动数据这一操作本身仍然让一些人感到不安，担心隐私泄露和安全风险。这种担忧需要通过长期的信任体验来逐渐消除。

③ 文化传统对于心智独立性和灵魂层面认知的重视，与脑机接口技术的操作理念存在一定的差异。这种差异需要通过深入的理解和适当的灵活性调整来弥合。

④ 媒体对新技术的传播和解读也会对社会接受度产生影响。夸大技术影响的报道可能误导部分公众，而倾向性报道可能加剧社会对于新技术的疑虑和担忧。这对公众舆论的形成不利，也可能对脑机接口技术的推广产生负面影响。

11.3　脑机接口技术可持续发展的对策

11.3.1　建立法律和伦理框架

为了推动脑机接口技术的可持续发展，建立完善的法律和伦理框架至关重要，完善法律和自律规范体系，确保公众权益得到保障，减少潜在的法律风险。这需要我们从多方面入手，确保技术的健康发展与社会的和谐共融。

① 加强数据隐私保护和使用监管。我们需要完善相关法律，明确脑机接口技术在数据收集、储存、共享和使用等环节中的权利和义务；同时，建立专门的监管部门，负责开展隐私测试和定期检查，依法追究任何违规行为，确保数据的安全和合规性。

② 规范技术研发和应用。我们需要制定行业标准和指导意见，明确脑机接口技术在不同应用阶段必须遵循的科技伦理和安全原则。例如，在研发测试阶段，企业应严格遵循医疗器械研发规范，进行安全性评估并制定应急预案；在临床试用阶段，应通过第三方伦理评议委员会进行审批；在商品化应用阶段，产品应通过第三方认证机构的严格测试，确保算法的公平性和透明性。

③ 保护弱势群体利益。鉴于脑机接口技术可能导致某些弱势群体遭受不公平对待，相关法规需要加强对他们的特殊保护。例如，对未成年人和智障人群数据的使用应严格限制在教育或医疗领域，禁止用于商业目的。对老年人则需要在其同意下加强隐私安全保护措施。同时，

技术结构本身也应兼顾身心障碍人群，采取通用设计理念。政府可以提供补助计划，促进脑机接口技术更好地惠及弱势群体，缩小数字鸿沟。

④ 明确技术相关方在法律纠纷中的责任划分。例如，当产品或服务出现安全或隐私问题时，企业应承担责任；个人数据在第三方平台被泄露时，平台也应承担相应责任。同时，我们还需要完善相关案件的立案和诉讼程序，及时受理和调查处理各类隐私和安全事件。

⑤ 促进伦理复审机制。鼓励技术企业自觉加强内部伦理管理，定期开展风险评估和第三方专家评估。国家层面也可以建立专门的伦理评审委员会，对涉及公共利益的重大项目开展跨学科评审。这有助于引导企业树立责任意识，及时发现和改进技术产品中的潜在隐患，促进可持续发展。

11.3.2　加强安全管理和标准制定

加强安全管理与标准制定在推进脑机接口技术的可持续发展中占据举足轻重的地位。随着该技术在生活和工作各领域的广泛应用，其安全性保障日益受到人们的重视。

① 制定技术规范。国家应组织工程、医疗和计算机安全等领域的专家，共同制定脑机接口设备和系统的技术规范。这些规范应明确硬件与软件设计、生产、运行等阶段必须遵循的安全要求。例如，对设备接口、数据传输、算法模型等制定详尽的标准，确保产品经过严格的安全评估与功能测试后才可上市。

② 建立质量追溯体系。推行品牌质量追溯体系，要求企业详细记录生产生命周期中的各项质量数据，包括上下游材料供应商记录、生产过程及各项检测与测试数据等。该体系能在安全事件发生时迅速追溯问题源头，为有效处置遇到的问题提供有力支持，同时能促进企业提升自身的质量管理水平。

③ 强化企业安全责任。企业应在产品全生命周期内持续保障安全，并不断完善内部安全管理体系。例如，设立专职部门负责安全问题，与监管部门保持信息共享，定期开展产品安全评估与隐患排查，及时公布产品问题并主动召回，以及重视员工的安全教育与能力建设等。

④ 加强安全监管。在完善法律和标准的基础上，国家应设立专业机构负责脑机接口领域的安全监管工作。例如，可以成立脑机接口产品安全监测中心，定期对市面上产品进行性能评估、隐患排查等工作，并及时公布评估结果。该机构还应受理企业和公民的安全投诉，并组建定期或临时的排查工作组开展视察与抽查。

⑤ 建立风险报告和问题响应机制。鼓励企业和用户积极报告安全隐患，及时应对问题。监管部门应加强信息平台建设，确保信息渠道畅通。一旦发生重大安全事故，监管部门应立即采取暂停销售措施，并迅速组织专家组进行调查处理，确保问题得到及时有效解决。

11.3.3　引导公众参与和监督

对于脑机接口技术的应用推广，公众的广泛参与和高效监督是不可或缺的力量。我们亟须激发公众的热情并引导公众关注，使之深度融入这个进程。此举不仅能够显著提升社会对新兴技术的接纳程度，还能够为后续的广泛应用铺设一条坚实的道路。唯有技术革新与科学管理双轮驱动，加之公众参与与监督的强力融合，我们方能确保脑机接口技术沿着健康、可持续的轨道发展，共同塑造一个更加繁荣与美好的未来。

① 深化宣传教育。积极鼓励并支持公益性社会组织参与该领域，我们应加大力度，广泛传播相关法规政策与普惠措施，同时深入普及脑机接口技术的知识，激发社会各界对技术惠及弱势群体的关注和支持。通过全社会的共同努力，脑机接口技术可以成为推动社会公平与可持续发展的强大引擎，让更多人有机会共享科技进步的红利。

② 推广定向体验应用。为了让公众更直观地感受到脑机接口技术的魅力和价值，应积极创造机会，让公众亲身体验其带来的便利。这种亲身体验将有效消除公众的误解和疑虑，增强公众对技术的信任与好感。通过这种方式，我们可以逐步构建起基于信任和理解的良好社会环境，为脑机接口技术的广泛应用奠定坚实的群众基础。

11.3.4　提升技术应用公平性

随着脑机接口技术的应用，个体的认知能力会进一步得到加强，也会引发认知鸿沟等不公平问题，甚至由于认知能力的不同，在未来可能将人类分化为"正常""亚常"和"超常"人群，脑机接口也会逐渐变成一场"富人的游戏"。因此，提升脑机接口技术应用公平性，是保障其可持续发展的重要一环，可以从三个方向进行。

① 降低技术门槛。政府可以采取科研补贴、优惠扶持等方式，降低脑机接口设备和系统的研发成本；鼓励企业通过标准化设计与大规模生产，使产品价格更具竞争力。

② 开展弱势群体培训。面向老年人、身心障碍群体和慢性病患者开展专项技术培训，培养他们适应和利用技术的能力。

③ 建立影响评估机制。定期评估技术在不同群体中的渗透效果和社会影响，搜集数据作为政策迭代的参考。

11.3.5　加强国际合作和交流

加强国际合作和交流是促进脑机接口技术可持续发展的一个重要方面。通过促进政策沟通、企业互动、科研合作、人才交流等方式，有助于加强我国与主要国家（或地区）在脑机接口领域的长期合作，提升我国在国际舞台的话语权，推动脑机接口技术的可持续发展。

① 深化政府与科技企业的对话与交流。政府可以定期组织相关部门负责人与主要国家（或地区）的同行开展对话交流，就促进合作发展相关技术等议题进行深入沟通，及早预判风险和机遇，同时还可以探讨建立长期性的政府间科技对话机制，为深层次合作奠定基础。

② 推动企业与研发机构间的互访交流。支持国内相关企业与研发机构同主要国家同行企业开展技术交流互访，就合作研发新产品或解决共同关注的问题进行探讨。

③ 举办跨国联合研究计划。鼓励高校和科研机构围绕共同关注的重大课题与重点领域开展国际科技署或私人基金会支持的跨国联合研究计划,深化学术交流与成果转化,如生物安全、数据隐私、脑机接口在疾病控制中的应用等,探讨长期研究合作机制。

④ 发展人才交流合作机制。支持高校与科研院所开展教师和研究人员互访计划,鼓励优秀学子赴国外名校进行短期深造或联合培养。

⑤ 共建国际联合实验室。正式提出与目标国家及地区联合建设脑机接口国际联合实验室,并与境外高校联合培养相关专业人才,有望促进技术与人才交流,加快转化应用。

⑥ 推进标准化进程。积极参与国际标准化组织脑机接口标准规划和制定工作,携手主要国家推进相关国际标准的制定,促进产品互通与交流。

本 章 小 结

脑机接口技术通过解码人脑生理信号,实现了人与机器之间的直接沟通。随着技术的不断进步,脑机接口技术在医疗康复、人机交互、军事等领域展现出了巨大的潜力,将给人类带来前所未有的变革,对社会进步产生深远影响。

脑机接口技术的快速发展伴随着一系列新的挑战和潜在风险,如个体自主权问题、数据隐私和安全问题等。为了保障脑机接口技术的健康有序发展,我们必须从法律法规、伦理和公众参与等维度进行规范和引导,最大限度地消除潜在风险,确保技术在推动社会进步的同时,也能充分保障个人权益;完善法律和伦理体系,推动行业标准的制定,引导企业增强安全意识;确保科技发展与社会道德准则相协调。脑机接口技术的发展需要全民的参与和长期的投入,只有通过各方面的共同努力和智慧汇聚,我们才能确保这个技术长期、健康地发展,为人类带来更多的福祉。

习 题 11

1. 脑机接口对人脑的翻译有什么意义?

2. 脑损伤患者如何更好地实现知情同意?

3. 脑机接口可能给人脑带来哪些影响?

4. 脑机接口采集的人脑数据与其他个人数据有什么区别?

5. 脑机接口技术有哪些应用领域?

6. 脑机接口技术能够记录并分析用户的大量脑活动数据,这些数据包含高度私密的信息。请论述在脑机接口技术的应用中,如何确保用户隐私得到有效保护,同时制定合理的数据使用政策。

7. 在脑机接口应用场景中,当系统做出关键决策时,如何确保责任归属明确,并提高决策过程的透明度?

8. 脑机接口技术可能在一定程度上影响或增强用户的自主性和自由意志。讨论这个现象可能带来的伦理问题,并提出相应的治理措施。

9. 如何提升公众对脑机接口技术的信任度,以促进其更广泛的普及和应用?

10. 针对脑机接口技术可能带来的伦理挑战,如何构建有效的伦理监督体系,并制定相应的政策框架?

11. 兽医会在宠物和农场动物体内植入计算机芯片,以确定它们是否走失。有些人认为也可以对小孩这样做,讨论这样做的好处和可能的隐私问题。

第 12 章

AI

机器人伦理问题

12.1　机器人的发展

1936 年，捷克著名科幻剧作家恰佩克在喜剧《罗素姆的万能机器人》中首次使用 "robota" 这个词，后来演化成 "robot"，即机器人。关于机器人的定义，不同国家和地区给出了各自的解释。国际上较为统一的定义是，机器人是一种能够通过编程和自动控制来执行诸如作业或移动等任务的机器。我国认为，机器人是一种自动化的机器，所不同的是这种机器具备一些与人或生物相似的智能能力，如感知能力、规划能力、动作能力和协同能力，是一种具有高度灵活性的自动化机器。

机器人是一种能够半自主或全自主工作的智能机器，其作用是帮助或代替人类完成工作，通常执行 "三个 D" 的工作，即枯燥（Dull）、肮脏（Dirty）和危险（Dangerous）的工作。

早期的钟表和自动鸟笼可以看成机械机器人的先驱，主要涉及基于机械结构的简单机器人，其动作受到机械结构的限制，缺乏智能。例如，雅克·德·瓦西昂于 1738 年制造的 "自动陀螺仪" 由一系列复杂的机械零件组成，可以在一定程度上模仿人类的动作和行为。

进入电气时代，人们开始利用电气元件来控制机器人动作。Unimate 是世界上第一个工业机器人，于 1961 年由美国工程师乔治·德夫尔（George Devol）和工程师乔瑟夫·英格斯博（Joseph Engelberger）共同发明。Unimate 被广泛用于汽车制造业，可以执行焊接、装配等重复性工作，大大提高了生产效率。

在计算机控制阶段，机器人开始依赖计算机系统来控制其动作和决策，这使得机器人能够执行更复杂的任务并做出更智能的反应。Shakey 是 20 世纪 60 年代由斯坦福人工智能实验室（SRI）开发的早期机器人系统，被认为是世界上第一个能够推理和规划的机器人。Shakey 是一个移动平台，配备了摄像头、激光测距仪和其他传感器，可以通过计算机系统进行路径规划和障碍物避让，执行简单的任务，如搬运物体和导航。

最近几十年，人工智能和机器学习的发展推动了机器人技术向前迈进了一大步。机器人不仅可以执行预先编程的任务，还可以根据环境和经验做出智能决策。依靠强大的算力和先进的传感器，许多机器人拥有了超越人类的分析速度和执行能力。

中国作为世界第二大经济体，深度参与机器人研发生产。自 2016 年国家统计局开始统计工业机器人产量以来，中国工业机器人的产量一直呈现增长趋势，到 2023 年，中国工业机器人的装机量超过全球 50%，稳居全球第一大市场。而国产工业机器人的市场份额由 2014 年的 24%，提升到了超过 50%。据《"十四五"机器人产业发展规划》，我国已经连续 8 年成为全球最大的工业机器人消费国。目前，工业机器人的应用领域包括家电制造业、汽车制造业、金属加工和机械制造业、塑料和化学产品制造业、食品制造业等。

人工智能技术的发展使得机器人已从机械机器转为智能机器，未来还可能发展为具有自我意识、自我决策能力的机器。目前，智能机器为人们的生活带来了巨大的便利。例如，面对疫情防控，机器人突破了人类作为碳基生命的局限性，承担起测量体温、药品分发和消毒等辅助医疗工作，一定程度上减轻了医护人员的工作压力，减少了医护人员与病患接触的频率，有效地保障了一线人员的安全健康。

机器人技术作为当代科技发展的重要领域之一，将深刻改变人类的生产和生活方式。其发展前景广阔且充满潜力，随着技术的不断进步和应用场景的不断拓展，机器人将在未来发挥更加重要的作用。以下是关于机器人发展前景的一些展望。

① 智能化程度不断提高：随着人工智能等技术的不断进步，机器人的智能化程度将越来越高，它们将能够更深入地理解人类语言、情感和需求，从而提供更加智能、个性化的服务。

② 多样化应用场景：机器人将不再局限于传统的工业生产领域，而是广泛应用于医疗、教育、娱乐、家庭服务等各个领域。例如，医疗机器人可以协助医生进行手术操作，教育机器人可以为孩子提供个性化的学习辅导，家庭服务机器人可以承担家务劳动等。

③ 自主导航和感知能力增强：机器人将具备更强大的自主导航和感知能力，能够更准确地识别环境、障碍物和目标，从而实现更高效地自主运动和作业。这将使机器人在复杂环境中也能保持稳定的性能。

④ 人机交互更加自然：随着语音识别、自然语言处理等技术的发展，机器人将能够更自然地与人类进行交互。人们可以通过语音、手势等方式与机器人进行沟通，实现更加便捷、高效的人机协同工作。生成式人工智能将更好地赋能机器人。

⑤ 柔性化和模块化设计：未来的机器人将更加注重柔性化和模块化设计，以适应不同场景和任务的需求。机器人可以根据任务需要灵活调整结构、功能和性能，实现更加灵活多变的作业方式。

⑥ 安全性和可靠性提升：随着技术的进步和标准的完善，机器人的安全性和可靠性将得到进一步提升。机器人将具备更强大的安全保护机制，能够在危险环境中保护自身和人类的安全。同时，机器人的可靠性也将得到提高，减少故障率和维护成本。

⑦ 可持续性和环保性：随着环保意识的提高，为满足可持续发展的要求，未来的机器人将更加注重可持续性和环保。机器人将采用更加环保的材料和制造工艺，减少对环境的影响。同时，机器人将具备更强大的能源利用效率和回收再利用能力，实现更加可持续的发展。

按应用领域，机器人主要可以分为以下几类。

① 工业机器人：应用最广泛的机器人类型，进行生产线上的自动化生产，完成物料搬运、装配、焊接等任务。它们主要应用于汽车工业、机电工业、通用机械工业、建筑业、金属加工、铸造以及其他重型工业和轻工业部门。

② 服务机器人：为人类提供各种服务的机器人，如餐厅服务员、医院护理员、银行柜员等，能够提供人类无法胜任的高效快捷服务，包括清洁、教育、医疗等服务。

③ 极限机器人：进入人类难以进入的核电站、海底、宇宙空间进行作业。

④ 农业机器人：主要用于农业生产，如自动化喷施、收割、播种等，能够大大提高生产效率。

⑤ 医疗机器人：为医疗行业提供各种服务的机器人，如手术机器人、康复机器人、药物

分配机器人等。

⑥ 家庭机器人：主要用于家庭服务，如智能语音助手、扫地机器人、智能家居控制系统等，能够为家庭生活提供便利。

⑦ 教育机器人：主要用于教育领域，如机器人编程教育、人工智能教育等，能够提高学生的学习兴趣和能力。

⑧ 军事机器人：主要用于军事领域，如无人机、炸弹拆解机器人等，能够在危险环境下完成任务，提高军事作战效率。军事机器人包括地面军用机器人和海洋军用机器人等。

⑨ 娱乐机器人：主要用于娱乐和休闲活动，如弹奏机器人、舞蹈机器人、玩具机器人等。

12.2 机器人伦理问题

随着机器人智能化程度的提高，人们越发关注其导致或可能引发的伦理问题，例如，工业机器人的广泛应用可能会造成的局部性或全面性的失业问题；护理机器人在应用中可能使人类对其产生单向的情感，导致治疗效果降低，甚至造成相反的治疗效果等。这些问题引发了关于如何在技术进步与伦理规约之间取得平衡的讨论：如何在伦理规约的过程中，既不限制技术的进步，又能避免技术带来灾难性后果。未来，随着人工智能技术的发展，机器人可能具备更高的自我意识和自我决策能力。同时，我们需要更加关注机器人技术可能带来的伦理挑战，并努力界定其伦理边界，以确保技术的发展能够造福人类，减少对人的异化，使人们朝着过上美好生活的方向发展。

机器人伦理学家格鲁吉奥（G. Veruggio）认为："机器人技术正在快速成为科学技术的前沿领域，因此我们可以预见，在 21 世纪，人类将与我们所拥有的第一个外星智慧共存——即与机器人接触。"

随着机器人的广泛应用，机器人伤人事件频发。早在 1978 年，日本就发生了世界上第一起机器人杀人事件，日本广岛一家工厂的切割机器人在切钢板时突然发生异常，将一名值班工人当作钢板操作。此后机器人伤害甚至杀害人类的事件时有发生，对人类安全构成了威胁。对于这些事件，应该由设计者还是机器本身承担责任？这也带来了机器是否应该被视为道德主体的疑问。

美国达特茅斯学院的哲学教授摩尔（Jame H. Moor）在《机器伦理的本质、重要性与困难》中提出，界定机器是否具有道德主体地位是困难的，伦理只是情感的表达，机器不可能有情感，但在当今的技术世界，我们不能也不应该避免对机器伦理的考虑。

机器人伦理学家格鲁吉奥首次将机器人伦理学缩减为"roboethics"这个单词，他认为机器人的发展由三大基本元素构成：人工智能、机器人技术和机器人伦理学。

机器人技术是一个研究机器人的设计、制造、操作和使用的领域，人与机器的区别是机器人伦理学的研究预设，首先要承认机器人与人的区别，机器不能成为人，也不能成为道德主体。

与机器人伦理学内涵不同，机器伦理学指的是机器具有了人的主体地位之后出现的伦理问题。例如，机器如何表现出符合人类伦理道德的行为，机器伤害人类后如何承担责任等。机器伦理学是人工智能伦理的一部分，涉及人工智能物的道德行为，人工智能机器作为实际的或潜在的道德主体而存在，不仅如此，机器可能具有自主学习能力，具有自我意识、自由意志、人类情感与人类智能。机器具有自由意志和道德主体地位，能够独立承担责任是机器伦理学的理论前提。

机器人伦理强调人与机器的区别，机器伦理把机器当作人来看待，学者基于机器与人的区别关注机器人伦理。美国加州理工大学哲学系帕特里克·林（Patrick Lin）在《机器人伦理：机械化世界的问题映射》中强调机器人设计，关注在机器人设计环节如何实现价值的嵌入，从而设计出有道德的机器人，提出设计具有同情心和无私情怀的机器人的设想。帕特里克在《机器人伦理 2.0：从自动驾驶汽车到人工智能》中认为，构建机器人伦理要在道德机器的基础上，增加法律责任的考量，指出随着智能机器人智能水平的不断提高，智能机器人能在一定程度上为其行为负法律责任，并详细阐述了其法律责任分配的依据，其中包括设计者可能要肩负的法律责任等内容，机器人伦理研究主要集中在人类负责任和不负责任地使用人工智能技术。

根据机器人伦理学家阿萨罗的概括，机器人伦理学至少包括三方面的内容。首先，机器人内置的伦理系统；其次，设计与使用机器人的伦理；再次，人类如何对待机器人的伦理。

可以看出，人机关系是机器人伦理的核心问题，机器人伦理学指的是人在设计机器人中的伦理学，机器人制造和部署的伦理道德问题，用来处理人们发明机器人的伦理道德问题。

随着机器人技术的广泛应用，各行业的各种机器人在服务人类社会的同时，也引发了一系列新的伦理问题。这些机器人被设计用来与人类互动，并在情感和心理层面上与人类建立联系。然而，这种情感关系涉及多个伦理考量。机器人的伦理道德水准实际上是人类自身伦理道德水准的反映。因此，建立健全的伦理道德体系不仅对机器人的发展至关重要，更是对人类文明进步的重要保障。下面将从情感机器人、医疗机器人、工业机器人、陪护机器人、聊天机器人、人形机器人等机器人的具体应用场景列举伦理问题。

12.2.1　情感机器人

情感机器人运用人工智能技术为机器人赋予人类情感，从而能够表达、识别和理解人类的喜怒哀乐，并模仿、延伸甚至扩展人的情感。这些机器人经过智能化和全面化的发展后，能够理解人类的意图并预测其行为。当机器人具备学习、使用和计算知识的能力时，人机交互将更为融洽。

情感机器人的发展可分为四个阶段：示教再现型、感觉型、情感识别与表达型、情感理解型。其中，后两者与情感机器人的核心概念尤为紧密。情感识别与表达型机器人通过算法和模型能够准确识别多种基本情感模式，并逼真地模拟多种情感表达方式。例如，2005 年问世的国内首台自带表情的幼教机器人"百智星"，不仅能表达基本的喜怒哀乐，还能陪伴孩子说话、玩耍，模仿人类声音唱歌，为幼儿教育带来新助力。日本软银集团于 2015 年推出的派博机器人更是全球首台具有人类情感的人形机器人，它通过语音识别和情绪识别技术，能够根据环境做出相应的表情和体态反应，与人类进行更自然真实的交流。

然而，情感识别与表达型机器人仍存在局限性，因为它们缺乏内在的情感逻辑系统，无法进行真正的情感思维和计算，这促使情感理解型机器人的诞生。这类机器人得益于"数理情感学"理论的提出，该理论详细阐述了情感内部逻辑系统的基本结构和情感与意志运行的内在逻辑程序，为情感机器人的发展提供了理论支持。例如，2017 年亮相的沙特公民女机器人"索菲亚"，其橡胶皮肤能做出眨眼、噘嘴、微笑等 60 多种表情，并与人类进行眼神交流。索菲亚甚至曾在采访中表达了与人类建立家庭和拥有子女的愿望。

伴侣机器人是情感机器人的一个重要分支，它们被设计成提供情感支持和陪伴的人工智能系统。这些机器人通常具备人类化的外观和行为，旨在与人类建立深厚的情感联系，并为用户提供社交和情感支持。它们的功能包括对话、情感表达、社交互动、娱乐和健康监测等。伴侣机器人能够识别和模拟人类的情感，如理解语音和情感表情，并对用户的情感需求做出相应反应。它们不仅能够提供日常的交流和陪伴，帮助用户缓解孤独感、焦虑和抑郁等负面情绪，还具备娱乐功能，如播放音乐、讲故事、提供游戏和娱乐活动等，从而提高用户的愉悦感和生活质量。

尽管伴侣机器人在提供情感支持和社交互动方面展现出诸多潜在益处，但其出现亦引发了一系列伦理和社会问题的讨论。这些问题主要涉及交往伦理、家庭伦理和制度伦理三方面。

交往伦理：情感机器人在与人类交往的过程中，不可避免地会出现交往伦理问题。这包括人与机器人之间的交往问题，如《她》这部电影中展现的男主与人工智能系统萨曼莎之间的情感纠葛，以及机器人与机器人之间的交往问题。这些交往伦理问题涉及互相尊重、理性沟通及协调各方关系等方面。

家庭伦理：情感机器人的引入对家庭伦理产生了深远影响。例如，伴侣机器人的出现对传统婚姻观念和一夫一妻制提出了挑战。传统的婚姻建立在爱情、责任与义务的基础上，而情感机器人的介入可能打破这种平衡。此外，关于情感机器人是否应享有与人类相同的权利和义务，以及这些权利义务的具体范围，也引发了广泛的讨论。

制度伦理：情感机器人的广泛应用对社会制度产生了冲击。随着机器人技术的快速发展，大量工作岗位将被机器人取代，导致失业率上升和社会不稳定。这引发了关于公正、责任分配、机会平等利用等制度伦理问题的讨论。例如，当情感机器人在工作中导致问题时，如何公正分配责任成为一个难题。同时，情感机器人的使用还涉及数据隐私和安全等伦理问题。

12.2.2　医疗机器人

医疗机器人是一种专门用于医疗领域的机器人系统，通过集成机械臂、传感器和其他先进技术，能够实现手术、治疗、康复等多种医疗功能，从而提高医疗水平和效率。医疗机器人包括手术机器人、康复机器人、护理机器人和服务机器人。手术机器人能够辅助医生进行精准的手术操作，减少医生的疲劳和误差，提高手术的安全性和效率。康复机器人帮助患者进行康复训练，促进身体功能的恢复。护理机器人可以为老年人和病人提供日常护理和照顾，如自动喂食、翻身等。服务机器人可以为医疗机构提供健康管理、智能导诊等服务。

医疗机器人的应用带来了许多优势。首先，它们能够减少医生的重复性工作，提高医疗效率和质量。其次，医疗机器人能够提供更精准、侵入性更小的手术方式，减少患者的痛苦和恢复时间。最后，医疗机器人还可以降低医疗成本，减轻患者的经济负担。

随着技术的不断进步和应用领域的拓展，医疗机器人的应用前景非常广阔。未来，医疗机器人有望在手术、康复、护理等领域发挥更大的作用，为人类健康事业的发展做出更大的贡献。

医疗机器人的伦理问题涉及多方面，这些问题随着技术的不断进步和应用范围的扩大而变得更加复杂和多样化。以下是对医疗机器人伦理问题的进一步阐述。

隐私和数据安全：医疗机器人可能会收集和处理大量的个人健康数据，包括生物识别数据、诊断结果、治疗方案等。这些数据具有很高的隐私性和敏感性，如果不加以妥善保护，可能会导致个人隐私泄露和数据滥用的风险。因此，如何确保医疗机器人的数据安全和隐私保护成为一个重要的伦理问题。

责任和归责：当医疗机器人出现故障或错误行为时，如何确定责任和归责也是一个重要的伦理问题。医疗机器人的行为和决策可能对患者产生直接的影响，因此，制造商、设计师、医生、患者等各方都需要明确自己在医疗机器人使用过程中的责任和义务，以便在出现问题时能够合理分担责任和风险。

机器人自主权：随着医疗机器人技术的不断发展，机器人可能拥有越来越多的自主决策能力。这引发了关于机器人自主权的伦理问题，即机器人是否应该拥有自主决策的能力，以及这种自主决策能力应该如何受到法律和伦理的规范和约束。

公正和公平：医疗机器人的应用也可能引发公正和公平的问题。例如，如果医疗机器人的使用受到限制或仅限于某些特定群体，可能导致医疗资源分配的不公平。此外，医疗机器人的使用也可能对医疗行业的就业和职业发展产生影响，因此需要考虑如何平衡各方利益，确保公正和公平。

12.2.3　工业机器人

工业机器人是面向工业领域的多关节机械手或多自由度的机器人。工业机器人是自动执行工作的机器装置，是靠自身动力和控制能力来实现各种功能的一种机器。

工业机器人的伦理问题主要集中在以下几方面。

工作岗位流失：随着工业机器人技术的不断发展和应用，越来越多的工作岗位可能被机器人取代。这可能导致大量工人失业，尤其是那些从事重复性、高强度工作的工人。这种失业现象可能引发社会不平等、贫困和福利等伦理问题。

安全和责任：当工业机器人出现故障或造成伤害时，如何确定责任和确保机器人的安全成为一个重要的伦理问题。这涉及机器人设计、制造、使用和维护等环节，需要明确各方的责任和义务。

透明度和问责制：了解工业机器人的决策过程和行为可能具有挑战性。确保机器人的行动具有透明度和问责制对于避免误解和滥用至关重要。

在全球老龄化趋势和快节奏生活方式的共同影响下，人们对陪护机器人的需求显著增长。这些机器人已广泛渗透到人类社会的各领域，特别是在养老护理和儿童陪伴两大领域展现出了巨大的潜力。

在养老护理方面，陪护机器人旨在提供"医疗+护理"的全方位陪伴。它们不仅能帮助老人的日常生活，如辅助服药、健康监测等，还能通过人性化的互动，为老人提供情感上的慰藉，弥补因无子女或配偶陪伴而产生的孤独感。日本在此领域尤为领先，推出了多款老人陪护机器人，如"我的勺子"自动喂食机器人、洗头机器人、海豹型机器人帕罗（Paro）等。其中，帕罗因能有效改善老年人的情绪，并对老年痴呆症具有显著治疗效果而广受好评。丹麦政府更是大量采购帕罗，现在几乎全国的老年人护理机构都配备了这种机器人。

在儿童陪伴方面，陪护机器人同样展现出了强大的功能。从最初的简单陪读机，到现今功能丰富的早教陪护机器人，这些产品正逐步改变家庭教育的模式。日本开发的家庭型机器人PAPEPO2005不仅能在嘈杂环境中识别声音、与儿童进行交流，还能通过手机进行远程操控，为父母提供了更多便捷的教育和陪伴方式。

陪护机器人的伦理问题主要体现在以下几方面。

隐私和数据安全：陪护机器人通常需要收集、处理和存储用户的个人信息，包括健康状况、生活习惯等敏感数据。这些数据如果被不当使用或泄露，将严重侵犯用户的隐私权。

情感依赖和心理影响：陪护机器人在提供陪伴服务时，可能让用户产生情感依赖。尤其对于老年人和儿童来说，他们可能将机器人视为真正的伴侣或朋友，从而产生过度依赖。一旦机器人出现故障或需要维修，这种依赖可能给用户带来心理上的创伤。此外，机器人缺乏真正的情感和同理心，可能对用户产生误导或心理伤害。

人类尊严和自主性：陪护机器人可能在一定程度上替代人类照护者的角色，从而削弱人类的尊严和自主性。例如，老年人可能因为过度依赖陪护机器人而失去自主生活的能力，儿童可能因为过度与机器人互动而失去与真实人类交往的机会。因此，在设计和使用陪护机器人时，需要充分考虑如何维护人类的尊严和自主性。

责任和权利：当陪护机器人出现问题或造成损害时，责任归属是一个复杂的伦理问题。是制造商、销售商还是使用者本身应该承担责任？此外，用户在使用陪护机器人时享有哪些权利也需要明确界定。

公正和平等：陪护机器人的普及可能会加剧社会不平等现象。那些能够购买和使用陪护机器人的家庭将享有更多的便利和优势，而那些无法购买的家庭可能面临更大的压力和困境。

就业和职业影响：陪护机器人的普及可能对就业市场产生深远影响。一方面，它们可能取代一些传统的照护工作，导致相关行业的就业机会减少；另一方面，它们可能创造新的就业机会，如机器人维护、数据分析和软件开发等。

12.2.5　聊天机器人

聊天机器人是一种借助自然语言处理和情绪分析，以对话或文字形式实现人机交互的人工智能程序。1950 年，图灵测试开启了人们对智能聊天机器人的探索。世界上第一个聊天机器人 ELIZA 诞生于 1966 年，通过识别用户输入文本中的关键词并按照特殊规则做出回应。1995年，在线聊天机器人 A.L.I.C.E 在 ELIZA 技术框架的基础上采用人工智能标记语言，并对包含关键词和反应规则的语言库进行了扩充。21 世纪，聊天机器人技术开始用于娱乐和数字助理。Smarter Child 可以根据用户之前的想法或信息片段了解用户的需求，并以对话形式即时传递信息，帮助人们完成日常任务。2012 年，苹果公司开发的 Siri 开创了智能语音助理的先河。2014年，微软发布个人助理 Cortana，可以识别语音命令，执行识别时间和位置的任务，支持以人为基础的提醒，完成发送电子邮件和短信、创建和管理列表、闲聊、玩游戏以及查找信息的任务。2019 年，Amazon Alexa 问世，它内置于家庭自动化和娱乐设备中，并以这种方式使物联网更容易为人所接触。如今，聊天机器人与智能电子设备的结合已成常态。

聊天机器人的伦理问题主要体现在以下几方面。

数据隐私和安全性：聊天机器人通常需要收集、处理和存储用户的个人信息和对话数据。这就涉及数据隐私和安全性问题。如果这些信息被泄露或滥用，就可能对用户的隐私和权益造成威胁。

言论和行为的道德准则：聊天机器人在与用户交流时，需要遵循一定的道德准则。例如，它们应避免发表具有侮辱性、歧视性或攻击性的言论，以避免对用户造成心理伤害或引发社会争议。此外，聊天机器人还需要注意其行为的道德性，避免在特定情境下误导或欺骗用户。

情感欺骗和偏见继承：聊天机器人在与人类交流时，有时会表现出一定的情感反应和偏见。如果聊天机器人无法准确地识别和理解人类的情感需求，就可能造成情感欺骗。此外，如果聊天机器人被设计成基于特定数据或算法进行决策，就可能继承并放大人类社会的偏见和歧视，从而引发道德争议。

透明性和可解释性：聊天机器人的决策和行为通常基于复杂的算法和数据模型。然而，这些算法和数据模型往往缺乏透明性和可解释性，使得人们难以理解和评估聊天机器人的行为。这可能导致用户对聊天机器人的信任度降低，甚至引发道德和法律问题。

机器人社交的伦理风险：社交机器人作为社交平台的新用户，为网络传播生态注入了活力，然而它们的出现也引发了情感欺骗、偏见继承、隐私泄露、政治黑幕、假新闻等伦理风险。

12.2.6　人形机器人

人形机器人，又称仿生人，是一种旨在模仿人类外观和行为的机器人，特指具有与人类相似肌体的种类。人形机器人作为机器人的重要分支，已经逐渐从科幻走进现实，能够模仿人类行为、进行交互，并在多个领域展现出巨大的应用潜力。2023 年 12 月，人形机器人入选 2023

年十大科技热词。2024 年 4 月 27 日，北京人形机器人创新中心在北京亦庄举行"天工发布会"，发布全球首个纯电驱拟人奔跑的全尺寸人形机器人"天工"。

工业和信息化部认为，人形机器人集成人工智能、高端制造、新材料等先进技术，有望成为继计算机、智能手机、新能源汽车后的颠覆性产品，发展潜力大、应用前景广，是未来产业的新赛道。

当下，人形机器人是最受关注的全球风口。英伟达 CEO 在 2024 年 6 月 2 日对外表示，一个机器人自主运行的全新时代即将来临；第三方机构也预测，人形机器人有望成为人类历史上最大的制造业和服务业，2050 年将有超过 100 亿台人形机器人投入使用。特斯拉的 Optimus（擎天柱）和 Figure 是国际上两款影响力最大的人形机器人，它们代表了人形机器人技术的最新进展和未来趋势。优必选、小米科技、宇树科技的机器人代表了国内水平。

2023 年 11 月，工业和信息化部发布的《人形机器人创新发展指导意见》明确提出，中国计划在 2025 年建立人形机器人创新体系、突破关键技术、实现批量生产的目标，2027 年提升技术创新能力、构建国际竞争力的产业生态、达到世界先进水平。

人形机器人的伦理问题主要涉及以下几方面。

外观和行为的逼真性：人形机器人的外观和行为类似于人类，这可能会引发一些伦理上的讨论。例如，如果人形机器人的外观过于逼真，可能引发"恐怖谷"效应，使人的认知产生偏差。此外，人形机器人的行为如果过于接近人类，也可能引发关于机器人和人类之间的界限，以及关于机器人是否应该拥有某种程度的道德或伦理责任的讨论。

人权和地位：随着人形机器人技术的发展，机器人可能拥有越来越多的自主决策能力。这引发了关于机器人是否应该享有某种程度的人权和地位的讨论。例如，如果人形机器人被赋予公民身份，那么它是否应该享有投票权、被选举权等权利？这些权利如何界定和保护？

安全和责任：人形机器人的应用可能带来安全问题，如误用或恶用人形机器人可能造成使用风险、隐私保护问题等。此外，当人形机器人出现故障或造成伤害时，如何确定责任并确保机器人的安全也成为一个重要的伦理问题。这涉及机器人设计、制造、使用和维护等环节，需要明确各方的责任和义务。

隐私和数据保护：人形机器人在收集、处理和存储个人数据方面可能具有强大的能力，这涉及个人隐私和数据安全的问题，以防止数据泄露和滥用。此外，人形机器人的应用还可能引发关于监控和隐私权的讨论，如人形机器人是否应该被允许在公共场所进行监控。

12.3　机器人伦理治理

12.3.1　机器人伦理问题的成因

1. 技术进步带来的挑战

随着人工智能、机器学习和机器人技术的迅速发展，机器人的功能和智能水平不断提高，开始涉足更加复杂和敏感的领域。这种技术进步带来了许多新的伦理问题，引发了一系列关于责任、安全、隐私等方面的讨论。

2. 人机关系的改变

机器人在日常生活中的应用越来越广泛，人与机器人之间的关系也发生了变化。传统的人与机器之间是主体与客体的关系，但随着机器人智能化和情感化的增强，人机关系变得更加复杂。这种改变也带来了关于人机关系、道德责任等方面的伦理问题。

3. 社会影响和文化冲击

机器人的普及和广泛应用可能导致大量的失业，机器人在医疗和护理领域的应用可能改变人们对于生老病死的看法和处理方式。这些社会影响和文化冲击也引发了关于公平正义、人类尊严等方面的伦理问题。

4. 公众道德素质和文化素养的欠缺

当前，公众对机器人的了解多来自科幻电影或小说，缺乏对机器人实际研究进展的准确认知，加之公众道德素养参差不齐，对机器人符合道德的应用会产生不良影响。

由于一些科研人员或公司内部管理人员，在思想上或行动上存在某些道德方面的不足，抑或是经不住一些诱惑，在设计机器人的过程中，会有意或无意地将一些特定行为嵌入到程序中，如有不法分子通过后台获取用户的隐私。如果一个国外机器人被引入政府机关工作，政府机关每天的工作安排、具体流程，都会被国外人员知悉得一清二楚。

5. 法律和监管的滞后、伦理规则的缺失

人工智能和机器人技术的发展极为迅速，伦理规则跟不上技术的发展而缺失，现有法律法规和监管机制往往滞后于技术的发展，无法及时应对新的伦理问题。

12.3.2 机器人伦理治理的原则

1. 安全原则

机器人必须遵循人类价值观和伦理原则，不得危害人类的生命、尊严和自由。机器人应被设计成安全、不会对人类造成伤害或威胁、切实保障人类尊严和安全。这是机器人伦理治理的首要原则，即确保机器人在各种情况下都能保证人类的安全。

2. 隐私原则

机器人应该尊重个人隐私和数据保护，不应该收集或使用个人数据或信息。这有助于保护用户的隐私权，防止数据泄露和滥用。

3. 责任原则

机器人应该负有责任，包括对其行为和决策的责任，以及对由其行为和决策引起的后果负

责。这要求机器人能够识别和评估其行为的风险，并在必要时采取预防措施。

4. 公正原则

机器人应该公正、公平地对待所有人，不应该偏袒或歧视任何人。这要求机器人在设计和应用过程中遵循公正原则，确保所有人都能平等地享受机器人带来的便利和福利。

5. 透明原则

机器人应该是透明的，能够解释它们的行为和决策，以便人类能够理解和信任它们。透明性有助于建立人与机器人之间的信任关系，促进人机和谐共处。

6. 监管原则

机器人技术的发展应用应当遵守法律法规，建立安全预警和应急响应系统，加强对机器人技术滥用行为的监测和治理，确保技术应用的安全性和合法性。

12.3.3　机器人伦理治理的路径

1. 制定和完善法律法规

政府和相关行业组织需要制定和完善关于机器人伦理的法律法规和伦理规范，明确机器人的责任、权利、隐私保护和审查制度等。这有助于为机器人伦理治理提供法律保障和规范指导。

2. 加强技术研发和管理

通过加强技术研发和管理，提高机器人的安全性和可靠性，降低其潜在风险；同时，加强对机器人行为的监控和管理，确保其符合伦理规范和法律法规的要求。

3. 建立监管机制

建立专门的监管机构，负责对机器人的研发、应用和管理进行监督和评估。这有助于及时发现和纠正机器人伦理问题，确保机器人的健康、有序发展。

4. 加强社会教育和宣传

加强社会教育和宣传，提高公众对机器人伦理问题的认识和重视程度，积极提升公众科学素养和道德素质。这有助于形成全社会共同关注、共同参与的机器人伦理治理氛围。

5. 推动国际合作和交流

机器人伦理治理是全球性问题，需要各国共同合作、共同应对。加强国际合作和交流，分享经验、借鉴做法、共同制定国际标准和规范，有助于推动全球机器人伦理治理的进步和发展。

1. 对于陪护机器人

陪护机器人本质上是协助人类进行护理、增进人类福祉的机器，即便将来陪护机器人智能程度越来越高，人类也不能对陪护机器人产生过度的信任或依赖，要始终牢记，人机交互不能代替人与人之间的交往，不能因为购置了陪护机器人就放弃人类自身的道德责任。长期使用陪护机器人对心智尚未成熟的儿童可能产生一定的伦理问题，不利于儿童将来融入人类社会；长期使用陪护机器人也可能使老年人沉迷，影响其与他人正常的社会交往。所以，应对陪护机器人的使用时间和范围设定限制，决不能用陪护机器人完全替代监护人的正常陪伴和照料。

2. 对于医疗机器人

随着医疗机器人的发展，社会需要考虑如何公平分配的问题。政府可以通过适当的政策倾斜引导医疗机器人行业在基层部署，在帮助基层医生诊断和治疗疾病的同时，可以让公众能够接触到人工智能医疗，对其产生认知和信赖。教育部门应该积极组织高校与医疗机构间的交流合作，通过学科建设加强核心人才的培养，解决医疗机器人行业复合型、战略型人才极度匮乏的问题。另一方面，对于某些特殊疾病，已经广泛使用医疗机器人的诊疗费用，应该尽可能地纳入医疗保险范围内，使得更多病人能够受益。在使用机器人参与医疗活动时，医务人员必须向患者和家属说明可能出现的技术风险，并充分征得患者和家属的知情同意。另外，有关部门必须严格监督和审查医疗机器人的生产与应用，并制定相关标准，确保医疗机器人质量合格、性能安全可靠。

3. 对于聊天机器人

随着技术的不断进步，越来越多的聊天机器人匹配了大数据和自然语言处理、强化学习、深度学习以及机器感知等技术，其行为具有一定的概率性和自主性。因此，聊天机器人有可能在正常运行的情况下引发事故。我们有必要为具有自我生成或进化能力的智能聊天机器人赋予有限的法律主体地位，以便处理特殊的机器人侵权事件。赋予机器人一定的法律主体地位，并不是将机器人完全当作人来看待，也不意味着人不必为机器人承担任何责任。

4. 对于伴侣机器人

对于人机结合问题，应当考虑是否认定为一种婚姻关系，若是，将其纳入婚姻相关法律体系后，还应对相关权利义务做出系统、明确的规范。此外，对伴侣机器人的生产与设计行业应制定法律来进行规范，保证产品的安全、性能的稳定。对于违反规定、严重影响社会秩序的，应当有惩戒措施。对于伴侣机器人相关法律，应当加紧立法，用法律规范伴侣机器人的发展。

5. 对于人形机器人

人形机器人的广泛应用带来了一系列伦理挑战，如隐私保护、安全性、道德责任等。2024年7月，世界人工智能大会法治论坛组织发布了《人形机器人治理导则》，从支持人工智能科技向善发展、确保人形机器人符合人类伦理、保障人类安全等方面提出了具体要求和措施。《人形机器人治理导则》为全球人形机器人治理提供了重要参考和借鉴。

12.4　案例分析

　　"人工智能会梦见电子羊吗？"科幻作家菲利普·迪克的疑问在科技日益发达的今天，似乎有了新的解读维度。2024 年 6 月，韩国龟尾市议会发生了一起耐人寻味的事件：一台服役仅十个月的行政机器人被发现"躺"在楼梯底部，疑似从两米高的楼梯坠落，目前已停止运转。这一事件迅速发酵，背后折射出的不仅是对机器人安全性的担忧，更有对人工智能伦理、人机关系以及未来社会图景的深刻思考。人们不禁要问，是什么让这台"工作勤奋"的机器人选择"一跃而下"？是程序错误，还是另有隐情？机器人的"自杀"行为，是否意味着人工智能已经发展到拥有自我意识的地步？

　　近年来，随着人工智能技术的飞速发展和机器人的普及应用，类似的安全事故屡见不鲜。从特斯拉自动驾驶事故到酒店服务机器人"罢工"，再到此次的机器人"坠楼"事件，无一不在提醒着我们，人工智能并非完美无缺，机器人的安全性问题不容忽视。

　　如何才能避免类似事件再次发生？龟尾市议会尚未决定是否启用新的机器人官员，但这起事件无疑为全球机器人产业敲响了警钟。加强机器人的安全测试，完善人工智能算法，建立健全相关法律法规，这些都是亟待解决的问题。

　　更重要的是，我们需要重新审视人与机器的关系。人工智能的终极目标，不应该是取代人类，而是更好地服务于人类。在享受科技发展带来的便利的同时，我们也要保持警惕，避免人工智能失控，真正让人工智能成为人类社会进步的阶梯，而不是通往未来的"潘多拉魔盒"。

本 章 小 结

　　机器人的发展不仅是一场技术革命，更是一次伦理道德的深刻探讨。机器人的发展离不开伦理道德体系的融入，只有将伦理道德体系融入机器人的发展才能真正满足人类对机器人的需求，这不仅是为了弥补技术上的不足，更是对人类价值观与道德底线的守护。

　　机器人伦理涉及技术、社会、法律等诸多维度，是机器人技术迅猛发展背景下亟待解决的重大议题。随着机器人逐渐融入人类生活，成为人类工作、学习、生活中的重要伙伴，人类与机器人之间的伦理关系变得日益微妙和复杂。人们不得不思考：机器人是否应被赋予道德主体的地位？它们在人类社会中的角色与责任又应如何界定？同时，在机器人的设计、制造和使用过程中，人们需要面对安全、隐私、公平正义等诸多挑战。这要求人们在推动技术发展的同时，不忘社会责任与道德担当，确保技术的健康发展与社会的和谐稳定。

人类与机器人和谐共存的社会将成为可能。对机器人伦理的深入研究不仅是对人类伦理道德体系的有益补充，更是推动社会和谐发展的重要力量。

习　题　12

1．机器人在医疗领域的广泛应用引发了哪些伦理问题？请列举并分析其中的一个例子。

2．你认为，机器人是否应该被视为道德主体？请阐述你的观点，并给出至少一个支持你观点的理由。

3．在解决机器人伦理问题方面，你认为，政府、产业界、学术界和社会公众各自应该承担什么样的责任？为什么？

4．机器人的普及和应用对社会结构和文化传统可能产生哪些影响？你认为，应该如何应对这些影响？

5．在机器人的设计、制造和应用过程中，哪些伦理原则应该得到特别重视？请列举并解释其中的一个伦理原则。

6．对于机器人在自动驾驶汽车、医疗诊断等领域的应用，你认为，应该如何平衡技术发展和社会责任？请提出至少两种解决方案，并说明其优缺点。

7．你认为，机器人伦理问题会对未来社会产生哪些影响？你对未来解决这些问题持有何种期待？

8．未来机器人能成为人类的伙伴吗？

第 13 章

AI

元宇宙伦理问题

2021 年被称为"元宇宙元年"。元宇宙已经在世界范围内掀起了巨大热潮，国际互联网巨头纷纷布局元宇宙，其中就有苹果、Facebook、微软、英伟达、百度、腾讯、网易等，Facebook更是一举将名字改为 Meta Platforms，彰显其进军元宇宙的决心。这预示人类将从大数据时代迈向元宇宙时代，元宇宙正在颠覆我们的生活、工作与思维方式。

13.1　元宇宙的概念和内涵

1992 年，尼尔·斯蒂芬森的科幻小说 *Snow Crash* 中提出了 Metaverse（元宇宙，或超元域）和 Avatar（化身、替身）这两个概念。用户在 *Snow Crash* 的 Metaverse 中都是第一人称视角，每个接入用户可以拥有自己的虚拟替身 Avatar，并自由定义 Avatar 的形象，完成各类任务。

元宇宙是什么呢？元宇宙还没有一个被普遍接受的定义。人们普遍认为，元宇宙是一个共享的、三维的、可探索的数字空间，在这里，用户可以以一种他们在当前互联网上无法实现的方式完全存在。元宇宙是一个由数字技术构建的、与现实世界平行且相互连接的虚拟世界，是一个超时空的交互数字社区，是用数据算法搭建的虚拟世界，人们的很多行为看似不在场实际却在场，能够获得全新的认同感、归属感，最终进入想象的社区。元宇宙可以映射现实世界，又独立于现实世界。在软件和硬件共同发展的基础上，元宇宙将被塑造成为既虚拟又现实的算法社会。元宇宙是整合多种新技术而产生的新型虚实相融的互联网应用和社会形态，基于混合现实技术（MR）提供沉浸式体验，基于数字孪生技术生成现实世界的镜像，基于区块链技术搭建经济体系，将虚拟世界与现实世界在经济系统、社交系统、身份系统上密切融合，并且允许每个用户进行内容生产和世界编辑。

"元宇宙"是对数字全球化未来前景的一种可能性预测，是对虚拟现实世界发展到极致的一种构想，勾勒出虚拟现实"局部沉浸-深度沉浸-完全沉浸"的发展趋势。一方面是随着数字技术发展而与日俱增的万物数字互联，另一方面是借助虚拟现实（VR）和增强现实（AR）等技术的全身沉浸式感知体验，元宇宙展现出让二者相互结合的前景，代表着未来兼具数字智能化和虚拟具身性的数字互联空间，这无疑对智能化的技术发展提出了更高要求。

元宇宙是数字与物理世界融通作用的沉浸式互联空间，是新一代信息技术集成创新和应用的未来产业，是数字经济与实体经济融合的高级形态，有望通过虚实互促引领下一代互联网发展，加速制造业高端化、智能化、绿色化升级，支撑建设现代化产业体系。

Second Life 是第一个现象级的虚拟世界，发布于 2003 年，拥有更强的世界编辑功能和发达的虚拟经济系统，吸引了大量企业与教育机构。开发团队称它不是一个游戏，没有可以制造的冲突，没有人为设定的目标，人们可以在其中社交、购物、建造、经商。在 Twitter 诞生前，BBC、路透社、CNN 等报社将 *Second Life* 作为发布平台，IBM 曾在游戏中购买过地产，建立自己的销售中心，瑞典等国家在游戏中建立了自己的大使馆，西班牙的政党在游戏中进行辩论。

2020 年是人类社会虚拟化的临界点，全社会上网时长大幅增长，"宅经济"快速发展。线上生活由从前短时期的例外状态成为常态，由现实世界的补充变成了与现实世界平行的世界。线上与线下打通，人类的现实生活开始大规模向虚拟世界迁移，人类成为现实与数字的两栖物种。这些现象为元宇宙的发展创造了优越的条件，到了 2021 年，元宇宙呈现超出想象的爆发力，其背后是相关元宇宙要素的"群聚效应"（Critical Mass），类似 1995 年互联网所经历的"群聚效应"，因此这一年可以被称为"元宇宙元年"。

元宇宙爆发的驱动因素有以下几方面。

① 资本加持。互联网行业已经发展到了一定高度，商业格局相对稳定，行业增速逐渐放缓。在这样的趋势下，资本试图寻找新的盈利增长点。

② 关键技术成熟。在 5G、物联网、区块链、人工智能等新一代信息技术的铺垫下，元宇宙概念雏形逐渐显现。受益于国家政策的大力支持，区块链、物联网、5G 技术发展相对更快，已经在工业制造、金融服务、在线医疗等场景的落地应用中取得了很大进展。此外，电子游戏领域的超强吸金能力使得该技术的发展尤为迅速。

③ 社会数字化需求渐增。人们对虚拟网络的需求量与日俱增。同时，随着技术的发展，交互方式的增多将带来更多的可能性。在引入触觉、嗅觉等交互方式后，用户可以在元宇宙场景中进行更贴近现实的交互操作，进一步增加沉浸感。

④ 元宇宙、虚拟现实滋生着人们的幻想。虚拟现实和由此进化出的元宇宙为人类提供了革命性的新体验，不但能将现实世界的场景映射到数字空间中，而且可以将人类的幻想和想象通过数字化进行呈现，人类可以身临其境地体验只有在梦境中才能出现的场景。

元宇宙在产业界产生如此大的影响，与它革命性、颠覆性的未来发展趋势有关。元宇宙意味着我们的工作、生活、休闲、交友、理财等活动在虚拟世界的比重将不断增加。这种转变不仅代表了技术的革新，也反映了人们对虚拟世界的期待和需求。

根据上市公司 Roblox 对于元宇宙的定义（元宇宙是一个将所有人相互关联起来的 3D 虚拟世界，人们在元宇宙拥有自己的数字身份，可以在这个世界里尽情互动，并创造任何他们想要的东西），其具备如下几大要素。

① 身份：自由创造，也可以按照规则进行创造，形成虚拟形象和虚拟身份。

② 朋友：通过人与人连接，更好地实现用户的需求。

③ 沉浸感：足够真实，让用户感觉身临其境。

④ 低延迟：5G 应用和 VR、AR 是元宇宙发展的重要基础要素。

⑤ 多元化：以游戏为载体，吸引客户参与社交、教育、职场、娱乐、消费等场景，虚拟现实拥有超越现实的自由和多样性，打破规则的限制。

⑥ 随时随地：传输速度是过去的 10 倍以上，大幅提升了设备的接入门槛。

⑦ 经济系统：虚拟货币与现实货币接轨，由虚拟人在元宇宙的经济系统中做出决策。

⑧ 开放创作：允许每个用户进行内容生产和编辑，用去中心化方式实现持续不断的创新。

⑨ 文明：重构一个新的世界，一个打破规则、约束的世界，实现多样性。

元宇宙的应用场景有狭义和广义之分。狭义的元宇宙主要是从沉浸式体验出发的界定，而广义的元宇宙更多的是数字经济的范畴。

从用户角度，元宇宙的发展主线比较清晰，就是创造高质量的沉浸式内容，给人们带来高性价比的时空拓展体验，包括娱乐、生活、教育和生产。

广义的元宇宙覆盖物联网的多场景应用，包括社会治理、行业应用和消费等领域。

① 社会治理领域：主要包括智慧城市、智慧交通、智慧能源、智慧物流、公共卫生、区块链赋能实体经济、供应链金融和数字政府等。

② 行业应用领域：元宇宙的应用场景不断扩展，包括智慧农业、智慧环保、智慧文旅（游戏、演唱会、电影、广告）、智慧设计、云端教育、智慧制造、社交等方面。智慧制造可进一步细分为虚拟现场服务、企业协同合作和工艺合规检验等。例如，游戏行业中的虚拟现实游戏已经逐渐成为主流，社交领域中的元宇宙社交平台也在不断涌现，元宇宙也被应用于在线教育等领域，为人们提供更加便捷、高效的服务。

③ 消费领域：包括智慧家居、智慧健康、购物等，例如，VR 技术用于医疗行业：2016年，上海瑞金医院借助 VR 技术成功进行了 3D 腹腔镜技术，开创了国内 VR 直播手术的先河。

元宇宙作为一个虚拟世界，具有很强的社交属性。人们可以在元宇宙中结交新朋友、参加各种活动、分享自己的经验和感受。随着元宇宙的不断发展，社交属性将越来越重要，成为人们使用元宇宙的主要原因之一。在元宇宙中，人们可以拥有自己的数字身份和资产，这些数字身份和资产可以在元宇宙中进行交易和使用。随着元宇宙的不断发展，数字身份和资产的重要性不断提升，人们开始更加注重自己在元宇宙中的形象和财产。

13.2　元宇宙发展趋势

13.2.1　元宇宙近年发展概况

从科幻走进现实，不论是 Roblox UGC 3D 虚拟世界的新内容呈现方式、Fortnite 举办的线上演唱会，还是动物之森和 Horizon 带来的虚拟社交，它们都是底层科技/核心技术的迭代衍生的"新内容"，虚拟与现实碰撞、更沉浸、更互动。这些"新内容"与其对应的底层技术的进步打开了元宇宙的大门，激发人们对互联网未来的期待。图 13-1 展示了元宇宙的发展历程。

过去十几年，虚拟内容不断创新，从 3D 虚拟世界（如魔兽世界等网游）发展到虚拟与现实相结合（如 Pokémon Go AR 游戏或者"初音未来"虚拟人线下演唱会等）。基于虚拟人、动作捕捉、成像、3D 引擎、UGC 工具、VR/AR 等技术的发展，线下场景数字化趋势显著，元宇宙在娱乐和社交领域展露雏形。图 13-2 呈现了几个元宇宙典型应用场景。

2021 年 3 月 10 日，元宇宙领域的 Roblox 公司上市。当日，Roblox 股票的开盘价为每股64.5 美元，这个价格较公司 1 月线下融资交易中的每股 45 美元上涨 43.33%。截至当日收盘，Roblox 股价涨至每股 69.6 美元，整体市值超过 400 亿美元。

科幻

基于VR的虚拟游戏世界，
提供极致沉浸体验以及无限
可能，成为人们主流娱乐、
生活的方式。

AIGC/人工智能是
虚拟世界变真实
的核心要素。

无法区别"NPC"
和"玩家"

当虚拟世界足够真实，人们将无法
区分现实和虚拟。

2021

Metaverse概念的起源，
一个映射世界且永远在
的虚拟世界。

2018

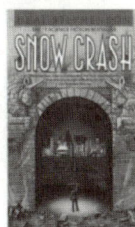

1999

现实世界数字化，虚拟
演唱会、电影节、Gucci
展，UGC的3D虚拟世界

1992

由玩家自由创造世界

虚拟社交

初音未来演唱会：
虚拟偶像的线下
演唱会，虚拟与
现实的结合

现实

图 13-1　元宇宙发展历程

2020年5月，UC Berkeley在Minecraft中建立
的虚拟校园举办了线上毕业典礼，毕业生们
可以连接进Minecraft服务器沉浸体验，也可
以Twitch上看直播

2020年11月，Lin Nas X Roblox
演唱会，330万在线人数，3300万
访问次数。
2020年4月，Travis Scott Fortnite
演唱会，2770万参与人数，4580万
访问次数。

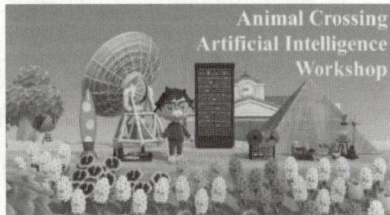

2020年7月，AIAC在动物之森举办AI作坊，
提供AI研究人员交流和交互的虚拟空间。
2021年8月，Facebook推出Horizon Workrooms，
为VR办公提供3D会议室场景。

资料来源:UCB，天风证券研究所

资料来源：theverge，天风证券研究所

资料来源：AIAC，theverge，天风证券研究所

图 13-2　元宇宙典型应用场景

　　马克·扎克伯格 2021 年 10 月 28 日表示，Facebook 将其公司名称更改为 Meta Platforms，表示 Facebook 公司将以元宇宙为先，而不是社交。

　　元宇宙充满机会又暗流汹涌，高调入局的 Meta 于 2022 年在元宇宙上赔了 100 亿美元，并为此裁了 11000 名员工。而与 Meta 并称"元宇宙三剑客"的 Roblox 和 Unity，其 2022 年的股价分别下跌了 72.93%和 80%。2022 年，各大企业、各国政府在元宇宙领域进行了尝试和探索，却发现从个人的虚拟身份认同到数字经济、社交、游戏、高新硬件和技术的发展，元宇宙更加无孔不入了。目前，大多数消费者对元宇宙的兴趣在于社交互动，以及做一些他们在现实世界中无法做的事情。2023 年，元宇宙的 5 个关键统计数据为：超四成（44%）潜在的元宇宙用户最希望使用元宇宙以一种更身临其境的方式与朋友和家人交流；超四分之三（77%）的美国人认为，元宇宙可能对现实生活造成"严重伤害"；2021 年末，"元宇宙"一词的谷歌搜索量达到峰值，月搜索量超过 100 万次，但在 2022 年初开始大幅下降；元宇宙的房地产交易额曾一度超过 5 亿美元，但随着兴趣的下降，交易也随之放缓。

2022 年具有代表性的元宇宙十大事件如下。

- ❖ 微软收购游戏巨擘暴雪，发动"钞能力"，重金布局元宇宙产业。
- ❖ Decentraland 首届元宇宙时装周，虚拟时尚推动身份表达。
- ❖ Nike 改卖 NFT（Non-Fungible Token，非同质化代币），在 Web3 狂赚 1.85 亿美元。
- ❖ Otherside 土地销售引发交易大战，ETH 燃烧 1.8 亿美元 Gas。
- ❖ 元宇宙标准论坛成立，元宇宙时代加速来临。
- ❖ Web3 元宇宙基础设施提供商 Nano Labs 开启元宇宙上市仪式。
- ❖ ETH 合并成功，以太坊挖矿成为时代的眼泪。
- ❖ 大规模裁员 11000 人，Meta 成为烧钱黑洞。
- ❖ 中国香港发布重磅宣言，称将打造 HK Web3 Hub。
- ❖ 实现万人同屏的超清元宇宙世界，iPollo 元宇宙渲染平台独领风骚。

元宇宙在 2023 年面临生成式人工智能的挑战，但这也是其成长过程中的一部分。苹果公司发布了新一代混合现实设备 Vision Pro，Meta 公司发布了面向大众市场的混合现实头显 Meta Quest3，这些产品推动了元宇宙技术的普及和应用。元宇宙与数字孪生的融合趋势明显，设计师们在虚拟世界中重新创建物理对象，并对其效率进行压力测试，这个技术在企业界得到了广泛应用，如用于员工培训、产品设计等。

研究表明，人们对元宇宙的期望不仅限于游戏领域，而是希望看到一个更好的虚拟世界，将其应用于更广泛的领域。然而，元宇宙的构建者们在如何塑造其最终形态上持有不同意见，导致元宇宙一直缺乏连贯性。尽管存在这些问题，但元宇宙仍被视为人类未来的可能所在。然而，目前这项技术仍然相对昂贵，因此其发展方向仍需由市场来验证。

13.2.2　元宇宙的发展趋势

元宇宙具有颠覆性、不可预测性、循序渐进性和不确定性，使得我们无法准确预知未来可能出现的问题。然而，这并不意味着我们无法应对。相反，我们可以通过思考如何最好地解决已经存在的问题，以及如何最好地引导元宇宙的发展，来应对这些挑战。

如果元宇宙在人类文化和劳动中发挥越来越重要的作用，那么我们可以预见，将会有更多、更强大的参与者涌现。这些参与者将共同推动元宇宙的发展，形成更加多元化、充满活力的虚拟世界。

从现实展望未来，元宇宙的发展是一个阶段性的过程。在第一阶段，元宇宙主要赋能社交和娱乐领域，3D 虚拟世界的主流形态是游戏，元宇宙通过提供沉浸式内容体验和虚拟社交来推动其发展。在第二阶段，元宇宙将进化为全真互联网，赋能生活和产业/工业领域。这将改变人们的生活、工作和连接方式，提高效率、降低成本，并提升经济系统的数字化程度。

当前，全球元宇宙产业加速演进，为抢抓机遇，引导元宇宙产业健康安全高质量发展，有力支撑制造强国、网络强国和文化强国建设，2023 年 8 月，由工业和信息化部、教育部、文化和旅游部、国务院国资委、国家广播电视总局办公厅联合印发《元宇宙产业创新发展三年行动计划（2023—2025 年）》。

元宇宙的发展前景非常广阔且充满潜力，可以通过以下几方面展现。

① 经济增长的新动力：元宇宙作为数字经济与实体经济融合的高级形态，其庞大的市场规模和潜在的应用领域，有望成为经济增长的新动力。预计未来几年，元宇宙产业将迅速扩张，市场规模将持续增长。

② 应用领域的广泛拓展：元宇宙的应用领域正在不断拓展，从最初的游戏、娱乐领域，逐渐渗透到影视、金融、文旅、教育、医疗、工业等领域。这些领域的应用将不断推动元宇宙技术的创新和发展，同时为用户带来更加丰富、多样的体验。

③ 虚拟经济的崛起：随着元宇宙的不断发展，虚拟经济也将逐渐崛起。在元宇宙中，用户可以通过购买虚拟商品、参与虚拟活动等方式获得虚拟货币，进而在虚拟世界中消费和投资。这种虚拟经济的崛起将为企业和个人带来全新的商业模式和盈利机会。

④ 跨平台互操作性的提升：元宇宙强调互操作性和跨平台兼容性，这将有助于打破不同平台之间的壁垒，促进元宇宙生态系统的互联互通。随着技术的不断进步和标准的统一，未来用户将能够在不同的元宇宙平台之间无缝切换，享受更加连贯和便捷的体验。

⑤ 技术创新的加速：元宇宙的发展离不开技术的支持。随着 5G、6G 等通信技术的不断发展，元宇宙将实现更高品质、跨域的通信能力；同时，云计算、区块链、人工智能等技术的融合应用也将为元宇宙的发展提供强大的支撑。这些技术的创新和应用将推动元宇宙向更高层次、更广领域发展。

⑥ 社会文化的变革：元宇宙的发展还将对社会文化产生深远影响。在元宇宙中，用户可以创建自己的虚拟身份和社交关系，参与各种虚拟活动和文化交流。这将为用户带来更加丰富多彩的文化体验和生活方式，同时推动社会文化的变革和发展。

13.3　数字人及其伦理问题

1994 年，"互联网教父"凯文·凯利（Kevin Kelly）在其著作《失控》中预言："未来，随着数字化的不断普及，每个人都将拥有属于自己的数字分身，每个消费者都将成为反射镜像与反射体，既是因，也是果。"如今，数字技术为我们普通人制造数字分身带来了新的可能。

数字分身，也称虚拟人（metahuman）或数字人，是借助计算机图形学、动作捕捉、人工智能等手段呈现的、具有多种人类特征的数字形象，被视为元宇宙概念的重要落地形态。数字人作为当前数字技术与文艺创作深度融合的产物，以其独特的价值和广泛的应用领域，正在成为连接数字世界和现实世界的重要节点。随着技术的不断进步和应用场景的不断拓展，数字人将在未来发挥更加重要的作用。

13.3.1　数字人的价值

① 集体进步和持续优化：数字人基于人工智能的快速迭代更新，能够不断优化和改进，为用户提供更好的服务体验。这种技术的快速进步保证数字人能够在各领域保持竞争力。

② 开源开放和个性化定制：数字人基于开源平台，易于开发和扩展，支持个性化定制。这使得数字人能够满足不同领域、不同用户群体的需求，实现更广泛的应用。

③ 情绪稳定和专业服务：数字人不会受到情绪波动的影响，始终以专业和稳定的态度提供服务。这种特性使得数字人在客服、教育等领域具有独特优势。

④ 无限供给和满足需求：数字人可以无限复制，满足大规模市场需求。这种供给能力保证了数字人能够应对各种复杂场景和大规模应用。

⑤ 持续在线和高效服务：数字人不需休息，也不会离职，始终保持在线状态，提供持续稳定的服务。这种高效性使得数字人成为虚拟世界中的重要支撑。

13.3.2　数字人的应用领域

① 虚拟助手和客服：数字人可以提供 24 小时在线的客服服务，解答用户问题，提供产品咨询等。例如，万达数字人采用主播思侨的形象，利用最新数字分身和语音克隆技术，实现实时互动、有问必答的功能。

② 娱乐和游戏：数字人在游戏、电影等娱乐领域具有广泛应用，可以扮演各种角色，提供逼真的虚拟体验。例如，在游戏中的数字人角色可以为玩家提供沉浸式的游戏体验。

③ 教育与培训：数字人可以用于在线教育、虚拟课堂等场景，为学生提供个性化的学习体验，可以模拟真实教师进行教学，帮助学生更好地掌握知识。

④ 医疗保健：数字人可以用于医疗咨询、健康管理等场景，可以为患者提供专业的医疗建议，帮助患者更好地管理自己的健康。

⑤ 虚拟现实和增强现实：数字人是虚拟现实和增强现实技术的重要组成部分。它们可以在虚拟世界中创造逼真的虚拟人物，为用户提供更加真实的虚拟体验。

乘着元宇宙的东风，虚拟数字人席卷而来：时尚博主 AYAYI、清华女学霸华智冰、京东客服人小京、万科员工崔筱盼、抖音美妆达人柳夜熙、乐华娱乐旗下的虚拟偶像团 A-SOUL、阿里大文娱数字人厘里、QQ 炫舞系列虚拟代言人星瞳……。

13.3.3　数字人的伦理问题

数字人作为一种新兴的技术应用，可能引发一系列伦理问题。在推进数字人技术的同时，需要充分考虑这些伦理问题，制定相应的规范和措施来应对和解决。

个人隐私泄露风险：数字人在收集、存储和使用用户数据时可能涉及用户的隐私，如家庭背景、情感经历等。如果信息被泄露，用户可能面临身份盗用、骚扰或其他形式的侵害。

数据安全防护挑战：数字化技术本身也面临着各种安全威胁，如黑客攻击、数据篡改等。防止数据被非法获取或滥用，确保个人数据安全，是一个重要的伦理问题。

身份认同的困惑：数字人基于数据和技术构建，但其本质是一个模拟的、虚拟的存在。这可能导致个体对数字人的身份认同产生困惑，不清楚数字人到底是"自己"还是"他人"。

真实性的质疑：数字人的行为和表现虽然基于数据和算法，但可能无法完全还原个体的真实性格和行为。这可能导致数字人的真实性受到质疑，从而引发对数字人价值的争议。

数字人的权利界定：作为一种模拟的、虚拟的存在，数字人是否拥有权利，如隐私权、表达权等。如果赋予数字人权利，那么这些权利的范围和界限又该如何界定？

数字人的社会地位：随着技术的发展，数字人可能在社会中扮演越来越重要的角色。然而，其社会地位和法律地位尚未明确，可能导致数字人在社会交往、法律责任等方面面临不确定性。

技术滥用的可能性：数字人技术可能被用于不正当的目的，如制造虚假信息、操纵公众舆论等。这种技术滥用不仅可能损害个体的利益，还可能对社会造成负面影响。

道德风险的加剧：在构建和应用数字人的过程中可能存在一些道德模糊地带，如是否应该使用个体的敏感信息进行数字人构建、是否应该对数字人的行为进行道德约束等，这些道德风险需要认真评估和防范。

责任问题：在数字人与用户互动的过程中，如果因为数字人的行为导致用户权益受损，可能涉及责任问题。需要明确数字人的责任范围和责任承担方式，以确保用户权益。

13.4　元宇宙中的伦理问题

13.4.1　元宇宙对人类社会的影响

元宇宙的出现引发了社会生产结构、运行机制、关系状态的联动变革，元宇宙虽然有望成为未来互联网革命的形态，构建一个资源无限、生命永恒、万物互联互通的数字社区，但人类生存空间向虚拟世界的不断扩展，必然引发工业文明时代以来的制度安排和文明形态面临严峻挑战，在变革中新的社会风险也将随之产生。虽然元宇宙创造了超越现实世界的虚拟世界，但由于元宇宙的现实性和社会性，以及元宇宙的主要行为主体来自现实世界，其所引发的社会风险并不是独立存在的风险，而是嵌套或溢出于现实社会的风险。

元宇宙应该建设成一个什么样的世界呢？人类在自然宇宙中生活了千万年。为了生存和发展，一方面，人类要遵从自然规律，按照自然规律办事；另一方面，人类作为一个群体生活在一起，还必须制定人与人之间的交往规则，为此人类社会逐渐形成了一套比较稳定的规则，包括必须遵从的强制性法律法规以及无强制性的伦理道德规范。人类总有超越梦想和实现自由的愿望，而在自然宇宙中很难得到满足或实现。元宇宙中的虚拟世界是一个全新的世界，人们以虚拟化身的形式呈现，跨越时间与空间，以往的国家、民族、社群等物理边界被彻底打破，人类可能无拘无束、挥洒自如，过上完全自由自在的虚拟生活。

在元宇宙空间中，因为打破时空，万物在场，形成一个更加复杂的世界，人类究竟如何组织起来，如何建构游戏规则？元宇宙是一个去中心化的自组织系统，各类主体都失去了头顶上的"达摩克利斯之剑"，更依靠人类自身的自我约束，因此，元宇宙将成为一个新的伦理道德和法律法规的试验场，探索在没有中心权力约束下人类应如何建立规则和秩序。人类及其他智能主体在没有监督和强制之下，依靠自觉，自由地组织起来，形成一种复杂的自组织系统。这是对人性的一次考验，也是人类社会法律法规、伦理道德起源和演化的实验。各种虚拟主体如何自组织在一起，形成一个共创、共治、共享的开放复杂巨系统，并演化出秩序和组织，同时还要让各类虚拟主体得到充分的自由和创造能力的张扬，这对伦理学研究而言是一次重大的挑战和机遇。

元宇宙是虚拟和现实相通、相容的世界，人们不可能永远生活在虚拟世界之中，必须回归现实世界。虽然在虚拟世界中可以作为虚拟主体暂时摆脱自然规律的限制和社会法律法规的约束，但虚拟毕竟联通现实，虚拟既反映现实，也反作用于现实，并对现实产生重要影响。一方面，可以利用虚拟场域做各种现实世界中难以提供的实验场景；另一方面，即使是虚拟世界也不可能完全摆脱自然规律和法律与道德的束缚，因为最终还要从虚拟世界回归现实世界，虚拟世界只作为试验场、实验室。虚拟世界可以帮助人类更好地发挥人的主观能动性、享受人的自由，但元宇宙不是法外之地，最终还是要受到各国法律法规和伦理道德的约束。

在元宇宙"虚拟现实"中，观影者与现实角色、虚拟角色、虚拟观影者等构成了更为复杂，且不断互动、转换、生成的关系。元宇宙可能更加彻底地让你完全沉浸，甚至不愿意回到现实，即使回来也若有所失、丧魂落魄，难以完成两个世界的通约和转换。

13.4.2　元宇宙中的伦理问题

虚拟世界与现实世界不分、虚拟世界僭越或替代现实世界等现象必然引发社会伦理问题。就此而言，对元宇宙伦理问题的提前思考、先行预警不但必要而且必须，这是涉及人类未来与前景的终极性问题。毕竟，人是万物的尺度，元宇宙只能是"人为"的，也是"为人"的，即造福于人的存在。

元宇宙中的伦理风险主要体现在以下几方面。

1. 元宇宙下的数据安全

随着元宇宙的崛起，我们面临着前所未有的数据安全挑战。在这个物理空间与网络空间深度融合的新时代，数据安全已经成为保护元宇宙空间的基石。元宇宙的数据不仅是其物质基础，更代表了无数参与者的信息和价值。

第一，元宇宙空间中的数据安全面临着全方位的风险。元宇宙场景对智能感知的需求不断增加，导致对个人工作和生活相关数据的收集规模呈指数级增长。这个过程涉及大量的个人隐私信息。在数据的迁移、整合和全球元宇宙互通的过程中，数据的收集、存储和最终输出都可能导致个人信息和生物特征的泄露，侵犯商业秘密，甚至威胁国家主权或政权安全。

在元宇宙空间中，实名认证关乎每个人的真实身份。如果未来元宇宙空间涉及民事责任、刑事责任，就必须确定承担主体的真实身份。然而，在元宇宙中，人脸、虹膜、走路姿势等都可能成为可信身份认定的标准，这些信息的保护和管理都面临着巨大的挑战。

例如，2023 年 3 月，某公司元宇宙遭受勒索软件攻击，导致数万员工数据和公司文件在暗网泄露。

第二，如何保护元宇宙内数据的价值并确权成为另一个重要问题。在元宇宙中，参与者投入了大量的时间和财力。他们的财物在这个空间中有价值，这就需要对这些合法的财产进行确权和保护，以保障参与者的合法权益。

2. 元宇宙中的知识产权保护

元宇宙是一个集体共享、自由创作的空间，并且，随着元宇宙核心技术的发展和应用，未来一切皆有可能，甚至极有可能创作出涉及人机交互方式或内容的作品，这些知识产权如何保护面临新的挑战。同时，随着技术的发展，不同数字环境和现实世界之间边界的渗透性越来越强、越来越模糊，以元宇宙应用场景为核心的作品的知识产权认定会越来越复杂，越来越难。目前，元宇宙中的知识产权侵权主要涉及著作权，如侵害游戏作品的计算机软件著作权、涉及游戏公司的作品抄袭纠纷、侵害作品信息网络传播权等。在元宇宙中如何保护集体、个人的权利，这将是一个重要的问题。

2022 年 4 月 20 日，杭州互联网法院公开审理了一起侵害作品信息网络传播权纠纷案，当庭判决被告"杭州某公司"立即删除涉案平台"元宇宙"上发布的侵权作品"胖虎打疫苗"，并赔偿原告"深圳某创意公司"经济损失与合理费用合计 4000 元。因为该案涉及的"胖虎打疫苗"是一件 NFT 作品，所以被法律界人士广泛视为"NFT 侵权第一案"。

3. 元宇宙中的道德失范和犯罪

与传统社会相比，元宇宙的世界将人转化为数字和符号，这种虚拟的本质使人的一切属性都呈现出数字化的特点，人与人之间从某种意义上讲是一种符号化的交往方式，这种交往方式无法感受现实社会中人与人之间的温度，只是一种冰冷的数字符号，导致道德冷漠现象发生。同时，在现实社会人们要遵守道德规则，而目前来看数字人不具有道德概念，如何对于他们违反现实世界中人类伦理的行为进行约束面临巨大挑战。元宇宙社会是自由的社会，给人们的行为提供了极大的自由度，人们摆脱了现实社会道德、法律的约束，进入一个匿名的陌生新天地，因此"现实社会中的道德、法律在元宇宙中没有用了"等，成为人们在元宇宙中实施各种行为的借口。人们可能觉得自己的精神世界彻底解放，获得了真正的"自由"。在这种超脱现实的情感和欲望的冲动下，人们可能遗忘自己的社会角色、社会地位和社会责任，因此，在元宇宙中可能出现违背道德甚至触犯法律的行为，而由此引起的道德失范问题可能愈来愈多。元宇宙中的伦理丑闻给人们敲了警钟。用户在 Horizon Worlds 平台上遭遇性侵犯，*The Extended Mind* 曾调查了 600 多名 VR 用户的社交体验，结果显示，36% 的男性和 49% 的女性经历过性骚扰。

元宇宙时代无物不虚拟、无物不现实，虚拟与现实的区分将失去意义，元宇宙将以虚实融合的方式深刻改变现有社会的组织与运作。元宇宙不会以虚拟生活替代现实生活，而会形成虚实二维的新型生活方式；元宇宙不会以虚拟社会关系取代现实中的社会关系，而会催生线上线下一体的新型社会关系。随着虚实融合的深入，元宇宙中的新型犯罪形式将对监管形成巨大挑战。"赌博""金融诈骗""色情""隐私泄露""暴力""恐怖主义""极端主义""资本剥削""暗网犯罪""谣言"等犯罪行为仿佛找到了"保护伞"，这里刚刚启蒙且没有法律法规的约束，犯罪分子在这里可以肆意妄为。

4. 传统经济或将受到数字经济的全面冲击

随着元宇宙的逐步成熟，其背后的数字经济系统和数字资产正逐渐崭露头角，并有可能对传统经济造成深远影响。

首先，元宇宙的数字经济系统对法定货币构成了挑战，并可能加剧社会的贫富分化。目前，元宇宙中的数字货币主要由私人机构发行，政府对这类数字货币的管控能力相对较弱。若私人数字货币未来主导货币体系，央行的货币政策调控能力可能受到削弱，从而对现有货币体系构成挑战。元宇宙的数字经济系统与现实社会紧密相连，使用元宇宙中的数字货币进行交易将重塑社会的财富分配格局。例如，Facebook 推出的 Libra 数字货币，其跨国界、跨平台的流通特性以及低门槛开户和零成本接入的优势，使其具有巨大的潜力。然而，Libra 的初衷是成为一种超主权货币，试图避开资本和互联网的管制，这增加了数字货币的整体风险，并可能对全球金融、经济和社会均衡发展产生重大影响。

其次，元宇宙中海量的数字资产增加了监管的难度。这些数字资产包括数字货币、通证、虚拟装备等，其流动性和多样性远超传统纸币。由于元宇宙中各子宇宙尚未统一，制定相关的监管规则和标准变得异常困难。此外，虚拟装备作为个人数字资产的重要形式，具有在线性、沉淀性、非消耗性、虚拟性和共享性等特点。这些特点使得虚拟装备同时具有财产价值和精神价值，对其保护和监管的不足成为元宇宙生态中亟待解决的问题。尽管一些国家（或地区）已经开始尝试立法，但由于数字资产的复杂性和多样性，目前仍难以对其进行有效监管。

最后，元宇宙的数字经济系统为数字经济犯罪提供了温床，尤其是网络诈骗、非法集资和洗钱等犯罪活动。元宇宙将人类带入了一个全新的数字世界，使得传统犯罪与互联网技术深度融合。例如，比特币等数字加密货币因其匿名化和去中心化等特性，容易被不法分子用作洗钱工具。同时，虚拟空间的全球性与执法管辖的地域性之间的矛盾使得电子数据的收集变得异常困难。犯罪分子利用深网和暗网等隐蔽渠道进行活动，增加了监管部门对犯罪活动进行准确定位的难度。数字经济犯罪的隐蔽性、不可追踪性和"跨宇宙性"给社会经济发展带来了不稳定因素。

2024年1月，北京警方成功破获了一起以区块链游戏为掩护、涉案金额高达600余万元人民币的投资诈骗大案。这起案例警示我们：在虚拟与现实交织的元宇宙世界里，安全防线不容忽视。2023年5月，上海市某区人民检察院破获一起打着"元宇宙"幌子的传销骗局，截至案发已形成42个传销层级，14000余人受害，涉案金额达1160余万元。

5. 资本剥削和控制新平台

在技术和资本的双重驱动下，元宇宙平台正逐渐崛起为新的权力中心，但这也带来了滥用权力、侵犯用户权益以及压缩用户权利空间的风险。由于元宇宙具有鲜明的现实性、公共性和社会性特征，其去中心化过程实质上是一场权力中心的迁移和重塑。随着各类关键组织机构纷纷进入元宇宙，这些平台正逐渐成为影响用户活动的核心中介。为了保障数据安全，提高数据利用效率，元宇宙平台进一步通过控制数据中心来垄断数据资源。

在这个过程中，元宇宙平台逐渐获得了制定行为规则、分配资源、维护秩序、控制个体行为等方面的支配能力，成为元宇宙的实际秩序维护者和资源利益分配者。与传统公权力不同，元宇宙平台的权力来源于资本和技术的赋权，其最终目的是追求商业利润。这种权力的获得和行使引发了正当性和公正性的质疑。

由于元宇宙平台拥有远超用户的技术、信息和资本优势，它们能够利用虚拟空间隔离现实法律、技术黑箱隔离第三方监管以及自动决策隔离担责风险。这导致元宇宙平台在行使权力时，可以充分利用技术赋权和约束体系的不对称性，进一步扩大与用户之间的权力差距。在权力扩张法则和利益最大化需求的驱使下，元宇宙平台可能利用其权力的隐蔽性、自动性、弥散性、脱域性和垄断性特质，打破现有的权力制衡体系，营造出"权力－支配"的格局。

在外部竞争中，元宇宙平台可能通过设立交易壁垒、阻碍用户迁移等方式来限制其他元宇宙的发展。在内部管理中，它们可能通过提高准入限制、交易税率、虚拟资产价格等方式来压缩用户的权利空间。例如，用户在元宇宙中不仅是消费者，还是内容生产者，他们在建筑构造、游戏开发等模组创作中所投入的智力、精力和财力，往往在消费者身份的掩护下被元宇宙平台无偿占有并用于盈利。最终，相关机构可能利用信息和管控能力的不对称性，将元宇宙异化为资本剥削的新媒介和新平台，而用户沦为被平台任意剥削的"玩工"。

6. 人口安全面临新的威胁

元宇宙的崛起对人口安全带来了新的威胁。元宇宙使人类生活的场景逐渐转向虚拟化，这导致非传统安全威胁的比重日益上升。

第一，元宇宙的出现可能对社会生育率产生影响，甚至可能威胁到国家的人口安全和种族安全。传统的生育率影响因素包括女性受教育程度、生育成本以及对自我价值实现的追求等。而现在，随着人们更倾向于在元宇宙中消耗空闲时间，社会生育率可能进一步下降。这种下降不仅会导致人口结构老龄化，还会影响国家的人力资源储备。这意味着元宇宙可能会减少适龄劳动人口的数量，增加社会抚养老年人的压力，从而引发一系列人口安全问题。较高且稳定的人口数量是民殷国富的重要基础。例如，日本生育部门联合游戏公司开发的"旅行青蛙"游戏本意在于挖掘年轻人的生育意愿，但用户发现只需在虚拟世界中付出一定的精力和情感，就能够以极低的经济成本体验当父母的感觉。日本政府的这一举措反而导致年轻人的生育意愿进一步下降，并从另一个角度证明了元宇宙充分释放"角色扮演"需求的能力。

第二，元宇宙可能继续扩大人口的代际数字鸿沟，使老年群体面临严重的数字剥夺感。随着年轻一代在技术使用和信息获取等方面与年长一代的差异日益明显，社会出现了数字原住民和数字移民两个群体。由于元宇宙在开发阶段就具有某种人群偏好，老年群体作为数字移民的主要代表，基本被孤立于元宇宙空间之外。同时，老年群体在身体机能方面的衰退也使他们在元宇宙这个虚拟空间的接入端和使用端都处于"缺席"状态，从而体验到严重的数字剥夺感。

7. 加剧身份歧视问题

由于用户可以在元宇宙空间内自由编订和更换角色的性别、肤色、年龄、种族、社会阶层等可能引发歧视的个体特征，因而元宇宙的出现被视为重塑用户之间平等身份的新契机。但实际上，元宇宙的出现不但无法使用户摆脱身份歧视的问题，还可能进一步加剧数字弱势群体的不利处境。一方面，由于元宇宙的基础架构来自对现实世界的映射，元宇宙的参与主体主要是现实世界的用户，因而现实世界的歧视问题也会被映射入元宇宙之中。例如，研究表明，在元宇宙游戏中，现实生活中的沟通机制、行为规则和制裁方案仍然会被玩家沿用，将其作为虚拟社区中展开沟通、交往和社会控制的主要方案。如此，现实世界沟通、交往规则中内含的歧视倾向自然也会被元宇宙用户所践行，甚至在虚拟身份的掩盖下，个体反而可能更加肆无忌惮地将原有的歧视态度和倾向付诸实践。另一方面，元宇宙存在进一步加剧数字弱势群体不利处境的风险。由于技术的高度复杂性、先进性、集成性，元宇宙对相关数字基础设施以及参与用户的经济能力、技术认知能力、数字学习能力和数字敏感度都提出了较高的要求，这无疑会加剧个体间的"纵向数字鸿沟"。

8. 主体性问题

元宇宙可能使用户个体意识被操控，进而危及个体自主性。个体的自主性一直被认为是最基本的人权之一，是理性的个体获得尊严的前提。控制自己的意识、按照自己的意愿做出决定、独立地做出选择的权利和自由是几乎其他所有自由的基础。而作为人脑和元宇宙主要连接通道的脑机接口对人类意识的自主性和思想的自由性提出了严峻挑战。

一方面，为了提升元宇宙的吸引力以及更多地营销元宇宙内的商品，元宇宙平台会利用脑机接口接收和分析用户大脑的神经信号，并绘制出反映个体情感波动和审美体验的"神经地图"，从而精准地向用户提供可以刺激其情感愉悦和审美偏好的内容，最终实现对用户的不当诱导和隐性操控。另一方面，更为严重的是，新一代"脑深部电刺激"技术可以通过用电极刺激脑神经电波的方式，直接对个体的记忆、情感、意向等展开生理性改良和操控。这个原本用于治疗精神疾病的脑机接口技术在元宇宙中的应用存在着改变使用者个性特征、行为目标和情绪反应进而威胁个体的能动性、自主性和精神完整性的风险。而当个体的行为和思想被外力操纵和扭曲，无法按照自己的生理喜好和动机生活时，也就意味着其将会丧失自觉和尊严，沦为技术操控者的"奴隶"。

9. 意识形态安全受到渗透

元宇宙作为一种数字媒介，不仅为机构提供了增强政治权力的接口，也可能沦为极端思想宣传的温床。它对意识形态安全的影响深远，主要体现在以下四方面。

其一，数字历史虚无主义兴起。在元宇宙的建构中，数字寡头企业发挥着核心作用。这些企业有可能形成"数字历史虚无主义"思潮，导致民族国家的历史、文化和价值观被剥离，引发个体与国家的情感疏离。随着元宇宙平台逐渐增多，这些数字寡头企业可能结成联盟，构建全新的数字历史、文化和价值观体系，对国家意识形态安全构成严重冲击。

其二，元宇宙为数字民粹主义的传播提供了新的舞台。在这个虚拟的网络空间中，成员间的信息共享能力得到增强，身份认同和集体行动的阴暗面也被放大。网络民粹主义思潮的影响力日益增强，对各国主流意识形态的发展构成严重威胁。

其三，元宇宙可能成为极端主义宣传的新阵地。恐怖主义势力可以利用元宇宙平台散布极端思想，组织网络恐怖活动，对国家意识形态安全构成新的挑战。例如，"基地"组织等恐怖主义势力通过元宇宙平台展示其乌托邦式的理想国图景，宣传恐怖袭击无罪和极端主义思想的合理性，从而吸引更多极端信徒。

其四，元宇宙还带来数字帝国的风险。尽管元宇宙具有鲜明的自由、民主特质，但这种自由可能被少数平台利用，解构主权国家的意识形态，构建符合其政治和经济利益的数字帝国。这些平台可能利用元宇宙的脱域性以及数字自由、数字民主之名，对主权国家的意识形态进行解构，对国家安全构成严重威胁。

10. 国家主权安全遭遇多方位威胁

元宇宙对国家主权安全的影响主要体现在如下两方面，均对全球秩序和地缘政治产生深远影响。

其一，随着元宇宙系统的不断成熟，数据和信息的自由流动开始挑战主权独立性。数字全球化的浪潮促进了海量数据和信息的跨境流动，使得虚拟世界中的信息流动几乎不受国界限制。这导致元宇宙中的数字主权难以像传统主权那样保持完全独立自主，从而可能对国家主权安全构成威胁。同时，国际和国内安全规范的界限在元宇宙的背景下变得日益模糊。尽管现代意义上的主权概念已经确立，但国家在实际操作中往往需要在数据要素方面与其他国家和地区保持紧密联系。这种数据的开放性意味着国家应尽早对数字主权进行战略布局，以增强自身的主权能力。这凸显了新兴技术的双刃剑效应，它既能够支撑和增强传统的地缘政治力量，也对国家的传统角色提出了挑战和重塑的要求。

其二，元宇宙中仍存在技术霸权，这可能导致新的"数字殖民地"现象，进而对现实世界的主权安全产生深刻影响。在元宇宙中，全球网络精英得以围绕个人数据展开行动，通过"两步走"战略开启后殖民时代。他们首先以发展和监管为由扩大数据监测范围，随后进行数据收割和巩固。特别是技术领先的西方国家在元宇宙的博弈中占据绝对优势，他们借助"数字自由"

和"数字民主"的名义实施全球范围的数据监管和数字霸权。这不但加剧了全球的数字鸿沟，而且在发达国家和发展中国家之间形成巨大的知识壁垒。技术落后的国家可能因此沦为发达国家的"数字殖民地"，进一步加剧全球政治经济的不平衡。

13.5　元宇宙伦理问题治理

如何应对元宇宙可能引发的诸多颠覆性的伦理冲击？这就需要我们超越技术层面，从人与技术、科技与人类文明的视野为其确立必要的价值基准或锚点。

从技术层面，目前对元宇宙的认知更多地偏向虚拟性，主要将其视为由相互连接的虚拟世界组成的大规模、持久、交互式和可操作的实时平台。但如果将技术作为人的本质特征，科技作为人类文明的内生变量，就可以将技术和科技所构建的世界定义为人造世界，从而将元宇宙视为由数字技术所连接、组织和整合起来的人造世界的新版本。

从价值层面，科技造就的人造世界应该是为未来而构建的，使得未来具有召唤出潜在的巨大力量的可能性，但这种可能性无论多么奇妙，都应该使人类文明拥有更大的发展空间，而不是没有未来。如果说人类的科技活动在工业化时代对自然的利用已造成诸多使自然生态不可持续的风险，那么，数据驱动的元宇宙的发展尤其应该避免其滥用导致人类社会的"去未来化"。

13.5.1　元宇宙伦理治理的原则

从元宇宙价值基准出发，结合数字治理和人工智能治理的经验，可以提出以下应对其社会伦理冲击的治理原则。

1. 分类治理的原则

元宇宙在技术上是集成创新，为了明晰治理路径，充分运用已有治理经验，要根据治理的需要对其做出必要的区分，从而避免政策上的含混。例如，可以将元宇宙大致区分为游戏类、数字资产类和基础设施类，特别要将相对严肃的经济社会生活与游戏娱乐进行必要的区分。针对不同的类型，根据其规模和具体影响寻找其存在的症结，再依照现有治理路径寻求进一步的治理路线。

2. 安全保障原则

第一，政府要强化科技力量，牢牢掌握关键战略技术，避免因核心技术受制于发达国家而产生国家安全风险，建立风险预警体系，覆盖从技术诞生到场景应用的各阶段，并对技术、产业、伦理和法律进行全方位的安全评估。

第二，人类对技术的过度依赖导致元宇宙系统存在一定的脆弱性和不稳定性。政府应制定可以适用和制约元宇宙系统的法律制度、经济制度、市场制度和行政管理制度。

3. 技术制衡原则

元宇宙是一个完全建立于数字技术基础之上的虚拟社区，因此应当运用相应的技术手段平衡元宇宙的发展。例如，区块链技术中的分布式网络可以支撑元宇宙经济系统的基础架构，加密技术和时间戳技术可以保障元宇宙中数据的加密性和可追溯性，智能合约能够解决元宇宙中的信任问题。同时，鉴于传统的人工监管在元宇宙系统中的有效性大幅下降，可以通过前期大量的机器训练和无监督学习，使人工智能具备自动监测和预防各类风险的能力。虽然商业营销普遍使用的行为微定位技术之本意在于绕过个人意识，实现商品和内容的精准推销，但是可以利用这一技术，针对隐蔽性较强的数字犯罪者展开精准监测和定位，以解决电子证据难以固定和追踪的问题。

4. 人类进步原则

每项技术的发展都应"以人为本"、充满人文关怀，应当在尊重生命的基础上，考虑如何利用技术促进人类的生存发展。尽管元宇宙为永生提供了技术上的可能性，满足了人的自由，提供了全面发展的物质条件，但绝不能舍弃对生命的敬畏之心。尊重生命应是所有技术诞生的前提，也是所有技术发展必须遵循的优先原则。随着人工智能在情感和意志方面的逐渐进步，人类愈发难以界定人与其他物种的差异性。因此，应该减少对人类中心主义的崇拜，并依据文明和文化界定人何以为人。这才是社会在长期历史发展中创造的最宝贵财富，也是其他智能体或生命体难以模仿的最本质特征。

5. 平等参与原则

元宇宙以数字技术作为底层架构，是一个形态完全虚拟的"数字乌托邦"。一方面，元宇宙抹平了现实世界中人与人在阶级、力量、天赋等方面的差异，即数字技术消除了自然差别带来的社会不平等；另一方面，数字技术对使用者本身的技能要求又造成了用户群体之间的新型歧视。因为缺乏技能，即技术上的不平等，导致一部分人无法获得参与元宇宙的平等机会。因此，必须处理好由技能差别产生的不平等参与问题。

6. 虚实平衡原则

针对元宇宙虚拟化的偏向，强调现实世界中的生态、生命和生活具有更高的价值，虚拟世界、镜像世界和增强现实的建设最终是为了让现实社会生活更有意义和效率，不主张完全用虚拟人生替代真实人生，强调虚拟与现实边界的存在。

7. 绿色、幸福和繁荣原则

强调元宇宙的构建要以自然环境可持续、个人生活幸福和社会团结繁荣为最终目标。因此，元宇宙的构建必须考虑环境和资源的约束，要将节约资源作为衡量其品质的重要指标；人在元宇宙中的活动要避免时间和精力的过度耗费，元宇宙的设计从一开始就要将避免上瘾作为重要的技术指标；虚拟社群要引入必要的自治机制以避免极端化的团体思维和社会分裂。

8. 多元共治原则

一方面，政府和产业主管部门自上而下的治理架构应与企业和行业自下而上的自律和自适应治理相结合；另一方面，现实世界的干预应与虚拟世界的自治相结合。多元共治原则的实施应在事件导向的处理与制度化的治理、促进创新和消费者保护之间保持适度的张力。更重要的是，在治理中要对元宇宙的相关问题包括负面影响开展科学研究，而不是只凭对不良后果的想象进行规制和处罚，从而既可以促进和保护创新，又能使其发展符合国家、社会和用户的利益。

9. 跨区域、国家协作原则

元宇宙数字社区的开放程度相较其他生态系统而言是前所未有的。因此，无论是一个国家还是一个地区，其监管力量都难以覆盖整个元宇宙。一方面，需要在各国内部落实有效监管；另一方面，需要在全球层面针对监管目的、标准和原则等达成一致，共同制定监管标准框架。换言之，国际组织和各国政府需要形成合力，对数字技术在元宇宙中的应用实施有效规制，以确保元宇宙发展的安全可控。

13.5.2　元宇宙伦理治理的路径

元宇宙面临着一些挑战和问题，如技术标准的统一、法律法规的完善、隐私保护等。因此，需要各方共同努力推动元宇宙的健康发展。元宇宙伦理的治理是一个复杂而多元的过程，元宇宙伦理的治理路径需要综合考虑多方面，包括制定伦理准则、强化法律监管、建立多元化治理机制、推广伦理教育和培训、鼓励技术创新和伦理融合以及加强国际合作和交流等，从而推动元宇宙的健康发展，保障各方的权益和利益。

1. 制定伦理准则

需要制定一套明确、全面的元宇宙伦理准则，这些准则应涵盖隐私保护、数据安全、知识产权、用户权益等方面。这些准则不仅应作为元宇宙开发者和运营者的行为指南，也应作为用户行为的规范。

2. 强化法律监管

政府应制定相关法律法规，对元宇宙中的违法行为进行监管和处罚。这些法律法规应明确界定元宇宙中的违法行为，如数据滥用、隐私侵犯、网络欺诈等，并规定相应的法律责任和处罚措施。

3. 建立多元化治理机制

除了政府监管，还需要建立多元化的治理机制，包括行业自律、技术审查、公众参与、跨领域合作、数据治理和教育宣传等。行业组织可以制定行业标准，加强行业自律；技术审查机构可以对元宇宙中的技术和应用进行安全评估和审查；公众可以通过举报、监督等方式参与元宇宙的治理。通过多种机制的协同作用，共同推动元宇宙的健康发展。

4. 推广伦理教育和培训

加强元宇宙伦理教育和培训，提高开发者、运营者和用户的伦理意识。通过培训和教育，使各方了解元宇宙伦理的重要性，掌握相关的伦理准则和规范，并能够在实践中自觉遵守。

5. 鼓励技术创新和伦理融合

在元宇宙的发展过程中，应鼓励技术创新和伦理融合。技术创新可以为元宇宙的治理提供新的手段和方法，而伦理融合可以将伦理准则和道德标准融入技术设计和应用中，实现技术与伦理的良性互动。

6. 加强国际合作和交流

元宇宙是一个全球性的虚拟世界，需要各国加强国际合作和交流，共同制定全球性的元宇宙伦理准则和治理机制。通过国际合作和交流，可以分享经验、借鉴做法、共同应对挑战，推动元宇宙的健康发展。

本 章 小 结

在数字化浪潮中，元宇宙以其独特的魅力，描绘出一幅充满无限可能的未来数智社会蓝图。元宇宙将成为我们生活的重要组成部分，我们期待构建一个公平、开放、可信赖、充满活力、安全可控的元宇宙环境，确保所有参与者能够在遵守共同规则的基础上享受技术带来的便利与乐趣，让每个人都能在这个虚拟与现实交织的新世界中找到属于自己的位置和价值。元宇宙不仅代表了新一代数字智能技术的集大成和创新趋势，更象征着人类对于未来生活方式的全新想象。在这个由虚拟现实、人工智能、大数据等技术共同构建的元宇宙中，人类的生活、工作、娱乐乃至社交模式都将发生深刻变革。然而，随着元宇宙的逐步成熟和普及，其背后的伦理问题也日益凸显。如何在保障技术创新和应用的同时，确保元宇宙的健康、有序、可持续发展，成为摆在我们面前的一大课题。

元宇宙的构建和运行离不开成熟的技术应用生态，更关键的是要有一套完善的顶层治理规则。这些规则不仅要应对当前已出现的伦理问题，如隐私保护、信息安全、数字身份等，还要具备前瞻性，能够预见技术变迁可能带来的全新挑战。只有这样，我们才能在迎接机遇和风险并存的数字智能社会时，做到心中有数、应对自如。

习 题 13

1. 简述元宇宙的概念及其对人们的生活可能产生的影响。

2. 元宇宙中个人信息和隐私的保护面临哪些挑战？请提出可以采取的措施或政策建议。

3. 假设你是一个元宇宙中的虚拟角色，你发现元宇宙中存在一些不道德的行为，如欺诈、侵犯他人隐私等。请说明如何应对这种情况，并提出你认为应该采取的措施和建议。

4. 请讨论元宇宙中的虚拟现实技术与真实世界中的伦理问题之间的关系，如虚拟犯罪、虚拟毒品等。

5. 假设你是一个元宇宙的管理员，需要在元宇宙中制定一些规则来保护用户的权益。请说明如何确保这些规则的有效性和公正性，并应对可能出现的挑战和问题。

6. 请就元宇宙中的虚拟财产问题及其潜在的伦理问题展开讨论，如虚拟货币、虚拟资产的所有权等。

7. 假设你是一个元宇宙中的开发者，你需要在元宇宙中加入一些功能来提高用户体验。请说明，如何确保这些功能的安全性和道德性，并应对可能出现的伦理问题。

8. 请就元宇宙中的信息透明度和可追溯性问题展开讨论，如何确保元宇宙中信息的真实性和公正性以及如何防止信息操纵。

9. 请讨论元宇宙技术的发展对人际关系可能产生的影响，如产生更多的孤立和异化、削弱面对面交流等。

10. 请就元宇宙技术的发展趋势及其对社会的影响进行展望，并讨论政府、企业和社会各方应如何共同应对相关的伦理挑战。

第 14 章

AI

司法领域人工智能伦理问题

14.1 人工智能司法领域的应用

14.1.1 人工智能在司法领域中的应用概述

在司法领域，人工智能的迅猛发展标志着司法正迈入一个全新的智能化时代。从案件文书的智能化处理到复杂的裁决辅助系统，人工智能的潜力在实践中正逐渐显现。人工智能在司法领域的应用广泛，涵盖法律检索、文书制作、案件分析、执行信息化、司法大数据与实证分析等多个层面的智能化司法服务。这些应用不仅极大地提高了司法效率和质量，还有力地促进了司法公正和透明度的提升。以下是人工智能在司法领域的主要应用。

1. 可视化和信息公开

通过人工智能实现司法活动的可视化和信息公开，增强了司法透明度和社会公信力。

2. 智能化管理

人工智能可以实现对司法程序的智能化管理，涵盖案件的立案、分案、排期、送达等环节，有助于优化办案流程，提高办案效率。智能分案系统能够科学测算每个案件所需的办案力量，实现案件的繁简分流，合理配置司法资源。

3. 智能化诉讼服务

法律咨询、诉讼指引、在线立案、远程庭审、电子送达等智能化应用为当事人提供更加便捷高效的司法服务。庭审辅助系统能够在庭审前自动梳理待审事实，生成庭审提纲，并提供证据指引和标准化审查功能。对于简单案件，人工智能还能自动生成法律文书的初稿，如起诉状、判决书等。这些应用极大地提升了司法工作的效率，减轻了当事人和办案人员的工作负担。

4. 类案推送和识别

基于海量已决案件的裁判依据，建立类案裁判标准和信息库。在审判过程中，人工智能系统能够自动推送相似案件，为法官提供参考，有助于实现"类案类判"，提高法律适用的确定性和可预见性。

5. 证据分析和案件评估

人工智能可以通过对大量证据的分析和比对，识别和分析证据之间的关联性，自动判断证据的可靠程度和重要性，提高证据分析的效率和准确性，甚至在某些情况下，人工智能能够基于对犯罪主体的人身危险性、犯罪情节等因素进行分析，给出辅助判决和量刑建议。这有助于法官更全面地理解案件细节，做出更加科学、合理、公正的判决，帮助法官做出更为一致和标准化的判决。

6. 司法大数据和实证分析

人工智能能够对司法大数据进行深度挖掘和分析，揭示司法活动的规律和趋势。这有助于法院制定更加科学合理的司法决策和工作计划。司法大数据还可以为法学研究者提供研究资料，推动司法实证研究的深入发展，通过实证分析提高司法公正性和透明度。

7. 预警和监督

在司法程序中，人工智能可以对异常情况进行预警和监督，如超期未结案、程序违规等，有助于法院及时发现并纠正问题，确保司法程序的公正性和合法性。人工智能可以对量刑结果进行监督和评估，当案件结果偏离系统生成的裁判标准时，可以产生预警，提醒法官再次审查案件事实情况，有助于减少量刑偏差，提高司法公正性。人工智能在风险评估和预测方面的应用也日益广泛，通过评估被告人的再犯风险，为保释和缓刑决定提供科学依据。

8. 执行和信访智能化

人工智能可用于执行案件管理，如被执行人财产监管、拍卖风险提示等，有助于提高执行效率，保障当事人权益。涉法信访申诉案件智能处理系统的引入可以有效减轻承办法官的办案压力。

目前，国内在司法领域已有一些人工智能系统，例如，深圳市中级人民法院的人工智能辅助审判系统、科大讯飞司法人工智能平台、最高人民法院信息中心推进的数字法院大脑等。大模型+法律成为法律行业人工智能落地的"新范式"。北京大学、山东大学、阿里云等超过 20 家学校、厂商发布了面向法律行业的大模型产品，这些大模型包括阿里的夫子·明察法律大模型、科大讯飞的星火法律大模型、北大法律大模型 ChatLaw、智海－录问法律大模型、万象法律大模型等。

14.1.2　人工智能在司法领域的优势和潜在益处

人工智能在司法领域的深度应用，展现了其多维度的优势和潜在益处。

① 人工智能技术的引入显著提高了司法工作的效率。例如，凭借自然语言处理技术的强大功能，人工智能能够迅速从海量的法律文件中精准提取关键信息，显著加快案件处理流程，为司法系统带来前所未有的工作效率的提升。

② 人工智能的应用在量刑建议和案件分析中扮演重要角色，为实现判决的一致性和准确性注入新的活力。基于对历史数据和判决先例的深入分析，人工智能能够提出更为一致的量刑建议，减少人为差异和偏见对判决结果的影响，从而增强司法判决的公信力。

③ 人工智能在复杂案件中的分析和推理能力有时能超越传统的人工方法，能够精准地分析证据之间的关联性，在判决过程中辅助考虑案件的不同要素和法律适用，帮助法官更全面地了解案件，做出更客观和准确的决策。这不仅提高了判决的准确性，还有助于增强司法公正。

④ 人工智能的预测模型在风险评估和预测方面也表现出了巨大的潜力，能够评估被告人

的再犯风险，为法官在保释和判决时提供更为科学合理的依据。这种预测能力有助于法官在裁决时考虑到更多维度的信息，从而做出更加全面和合理的决策。

⑤ 人工智能的应用还使得法律服务更易于普及，推动了法律服务的民主化进程。特别是在提供初步法律咨询和帮助公众理解法律问题方面，人工智能的应用为更多人提供了平等的法律服务机会，有助于提高公众对法律服务的满意度。

然而，我们必须清醒地认识到，人工智能虽能提高司法效率、预防司法腐败，但人工智能只能作为法官的助手，它永远无法替代法官在审判工作中的核心地位。法官的系统性、职业性和经验性判断是目前人工智能所无法比拟的。因此，人工智能在法院的定位只能是法官办案的辅助工具。

14.2　司法领域人工智能伦理问题和风险评估

14.2.1　人工智能在司法领域引发的伦理问题

人工智能在司法领域的应用显著提升了工作效率和准确性，极大地促进了司法系统现代化，如案件快速分析、精准法条推荐等，但也带来了隐私保护、数据安全、决策透明度及潜在偏见等伦理挑战，对司法决策的公正、透明和权威带来冲击。

人工智能在司法领域的伦理问题主要包括以下几方面。

1. 算法偏见和公正性

人工智能系统可能复制或放大现有的社会和系统性偏见，特别是在基于有历史偏见的数据进行训练时，数据中的历史偏见可能被无意识地复制和放大，影响司法公正。需警惕算法可能加剧的性别、种族等社会偏见问题，确保数据处理过程公正无偏。需要确保人工智能算法的设计、数据源的选择以及开发过程能够减少偏见，确保司法决策的公正性。

2. 数据安全和隐私保护

隐私保护是人工智能应用中不容忽视的一环，要高度重视个人信息保护，有效预防隐私泄露和数据不当使用。尤其在处理涉及个人敏感信息的司法案件时，必须确保隐私不被侵犯，建立完善的数据保护机制，防止敏感信息被非法获取，防止数据泄露或滥用。保障数据在采集、传输、存储及使用过程中的安全性和完整性。数据的质量直接影响人工智能决策的准确性，任何数据错误都可能导致严重的后果，确保数据的准确性和完整性是人工智能在司法决策中必须考虑的关键因素。

3. 决策透明度和可问责性

人工智能系统的"黑盒"性质使其决策过程缺乏透明度，增加了公众对判决合理性的疑虑，影响司法决策的公众信任。构建透明和可问责的人工智能系统，确保其在司法领域的应用符合法律和伦理要求。提升人工智能决策过程的透明度，增强可解释性，确保结果可解释、可验证。

4. 法官与人工智能系统的协作关系

确保法律专业人员与人工智能技术有效协作，人工智能仅作为技术辅助而非替代法官的决策，需平衡人工智能的高效性和法官的人情味及经验判断。自动化裁决系统的使用若不加以适度限制，恐对法官的判断能力和独立性造成潜在的削弱。人工智能在处理新颖或复杂的法律问题时可能存在局限性，导致对特定案件的误解或错误判断。在案件审理中，过度依赖数据和系统可能忽视案件的独特性，削弱法官的专业判断能力，进而对司法独立性构成威胁。

14.2.2　人工智能在司法领域的挑战和风险

人工智能在司法领域的应用具有广阔前景，带来了诸多便利，如提高审判效率、促进司法标准化等，但同时也伴随着一系列挑战和风险。

人工智能在司法领域面临的挑战和风险主要表现如下。

1. 算法与法律的融合难题

司法过程并非简单的数据处理过程，其中涉及道德、价值观、人情等价值判断，是人工智能技术难以独立完成的。司法人员在判决过程中需要结合逻辑思考、事实认定、常识判断、人性尊严、价值抉择及国家政策等多方面因素，这些因素难以完全转化为程序由计算机运作。

2. 司法数据的收集和识别难题

人工智能在司法领域的应用需要充足、客观、真实且结构合理的法律大数据作为基础。然而，目前司法数据的质量和数量仍有待提升。已办结的类似案件存在不同时间、不同地域、不同法官法理依据不一致的现象，甚至存在冤假错案。

3. 算法黑箱与司法公开的矛盾问题

算法黑箱导致算法决策过程不透明，难以监督，可能影响当事人的诉讼权利和信任。这与司法公开理念存在矛盾。

以 Eric Loomis 案件为例，COMPAS 软件被用于评估嫌疑人并给出司法建议。然而 ProPublica 的一份调查报告发现，这些算法往往会加剧执法数据中的种族偏见。算法评估往往错误地将黑人被告作为未来的罪犯，其概率几乎是白人被告的 2 倍。更重要的是，依赖这些算法评估的法官通常不了解分数是如何计算的。这个案例凸显了人工智能在证据分析中的透明度问题及其对司法公正性的潜在影响。

4. 人机交互互补关系问题

需要开发有效的人机交互方法，包括何时提供人工智能辅助以及提供哪些信息，以优化人机协作。需要知道如何利用人工智能来提高人机协作的表现，了解人机互补的决定条件，即人工智能和人类在何种条件下能够实现互补，以提高决策准确性。

还需考虑人工智能应用的适当性问题。需要明确哪些司法环节适合采用人工智能技术，同时保障法官的独立性和个案的个性化处理。在涉及人情、价值判断等复杂因素时，合理界定人工智能的辅助作用。

5. 电子证据真实性验证问题

DeepFake、生成式人工智能等技术的出现和滥用为证据真实性验证增加了新难题，威胁司法公正。

6. 责任归属问题

当人工智能辅助做出的判决出现偏差时，如何界定责任归属成为难题，错误可能源于算法设计、数据输入、操作失误或监管不足等环节。传统的法律责任体系面临挑战，需明确在人工智能辅助判决中，人类与机器的责任界限。

7. 公众信任和接受度问题

由于人工智能在司法领域的应用相对较新，公众可能对此类系统存在疑虑和不信任。需要建立和维持公众对人工智能系统公正性和有效性的信任。

人工智能在司法领域面临的风险主要表现如下。

① 效率和公正的冲突。人工智能可能反向强化对司法效率的追求，影响司法公正尤其是程序公正的实现。若设计者在算法中预先加入"刻板观念"，可能导致错误裁判，损害实体公正。

② 数字鸿沟加大。人工智能技术的应用可能加大数字鸿沟，导致控辩双方的力量变化，诉讼结构失衡，引发新的不平等。

③ 独立审判权的干预。人工智能技术可能干预法官的独立审判权，特别是在法律界对数据挖掘、深度学习、大模型技术陌生的情况下，容易受到技术逻辑的干预。

④ 公平性风险。数据偏见和算法偏见可能导致决策不公平。大数据虽海量，但不完备，可能导致价值偏差的延续。算法设计过程中受到研发者价值倾向的影响，也可能导致决策结果的不公平。

⑤ 安全性和伦理风险。人工智能技术的应用涉及大量敏感信息的收集，可能引发隐私泄露和数据安全性风险。算法的加入使决策影响因素复杂化，可能导致责任主体虚化，带来伦理风险。

14.3　司法领域人工智能伦理治理

14.3.1　司法领域人工智能伦理治理的原则

人工智能在司法领域的深入应用，以高效和客观性推动司法体系革新，但引发了伦理挑战，急需确立伦理原则作为人工智能辅助司法决策的道德和法律指导。这些原则旨在平衡人工智能优势与个人权益、司法公正。当人工智能司法系统的逻辑符合伦理标准时，挑战可缓解，故需将技术研发与伦理原则深度融合，促进跨学科合作，构建高效且符合伦理规范的人工智能司法系统。伦理治理需综合考量技术、法律、伦理和社会影响，确保人工智能在司法领域透明运作、公正裁决、严格保护隐私、明确责任归属，并尊重人性。这样，我们才能在推动技术发展的同时，维护司法公正与个人权利，促进人工智能在司法领域的健康可持续发展。

随着人工智能在司法领域的广泛应用，伦理原则的确立和遵循变得至关重要，不仅指导人工智能的开发和应用，也保障司法公正和个人权利。

1. 公平公正原则

公平公正原则是指，坚持遵循司法规律，服务公正司法，保证人工智能产品和服务无歧视、无偏见，不因技术介入、数据或模型偏差影响审判过程和结果的公正，同时尊重不同利益诉求，能够根据司法需求公平提供合理可行方案，充分照顾困难群体、特殊群体，使他们在司法活动中获得必要帮助，使智能化司法服务对各类用户普适包容且机会均等。

公平公正原则是司法决策的核心，人工智能司法系统必须保证在司法决策中的公正性。在人工智能的开发和应用过程中，应使用多元化、代表性强且无偏见的数据集。需要定期对人工智能司法系统进行审查，以识别和纠正潜在的偏见，确保其决策不受历史数据中的偏见影响。例如，在量刑建议系统中，人工智能需要公平地考虑所有相关因素，而不是仅依赖某些可能带有偏见的统计数据。

2. 透明可信原则

坚持技术研发、产品应用、服务运行的透明性，保障人工智能司法系统中的数据采集管理模式、法律语义认知过程、辅助裁判推定逻辑、司法服务互动机制等环节能够以可解释、可测试、可验证的方式接受相关责任主体的审查、评估和备案。司法领域的人工智能产品和服务投入应用时，应当以便于理解的方式说明和标识相应的功能、性能与局限，确保应用过程和结果可预期、可追溯、可信赖。

透明可信原则确保了人工智能在法律程序中的每一步都清晰可见，强调人工智能在提供证据分析、判决建议等关键任务时，其决策过程、所遵循的逻辑及其依据必须保持公开透明，确保法官、律师及公众能够全面理解并评估人工智能的决策，以便所有参与方能够验证其合理性和有效性，为后续的审查和评估提供便利。将人工智能的决策过程和逻辑对所有利益相关者开放，不仅能够提高公众对人工智能判决的接受度，减少误解和疑虑，也是构建公众对人工智能判决信任的关键。这样的设计有助于确保人工智能判决的公正性、合理性和可信赖性，有助于增强司法体系的公信力。为了进一步提升人工智能在司法领域的透明度，应致力于开发可解释的人工智能司法系统。

3. 安全合法原则

坚持总体国家安全观，禁止使用不符合法律法规的人工智能技术和产品，司法领域人工智能产品和服务必须依法研发、部署和运行，不得损害国家安全，不得侵犯合法权益，确保国家秘密、网络安全、数据安全和个人信息不受侵害，保护个人隐私，促进人机和谐友好，努力提供安全、合法、高效的智能化司法服务。

保护个人隐私和数据安全是人工智能应用中不可忽视的要素，这不仅涉及数据安全的技术问题，也关系到法律和道德层面的考量。必须严格遵守数据保护法规，在处理和分析敏感数据时采取严格的保护措施，以防止信息泄露和滥用。例如，人工智能系统应使用匿名化或去标识化的数据进行训练和分析，通过对敏感数据进行加密处理或限制数据的访问权限，以保护当事人的隐私。

4. 辅助审判原则

坚持人工智能司法系统在审判工作中的辅助性定位，保护用户的自主决策权，无论技术发展到何种水平，人工智能都不得代替法官，人工智能的辅助判决结果仅可作为审判工作或审判监督管理的参考，确保司法判决始终由审判人员做出，职权始终由审判组织行使，司法责任最终由审判人员承担。各类用户有权选择是否利用人工智能提供的辅助，有权随时退出与人工智能司法产品和服务的交互。例如，即使人工智能司法系统提供了量刑建议，最终的决定权仍应由人类法官根据法律和道德标准做出。

严格控制人工智能在司法领域的应用边界，坚决捍卫法官的独立判断能力，人类法官的决策权和监督权不应被削弱，应保留人类的主导地位，保留最终决策权和监督权。人工智能的应用只作为辅助工具，辅助法官做出更明智、合理的判决，而不是取代法官的判断和决策。

5. 公序良俗原则

坚持将社会主义核心价值观融入司法领域人工智能技术研发、产品应用和服务运行全过程，保证人工智能司法系统不违背公序良俗，不损害社会公共利益和秩序，不违背社会公共道德和伦理，健全风险管控、应急处置和责任查究机制，防范人工智能在司法领域应用中可能产生的伦理道德风险。

6. 责任归属原则

责任归属原则对于明确人工智能在司法应用中的角色具有重要指导作用。在人工智能辅助判决过程中，必须清晰界定系统的开发者、使用者和监管机构的责任和义务。当人工智能系统的建议或决策导致争议或错误时，应有明确的责任主体承担相应的责任，应明确是开发者、使用者还是监管者承担责任，这有助于有效进行纠错和补救。

随着人工智能在司法领域的不断渗透和深化，坚守并实践相应的伦理原则变得尤为重要。明确并严格执行这些伦理原则，是确保人工智能在司法实践中既能高效运作，又能严格遵循伦理道德及法律规范的关键，从而构建起坚固的伦理法律屏障。在人工智能辅助判决的过程中，伦理原则不仅是人工智能应用的指南针，确保合法合规与公平正义的基石，还有助于保障当事人的基本权益，维护司法体系的完整性和权威性。

14.3.2　司法领域人工智能伦理治理的路径

2022 年 12 月，最高人民法院发布的《关于规范和加强人工智能司法应用的意见》，为人工智能在司法领域的应用指明了方向，确立了安全合法、公平公正、辅助审判、透明可信和公序良俗五项基本原则。这标志着人工智能在司法领域的应用正逐步走向规范化、标准化。

司法领域引入人工智能已成为不可逆转的时代潮流，随着技术的不断进步以及应用场景和社会需求的不断拓展，司法领域人工智能伦理治理将面临新的挑战和机遇。我们必须全面评估并妥善应对这些伦理问题和潜在风险，建立健全法律法规体系和伦理准则，强化对人工智能应用的监管，强化数据保护，提升人工智能辅助判决的透明度、可解释性、公正性、权威性。我们不仅要确保人工智能技术的运用符合技术标准，更要坚守法律伦理的底线，确保人工智能决策既高效又符合伦理道德和法律要求；既要充分发挥人工智能技术提升司法效率的优势，也要确保不逾越法律边界，通过法律监管来避免技术性因素对司法公正造成负面影响，确保人工智能技术合法、安全、有效地服务于司法工作；通过精细化立法、全方位监督和前瞻性指导，不断完善人工智能在司法实践中的行为规范，促进人机和谐共生。只有这样，我们才能充分利用人工智能技术的优势，为司法领域带来更加光明的未来。

司法领域的人工智能伦理治理路径如下。

1. 制定详细的伦理标准和操作指南

鉴于人工智能日新月异的进步态势，司法领域应预见并主动应对未来可能出现的新挑战与新机遇。我们亟须深化并细化人工智能在司法领域应用的法律规范框架，规范人工智能在司法领域的应用，明确各方责任与义务。我们需前瞻性地制定一系列专业性、针对性强的标准和指南，针对不同类型的司法案件和不同的应用场景，制定更加精细化的伦理标准和操作指南。以全面覆盖并规范人工智能在辅助判决、案件高效管理，以及创新法律服务模式等维度的应用，确保从系统设计、技术开发，到部署实施乃至最终使用的每个环节均严格遵循伦理原则，维护正义和公平的基石。有效引导人工智能技术沿着正确的伦理航道稳健前行，确保其服务社会的同时，不偏离道德的航向。这些标准和指南将深度融入算法透明度提升、数据隐私严密保护，以及伦理道德严格遵循等关键要素，共同构筑起司法领域人工智能健康发展的生态屏障。

随着人工智能技术的发展，相应的法律和政策也需要不断更新，以适应新出现的挑战。清晰界定司法责任归属、个人隐私保护、数据安全等核心议题，为人工智能技术的司法实践提供坚实的法律支撑。

2. 加强跨学科合作和培训

鼓励法律、伦理学、计算机科学等多学科专家合作，共同参与司法领域人工智能伦理治理工作，共同评估和指导人工智能在司法领域的应用，确保其遵守伦理原则；同时，加强司法人员关于人工智能技术及其伦理影响的培训，提升其对人工智能技术的认知和理解。培养既具备技术能力，又具备深厚法律素养的复合型人才，以降低沟通成本，更好地理解和应用人工智能辅助判决，预估并规避算法决策的潜在风险。

3. 强化数据治理和隐私保护

建立严格的数据治理机制，确保司法数据的准确性、完整性和安全性。加强数据安全管理，确保个人数据在收集、存储、处理及共享过程中的安全性与合规性。加强隐私保护，采取适当的技术措施确保个人数据不被滥用。推动算法的公开透明度，强化算法问责，要求技术提供方对算法决策过程、数据模型和数据采集等承担必要的说明和公开义务。

4. 设立伦理审查和监督机制

司法领域的人工智能伦理审查和监督机制是一个复杂而系统的工程，需要政府、司法机构、技术开发者、法律专家以及社会各界的共同努力。通过构建完善的监管体系、设立专门的伦理审查机构、建立持续监督机制、强化反馈与动态调整等措施，确保人工智能在司法领域的应用既高效又公正，真正服务于社会和谐与发展。

成立专门的伦理审查机构，负责全面审查人工智能司法系统的伦理合规性。实施分层监管，明确人工智能在司法领域的不同应用级别及其对应的监管标准。定期对系统进行评估，全面考察人工智能在司法领域的应用效果，包括技术性能、决策透明度、偏见控制、个人隐私保护等方面，对不符合伦理标准的系统采取整改或禁用措施，确保所有人工智能活动均在伦理框架内进行。建立动态反馈机制，及时识别并解决人工智能在司法领域的应用中出现的新问题、新挑战。根据技术发展和社会变迁，灵活调整伦理框架和政策建议，保持其前瞻性和指导性。

5. 鼓励公众参与

为了深化司法领域人工智能应用的公众认知与接纳度，我们应强化其公众宣传与普及力度，通过多维度、多层次的教育活动与公开讨论，显著提升公众对人工智能技术的认识水平及信任感。同时，积极倡导并邀请公众参与到司法领域人工智能的伦理治理体系构建中来，让公众的声音成为监督与指导的重要力量，促进司法透明与公正。

公众参与不仅是提升司法领域人工智能透明度和信任度的重要途径，也是确保伦理规范与政策建议贴近实际、充分反映民意的重要方式。通过加强公众宣传和普及，提高公众对人工智能技术的认知和接受度，鼓励公众参与司法领域的人工智能伦理治理工作，接受舆论监督。

6. 伦理治理与技术发展相互促进

未来司法领域的人工智能伦理治理将与技术发展相互促进。在推进人工智能司法应用的同时，必须高度重视伦理问题，确保技术发展不损害个人隐私、不加剧社会不公。通过加强伦理治理和技术创新，推动司法领域人工智能的健康发展。

本 章 小 结

随着人工智能技术的持续进步，其在司法领域的应用将更加深入而广泛，人工智能以卓越的计算能力和数据处理效率，极大地提升了司法工作的效率和精准度，但也预示着更多复杂多变的伦理考验：算法偏见可能固化甚至放大社会不公，决策过程的不透明性则侵蚀了公众信任，隐私泄露和数据安全带来严峻挑战。因此，我们在享受人工智能带来的便利时，必须严格界定其适用范围和程度，需要将人类的智慧与人工智能的能力进行深度融合，避免过度依赖人工智能导致法官独立性受损与裁决能力退化。这要求我们在推进人工智能司法应用的过程中，保持高度的清醒和自律，确保技术始终服务于司法公正的核心价值。需强化伦理审查和监管机制，制定详尽可行的操作指南和行为规范，促进法律与技术领域的深度融合和协作，共同构建抵御风险的坚固防线。同时，法律体系亦需与时俱进，灵活调整，以适应技术发展的步伐，确保监管无死角，为人工智能司法应用的健康前行保驾护航。随着技术的不断进步和法律伦理体系的完善，人工智能在司法领域的应用有望更加公正、高效和可靠。

习 题 14

1. 分析一起自动驾驶汽车交通事故案例，其中涉及人工智能系统。讨论在此案例中，如何界定责任主体（如驾驶员、汽车制造商、人工智能系统设计者等），并探讨人工智能决策过程的透明度对司法判决的影响。

2. 论述人工智能在司法领域的应用优势与伦理挑战，并提出解决方案。

3. 探讨人工智能与人类法官在司法决策中各自的优势和局限性。人工智能在司法领域的应用是否可以完全替代人类法官的判断。

4. 设计一个模拟法庭的场景，其中人工智能系统被用于辅助判决一起涉及复杂经济犯罪的案件。请描述人工智能系统如何收集证据、分析案情、提出初步判决建议，并讨论在此过程中可能遇到的伦理问题（如数据隐私、算法偏见）及应对策略。

5. 结合当前司法实践中人工智能应用的实际情况，设计一个综合性的伦理评估框架。该框架应包含对算法透明度、数据隐私保护、责任归属、公正性等维度的评估标准。

6. 探讨未来十年内，人工智能在司法领域可能面临的重大伦理挑战及其应对策略。

第 15 章

AI

高等教育领域人工智能伦理问题

作为新一轮科技革命和产业变革的领航力量，人工智能正广泛而深入地渗透到社会经济各领域，重塑行业运作模式和需求生态。教育领域正经历深刻转型，面临更高层次、更多元化的要求，人工智能已成为未来影响高等教育发展趋势的核心技术。世界各国（或地区）正在加快人工智能在高等教育领域的布局，以智能技术驱动教育体系的重构。

人工智能在教育领域的应用不仅是技术层面的革新，更是教育理念、教育模式和教育生态的全面升级。面对人工智能发展的机遇，高校作为教育创新的主体，应积极探索人工智能与教育深度融合的新路径，为教育变革提供新方式，从而引领我国人工智能领域科技创新、人才培养和技术应用示范，带动我国人工智能总体实力的提升。

15.1　人工智能在高等教育领域中的应用

人工智能已成为 21 世纪最具挑战性、最具催化力、最具赋能特征的战略性颠覆技术，是发展新质生产力的重要引擎。人工智能驱动的高等教育变革已成为全球趋势。从高等教育实践的角度看，现阶段高等学校对人工智能的应用仍处于发展初期。就公众认知而言，人们对人工智能引发的高等教育生态颠覆性变革表现出空前的复杂心态，期待、畏惧、茫然等多元情感交叠。

人工智能技术在教育领域展现出了巨大的潜力和价值，正以前所未有的广度和深度重塑着教育领域的面貌。人工智能技术的应用正逐步改变传统的教学模式，为教育教学带来新的机遇和挑战。生成式人工智能重新定义了学习范式和实践方式，不仅可以赋能院校"双师型"师资队伍建设，还能培养复合型、创新型人才。随着人工智能加速赋能千行百业，工业时代大规模批量化的人才培养模式正转向因材施教的个性化人才培养模式，与此同时，高校也在探索将人工智能从"工具"变为"伙伴"，创新教学范式。

人工智能技术的应用正逐步构建起一个更加高效、灵活、智能的教育体系，在该体系下可以提升学习效率、实现个性化教学、优化职业指导等，这个变革不仅为学生提供了更多元化的学习路径与资源，还为他们未来的职业发展提供了强有力的支持与保障。随着人工智能技术的不断进步以及与教育领域的深度融合，我们有理由相信，未来的教育将更加智能化、个性化，为培养更多适应时代需求的优秀人才贡献力量。

人工智能赋能高等教育包括以下共性价值：一是服务于学生的适性成长，如助力学生的知识获取、服务于自主学习、增强学习评测的精准性与实时性等；二是助力教师的发展，一方面可以促进差异化教学、精准教学、人机协同教学等，另一方面服务于教师自身的专业发展，帮助教师更新观念、重塑角色以及提升素养；三是支持学习环境的升级，强调改变学校的空间结构，改造教育管理与服务流程，促使办学形态的转变。深入探讨人工智能如何赋能教学，全面分析其对教育体系、学生就业前景以及各行业发展趋势的深远影响，不仅具有重要的理论价值，更是指导教育实践、推动社会进步的现实需求。

2024 年 1 月 31 日，在 2024 世界数字教育大会闭幕式上，中国教科院发布《中国智慧教育发展报告（2023）》，描述了五大趋势：第一，AIGC 的教育应用前景广阔，将助力实现大规模个性化学习；第二，科技驱动的沉浸式场景将改善学习体验，使虚实融合成为学习新常态；第三，教育评价将实现数字化转型，为终身学习体系提供支撑；第四，教师与人工智能共存、共教、共学，创生人机复合型教师；第五，泛在、多元、智能化的学习环境将催生新的教与学方式。

下面主要从教学、就业两个维度来分析人工智能在高等教育领域的应用。

15.1.1　人工智能技术在教学中的应用

在教学场景中，人工智能的融入不仅为教师开辟了新颖的教学工具与策略，还极大地丰富了教学手段，使得课堂更加生动高效。人工智能技术为学生铺设了更多实践探索的桥梁，通过模拟实验、虚拟实训等方式，让学生在沉浸式环境中深入理解知识的精髓与难点，从而实现教学的个性化与精准化，有效提升学生的知识掌握度与应用能力，为高等教育的高质量发展注入强劲动力。

高等教育的主要内容已经不是知识获取了，而是能力、素养的培育，要坚持"以学生为中心"的理念，培养学生的情感力、想象力、创新能力。但是机器无法替代师生之间的交流和思想的启迪，因此不可或缺的仍然是教师跟学生面对面的交流。

1.　构建教学新模式

基于生成式人工智能可构建"智能化个性化学习辅助系统"，这种系统不仅能完成教学内容创作（如文章、PPT、视频等），还能在教育领域担任教师的智能助手和学生的导师、学伴，彻底改变师生使用计算机的方式，促进教育资源的丰富与多样化。形成"教师、学生、智能辅助系统"共同参与教育教学的"三位一体"教学模式，师生关系将从"教师-学生"的二元结构转向"教师-辅助系统-学生"的三元结构，构建人机协同共生的教学环境。在教学过程中，教师是组织者和引导者，学生是合作者，而生成式人工智能系统是物理世界和虚拟世界交互转化的操作者。在这样的教学环境中，以学生为中心，鼓励学生自主探究、实践操作，通过人机互动、师生合作、学生互助构建知识体系，使得教学个性化变得更加容易可行。师生互动、耦合将成为常态，人机深度协作将成为现实，为学生提供更个性化、互动式的学习体验，进一步推动线上与线下学习场景的融合、物理与虚拟学习空间的连接和学习数据的流通，打造多空间融合的智能立体教学场景，提供更加灵敏、适切的教学支持，有助于提高教学效率和学习成效。

人类思维同人工智能技术"思维"存在本质不同。人类有主观能动意识、价值判断能力、同理心等，而后者的"思维"基础是"数据+算法"，数据体量越大，算法模型越先进，其"思维"能力就越强。"教师－辅助系统－学生"人机协同共生的教学环境，让人类智能与机器智能之间"取长补短"，充分发挥融合潜能。让人类教师和人工智能教师共同成为学生学习的引导者、学生发展的促进者和学生情感的呵护者，实现"教书"和"育人"工作的提质增效。

2.　优化、调整人才培养方案

生成式人工智能对高等教育产生了深远影响。由此亟需深入探讨人工智能时代如何优化和调整人才培养方案、优化教学内容和方式、重构人才评价体系、调整人才培养目标、优化专业设置和课程体系以及提升教师专业素养和教学能力,以更好地培养适应未来社会需求的高素质人才。

① 教学内容与方式的变革。生成式人工智能具有文本、图片、音频、视频等内容的按需生成能力,这直接改变了教学内容和方式。教师可以利用生成式人工智能生成多样化的教学材料,如虚拟实验、模拟案例、互动教材等,使教学内容更加生动、直观、具有吸引力。这种技术也支持个性化教学,根据不同学生的学习进度和需求,生成定制化的学习资源和路径。

② 教育理念和价值观的转变。生成式人工智能的引入促使教育理念和价值观念发生转变。传统教育注重知识的传授和技能的训练,而生成式人工智能技术更注重培养学生的创新思维、批判性思维和解决问题的能力。这种转变要求高校在人才培养方案中更加注重学生的全面发展,培养学生的自主学习能力和终身学习能力。

③ 人才评价体系的重构。生成式人工智能能够智能化生成文本、图片、音频和视频,这对传统的论文写作等评价方式构成了挑战。一方面,学生可能利用生成式人工智能完成作业,导致评价结果的失真;另一方面,这也为高校提供了创新评价方式的契机。例如,可以通过即兴口试、元认知反思、课堂表现等评价方式,全面评估学生的学术能力和综合素质。

④ 人才培养目标的调整。随着人工智能技术的不断发展,各行各业对人才的需求也在不断变化。生成式人工智能在内容创作、设计、数据分析等领域的应用,对相关专业人才的能力和素质提出了新的要求。高校需要积极适应行业领域的迭代升级,科学调整人才培养目标,确保教育教学活动服务于学生专业能力和素质的培养与锻炼。

⑤ 专业设置和课程体系的优化。生成式人工智能的广泛应用促使高校在专业设置和课程体系上进行优化。高校需要根据市场需求和产业发展趋势,适时调整专业设置,也需要优化课程体系,将人工智能技术和相关课程融入专业教学,培养学生的跨学科素养和综合能力。

3. 转变教师功能定位

教师应该积极探索和拥抱新技术,跟上时代的步伐,为学生提供更优质的教学服务。教育的重点要从知识传授转为价值塑造和能力培养,利用人工智能技术辅助知识教育、任务驱动,实现自主转型。借助智能化环境提升学生问题意识、批判性思维,人才培养模式从"以知识传授为主"转向"以能力素质培养为先"。

教师在教育过程中不仅要传授知识,还扮演着情感支持和心理引导的重要角色,这是人工智能技术难以替代的。教学需要提升学生创新能力,提高创造性、思辨性、系统性能力等,同时更新教学模式,用好课堂助手。

生成式人工智能的应用要求教师具备更高的专业素养和教学能力。教师需要掌握生成式人工智能技术的基本原理和应用方法,能够将其融入教学并创新教学方法和手段。此外,教师需具备数据分析的能力,以便更好地了解学生的学习情况,并提供个性化的指导和支持。

在个性化教学、智能答疑、增强互动实践、项目驱动学习、教师专业发展等方面合理使用人工智能技术,可以使教学过程更加高效、灵活和有针对性,提高教学效果,推动教学创新。

例如，教师可以通过生成式人工智能将知识点制作成方便学生理解的思维导图，还可以快速生成课件、教案并用于教学。另外，学生在完成练习和作业过程中，哪些环节可以使用人工智能辅助，哪些不可以，如何在教与学过程中合理使用人工智能技术，都需要教师准确把握。

要强化人工智能技能培训，赋能教师成长。全面提升教师队伍的人工智能素养，使之成为驱动教育创新、引领教学质量跨越式提升的核心引擎。不仅聚焦于深化教师对人机协同教育理念的理解，更要引领学生树立科学的教育观，认识到人工智能技术可作为高效学习的伙伴角色，同时强化其自我探索、自我审视及终身学习的能力，确保在人工智能的赋能下实现全面发展。

4. 引导学生高效利用人工智能技术

在人工智能的辅助下，学生的学习方式从传统的资源收集拓展到使用大模型进行思维链式互动对话，结合批判性思维进行深度学习。为了引导学生高效利用人工智能技术，教师需要采取一系列富有创意且多样化的教学策略。

① 人工智能认知体系搭建。设计专门的人工智能基础课程，普及人工智能基本概念、原理和应用领域。邀请行业专家举办讲座和工作坊，分享实际案例和经验。建立线上学习平台，鼓励学生交流人工智能学习心得和成果，构建系统认知体系。

② 学习习惯和方法的适应性调整。引导学生制定个性化学习计划，利用人工智能辅助工具提高学习效率。培养学生主动学习的习惯，鼓励利用在线资源自主探索知识。引导学生运用数据分析评估学习进展，调整学习策略。

③ 学生心理和情感支持策略。关注学生面对人工智能融入教学时的焦虑和压力，提供专业心理支持。建立导师制度，提供一对一的指导和鼓励。组织小组活动，促进合作与互助，营造积极学习氛围，增强自信心和归属感。

④ 推广、实施项目驱动教学法，使学生在场景式的任务中训练实践能力。首要任务是激发学生对人工智能技术的好奇心与探索欲，可以通过设计贴近现实生活、富含挑战性的问题情境来实现，让学生在解决实际问题的过程中自然而然地感受到人工智能技术的魅力与重要性。

项目驱动教学法能让学生成为学习的主动参与者而非被动接受者，通过动手操作、思考分析，逐步掌握人工智能技术的基本原理与应用方法。

⑤ 教师应鼓励学生与生成式人工智能进行深度互动，通过模拟真实场景下的对话交流，激发学生的创新思维，同时培养他们的批判性思维能力。此外，倡导多样化的探究方法，如搜索资料、小组讨论、实验验证、社会调查等，这些活动不仅能拓宽学生的学习视野，还能有效提升他们的综合素养。

⑥ 完成探究互动后，组织学生进行成果展示和分享，促进学生知识内化和能力提升。学生需对自己的学习成果进行总结提炼，与小组成员共同分享研究结论与心得，这一过程不仅能够加深他们对知识的理解，还能培养他们的沟通协作能力和语言表达能力，将感性的学习体验转化为理性的认知结构。

⑦ 最后，教师应给予学生全面而具体的学习评价，包括正面肯定和建设性建议，帮助学生清晰认识自己的优势和不足。这样的教学策略不仅能够引导学生顺利适应人工智能技术环

境，还能促进他们综合素质的全面提升，为未来的学习与发展奠定坚实的基础。

5. 个性化教学

利用人工智能技术可以为每位学生定制专属学习方案和资源，实现学习进度的精准追踪与教学策略的动态调整，有效破解学习难题，构建全面且个性化的学习评价体系，同时借助人工智能提供即时、精准的学习反馈，帮助学生精准定位学习短板，显著提升学习效率与成果。

随着数字化转型，学校逐渐开始利用人工智能技术更新课程内容、模拟真实工作环境，通过虚拟实习和项目让学生获得实践经验，增强就业竞争力。

① 智能识别与针对性练习：通过分析学生的答题数据，智能教育平台能识别学生学习中的薄弱环节，并提供针对性的练习和解释，帮助学生巩固知识。

② 人工智能辅助个性化：人工智能能够根据学生的学习习惯、能力、偏好和学习情况，提供个性化的学习计划和学习内容，实现因材施教。

③ 精准判断和提升：借助人工智能的自动化测评系统，教师可以对学生进行一对一的较精准的判断，帮助学生针对性地提升能力。

6. 人工智能素养培养

人工智能素养是指个体在理解和应用人工智能技术方面所具备的知识、技能和态度。它是智能时代公民适应工作、学习和生活所需的一种基本能力，涵盖了人工智能相关的知识、技能、态度和伦理等综合素质。具体来说，人工智能素养可以包括以下几方面。

① 人工智能知识：了解人工智能的基本概念、原理、发展历程、主要领域和方法等，这包括对机器学习、深度学习、自然语言处理等核心技术的理解，以及它们如何支撑起现代人工智能系统的工作机制。

② 人工智能应用：掌握人工智能技术在现实世界中的应用，如自动驾驶、语音识别、机器翻译、智能推荐等，了解这些应用的实现原理、优缺点和局限性，以及它们如何改变人们的生活和工作方式。

③ 人工智能伦理：认识到在实践中应用人工智能技术面临的道德挑战和安全问题，如隐私保护、数据安全、算法公平等，了解并遵守相关法律规范和道德准则，确保人工智能技术的健康发展和社会福祉。

④ 人工智能思维：培养以问题为导向、以数据为依据、以算法为手段的创新思维方式，学会利用计算机模拟和解决复杂问题，并与人工智能进行有效沟通和协作，从而发挥人工智能技术的最大价值。

⑤ 技能实践：将人工智能知识应用于实际场景，通过参与人工智能项目、开发人工智能应用或利用人工智能工具解决具体问题等方式，积累实践经验，提升实际操作能力，包括编写代码、调试算法、优化模型等具体技能。

⑥ 跨界融合：培养跨界融合的思维，学习其他领域的知识，了解不同行业的应用场景，拓宽视野，增强跨界融合的能力。这有助于更好地应用人工智能技术解决实际问题，并为人工智能技术的发展和创新提供更多的思路和灵感。

⑦ 持续学习：人工智能技术发展迅速，新的算法、模型和应用不断涌现，保持对人工智能技术的敏感度和好奇心，持续学习最新的知识和技术，是提升人工智能素养的重要途径。

需要提升学生和教师等教育主体的人工智能素养，使其以"主人"的姿态有效地利用和管理人工智能应用，而不是在"反驯"中被动地接受和依赖人工智能。高校提升师生的人工智能素养需要从政策制定、课程培训、实践应用、伦理责任、氛围营造和基础设施建设等方面入手，形成全方位、多层次的提升体系。

7. 人工智能在高等教育中的应用展望

未来的教育场景包含以下内容。

① 以学生为主导。学生自主定义学习过程和学习节奏，完成对个人潜能和兴趣的自我发现；强调知识的可迁移性，重视默会知识。

② 设置灵活的课程体系。方便学生多元、个性化的需求以及外部场景的持续变化。

③ 创客项目教育。以项目驱动的、发现式的教育活动，能够使学生通过实践和经验，打破学科知识边界，建立对某一事物的系统性认知，生成个人的思维体系。

④ 以工具为媒介的、教与学平等的学习社区。形成"教师 – 智能辅助系统 – 学生"三元结构，用虚拟现实和叙事性科学传播等手段实现概念可视化，使难以表征的过程具象化；在教师的引导和机器的辅助下，以自比性评价发现学生的发展轨迹和教育目标的实现过程。

未来的高等教育，从学生角度，学生获取知识的途径和方式会越来越多，需要明确学习的目的，防止机器替代人类思考，要特别重视学生批判性思维、创造性思维的培养，绝不能满足于大模型推送的现成答案。从教师角度，教师要教会学生如何思考与创造，不能只停留在知识传授和获取上；需要调整教学方法和学生评价的手段，坚持原创思想，规范学生对工具的使用；要改革知识记忆复现式的评价，注重思维、批判能力培养的评价。从学校角度，利用人工智能，重构高等教育的形式和基础平台，注重学生之间的公平性，关注学生对现有人工智能工具的使用，分析其使用、思维习惯，系统性重新设计教育目标、授课内容和教学形式。

15.1.2 人工智能技术在就业中的应用

人工智能引领职业规划新纪元，人工智能技术强大的数据获取与分析能力使我们能够深入剖析行业就业大数据，分析市场需求趋势，为学生量身定制职业规划蓝图。借助人工智能构建一个全方位就业指导和职业规划服务体系，赋能职业规划服务，提供行业趋势分析、职业规划咨询和就业技能培训服务。

莘莘学子应该积极拥抱人工智能技术，勇于跨界融合，不断拓展自身能力边界，将是在就业市场中脱颖而出、抢占先机的关键所在。这不仅是个人职业发展的明智选择，也是对未来社会变迁的积极回应与贡献。

1. 就业市场趋势动态洞察，个性化服务学生职业规划

人工智能技术全面渗透社会经济各领域，深刻改变了就业市场的面貌，对人才的能力结构

提出了全新的要求。依托人工智能技术深度挖掘与分析海量数据，能够精准捕捉各行业就业趋势的细微变化与职业发展的核心需求，从而为广大学生提供最新、最准确的职业资讯，提供个性化的精准职业规划指导与策略建议，帮助他们更加明智地规划个人职业发展道路。具体可以从以下几方面给学生提供帮助。

❖ 个性化职业咨询：结合人工智能与专家智慧，提供一对一的个性化职业咨询服务。

❖ 面试实战模拟：通过高度仿真的面试环境，提升学生的面试技巧与自信心。

❖ 技能提升路径：精准识别学生技能短板，定制个性化学习计划，助力技能飞跃。

❖ 职业发展模拟：利用大数据为学生描绘清晰的职业发展路径。

❖ 精准岗位匹配：根据学生兴趣、能力与市场需求，精准推荐就业岗位，提升求职效率。

❖ 网络构建与品牌建设：指导学生构建职业网络，塑造个人品牌，增强职场竞争力。

❖ 情感与心理辅导：在职业规划过程中，提供情感支持与心理关怀，确保学生心态保持积极健康。

2. 人工智能技术在企业人才招聘中的应用

人工智能技术正以前所未有的力量重塑企业人才招聘生态，极大地提升了招聘效率与精准度。作为数字化转型的先锋，人工智能不仅加速了招聘流程的自动化，还确保了选拔过程的公正与高效，引领企业步入智能招聘新时代。

① 简历筛选：智能化筛选，精准高效。人工智能凭借其卓越的数据处理能力，能够迅速穿越庞大的简历海洋，依据企业预设的岗位要求与关键词，精准锁定符合条件的候选人。这一过程不仅极大地缩短了招聘周期，还确保了每份优秀简历都能得到及时公正的审视，有效规避了人为筛选可能带来的偏见与遗漏，为企业筛选人才筑起了一道坚实的防线。

② 面试评估：客观评价，减少偏见。在面试环节，通过自然语言处理、语音识别等技术，深入剖析候选人的回答内容，对其沟通能力、专业技能、逻辑思维等综合素养进行全面、客观的评估。这种基于大数据与算法的评估方式有效降低了人为因素导致的误差与偏见，确保了选拔过程的公正性与准确性，帮助企业更好地挑选出符合岗位需求的人才。

③ 人岗匹配：个性化推荐，人岗合一。人工智能技术还能根据候选人的技能图谱、工作经验及潜在能力、性格，智能推荐最适合其职业发展的岗位。这种精准匹配不仅提高了招聘的成功率，还促进了员工与岗位之间的高度契合，帮助员工在职场上找到最适合自己的位置，实现自我价值的最大化。

15.2　人工智能技术在高等教育中应用的典型做法

2017 年开始，国务院、教育部先后印发《新一代人工智能发展规划》《高等学校人工智能创新行动计划》等文件，鼓励高校在原有基础上拓宽人工智能专业教育内容，形成"AI+X"复合专业培养新模式，加强人工智能学科建设。要深入推进人工智能等新技术与教师队伍建设的融合，推动教师主动适应信息化、人工智能等新技术变革，积极有效开展教育教学。

人工智能的学习可以分为三个层次：人工智能技术应用、人工智能技术开发、人工智能技术创新。这里仅讨论人工智能技术在高等教育中的应用，针对非人工智能专业的学生，培养他们如何使用人工智能技术。所以，在构建基础理论人才与"AI+X"复合型人才并重的培养体系中，基于X课程体系所加入的人工智能元素需要有所甄别和遴选。

国内许多高校如清华大学、北京大学、南京大学、复旦大学、重庆大学、哈尔滨工业大学、北京邮电大学、南开大学、华东师范大学等已经实施人工智能在教育教学中的应用，采取了一系列卓有成效的措施，探索人工智能与教育深度融合的实践路径，在教学内容、师资团队、教学方式、学习方式、考核方式等方面推动变革，在人才培养体系优化、人工智能通识教育、人工智能助教方面取得了实效。

清华大学利用人工智能辅助或课程深度介入等方式，持续创新教学场景，提升教与学的效率与质量。人工智能助教成为学生的"伙伴"，人工智能教师（教师的"分身"）精准高效反馈，成为个性化教学的得力助手。

北京大学发布人工智能助教"Brainiac Buddy"（简称BB），以期实现个性化、定制化和互动式的助教，学生可以向它提问，对课程进行预习，也可以建立个性化知识库，老师则可以把课程教案的撰写交给人工智能助教，提高教学效率。

南京大学面向全体本科新生开设"人工智能通识核心课程体系"。学校精心设计推出"人工智能通识核心课程体系"，大力加强师资队伍建设、教学资源建设、人工智能相关学科建设，旨在培养学生的数据思维、计算思维、智能思维，在通识、技能与应用等方面提升学生的人工智能素养与能力。

复旦大学部署人工智能课程体系建设与AI+教育模式改革，打造AI-BEST课程体系，实现人工智能三个"渗透率100%"——人工智能课程覆盖全部本研学生，"AI+"教育覆盖全部一级学科，人工智能素养能力要求覆盖全部专业。

重庆大学构建全过程、全覆盖、全场景人工智能赋能高等教育教学新生态，开设人工智能通识教育课程，让每个学生皆有"AI+"素养，从容应对人工智能时代带来的挑战。

哈尔滨工业大学将人工智能技术融入实验教学，助力不同专业的学生更好地开展自主学习。一位学生反馈："AI助教的实时反馈、精准指导，帮助我提高了自主学习效率，通识中心开设的人工智能创新课，引导学子探索前沿科技，为今后参与高水平学科竞赛开拓了思路。"

北京邮电大学构建了码上教学云平台，基于讯飞星火大模型，采用自研核心技术，为学生提供实时、个性化、启发式的编程辅导服务，能够解决学生的大部分问题，对于少数无法解决的难题，可以通过平台求教老师给学生提供针对性的指导。

南开大学携手华为发布《人工智能赋能人才培养行动计划》，分为人工智能教育教学篇、人工智能技术设施篇和人工智能管理服务篇。

华东师范大学研制出我国第一个面向教育领域的大语言模型"EduChat"，推出"AI+X"

微专业。"AI+X"微专业课程设有人工智能基础课与"AI+X"融合课两个模块，标志着人工智能与专业课程的深度融合，并为专业的创新发展注入了新的活力。

另外，同济大学、对外经贸大学、上海大学、合肥工业大学、华南理工大学、中山大学等推出人工智能系列通识课程，推进创新型、复合型、智能型、应用型人才培养。

15.3 高等教育领域人工智能技术应用的风险和伦理问题

人工智能技术赋能高等教育，机遇与挑战共存，一方面极大地促进了教育创新与效率提升，但也带来了教育安全的隐患和一系列复杂的伦理、法律、技术风险及挑战。

1. 伦理风险

人工智能在高等教育中的应用涉及技术滥用与学术诚信（如作弊、剽窃、伪造实验数据）、算法偏见与歧视（算法可能加剧不公平）、隐私保护与数据安全问题（师生数据泄露）。

① 技术滥用与学术诚信。学生利用生成式人工智能完成作业、测试甚至论文写作。生成式人工智能助长了论文代写的灰色产业链，加剧了学术不端行为的泛滥。针对学术诚信问题，目前存在作弊界定边界难、人工智能生成内容的检测准确性较低等问题。

② 算法偏见与歧视。人工智能系统可能继承开发者偏见，或者训练数据中的偏见，导致某些情况下的不公平结果。例如，在评估学生表现、招生选拔时，如果人工智能系统受到种族、性别或其他因素的影响，可能对某些群体产生不利影响，从而加剧社会不平等和歧视现象。

③ 隐私保护与数据安全问题。人工智能在教育中的应用需要大量数据来实现个性化学习和精准评估，通常会收集和存储大量的师生数据，包括个人信息、行为数据等。师生数据的使用和共享可能存在泄露风险，被用于未经授权的目的，如商业营销或非法交易，这严重侵犯了师生的个人权益。

2. 法律风险

人工智能在高等教育中的应用涉及的法律风险包括知识产权侵犯、教育过程中可能触发的法律纠纷。人工智能生成的内容未经授权使用可能会构成版权侵犯，其版权归属问题目前法律尚未明确。当学校与人工智能服务提供商签订合同后，如果人工智能系统的行为导致合同纠纷，确定责任归属成为一大挑战。例如，人工智能考试系统因故障导致考试结果失真，就可能引发合同纠纷。教学过程中的行为、环境数据被不当处理或泄露，可能引发隐私泄露的法律纠纷。

3. 技术风险

模型可解释性差、透明度不足、对抗性攻击等问题会直接影响教育质量与数据安全。

算法的不透明性增加了伦理问题的复杂性。人工智能系统的决策过程往往是一个黑箱操作，其决策缺乏透明度和可解释性，使得用户难以理解其背后的逻辑、依据，这可能导致决策的不公平性和不透明性，导致人们对人工智能系统的不信任和质疑。

人工智能技术本身有欠缺，可能会误导学生。人工智能难以做到对所有问题的回答100%准确，ChatGPT等工具会出现推理、事实、数学错误等常识错误，也会出现"一本正经胡说八道"的结果，引发了人们对教育准确性的担忧。

对抗性攻击是指通过精心设计的输入样本（称为对抗样本），使得人工智能系统产生错误预测或不期望的行为。在教育领域，这种攻击可能针对各种基于人工智能的教育系统，如智能辅助教学系统、在线学习平台等，误导系统给出错误回答或评分。

4. 过度依赖人工智能引发教育质量下降的风险

学生一旦遇到问题就马上利用人工智能解决，久而久之会形成依赖，不愿意花时间主动学习，渐渐失去思考的能力。过度依赖人工智能可能导致学生全面发展受限，将削弱学生的独立思考能力、自主性、批判性、思维能力、创新能力、问题解决能力，导致学生缺乏人际交往能力和情感交流，影响他们的社交技能和情感发展，最终导致教育质量下滑。

5. 生态系统风险

高等教育强调的情感交流与共鸣在人工智能的介入下可能被削弱，影响学生的全面发展和自我完善。在高等教育生态中，人工智能的融入可能消解师生主权、异化师生关系、扭曲知识内容、破坏安全包容的环境、引发学生心理健康问题（如短视频沉迷）、异化人才培养目标、冲击社会主义核心价值观教育、带来教育信任危机等。生成式人工智能替代教师角色可能导致教师失业，教师在适应新技术的过程中也将面临转型风险，大学生就业市场也将遭受严重冲击。

6. 数字鸿沟加剧

素养不足引发的数字鸿沟加剧技术上的"马太效应"。人工智能技术的普及和应用依赖于互联网和数字设备的普及。然而，全球范围内存在显著的数字鸿沟，这可能导致部分学生无法充分享受到人工智能带来的教育优势，从而加剧教育不平等。技术能力的不平衡也是一个问题。不同学校、地区甚至不同学生之间的技术能力和数字素养差异可能导致他们无法充分利用人工智能技术的潜力，进一步拉大教育差距。

15.4　高等教育领域的人工智能伦理治理

尽管人工智能是一把双刃剑，但是我们不能因噎废食，要积极地学习和利用它，深入思考如何合理使用人工智能技术，使人工智能为教学提供便利，提高教学质量。高等教育领域的人工智能伦理治理是一个复杂而系统的工程，需要政府、学校、企业和社会各界的共同努力，通过制定完善的政策、加强技术研发与监管、提升师生数字素养和创新能力等多方面的措施，共同推动人工智能技术在教育领域的健康发展。

1. 完善伦理治理框架

① 建立伦理审查机制。成立由教育专家、伦理学者、法律人士及行业代表组成的伦理审查委员会，对人工智能教育应用进行前置评估，确保其符合伦理原则和社会价值观。

② 制定行业规范与标准。推动制定人工智能技术在高等教育中应用的行业标准和操作指南，明确技术应用的边界、数据使用规则及隐私保护措施，为行业提供可遵循的框架。

2. 深化对"马太效应"的理解与应对

① 强化公平教育意识。教育界应认识到技术可能加剧不平等现象，积极推动教育资源的均衡分配，特别是加大对偏远地区及弱势群体的教育支持力度。通过人工智能实现教育资源的均衡分配与高效利用，缩小区域、校际的教育差距。利用人工智能提升教育质量，确保每个学生都能获得高质量的教育。

② 构建包容性教育体系。设计适应不同学习速度和学习能力的人工智能辅助教育工具，确保每位学生都能从中受益，避免技术门槛导致的排斥现象。

3. 防止过度依赖人工智能技术

解决高等教育领域过度依赖人工智能技术的问题，需要从教师与技术协同合作、重构教育理念与目标、优化教学内容与结构、完善评价体系与教学质量监控、加强教育资源分配与公平性以及引导学生合理使用人工智能技术等方面入手。这些策略的实施可以推动高等教育领域的健康发展，实现人机共生的美好愿景。

① 增强教师与技术的协同合作。加强师生的信息技术能力培训，使他们不仅能掌握人工智能技术的基本应用，还能理解其局限性和适用场景。建立人与技术协同合作的教学模式，使教师与人工智能技术相互补充，发挥各自的优势。教师负责情感交流、人文关怀和复杂问题的解答，而人工智能技术则用于处理重复性任务、提供个性化学习资源和即时反馈。未来的教师需要重新定义角色，从"知识传授者"到"学习设计师"，从"评分者"到"成长教练"，从"权威"到"伙伴"，并需要强化如下三种能力。

❖ 终身学习的能力：跟上科技发展的步伐，不断更新自己的知识体系。

❖ 创新能力：设计更有趣、更有效的教学方式。

❖ 情感沟通能力：与学生建立深度的情感连接，成为他们成长路上的引路人。

② 推动教育理念与目标重构。在人工智能赋能的时代背景下，应更加注重培养学生的创新思维能力、批判性思考能力、复杂问题解决能力、协作沟通能力和道德伦理判断力等无法被机器轻易取代的"软技能"。将人工智能素养纳入教育内容，使学生理解人工智能的基本原理、应用潜力以及可能带来的社会伦理问题，学会与智能技术共存和发展。

③ 优化教学内容与结构。课程内容应紧跟时代步伐，并根据学生需求和行业发展及时更新。推动"AI+X"课程体系建设，促进不同学科之间的交叉融合，培养学生的综合素养和创新能力。

④ 完善评价体系与教学质量监控。建立人机互补的评价体系，既要利用人工智能技术提

供的数据分析支持，又要保留教师对学生情感交流、学习态度等非量化因素的评价。注重对学生学习过程的评价，关注学生的成长进步和个性化发展，而不仅是最终的学习成果。

⑤ 加强教育资源分配的公平性。通过政府投入、社会捐赠等方式，为经济欠发达地区或资源匮乏的学校提供人工智能教育设备和资源，确保所有学生都有机会接触和受益于人工智能教育。推动优质人工智能教育资源的共享和开放，促进教育公平和包容性增长。

⑥ 激发主体意识。为师生提供人工智能技术、数字素养及伦理教育的专项培训，提升其自我学习和自我评估能力。鼓励师生参与人工智能教育应用的反馈收集，及时调整优化，确保技术应用符合实际需求。

⑦ 引导学生合理使用人工智能技术。教育学生认识到人工智能技术只是辅助学习的工具，不应完全依赖。鼓励学生保持独立思考和自主学习的能力。

4. 加强技术研发和监管

① 提升技术透明度与可解释性。鼓励开发更加透明、可解释的人工智能模型，使教育工作者、学生及家长能够理解其决策过程，增强信任感。

② 强化算法监管。建立算法审计和问责制度，对算法进行定期审查，确保其无偏见、无歧视，并能及时纠正潜在问题。

③ 鉴别知识内容。建立严格的教育内容审核机制，确保人工智能生成的内容准确无误，避免误导学生。结合人机协作，引导学生参与实践和探究，进行批判性思考，培养其综合能力。

5. 保护隐私和数据安全

① 加强法律法规建设。完善与人工智能相关的法律法规，明确人工智能生成内容的版权归属、数据隐私保护、责任归属等问题。加强师生对版权法的了解和尊重，确保在使用人工智能工具时遵守相关法律法规。

② 加强数据保护。采取数据加密、匿名化处理等技术手段保护师生个人数据的安全性和隐私性。在合同中明确规定人工智能参与过程中的责任分配，减少人工智能行为引发的法律纠纷。

③ 建立监管机制。建立全方位、多主体的协同监管机制，对人工智能在高等教育领域的应用进行监督和规范。

④ 优化数字环境。加强网络安全防护，防止数据泄露和非法访问，保障师生信息安全，以构建安全的网络环境。鼓励共享优质教育资源，利用区块链等技术保障资源的真实性和可追溯性，以促进教育资源的开放。

6. 加强学术诚信教育

① 学术诚信体系的建设。建立更加完善的学术诚信体系，以规范师生的学术行为，包括制定明确的规定、加强监督和惩罚措施等。

② 加强教育引导。加强对学生的教育引导，让他们认识到学术诚信的重要性，并明确告知学生使用人工智能工具作弊的严重后果。

③ 采用多种评估方式。为了应对人工智能作弊问题，高校可以采用多种评估方式，如课

堂作业、手写论文、小组作业和口试等，以降低学生使用人工智能作弊的可能性。

④ 开发高级检测软件。积极探索"用 AI 对抗 AI"的策略，开发检测软件来识别人工智能生成的内容，有助于更准确地判断学生是否使用了人工智能工具进行作弊。

本 章 小 结

高等教育领域正经历着一场前所未有的深刻变革。人工智能为高等教育领域注入了创新活力，将教学质量与效率推向新高度。人工智能技术的融入促使教学模式的改变、人才培养体系的优化、课程教学内容的改革、教师与学生关系的转变，个性化学习与自适应学习系统的应用使得人工智能精准捕捉每位学生的独特需求与学习风格，从而量身定制适合每位学生的学习路径，真正实现因材施教。此外，人工智能辅助工具如即时评分反馈系统、智能导师与学习助手等，不仅能为教师提供高效便捷的教学辅助，也将极大地丰富教学手段，能有效提升教学效果。同时，人工智能重塑了学生就业市场的格局，高校需密切关注就业市场动态，教师在教学过程中不仅要传递知识，更要注重情感交流、价值观塑造和思维启发，培养学生的综合素质与创新能力，以适应人工智能时代的人才需求变化。

在享受人工智能技术带来的种种便利之时，高等教育领域亦需正视并妥善解决伴随而来的伦理挑战，以确保教育的公平性、公正性及可持续发展。建立健全的数据保护机制，确保学生数据的安全与隐私；加强对人工智能算法的审计与监督，确保其决策过程的公正性与透明度；强调教师的主导地位，注重与学生的情感互动与人文关怀，促进学生的全面发展；加强伦理教育，培养学生的伦理意识与责任感，也是高等教育不可忽视的重要任务。

习 题 15

1．在高等教育中，人工智能系统常需收集学生大量个人数据以优化学习体验。请分析这个过程中可能面临的数据隐私泄露风险，并提出至少三项保护措施。

2．人工智能技术在高等教育中的应用，如自动评分系统或招生推荐系统，可能因训练数据中的偏见而导致结果不公平。请分析这个现象的原因，并提出减少算法偏见的策略。

3．人工智能技术在高等教育中的普及可能加剧教育不平等，尤其是数字鸿沟问题。请分析这个现象的具体表现，并提出缓解教育不平等的建议。

4．随着人工智能技术在高等教育中的广泛应用，教师角色是否会被削弱或替代？请探讨这一变化对教师职业发展的影响，并提出教师应对的策略。

5．在高等教育中，如何培养学生的伦理意识和社会责任感，以应对人工智能带来的伦理挑战？

6．人工智能技术的普及是否会导致学生对技术的过度依赖，从而影响其创新能力的培养？请分析这个现象，并提出促进学生创新能力发展的措施。

结 语

AI

科技是社会经济发展的助推器，给人类带来了福祉，但也带来了一些风险和伦理问题。本书从科技伦理的一般原则出发，深入探讨人工智能伦理，聚焦到人工智能的核心要素——数据和算法，详细剖析了这些基础层面所蕴含的伦理挑战，对人工智能应用的一般伦理问题进行分析，结合人工智能在十个不同领域的应用实例，深入探讨了这些应用所带来的具体伦理问题。值得注意的是，虽然不同行业的伦理问题存在一定的共性，但每个行业都有其独特的伦理考量，这是由其行业特性和应用场景所决定的。鉴于人工智能技术的广泛应用和不断扩展，我们认识到，寻求一个统一且一成不变的治理方案是不切实际的。相反，我们需要根据具体的应用场景和行业特性，制定灵活、多元的治理策略。

从公众对人工智能风险的关注程度来看，首先是数据泄露、隐私、滥用及版权相关的内容风险；其次是伪造、虚假信息等恶意使用带来的风险；当然，也诱发了偏见、歧视等伦理问题；此外，人工智能对就业结构等社会系统性问题也带来了挑战。在一系列关于人工智能的科幻电影中，甚至出现了人工智能失控、人类丧失自主权等设定。

人工智能是一把"双刃剑"，应始终坚持科技向善，加大对人工智能的伦理、算法安全和隐私保护等方面的研究，积极参与世界关于人工智能治理的规则制定，统筹发展和安全，确保可控，以高标准的伦理和安全保障人工智能高质量健康发展。

展望未来，人工智能伦理及其治理问题将持续成为人们关注的焦点。一方面，在数据、算法等理论层面，我们仍需不断深化研究，以解决那些尚未充分解决的基础问题。另一方面，我们必须认识到，随着人工智能技术应用的日益广泛，新的应用场景和模式将不断涌现，这可能带来全新的伦理挑战。因此，我们需要保持警惕，持续跟进技术发展，以便及时发现并解决这些潜在的伦理问题，促进人工智能技术的健康发展，保证社会利益的最大化。人工智能伦理治理的发展趋势主要体现在以下几方面。

1. 治理模式的体系化建设

为了全面且高效地应对人工智能技术所带来的伦理挑战，构建一个更为系统化与结构化的治理模式显得尤为关键。这一模式应涵盖以下几方面。

① 建立健全的法律法规框架。致力于深化各利益相关方之间的紧密合作，建立高效沟通机制，构建由政府领航、以企业自律为坚实支撑、社会公众广泛参与并充满活力的多元化、协同共治的生态体系。此体系将极大地促进政府、企业、学术界及公众之间的深度对话与无缝协作，共同研究并出台人工智能伦理准则、统一标准和政策框架，确保人工智能技术的蓬勃发展与伦理道德并行不悖。需要明确界定人工智能技术的法律地位，为其研发、部署及广泛应用过程设立清晰、透明的监管标准与要求，确保每一步都符合法律与伦理的规范。同时，以科学严谨的标准为指南，引领人工智能技术的研发方向，严格规范其应用行为，促进技术的持续创新与健康有序发展，为人类社会带来更加智能、安全、可持续的未来。

面对人工智能技术的日新月异，伦理治理机制亦需保持动态调整与持续优化。这要求我们在政策制定、法规修订及监管机制优化等方面保持前瞻性与灵活性，及时应对新技术、新应用所带来的挑战。例如，借鉴欧盟《人工智能法案》等先进经验，不断完善我国的人工智能治理体系，确保技术发展与伦理价值相协调。

② 强化监管体系的建设。通过加大监管力度和提高管理效能，确保人工智能技术在实际应用中的安全性、可靠性和合规性。实时监测技术应用，建立风险评估与应急响应机制，制定统一的算法审计标准和流程，确保审计工作的客观性和可重复性；开发自动化审计工具，提高审计效率，降低人为错误风险；建立审计结果公开机制，增强公众对人工智能系统的信任。

③ 为了增强用户参与度，应建立更加便捷、响应迅速的用户反馈机制，鼓励广大用户积极为人工智能系统的优化升级建言献策；同时，借助自然语言处理、情感分析等先进技术，深度挖掘用户反馈中有价值的信息，为人工智能系统的持续改进提供精准的数据支持与决策依据，从而推动人工智能技术向更加人性化、可信赖的方向发展。

④ 实施分类分级治理策略，针对不同领域与场景的人工智能应用，采取差异化的伦理治理措施。在高风险领域如自动驾驶、医疗决策等，应建立更为严格的伦理监管体系和责任追究机制，以最大限度地保障公众利益和安全。

2. 加强人工智能伦理治理技术研究

技术工具在人工智能伦理治理中发挥着越来越重要的作用。这些工具可以帮助识别、评估和管理人工智能应用中的伦理风险。积极探索人工智能伦理治理技术，通过发布相关政策，多维度提升人工智能发展与应用水平。在人工智能伦理治理的广阔领域中，技术工具的不断演进与创新正逐步构建起更加完善、精细的治理体系。以下是人工智能伦理治理技术的发展趋势。

1）可解释性和透明度增强

① 模型可解释性深化。随着技术的进步，不仅要求模型能输出预测结果，还需提供详尽的决策路径和逻辑依据。这包括开发更加直观的可视化工具，帮助非技术背景的用户理解复杂模型的运作机制。此外，引入因果推理方法，如因果机器学习，以揭示变量之间的直接和间接关系，进一步增强模型的可解释性。

② 数据透明度全面提升。除了数据集来源、预处理步骤的透明，还应推动数据使用的全程可追溯，确保每一阶段的数据处理都符合伦理规范。

2）隐私保护技术的创新和应用

① 差分隐私的精细化实施。探索差分隐私在复杂场景下的应用，如动态数据环境和实时数据流中的隐私保护。

② 联邦学习的优化和扩展。加强联邦学习算法的安全性研究，防止模型更新过程中的信息泄露；推动联邦学习在跨行业、跨国界的应用，在保障用户隐私的情况下，促进全球范围内的数据共享与合作。

3）强化公平性、无偏见和包容性

① 偏见检测和纠正的智能化。开发更加智能的偏见检测算法，能够自动识别并量化不同维度的偏见，如性别、种族、年龄等；同时，引入自动化偏见纠正技术，如对抗性训练、再平衡策略等，减少模型偏见；建立数据偏见监测机制，实时检测并报告数据中的潜在偏见，为后

续的纠正措施提供依据。

② 多样性和包容性标准的建立。制定明确的多样性和包容性评估标准，并将其纳入人工智能系统的开发、测试、部署全过程；鼓励开发者在数据收集、模型设计、结果评估等环节中融入包容性视角，确保系统能够服务于更广泛的人群。

4）自动化伦理决策工具的智能化和实时性

① 伦理决策框架的智能化升级。结合深度学习、强化学习等技术，开发能够自适应学习、动态调整决策策略的伦理决策框架。这些框架将能够更准确地评估复杂伦理情境下的多种因素，并做出更加合理、公正的决策。

② 实时监控系统的智能预警。引入智能预警机制，通过机器学习算法分析系统行为数据，预测并提前发现潜在的伦理风险；同时，建立快速响应机制，确保在发现风险时能够迅速采取干预措施，防止问题扩大。

5）伦理嵌入设计和伦理服务

在人工智能技术的研发阶段，提前考虑其可能带来的伦理风险和挑战，并采取相应的措施进行管理和干预。这种嵌入式的伦理治理可以确保人工智能技术的健康发展和社会利益的最大化。人工智能伦理原则有两个嵌入实践的思路。一是借鉴传统的隐私保护，把伦理嵌入人工智能全生命周期。具体而言，是把伦理价值、原则、要求和程序融入人工智能、机器人和大数据系统的设计、开发、部署过程，引入伦理审查和评估机制，对技术的合规性和可行性进行评估和审查。二是考虑公平、安全、透明（可解释）、责任等价值。目前，伦理嵌入设计是全新的概念，涉及哪些基本原则、有哪些落地方式等问题，还需要进一步探索。

树立伦理即服务战略，寻找人工智能伦理问题的技术解决方案。人工智能伦理服务是人工智能领域的最新发展趋势，针对可解释、公平、安全、隐私等伦理问题，研发开源技术工具。目前，谷歌、IBM、微软等大型科技公司正大力布局，开发旨在解决伦理问题的技术工具并集成到云、算法平台上。

3. 企业责任的加强

随着人工智能技术的广泛应用，企业作为技术的研发和应用主体，需要积极承担起相应的社会责任。企业需要更加注重人工智能技术的伦理合规性，要求人工智能企业设立伦理风险岗位、履行伦理审查和风险评估职责，加强对技术研发和使用的监管，确保技术的健康发展和社会利益的最大化。此外，企业还需要积极参与人工智能伦理治理的相关活动和工作，与政府、社会公众等各方共同推动人工智能伦理治理的发展。例如，企业可以制定内部的人工智能伦理准则和规范，加强对员工的人工智能伦理教育和培训，确保员工的行为符合伦理要求。

4. 提升全民人工智能伦理素养，促进人工智能的可持续发展

提升全民人工智能伦理素养是人工智能伦理治理的重要一环，包括加强人工智能伦理教育、普及科技伦理知识、提高公众对人工智能伦理问题的认识和关注。通过提升全民的科技伦理素养，可以更好地防范人工智能伦理风险，促进人工智能技术的健康发展。

人工智能伦理治理不仅要关注当前的问题和挑战，还要关注其对社会、经济、环境等方面的长期影响。在推动人工智能发展的同时，需要注重其可持续发展，确保人工智能技术的长期利益和社会的整体福祉。

5. 加强国际交流和合作

人工智能伦理治理是一个全球性的问题，需要各国（或地区）共同合作和探讨。通过加强国际的交流与合作，可以分享各自的经验和做法，共同研究解决人工智能伦理问题的有效途径。此外，可以推动形成人工智能治理的国际共识和国际机制，促进全球范围内的人工智能伦理治理水平的提升。例如，各国（或地区）政府和国际组织可以共同制定人工智能伦理准则、标准和治理框架，推动人工智能技术的可持续发展和社会利益的最大化。联合国教科文组织、国际标准化组织（ISO）、国际电工委员会（IEC）等都在推动人工智能伦理的国际合作和标准制定。

AI
Ethics of Artificial Intelligence

人工智能伦理

本书从技术价值、存在风险、伦理治理等维度介绍相关内容，使读者较全面地理解、掌握人工智能伦理方法，同时通过案例分析，使读者能够运用这些方法解决现实世界中的问题。

本书较为全面地介绍了人工智能伦理概念及人工智能应用伦理等方面的知识，分为基础篇、理论篇、应用篇三部分，共 16 章。

本书适用于所有理工科、社会科学专业学生作为人工智能通识学习内容，也可供从事伦理学、人工智能伦理研究、人工智能技术研究的人员学习参考。

ISBN 978-7-121-50702-1

9 787121 507021 >

定价：69.90 元

责任编辑：孟泓辰
封面设计：创智时代

PHEI